（原书第2版）

社交网站界面设计

Christian Crumlish, Erin Malone 著

吴桐 译

Beijing • Boston • Farnham • Sebastopol • Tokyo 

O'Reilly Media, Inc. 授权机械工业出版社出版

机械工业出版社

图书在版编目（CIP）数据

社交网站界面设计（原书第2版）/（美）克里斯蒂安·克鲁姆里什（Christian Crumlish），艾琳·马洛恩（Erin Malone）著；吴桐译．—北京：机械工业出版社，2017.6

（O'Reilly精品图书系列）

书名原文：Designing Social Interfaces: Principles, Patterns, and Practices for Improving the User Experience，Second Edition

ISBN 978-7-111-57405-7

I. 社… II. ①克… ②艾… ③吴… III. 网站－设计 IV. TP393.092.2

中国版本图书馆CIP数据核字（2017）第165562号

北京市版权局著作权合同登记
图字：01-2016-1876号

书　　名/ 社交网站界面设计（原书第2版）
书　　号/ ISBN 978-7-111-57405-7
责任编辑/ 陈佳媛
封面设计/ Randy Comer，张健
出版发行/ 机械工业出版社
地　　址/ 北京市西城区百万庄大街22号（邮政编码100037）
印　　刷/ 北京诚信伟业印刷有限公司
开　　本/ 178毫米×233毫米　16开本　33.75印张
版　　次/ 2017年8月第1版　2017年8月第1次印刷
定　　价/ 129.00元（册）

凡购本书，如有缺页、倒页、脱页，由本社发行部调换
客服热线：(010)88379426；88361066
购书热线：(010)68326294；88379649；68995259
投稿热线：(010)88379604
读者信箱：hzit@hzbook.com

O'Reilly Media, Inc.介绍

O'Reilly Media通过图书、杂志、在线服务、调查研究和会议等方式传播创新知识。自1978年开始，O'Reilly一直都是前沿发展的见证者和推动者。超级极客们正在开创着未来，而我们关注真正重要的技术趋势——通过放大那些"细微的信号"来刺激社会对新科技的应用。作为技术社区中活跃的参与者，O'Reilly的发展充满了对创新的倡导、创造和发扬光大。

O'Reilly为软件开发人员带来革命性的"动物书"；创建第一个商业网站（GNN）；组织了影响深远的开放源代码峰会，以至于开源软件运动以此命名；创立了Make杂志，从而成为DIY革命的主要先锋；公司一如既往地通过多种形式缔结信息与人的纽带。O'Reilly的会议和峰会集聚了众多超级极客和高瞻远瞩的商业领袖，共同描绘出开创新产业的革命性思想。作为技术人士获取信息的选择，O'Reilly现在还将先锋专家的知识传递给普通的计算机用户。无论是通过书籍出版，在线服务或者面授课程，每一项O'Reilly的产品都反映了公司不可动摇的理念——信息是激发创新的力量。

业界评论

"O'Reilly Radar博客有口皆碑。"

——Wired

"O'Reilly凭借一系列（真希望当初我也想到了）非凡想法建立了数百万美元的业务。"

——Business 2.0

"O'Reilly Conference是聚集关键思想领袖的绝对典范。"

——CRN

"一本O'Reilly的书就代表一个有用、有前途、需要学习的主题。"

——Irish Times

"Tim是位特立独行的商人，他不光放眼于最长远、最广阔的视野并且切实地按照Yogi Berra的建议去做了：'如果你在路上遇到岔路口，走小路（岔路）。'回顾过去Tim似乎每一次都选择了小路，而且有几次都是一闪即逝的机会，尽管大路也不错。"

——Linux Journal

本书赞誉

“本书对于想要快速找到正确的设计模式的人来说是一个很棒的参考。
本书完美地诠释了用户与产品以及用户之间如何关联。”

劳拉·克莱因

《UX for Lean Startups》的作者

“本书图文并茂极具可读性和参考价值，将帮助你应用适当的设计模式，
以免浪费时间做无用功。如果在你设计的产品中有人与人之间
的交互，你将会从两位经验丰富的作者那里获益良多。”

凯特·拉特

UX教练和视觉思维顾问，Intelleto

“如今的青少年力量无穷！他们不断改变着社交媒体上的热门话题。谢天谢地，
本书作者集合（并更新）了关于社交体验的强大模式，不管如今的
用户用的是哪种应用，这些模式都行之有效。”

凯文 M. 霍夫曼

Seven Heads Design的创始人

“本书是完善的最佳实践集合，对于任何一位用户体验
设计师和界面设计师都不可或缺。”

马修·罗素

Digital Reasoning的技术总监

译者序

这是一本关于社交体验设计的书。作为中文版译者，我想指出的是，在中文语境下为中国用户作设计决策时，设计师与产品团队需要考虑不同社会与文化背景下的用户使用习惯。正如原作者所言，书中的模式只是参考和引导，绝非定律。在本质上，优秀的体验设计与扎实的用户研究密不可分。因此，设计师需要对本土用户的使用习惯和需求有深刻的理解与洞察。不过，社会个体的行为模式大多有迹可循，所以，设计时也无须为了不同而不同——互联网自诞生之初就具有消弭文化边界的特性（本书原作者也采用了“微信”等国内例证便体现了这点）。

参考行之有效的设计准则、根据实际的调研结果进行设计，是达成优秀设计的基本，但并不是全部，还需要设计师本人不懈地追求与不妥协的态度，以及对设计的长远目标和意义进行深入思考。作为设计师，我们需要认识到当今用户生活中许多方面都存在和依托于社交平台（或具有很强的社交特性）。换言之，我们设计的不仅仅是眼前的产品，还有用户的社交行为与感受，甚至是他们的生活本身。关于设计的道德，后记中有所涉及。我们是在打造一个良好的网络社交环境吗？还是只是为了分食互联网这块蛋糕？所以，我们从本书中学习或者将本书作为参考时，除了考虑眼前目标与成果，还应该退一步思考自己的设计究竟给用户和我们自身所处的世界带来了什么（也就是说，去想想什么才是真正的“好设计”）。

关于翻译工作有几点想要说明。作为本书第2版的主要译者，我基于第1版的译文进行了校对和调整，并补充翻译了第2版的新增内容。此外，第2版第1～8章和第1版基本相同，其翻译工作由第1版的樊旺斌、师蓉两位译者完成。在此对他们表示感谢。还要感谢机械工业出版社华章公司的编辑缪杰，在翻译过程中他给了我充分的自主和灵活的工作时间。在翻译期间，我因研究生毕业项目在欧洲工作，很难找到稳定的翻译节奏。感谢dango一直以来对我的支持和鼓励。

因为本书内容具有很强的时效性，审阅译稿的时间有限，或有疏漏错误之处，望广大读者指正。也欢迎读者与我一同讨论设计相关话题，邮件请发送至iris.tongwu@gmail.com.

吴桐
2017年4月

目录

第二部分 我是某某

第四部分 社区里美好的一天

前言

为什么更新本书

我们撰写并更新本书，是因为我们需要这样的一本书，而且市场上还没有此类书籍。我们自己的模式集、记录，以及对社交用户体验界面设计模式的梳理，已经变得足够复杂，需要一本书才能阐释清楚。本书的撰写基于我们几年前在 Yahoo! 的工作成果，也涵盖了整个社交设计社区的贡献。我们希冀提出一个庞大的宏观平台，用来组织和讨论这些交互模式，并建立探讨社交设计的共同语言和惯例。我们撰写本书，是因为当今世界上的每一个网络设计师和开发者都需要在工作中考虑社交特性。我们希望能够为他们提供帮助。我们更新本书，是因为在第 1 版面世以来的五年间，社交体验设计有了新的发展——有些看起来像模式的设计未能经受住时间的考验，而有些有潜力的新模式出现了。另外，移动体验已成为设计的重要组成部分，新的交互模式应运而生。

本书内容

这不是一本关于社交行为设计的书，虽然很多交互都会催生或者依托于特定的社交行为。本书第 1 版中的很多原则涉及了不同的用户行为，但最好把其置于整个模式集之中来考虑。

本书是关于交互设计的。进一步说，是关于如何在网络和移动的环境下对社交交互和界面进行设计。本书中集结的模式基于多年的社交设计经验，以及网络与移动设备上的社区产品。这些经验与产品使我们得以定义一系列社交界面的最佳实践、原则和模式。我们关注的重点是面向消费者的交互设计，因为这是我们经验最丰富的领域。我们也拓展了企业和移动领域的设计，因为所有的模式都可以应用于企业和移动环境，只需对看待问题的角度加以调整并确立合适的限制条件。

这些研究与应用成果不断产生、不断变化，并持续壮大，并随着时间和技术的进步而发展。

图例

在第1版中，我们提到了很多 Yahoo! 的例子，这是因为我们所述的许多模式得益于在 Yahoo! 的环境中设计产品和功能的经验。这些模式经过了成千上万的用户测试。在第2版中，我们尝试囊括互联网上不同来源的图例，用以展示多种模式（包括碎片式的模式）的交互。这也是为了更好地融入社交软件设计领域近年来的发展和累积的经验。有人说一张图胜过千言万语，所以只要有可能，我们会展示如何达成某个模式，而不仅仅是谈论它。

本书的结构

本书由五部分组成。第一部分介绍了用户界面设计模式的概念，并列出了一些宏观原则，我们认为这些原则可以指导接下来所有模式的社交设计。之后的三部分分别介绍了依据主题分类的模式集合。最后一个部分探讨了一些新出现的因素，它们尚未形成模式，但也需要密切关注。

第一部分：什么是社交模式

在第1章中，我们详细地阐释了讨论社交用户体验界面设计中的模式时我们想表达的意思，以及如何使用它们。 在第2章中，我们介绍了一些广泛的、总体的原则，这些原则可以成就一个成功的、蓬勃发展的在线社区，而不是一个空荡荡的“鬼城”。

第二部分：我是某某

社会体验的基石之一是系统中个体的象征。正如在大富翁游戏中一样，每个“玩家”都需要一个“符号”，代表他在“游戏中的形象”。第3章探讨如何吸引用户，让他们注册和登录你的服务，从而在你的系统中建立一个新“自我”的开端。第4章提供了使用诸如个人资料和头像之类的个人身份表示的模式。第5章讨论了如何表现用户的存在，以及在应用程序中如何显示其他人。第6章介绍了一系列的声誉模式，可以对培养你希望的行为模式有所助益。

第三部分：我们想要的社交对象

这部分所占篇幅最多，这部分深入探讨人们在线从事的实际行为，并介绍社会对象的概念：那些“对话片段”，锚定和给予在线社交互动的意义。第7章讨论人们如何在应用程序中收集对象。第8章探讨如何分享和送礼。第9章介绍了发布和广播用户发现的对象和原始内容的界面。第10章探讨了使人们能够对他们的贡献给予反馈的技巧。第11章讨论沟通，以及它如何与社会对象有关。

第四部分：社区里美好的一天

第三组模式讨论了社交关系和可以从中发展出来的社区。第12章着眼于协作，以及人们如何共同创造和发展共享对象。第13章退一步讨论更宏大的社交媒体生态系统和界面，帮助人们理解它们。第14章探讨了关系概论和互惠或不对称模型，以及如何使用户能够找到彼此并形成和宣布关系。第15章介绍了社区管理和审核的界面，以及协作过滤的模型。第16章探讨如何让人们在现实世界中相遇，创造共享的事件。

第五部分：更多的考量

第五部分探讨社交设计的前沿工作，并讨论一些你可能会遇到的情况。第17章谈及开放的模式，以及在你的社交架构开放之后会有哪些好处或后果。第18章探讨企业环境下社交产品的应用、移动应用开发、用户的代沟变化（包括高龄和低龄人群），以及我们从游戏设计中习得的经验。

本书专栏文章

作为创始人和维护人，我们创建、集合了大量的模式。与此同时，我们也从网上搜集了其他不同的声音：包括有不同的观点，也有更深度的研究，还有关于用户社交行为方面的思考。本书摘录了一些文章放在专栏里。所有这些不同的声音，都是对本书所讲模式的有益补充，二者相得益彰。在这些内容上，你可以继续探讨相关话题，当然，你也可以访问专栏文章作者的个人博客。

本书的读者对象

做社交产品设计相关工作的人都会对本书感兴趣。

这些详细的交互模式也会在用户体验和交互设计师的工具箱里面占据一席之地。对产品经理来说，模式应用的优点、缺点和后果的详细阐释以及列表也会非常有用。

对模式以及相关原则的说明，将有助于设计师全面且详细地考虑他们在设计社交产品时所做的决定。模式并不一定会描述某个东西要如何设计，但它们会为设计师提供在设计时所需考虑的所有事项；同时，模式也会告诉设计师，在特定的业务和受众限制下如何权衡才能达到最佳的用户体验效果。

虽然本书并不会深入到界面实现时用到的技术细节，但是网页开发人员也会从模式中受益，因为可以从代码实现方式了解设计方案背后的“原因”。

产品团队的每个人都会从本书获益，因为本书为社交交互提供了一套通用词汇。此外，本书中的详尽说明以及实践示例，对团队的讨论和沟通也非常有益。

交互模式的使用

你可以从头到尾阅读本书，它是以叙事的方式一环扣一环地展开的。但我们也将本书定位为参考书，你可以从感兴趣的某一章开始阅读，甚至可以仅仅看一看某一具体的界面模式。

本书的目的是帮你搞定所做的工作。一般来说，你可能会在你的程序和文档中用到本书中的模式。并不是所有的模式都要应用在每个应用上，不同的想法和社交对象都需要不同的解决方案。理想情况下，你在每类模式中都会找到参考示例，并且随着在线社区的成长，为其添加更复杂的功能和概念；与此同时，你也会对社区需要什么产生新的理解。我们相信整个模式库为社交设计提供了大平台，为你作设计决策时提供参考。

除非你要复制模式大部分内容，否则在使用这些模式时，没必要征得我们的许可。例如，你要利用其中的部分模式创建一个模式库，或者只是引用一下本书中的模式，你完全没有必要征得我们的同意。而你要以 CD 的方式销售或发行 O'Reilly 图书中的例子，你就需要有出版社的授权。引用本书或者其中的某个模式答疑解惑时，不必由我们授权。如果要在你的产品文档中引用本书中有关模式的大段材料，你就需要有我们的授权。

如果你在引用本书时给出出处，我们将不胜感激，但并不强求你一定要说明出处。出处通常包括书名、作者、出版者以及 ISBN。

与本书配套的资源

本书的配套网站（*http://designingsocialinterfaces.com*）为书中提到的模式提供了开放的论坛；也提供了一个附录，是对本书实例的更新；也有关于最新涌现的模式和原则的更多思考；还有一些链接是社交界面设计方面的资源和文章；也会有我们以及边栏文章的作者在本书中所谈及的某一话题的深入讨论。

在创作共享协议下，你可以下载和使用本书中的所有图表。你可以从 Flickr 上下载相关资源（*http://www. flickr.com/photos/socialpatterns/sets*）。

我们的联系方式

请把对本书的评论和问题发给出版社：

美国：

O'Reilly Media, Inc.
1005 Gravenstein Highway North
Sebastopol, CA 95472

中国：

北京市西城区西直门南大街2号成铭大厦C座807室（100035）
奥莱利技术咨询（北京）有限公司

O'Reilly 的每一本书都有专属网页，你可以在那找到关于本书的相关信息，包括勘误表、示例以及其他的信息。本书的网站地址是：

http://bit ly/designing-social-interfaces-2e

对于本书的评论和技术性的问题，请发送电子邮件到：

bookquestions@oreilly.com

关于本书的更多信息、会议、资料中心和网站，请访问以下网站：

http://www.oreilly.com/
http://www.oreilly.com.cn/

Safari 在线图书

Safari Books Online 是一个按需的数字图书馆，可让你轻松搜索超过 7500 种关于技术和创意参考书籍和视频，以便迅速找出所需的答案。

通过订阅，你可以在手机和移动设备上阅读任何页面并观看我们图书馆的任何视频。你还可以在图书付印之前阅读最新书目，并有权限查看还在创作中的手稿，给作者提供反馈。你也可以复制和粘贴代码示例、组织收藏夹、下载章节、收藏关键部分、创建笔记、打印出页面，以及从其他节省时间的功能中获益。

致谢

感谢 O'Reilly 的玛丽·特斯勒（Mary Treseler），是她最早拿到我们的书稿并帮助整理出了本书的大纲和基调。在整个出版过程中她都给予了很多的指导，并且给予了我们极大的鼓励和适当的督促。说句公道话，如果没有她的支持和引导，本书就不可能出版。我们的合作非常愉快，玛丽真是个“模范”编辑。

本书第 1 版

桑德斯·克莱菲尔德（Sanders Kleinfeld）帮我们解答了无数 DocBook 和 XML 方面的问题，这些问题都是我们无论如何也无法搞定的。

雷切尔·莫纳刚（Rachel Monaghan）帮我们大幅提升工作效率，吉纳维芙·艾德蒙特（Genevieve d’Entremont）在很短的时间内做了大量的编辑工作，他对上下文的一致性、文内引用以及格式方面都非常注意。雅克·奎恩（Jacque Quann）帮我们检查了合同文本并帮我们拿到了预付金。

Mozilla 的哈维·霍夫曼（Havi Hoffman）是第 1 版出版时 Yahoo！新闻发布的主管，在幕后为本书的出版做了很多难以想象的工作。关于如何出版这种类型的书，她在很早的时候就提供了很多建议，并且为作者之间（其中一名是 Yahoo！的员工，而另外一名不是）、作者与出版社和印刷商之间保持良好关系付出了许多。Lynda.com（*http://lynda.com*）的丹·博洛尼茨（Dan Brodnitz）为我们提供的建议很有帮助，他在项目初期的申请阶段给了我们很多指导。

感谢马特·李亚科克（Matt Leacock）和布莱斯·格拉斯（Bryce Glass），他们是最早参与该项目的成员，Yahoo！社交媒体工具箱就是 Yahoo！模式库的前身，他俩一直都在为模式库做出贡献。（马特帮我们设计了社交模式的扑克游戏，布莱斯提供了“声誉”方面模式的初稿和整个社交设计领域的全景图。）

感谢 Paypal 的比尔·斯科特（Bill Scott），Tipjoy 的阿比·齐丽金（Abby Kirigin），当时供职于 SocialText 的阿迪娜·乐文（Adina Levin），以及 MITRE 的保罗·克罗夫特（Paul Kroft），是他们审阅了本书的初稿，并且从技术、市场可行性等方面给出了详细而全面的建议和反馈，此举大大提高了本书的质量。

本书第 2 版

本书第 2 版诞生于巴尔的摩技术架构峰会中觥筹交错之际——当时玛

丽·特斯勒让大家聚在一起，讨论社交网络在过去六年间的巨大变化。我们再一次从她对于数字设计这个领域的洞察和关注之中获益良多。

尼克·隆巴迪（Nick Lombardi）责任编辑帮助我们的再版项目顺利进入正轨，并在整个策划过程中和更新最初几章时不断督促我们。

安吉拉·卢芬诺（Angela Rufino）策划编辑，在引导我们更新手稿、帮我们回答棘手问题，以及帮助我们走出难关中功不可没。谢谢你，安吉拉！

也要感谢凯特·卢特（Kate Rutter），Intelleto的用户体验指导和视觉思维顾问；还有劳拉·克莱因（Laura Klein），O'Reilly出版社出版的《UX for Lean Startups》一书的作者；以及马修·罗素（Matthew Russell），Digital Reasoning的技术总监。还要感谢蓬勃向上的用户体验设计师与战略师的社区——我们通过Twitter、IA协会、IxDA、LinkedIn、Facebook、博客、zines和许多面对面的活动联系——他们共同鼓励我们编写了本书、在维基的草稿上提供了反馈、转发我们的项目、向我们寻求建议、采访我们，并将写书过程本身变成了一个社交体验。

在严格（并公正）的技术审校结束之后，梅兰妮·亚博（Melanie Yarbrough）出版编辑主导并指引我们完成接下来的修改、订正、校对和质量检查。她稳重的工作作风让这个过程变得十分容易。

Octal出版社的文字编辑鲍勃·罗素（Bob Russell），梳理了本书的文字，他偶尔发表的个人见解也常常给我们带来快乐，让我们保持良好的工作状态。与他合作非常愉快，我们强烈推荐他。

在Octal的项目经理戴安·罗素（Dianne Russell），以她令人愉快且专业的态度让一切都按计划进行。

整个过程都如丝缎一般顺滑，这在出版业是多么难得！

克里斯蒂安（Christian）的感言

我要感谢布里格斯（Briggs），当我同意在我的“大量闲暇时间”写一本书时，她就清楚她要掺和的是什么事了。她不但和蔼，而且有容人之量，这样，我才有了完成这项雄心勃勃的工作的毅力。

我的搭档——艾琳·马洛恩（Erin Malone），是我合作过的最佳合著者。此外，在该项目开始前，艾琳就开始指导我，是她招聘我进入 Yahoo！做模式库工作的。她鼓励我探索社交设计模式，并且很坚定地加入到帮我写书的行列中。艾琳是这个项目的中流砥柱，她不畏艰辛且值得合作。

我要感谢乔治·奥提斯（George Oates），Flickr 最早的设计师，她与我共进午餐并促膝长谈，我们谈到了她所理解的社交设计的最基本原则（这是她每天的经历）。第 2 章的许多内容以及散落在本书中的众多见解都是在这次攀谈中习得的。

我与 Yahoo！研究院的伊丽莎白·丘吉尔（Elizabeth Churchill）也有多次畅谈，我们涉及的主题范围很广，她帮我澄清了对许多主题的想法。2007 年 10 月在 Palo Alto 举行的 BarCamp Blok 的会议组织者们，为我确定最初的“模式树” 为集思广益提供了很好的场所，这些“模式树”最终演化成了本书的大纲。许多模式在那天归类后就没再变动过，在最终的分类中还是保持原样。同样，BayCHI 月聚会和 Ignite SF 活动的组织者也为某些社交模式、社交反模式、反社交模式等方面的想法提供了验证机会，是他们为我提供了一系列的演讲机会。

在此，我也想感谢我的家人和朋友，当我自闭、狂躁的时候，他们给予了极大的支持和谅解。

我也要感谢米加·拉克（Micah Laaker），他是 Yahoo！ Open Strategy（本书第 1 版出版时我所在的部门）的用户体验设计团队负责人，他为本书写了一篇关于开放性的边栏文章。

在边栏文章作者中，我也要特别感谢马特·施耐可（Matte Scheinker），他在 Yahoo！的时候是我的导师，他的边栏文章探讨了设计工作深远的道德意义。

在第 1 版面世后的几年之中，我在 Patch 开设了几个博客，在 AOL 负责即时消息产品（也就是 AIM，在线交流的始祖之一）；在 CloudOn 指导了产品团队（这是为企业效率服务的初创公司，之后被 Dropbox 收购，我们在工作环境中促进了协作）；我现在是 7 Cups of Tea（7cups.com）的产品总监，在这里我们以热情和互助创建社交环境和社区。

在上述的每个职位中，我都持续不断地学习人们如何适应网上的社交联系，我的导师包括马特·施耐可、AOL 的杰森·谢伦（Jason

Shellen）、CloudOn 的杰·扎佛理（Jay Zaveri），还有我在 7 Cups 的全体同事。

艾琳（Erin）的感言

当我们撰写第 1 版的时候，有许多人参与进来，并对内容的形成和演进做出了贡献；其中包括平台设计团队、公司内优秀的研究员们、社区发展与产品团队，还有 Yahoo！的诸多人员；谢谢他们帮助发展和验证我们在第 1 版中谈到的许多概念。

在过去的五年中，不断扩张的用户体验设计社区、许多企业，以及初创公司接受并运用了我们的模式，将其混合匹配，对其提出挑战并不断完善，从而创造了新的思考方式——你们不仅在我作为用户体验设计师的每一天激励着我，还促使我将这些新的材料整合在一起。我并不知道你们当中多数人的长相和姓名，但我感谢你们每一个人，你们拓宽了本书的边界，帮助我发现看待事物的新方式，并催生了社交体验的下一波浪潮。

我要再次感谢我的商业合作伙伴，布鲁斯·夏诺来（Bruce Charonnat）和詹姆斯·扬（James Young），他们在我完成再版的过程中给予了我很大的自主和灵活度。也要感谢我的客户，他们容忍了我因为思考模式而造成的分心，还给了我机会在过去五年间不断就社交体验进行新思考——特别是围绕身份、隐私、注册、新用户体验、声誉、评级和评论。

衷心感谢克里斯提娜·沃德吉（Christina Wodtke），她督促我按时协作；她让我懂得写作是愉悦的，并且对灵魂有益。还要感谢她经常邀请我去她所在的学校给学生们教授关于社交体验设计的基本课程，我们还时常在那里玩游戏。

感谢过去五年间的研讨会参与者，他们帮助测试了这个项目，就我教授的内容提出疑问，帮我不断完善好的社交体验。他们在此过程中产生的疯狂主意总是让我惊奇。我甚至想和他们一起创立一个公司，将这些想法散布到全世界。

向本书的边栏文章作者致敬

感谢所有的边栏作者，你们复审了最初的文章，并针对再版提供了修订或新的想法。

非常感谢布莱斯·格拉斯（Bryce Glass），他是本书未署名的第三作者，他在声誉系统和声誉模式方面有着很深的造诣，他为我们撰写了两篇边栏文章。

感谢F. 兰迪·法莫（F. Randy Farmer），他在“身份”标识方面有着独到的见解，他为我们贡献了他核心的“开放”模式。

感谢丹娜·博依得（Danah Boyd），是他鼓励艾琳在她自己的众多优秀论文中找到了青少年研究的相关资料，在本书中我们对此类资料有所引用。

感谢比利·曼德尔（Billie Mandel），他的移动空间的设计指南非常有见地，读者可以在我们的网站上深入阅读。

感谢史都华·弗朗奇（Stuart French），他很擅长企业环境下的社交知识管理。

感谢约书亚·波特（Joshua Porter），他的著作《Designing for the Social Web》为本书的撰写做好了铺垫，并在本书中分享了他的观点。

感谢托马斯·凡德·沃尔（Thomas Vander Wal），他在“社交元数据和未来用途”的边栏文章中对未来做了思考。

感谢克里斯·法黑（Chris Fahey），他是我们的批评者、教练、朋友，他的边栏文章对模式和陈词滥调的“套话”作了区分。

感谢我们的同事汤姆·休斯-克劳切（Tom Hughes-Croucher），他是YDN的推广布道者，他对社交应用的设计有着深入的思考，对用户的心智模型也有着独到的见解。

感谢马特·琼斯（Matt Jones），他是先锋人物也是沟通天才，他对生动的“重写本”比喻作了精彩的论述。

感谢莱莎·雷切特（Leisa Reichelt），她是开放设计过程的先驱、知名理论家，是她铸就并发扬光大了“环境亲密感”的理论。

感谢安德鲁·金顿（Andrew Hinton），信息哲学家，资深从业人员，社区方面的领军人物，感谢他针对这一新环境、新背景下的问题给我们进行的点拨。

感谢德雷克·波瓦哲科（Derek Powazek），“面向社区的设计”和沟通领域的先驱，他将人解读为“会做决策的机器”。

感谢哈吉特 S. 古拉提（Harjeet S. Gulati），他是通过维基知道我们的项目的，他在维基上为我们增加了很多定义和其他有用的内容，并且贡献了他在企业知识管理方面的思考。

感谢加里·贝内特（Gary Burnett），他是从信息科学的角度来研究在线社区动力学的，他的研究成果主要集中在社会规范的建立方面。

感谢夏拉·卡萨李克（Shara Kasaric），资深且专业的社区版主，在如何活跃、繁荣在线社区方面，她有很多非常实用的小窍门，它们都来之不易。

感谢米加·拉克（Micah Laaker），Google 身份设计团队的领导者，他给我们列举了 13 种开放形式。

感谢罗宾·提宾斯（Robyn Tippins），Mariposa Marketing 的创始人，她在社区建设三连胜方面很有见地。

如果没有众多的思想家、设计师、开发人员和规划人员在过去的十多年里对数字社交产品空间的设计规划，我们就不可能完成本书。他们是：Ward Cunningham、Howard Rheingold、Amy Jo Kim、Dave Winer、Marc Canter、David Weinberger、Gene Smith、Clay Shirky、Mary Hodder、Stewart Butterfield、Edward Vielmetti、 Kevin Marks、Tom Coates、Jeremy Keith、Allen Tom、Brian Oberkirch、Liz Lawley、Lane Becker、Susan Mernit 和 Tara Hunt 等。本书是对于意义构建和信息整理的一次努力，是为了至少赋予社区一个稻草模型（草图）的尝试；模型的隐喻可以用来映射整个交互设计领域。

致新的专栏作家——欢迎加入这个大家庭

感谢保罗·亚当斯（Paul Adams），Intercom 的产品副总裁，研究者和作者，感谢他在群组和分享方面杰出的研究成果，感谢他关于在管理关系网时什么有用什么没用的经验分享，这基于他作为设计师参与Google+ 时的工作经验。

感谢约什·克拉克（Josh Clark），他在移动设计领域的思想推动我们更进一步，并全面地随我们所处的空间进行思考。

感谢塞缪尔·胡力克（Samuel Hulick），他在发布热门产品的新用户体验以及用户指南方面有许多真知灼见。其中有很多值得学习的知识，也让我们在思考用户行为的时候有了更多的灵感。

感谢审稿人

谢谢他们花时间仔细阅读本书，然后开诚布公地告诉我们哪里写得好哪里写得不好。我们听取了他们的意见，并花费了不少的时间去打磨本书，从而更好地阐释和传达我们的想法。

第一部分

什么是社交模式

在过去的 20 年中，我们目睹了互联网技术在全球的迅速传播。新的工具和交互体验不断产生，帮助人们更便捷地浏览信息和与他人沟通，并在数字领域里创造自己的空间。身为设计师和参与者，我们经历了第一轮互联网浪潮的涨落（dotcom 的兴衰），体验了 Web 2.0 和社交媒体的爆炸式增长，并见证了物联网时代（Internet of Things，IoT）的到来。

通过网络进行联系的社交工具正改变着我们与他人和环境的互动方式。我们相信这些工具可以通过设计并进行简化，帮助普通人拓展与他人的社交体验。我们在发掘更好的人与人之间社交方式的同时，这些行为的社交模式和承载这些模式的界面也在不断进化。

社交模式构成互动，而互动是社交体验的基石。社交模式是我们从数百个有社交功能或以社交为焦点的网站和应用中总结的最佳实践与准则。社交模式作为新兴的交互模式，已经成为用户与网络以及他人之间交互的标准。

第 1 章

什么是社交用户体验模式

我对网络有个梦想……它有两部分。
第一，网络作为让人们合作的媒介变得更强大。
我总想象任何人都可以即时并直观地访问信息空间，
去创造信息，而不仅仅是浏览。另外，我梦想
无论群体大小，人与人之间的电子化交流
都可以像面对面一样简单。

——**蒂姆·博纳斯 - 李**，《编织万维网》（1999 年）

社交产品的一点渊源

社交产品最早始于 BBS，其中最有名的当属 1985 年的 The Well，《连线》杂志将其评为 1997 年度“全球最具影响力的在线社区”[注1]，其出现要比万维网和浏览器早好几年。

注 1：凯蒂·哈弗勒，1997 年。“The Epic Saga of The Well: The World's Most Influential Online Community (And It's Not AOL)”，《连线》杂志，1997 年 5 月 5 日。*http://www.wired.com/wired/ archive/5.05/ff_well_pr.html*。

The Well

The Well 创立于 1985 年，最初是在 Digital Equipment Corporation 公司的 VAX 系统和一系列调制解调器上运行的。它是由史都华 • 布兰德（Steward Brand）和拉里 • 布里昂（Larry Brilliant）构思成型的，布兰德的想法很简单："让志趣相投的人们聚在一起，并为他们提供工具，让他们可以持续沟通，或者只是静静地观察身边所发生的一切。"他还有个想法：通过线下的、面对面的沟通交流来提高在线社区（通过打字对话）的沟通效果，而且他非常成功地将线下和线上这两种交流方式结合起来了。

《连线》杂志 1997 年的一篇文章中写道："但是，布兰德早期对 The Well 的构想中，最重要的也许是人们需要为他们自己的言论负责。不应该有匿名帖存在；每个人的真实姓名都应该在系统中存在，并与其登录链接。布兰德提出的'你要对自己的言论负责'这个理念多年来一直受到人们的激烈讨论。社区成员在每次登录时都会被提示该条款。'我平常做事时都会考虑可能会出现的问题。'他回忆道。'人们可能会因为别人在 The Well 上的言论而指责我们，可以让自己免责的唯一方式就是让每个用户权责自负。'"

互联网发展之初，我们就试图让人与人之间产生以计算机为媒介的交互体验。就像 Clay Shirky 在 2004 年《沙龙》杂志的一篇文章里提到："在线社交网络的历史可以追溯到 40 年前的 Plato BBS！"

在互联网早期，社交产品一般简单地称为"社区"，由消息面板、群组、邮件列表和虚拟世界组成。作家和社区专家 Amy Jo Kim 将这些称之为"地点为中心"的场所。社区功能让用户之间可以交流互动，其话题一般围绕着共同兴趣，这也是吸引他们访问社区的最初原因。社区基于兴趣形成，其中的关系随着时间而改变。使社区集结成为可能的工具的构建与组成社区的群体本身基本没有差别。人与人之间的纽带形成于网络空间，但在现实生活中（线下）并不存在。

PLATO*

PLATO（Programmed Logic for Automated Teaching Operations，用于自动教学操作的编程逻辑）于 20 世纪 60 年代产生于伊利诺大学香槟分校。唐·比则（Don Bitzer）教授对利用计算机教学产生了兴趣，他和同事们一起创建了计算机辅助教育研究室（CERL，Computer-based Education Research Laboratory）。

在线社区的意识在 1973 ～ 1997 年开始在 PLATO 系统中出现，例如 Notes、Talkomatic、term-talk 和 Personal Notes 的相继出现。人们在 Talkomatic 上相遇、熟识，并通过 term-talk 和 Personal Notes 谈恋爱。1976 年 Group Notes 的发布为社区的发展提供了全新的“肥沃土壤”，但那时的社区已经非常成熟了。通过多人游戏和其他在线沟通方式，社区将自己的特性加入软件的架构。Pad 就是这样的程序，它是一种人们可以在上面粘贴即兴涂鸦或者随笔沉思的在线公告栏。Newsreport 也是这种类型的程序，它是由布鲁斯·帕列罗（Bruce Parello）定期发布的、一种轻松的在线报纸。

* 摘自 David R. Woolley 1994 年的文章“PLATO: The Emergence of Online Community”（*http://thinkofit.com/plato/dwplato.htm#community*），这篇文章最早于 1994 年出现在《Matrix News》期刊上。

这类工具界面和交互设计的范围非常广——从图形化的呈现（例如，eWorld，参见图 1-1）到看起来非常简陋的、只显示文本的早期 BBS，再到 AOL 聊天室的简单形态。

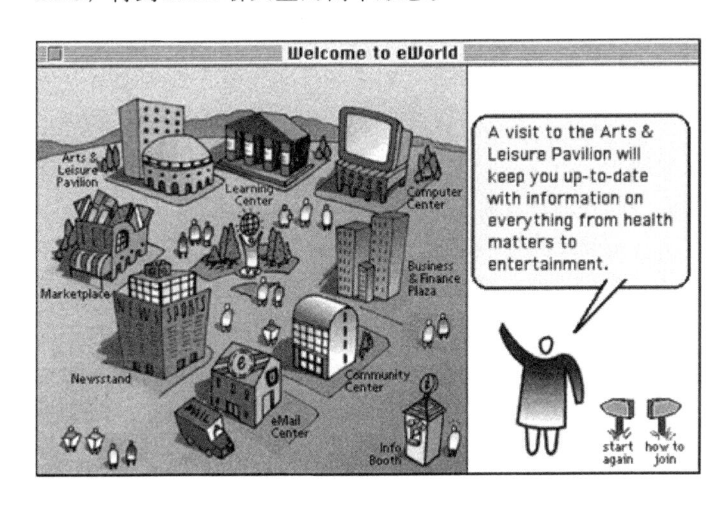

图 1-1：eWorld 非常图形化的界面，它是由 BBS 发展而来的，是 AOL 的有力竞争对手

第一个介于社区和我们称为“社交网络”之间的例子是 1997 年亮相的 SixDegrees.com 网站（参见图 1-2）。SixDegrees 展示了人与人之间的关系，允许用户创建并管理他们的个人资料，并根据人们的兴趣和其他特征将他们聚集在一起。听起来是不是很耳熟？

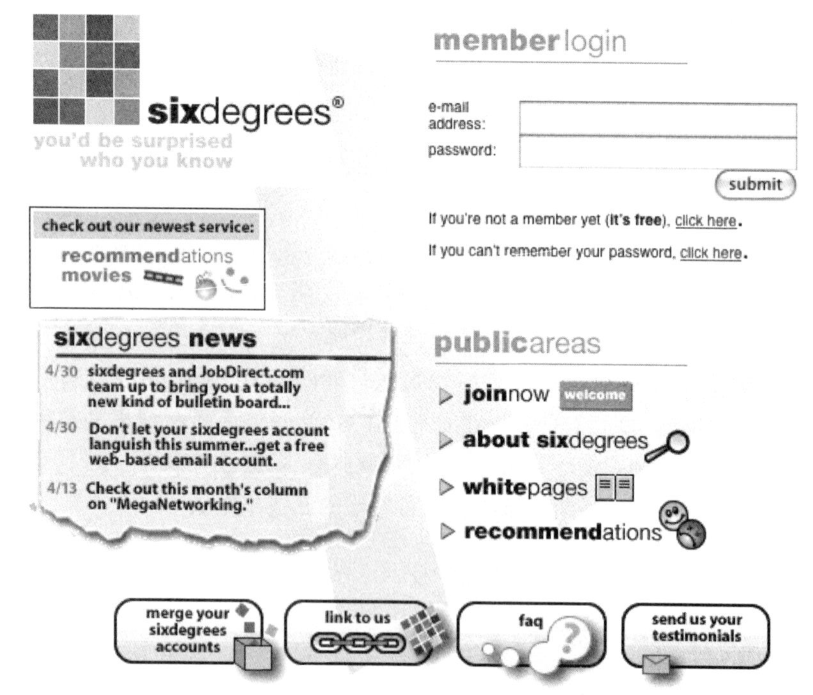

图 1-2：SixDegrees.com 是最早将人们连接在一起并为用户建立个人资料的社交网络之一

然而随着时间流逝，在 2000 年第一个 .com 泡沫破碎之前，“社区”变成了不讨喜的字眼——大概是因为社区的构建和维护需要耗费大量的资源，而那时的人们不知道如何从这项工作中获利。

Web 2.0 的出现为网站及其应用的第二次浪潮，以及它们所提供的更丰富的体验创造了条件。它还带来了移动设备的普及，让人们可以随时连网，为人们提供了更成熟的技术和更快的网速。有了 Web 2.0 后，社交网络已经成为一种筹码。每次体验都必须整合社交。实际上，移动设备因此而蓬勃发展，现在企业都开始了解这些特性的价值。在这个阶段，虽然社交为用户提供了更丰富的组件和选择，但这个术语一般指的仍然是允许用户之间进行实时或者非实时互动交流的功能或者网站。这些工具更加强劲、所占存储空间更大，而且在线参与的人也越来越多。而在线人数的增长正是对这类新特性和网站进行排名的主要推动力。现在的网民数量已经达到临界点。截止到 2014 年，87% 的美国人、70% 的欧洲人和世界上其他地方超过 50% 的人口都是互联网用户。

第一轮社交因素和现在的社交因素之间的另一个主要不同是社交网络（我们了解并在乎的人与人之间的真实关系）已经成为互动和功能的特性关键。功能特性是基于两个人之间关系的亲疏程度设置的。很多工具、应用程序和网站都提供了支持现有线下关系和行为的特性和功能。这些站点期望每个用户都能将自己的线下人关系网带入在线体验中。部落和好友的概念已经变得比任何时候都重要，并带动了很多产品的发展。

在 1997 年无聊至极的东西现在反倒成了香饽饽——无论是从用户功能的角度考虑还是从盈利机会的角度都是如此。此外，可以利用众人的力量或者群体的智慧对内容的创造和自我调节过程施加一些控制。企业开始意识到成功的社交体验不必（也不应该）被过多地干预。他们还意识到可以让群体担负重任，这样做可以节约一些成本。用户产生的内容已经帮助很多企业和参与的社区稳步运行下去。

让这类特性如此流行的另一个因素是新一代网民所具备的专业知识。这些人从小就接触各种高科技，而且他们希望可以通过这些高科技的东西与他们的朋友、同事、老师以及合作伙伴进行互动交流。他们可以在电脑和移动设备或者手机之间自由地切换，他们想要随身携带这些工具。他们在工作时离不开这些技术、娱乐时离不开这些技术，这些技术对他们来说就像是呼吸所需要的空气一样，无色无味而不可见。

在过去的几年里，由于我们一直生活在社交网络中，因此我们一直都能看到对于隐私的顾虑，以及对内容和数据永恒性和短暂性的关注。一些人开始考虑如何为后代归档这些信息，而另一些人想要保证他们分享的话、想法和经验存在的时间跟不上其传播速度。更深层的哲学、逻辑和文化问题已经成为对话的一部分，而且世界各地的人们对这些问题的不同态度极大地影响着这些工具和体验的发展和壮大。

“社交、社交媒体和社交网络”这些术语都是用于描述这类工具和体验的。这些术语通常会互换使用，但它们反映的是同一现象的不同角度和侧面。

2007 年，社交网站方面的知名研究员丹娜·博依得（Danah Boyd）和尼可·B·艾莉森（Nicole B. Ellison）在《计算机调节沟通期刊》（Journal of Computer-Mediated Communication）期刊上发表了一篇文章，他们将社交网络定义为一种基于 Web 的服务，网民可以通过社交网络：

1) 在某个封闭系统中创建公开或者半公开的个人资料。

2) 建立与其他用户的好友关系列表。

3) 查看并编辑他们自己的关系列表和由系统中其他用户建立的关系列表。这些关系的性质和具体命名在不同的网站可能会有所不同。

根据维基百科的定义："社交媒体就是利用数字化和网络化的工具来达到与他人共享、讨论信息和经验的目的"，它将社交网络定义为"在有着共同兴趣、活动、背景或者真实关系的人们之间构建社交网络或者社交关系的一种平台。大多数社交网络服务都是通过互联网实现的，它们为用户提供了通过互联网进行互动交流的手段，例如电子邮件和即时通信服务。"社区被定义为利用这些环境和工具的一群人。

能详细介绍一下什么是社交媒体吗

"社交媒体"这个术语大约是在 2002 年随着博客的诞生而进入人们视野的。博客与 RSS（newsfeeds、feedreaders）的结合（有时是在同一个应用中，例如 Dave Winder 的 Radio Userland 软件中）产生了一个可以相互应答的、多对多的对话系统，它不断壮大，然后又分解成很多更小的、相互重叠而又不同的子社区。

在这种情况下，博文就是媒体，但至此之后（就像现在）很多博客都包含链接到可能来自传统主流媒体（或者 MSM，因为一些政治博主比较喜欢引用它）或者其他独立声音的信息源。很多网民意识到他们正在通过社交中介消费媒体内容（例如，新闻、八卦、视频片段、信息）：当有知名的博客链向这些文章时，人们就会阅读它们。人们通过关注 BoingBoing 或者其他类似的趋势跟踪网站来发现媒体潮流和资讯。他们会访问有类似想法的那些人的博客和文章，并通过这种方式从海量的相关信息流中筛选出有价值的相关信息。

在这个过程中，"社交媒体"开始成为"Web 2.0""社交网络""社交网站"，或者"（当下）以 Facebook 和 Twitter 为代表的体验"的代名词。克里斯蒂安（Christian）在他的上一本书《The Power of Many: How the Living Web Is Transforming Politics, Business, and Everyday Life》（由 Wiley 出版）中将其称为"生活网"。著名的博

客搜索引擎 Technorati 尝试将其称为“全球生活网”。这个想法产生的原因是互联网已经变得越来越社交化（我们已经聚拢在一起）和社交的无处不在，其要素之一就是“可读可写”，人们可以以多对多（而不是一对多或者一对多）的方式在网上撰写、修改文字，并回复其他人发布的内容。用“社交媒体”这个统称来指代整个“网络社交环境”是有问题的，因为“媒体”已经不再可靠（它指的是创新性工作还是找到相关的新闻/媒体项目？或者是发布评论，还是所有的这些它都可以搞定？），它并没有为此添加太多意义，也没有真正包含关于社交图谱的讨论。

我们仍然可以看到网上涌现出大量的社交媒体营销专家和牛人。他们的言论有的非常卓越（这种营销能够通过客户的“线车”参与[注2]真正地转化为某种形式的客户服务，即通过平实的对话和公众化反馈很人性化地对待客户），有的非常俗套（例如在早期的互联网上，每个销售地区都有它的“村级”发言人），还有的则非常荒谬（它们是垃圾邮件的美化版）。

构成本书的模式集，曾以马特·李科克（Matt Leacock）在雅虎所建的社交媒体工具集为基础，被称为“社交媒体模式”，但随着它的不断演化，人们渐渐明白：我们所说的“社交媒体”其实是指“社交网络”或“参与式社交图谱（social graph）”或者仅仅是指“社交”，为了表达清晰，我们使用“社交媒体”来指代“通过社交化方式创建、筛选、参与并合成的媒体”。

哈吉特·古拉提（Harjeet Gulati）对“社交媒体”的定义也大同小异，但他的定义更面向社区：

> 社交媒体通常是指由社区内的用户所贡献的内容（即文本形式，如：博客、论坛、维基）、语音（如：播客）或视频（如：YouTube），这些用户同时也是这些媒体的消费者。在这种模式下，信息发布者和消费者的角色从广义上讲都被委托给社区。渠道（channel）这个角色在这种模式下变得非常关键，甚至当社区活动随着特定系统范围内所显示内容的变化而变化时，渠道会决定对社区活动的控制程度。虽然“媒体”这个词表示报纸、广播和电视等传统渠道，但 90 年代初 Web 的出现加快了 Web 作为与

注 2：线车宣言（*http://www.cluetrain.com*）。

> 他人交流的“媒介”的速度。在传统媒体中，内容的版权仍然归内容的“发布者”（出版社、报社、电视频道和广播台）所有。内容的所有者 / 发布者、渠道（channel）和消费者之间有着明显的界限。随着 Web 的不断发展，“社交媒体”成了讨论的主流。社交媒体鼓励内容创作、发布和使用之间的相互参与和协助，这样能极大程度地体现出“社民”们的品位和喜好。

我们发现，聚焦于社交对象（可能是媒体对象，但也可能是像日程表中的事件这样的东西）、与社交对象交互的活跃用户和通过我们的社交界面彼此互动的用户是最有用的。

要想了解这个术语的更多内容，请参见 Common Craft 的“Social Media in Plain English”（*http://bit.ly/1SNdOqf*）。

所谓的原则、最佳实践和模式是什么

随着人们对无缝式体验的期待越来越强烈，对设计师来说重要的是关注新出现的标准并理解某个产品的体验及其交互如何影响用户对下一个产品的期望。通过使用标准的、新出现的最佳实践、原则和交互模式，设计师就可以减少用户在理解该应用如何运行方面所需精力。然后，用户就可以关注正在构建的社交体验的独特性能。

为了顺利开展工作，我们定义了如下三个不同的概念。它们是连续的统一体，从规定（你应该遵守的规则）到假设（默认为正确的一种基本状态）再到处理方式（思考对待这些概念的方式）。

原则：最基本的事实、规律或假设

“原则”是某种被公认为正确的基本假设。在交互设计中，它们可以为如何处理某个设计问题提供指导，对于某个已知的用户体验问题或某种特定的情况来说“原则”都是成立的。

例如：可学性——创建容易使用的系统，并为用户提供线索来预测这些系统在不同领域如何运行。

原则不会像交互模式那样给出解决方案和思路，而是交互设计模式或最佳实践的依据。

实践（或最佳实践）：做事的习惯性行为或方式

最佳实践很有意思，常常与原则或交互模式相混淆。它们是连续的统一体，并且比交互模式方案的规定更少——至少在我们的定义中是这样的。我们常常会在交互模式中提供最佳实践。

例如：在移动背景中，为触摸进行设计。确保按钮、表单和其他元素足够大，让用户可以与它们交互，并且可以容纳人的手指，以免不小心触发相邻的元素。

最佳实践有助于澄清如何应用一个具体设计方案，而且它通常也是最有效、高效地解决问题的方式，虽然它并不一定是唯一的处理方式。

模式：用作原型的模型或者原型

刚开始使用交互设计模式时，我们是这么定义模式的：

> 在特定环境下，某个已知问题通用的且成功的交互设计组件和设计方案。

模式就像建筑中的砖块，是用户体验和描述交互过程最基本的组成部分。我们可以将它们与其他模式或其他界面组件和内容结合起来，共同创建一个交互式用户体验。它们在技术和视觉上并不固定，也就是说，我们不能规定某一模式的具体技术方案和视觉设计效果。用户体验设计模式为设计师如何解决某一特定情况下的具体问题提供了指南，因为从某种程度上讲，这一处理方式经实践多次证明是可行的。

在用户体验设计过程中采用交互设计模式的这一想法效仿的是计算机软件编程所使用的模式，其概念和理念都是由克里斯多佛·亚历山大（Christopher Alexander）提出的。亚历山大是一名建筑师，也是《模式语言》（A Pattern Language）一书的作者。他在书中描述了一种如何设计构建城市、建筑物以及其他人类空间的语言（一套设计的规则或模式）。该方法在不同范围和不同层次上都是可重现且有效的。

亚历山大说："每个模式都描述了在我们生活的环境中多次出现的问题，然后描述了解决这个问题的方案要点，这样你就可以重复使用这些方案，而不需要做'重新发明轮子'的工作了。"

除了开发这种可复用的基本模式语言外，他还非常注重建筑物在人性化方面的考虑。在 2008 年的一次访谈中，亚历山大表达了他自己的想法："让［家］真正运作起来，这样人们才能体会到它的好处。"这一人性化的方法和对人（如用户）的关爱对软件开发人员和用户体验设计人员都很有启发。

采用模式语言来创建产品的理念在1987年被计算机软件行业所采用，这一年，沃德·康宁翰（Ward Cunningham）和肯特·贝克（Kent Beck）开始尝试用模式来编程。正如沃德所说，“他们正在寻找一种可以赢得用户的代码编写方式，这样，用户就能体会到计算机程序对他们的支持，而不是受计算机程序的审问和质询。”

最终，该方法成形了。1995年，由Erich Gamma、Richard Helm、Ralph Johnson和John Vlissides撰写的《设计模式：可复用面向对象软件的基础》（由机械工业出版社出版）出版了。

1997年，詹尼佛·提德威（Jenifer Tidwell）出版了人机交互（HCI）方面的用户界面模式集，其初衷是：资深设计师的经验汇总有助于新手设计师的成长，并且可以为同行之间讨论问题提供一套通用的词汇。她曾专门提到，她想为界面设计师和HCI业内创建一套亚历山大那样的语言。随着其网站的不断发展，她的著作《设计界面》（Designing Interfaces）于2005年由O’Reilly出版。

有些同行在网上发表了其他模式集，包括交互设计领域模式的忠实拥护者马丁·凡·威力（Martijn van Welie）在内，他激发了我（Erin）的团队于2006年发布了我们雅虎内部的部分交互模式库。

2004年，我加入了雅虎，开始为日益壮大的用户体验设计团队构建模式库，并为雅虎面向全球众多网民的各地站点创建了一套通用的词汇。我们通过协作的方式来构建模式库，我们将最成功、研究最充分的设计方案作为每个模式的模型。公司内各个部门的设计师都会贡献模型，讨论并评论它们的优点，当技术和用户改变时为模式添加新信息，并在整个生命周期内不断地维护每个模式。2006年，在比尔·斯科特（Bill Scott）的带动下，我们公布了内部模式库的部分内容。

这一工作得到了交互设计和信息架构业界的极大肯定，并且启发了从业者自己的设计工作。2007年至2010年，克里斯蒂安开始了更深入地推广模式库，来消除设计、开发和开源领域之间的差距。从我们的第一版开始，已经加入了几种其他模式库，包括支持响应代码库的手机模式集（尤其是面向安卓），很多其他公司公布了自己的库（MailChimp、BBC、Intuit Small Business’s Harmony生态系统、谷歌和其材料设计模式）来分享它们的知识、告知第三方开发者、启发设计界。

“有一套可复用的构建单元块来帮助设计师开发他们自己的网站和应用”，这一想法在交互设计界引起了轰动，因为网站界面和移动界面都变得越来越复杂。当网页都是以文字为主时，用户如何与网站交互没有太多的变数，用到的工具也非常有限。客户端应用非常复杂，很难完全复制到互联网上。即使完全复制到了互联网上，又能怎样呢？而现在，整个商业和行业都依赖易用的、基于Web的软件（软件即服务，SaaS）和移动应用程序来处理它们的业务。这时，对设计师和开发人员来说，比以往任何时候都更需要一套通用的语言。并且，随着社会化不断地渗透到交互体验的方方面面，确定什么是应该具备的，以及它们该如何和不能如何操作就显得非常重要。

反模式的重要性

“反模式”这一说法是由安德鲁·科宁（Andrew Koenig）在1995年的《C++报告》中提出来的，并且《设计模式》一书将其发扬光大了。

科宁为“反模式”定义了两种变体：

- 反模式描述的是导致不好结果的糟糕解决方案。
- 反模式描述的是如何摆脱最差情形以及如何由最差情形得到最佳解决方案。

由于威廉·布朗（William Brown）等人出版了《反模式：重新解构危机之中的软件、构架和项目》（Anti-Patterns: Refactoring Software, Architectures, and Projects in Crisis）一书，反模式成为理解编程中糟糕设计方案的流行方法。

对我们来说，反模式就是对常见问题的常见错误或者糟糕的解决方案。有时，通过对反面案例的剖析能够使我们更好地理解如何设计才能成功。在社交体验的世界里，反模式常常会有某种不和谐或者负面效果，例如社会群体的失态，在极端情况下甚至会出现身份盗窃事件。

第2章和第3章所讲的反模式将会指出为什么这些解决方案乍一看很好，但为什么会是下下策，然后，我们会讨论如何对其进行重构才能更成功并获得更好的用户体验效果。

台式机、手机、企业或设备

这里收集的模式是为了要被纳入考虑、被混合在一起，并且被应用到交付的各个方面——不管是在手机、浏览器、手表还是电冰箱中，也不管是为消费者还是在企业中。

对于每种模式而言应该被考虑的环境都略有不同，但最终的目标应该是创造机会来使人们以及他们的内容彼此相连。

为设备之间的空间进行设计

移动设备带来机遇，也带来危机，迫使设计师找到新的方式在一个很有挑战的屏幕大小范围内呈现信息。通过响应式网页设计和应用程序开发，我们为每种设备都做了很多设计工作。然而，对于我们在技术方面的进步来说，一种新的设计危机已经形成。这个危机更多是围绕着我们所使用设备的数量，而不是种类。

随着我们在日常生活中所使用设备的增加，我们常常会被困在这些设备中。随着设备的增加，新的机会不再是关于设计每个屏幕，而是关于设计这些设备之间的交互——通常根本不会使用屏幕。这些设备的间隙中存在一些尚未被开发的魔法。

一个任务，多个设备

我们总是在设备间不停切换，从手机到笔记本，再到台式机和平板电脑。2014 年英国的一项研究发现，在平日晚上，每个英国科技用户平均每小时在设备之间切换 21 次——而且 95% 的时间都同时开着电视。很多时候，这种切换发生在我们完成一个任务的过程中。谷歌 2012 年 8 月的一项研究发现，拥有多个设备的用户中，90% 都会用多个设备完成任务。例如，有 2/3 的人会通过多个设备购物：我们在一个设备上（通常是手机）购物，并在笔记本电脑或者平板电脑上完成交易。

我们在多个设备间切换任务的方式并不高明。我们会将我们的数据从一个设备传送到另一个设备，但通常都是通过笨拙的方式。你知道的：我们不断通过电子邮件将 URL 发送给自己，只是为了将一个活动从手机转移到笔记本电脑上，反之亦然。我们将电话号码或者照片发给坐在我们旁边的那个人。或者最常见的情况是，我们会在第二个设备上从头开始，重新进行一次搜索来找到我们的位置并从头再来。

顾客要求在设备之间切换任务的需求非常明显，但设计方案尚未到位。作为顾客的我们已经提出了前文所述的简单方式，但作为设计师，我们只是选择忽视这个问题。

交互看起来应该是怎样的

操作系统刚刚开始处理设备之间的这些转换。苹果 2014 年的操作系统更新 Yosemite，通过 Continuity 和 Handoff 实现了这一点。有了 Handoff，如果在手机上写那封邮件花了我很长时间，我就可以直接打开笔记本电脑，那里已经有一个小图标等着我了。当我点击这个小图标时，手机上的那封邮件就会出现在我的电脑上，我只要从我离开的地方继续编辑即可。同样，如果我正在电脑上查看地图，我可以点击手机上的一个图标，然后我就可以在手机上看到这个地图了。有传言说安卓正在开发类似的服务 Copresence，而三星宣布其版本称为 Flow。

我们很高兴看到这些改变，但现在这些努力都只是“管道”——连接设备的基础设施。虽然确实是非常需要的，但它只是其中的一部分。对设计师来说，有趣的挑战是创建轻松自如的交互来改善这些服务。目前，Handoff 这类功能是完全基于屏幕的，是一种忽略了它们正在缩小物理差距这个事实的虚拟交互——电话、平板电脑、台式机、笔记本或者电视之间的空间。

近年来数字体验已经变成是物理体验，因为我们已经将我们的界面刻在了我们随身携带的玻璃板上。当我们不再把这些东西看成屏幕，而是将它们视为可以交互的物理对象时，这种可能性就变得更简单，更有趣、更人性化。

传感器在交互中的作用

手机、平板电脑和电脑都装有很多传感器。有了基于传感器的交互，现在我们可以将交互移到屏幕外。一个有趣的例子是 DrumPants，它是一种可以被装进裤子口袋并能变成乐器的传感器套件。在你的膝盖上敲击一种节奏、拍打大腿并用脚打拍子即可成为 21 世纪的单人乐队。这要比使用一种新开发的触摸屏音乐应用程序更直接、更自然、更熟悉。它将技术绑定到我们自然而然的行为中，而不是将我们的行为绑定到技术中。

我们必须要解决的问题要比提供给这个世界 DrumPants 重要得多，虽然这样的玩具也非常重要。这是一种新颖有趣的想法，可以帮助我们开始想象和开发屏幕外的交互。开始将我们的设备看成是真实存在的物理对象，而不是在网络中无形的屏幕意味着什么？

我与工作室的伙伴拉里·莱竟德（Larry Legend）一起制作了关于其运行原理示例的原型。他在工作室听音乐，而且他会把耳机插到手机里。他想在电脑旁听音乐。因此，他会在电脑上敲击两次手机，就好像他要把音乐从手机摇动到台式机上。之后音乐会同时在他的电脑上播放。

现在你可以通过点击屏幕上的按钮做到这一点，但可以（而且应该）做得更好。这就是我们应该追求的自然物理的交互。我们也可以这样处理地图、URL、文本和照片——只要将这些内容从手机摇晃到电脑中即可。它能让你更开心地使用这些小工具。

设计明显的交互

我们开始查看其他能识别设备之间物理关系的早期实验。例如，通过将 Misfit Shine 健身追踪器放在触摸屏上，你就可以将其与手机同步。电波开始慢慢地从 Shine 中辐射出，你可以看到数据通过屏幕渗入，就像是魔术一样。至少看起来是这样的。和所有魔术一样，这其实是声东击西。它与屏幕无关——它其实是通过蓝牙进行无线同步。

这种迷人的交互是一个设计缺陷的结果。Shine 可爱的金属壳干扰了无线信号，设计师发现只有将 Shine 拿到手机旁边才可以同步。作为一种无线同步，它就好像是没有完成的雕像。你如何才能让人们将它们放得足够近？然后他们想：“也许我们可以让他们将其放在屏幕上。”结果就是这种直接的物理链接的错觉。只要将它们放在一起，它们就可以互相交谈，以一种友爱的、社交的物理交互来交换它们的数据。有时，遇到路障反而会成为你的助力。

比你想象中简单得多

事实是：这种魔法不需要新科学或者新技术。有很多技术和代码等待我们使用——通常是在我们的口袋、手提包和客厅里。

例如，阿拉尔·巴尔干（Aral Balkan）创建了 Grab Magic，它是一种让你在一夜间就可以变成魔术师的交互。你在投影仪上播放视频，从视频中抓取一个图像并将这张图片扔到手机上。使用它时你会很吃惊，它的新奇会让你惊叹不已。

但是，它使用的底层技术非常简单。为了实现这个特效，巴尔干让 Xbox Kinect 在看到他的“抓取”动作时截图，并将这个截图发送到他的手机上。然后，他通过触摸屏幕来让手机显示图像。这对 Kinect 和智能手机来说都是简单、基本的交互，你单独看它们根本不会有任何想法，但将它们组合起来却非常让人兴奋，这就是这个魔法所依赖的。

我们总是以孤立的方式看待我们的接口：“这是一个鼠标和键盘接口；这是触摸屏接口；这个是声音接口；这是 Kinect 空中手势接口；这个是相机视野接口。”但事实上，越来越多的电脑都装有所有这些功能。它们可以，而且应该结合起来做这些事情——既方便又神奇。

让交互更有人情味

为这些新物理接口创建自然的交互可以降低屏幕的重要性。随着物联网逐渐扩展到生活的空间、物体，甚至是周围的人，我们应该将交互移出屏幕并移动到我们周围的环境中。

屏幕将人们彼此分隔。我们越是连通，我们与周围的人和场所越是分隔。在餐桌、床、办公室和街上，我们都是低头看着我们的设备，而不是抬头看着这个世界。我们可以做得更好。

通过包含（结合）传感器，现在我们拥有了一个创造交互的新机会，它符合我们与世界交互的方式。

——约什·克拉克（Josh Clark）

接下来做什么

本书接下来的方法与 Christopher Alexcmder 的方法非常相似，我们开始会简要介绍一些基本惯例，这会为后继章节的各个交互细节提供有力的支持（见图 1-3）。

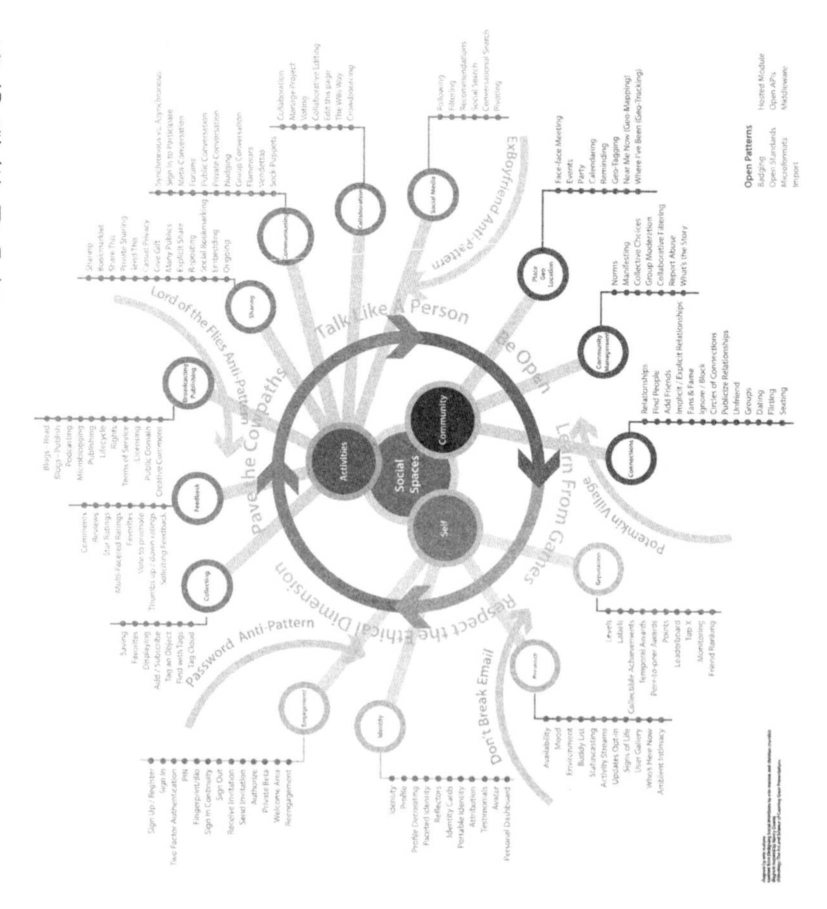

图 1-3：社交生态系统包含了我们在本书介绍的所有模式、类别、反模式和原则（在 http:// www.designingsocialinterfaces.com 可以找到这张海报的可打印 PDF 文件）

在每一小节中，我们都会谈及某个模式的构成基础以及如何用这个模式创建一个可靠而合理的体验过程。我们会交叉引用不同的模式，并且会给出我们所见过成功应用该模式的各种实例。

社交模式为用户在网站或应用中可能会体验到的整个过程提供了支持，从注册到积极参与再到积累人气，从与好友约会或合作到多人合作。我们为社交应用设计构建了一套通用词汇和语言，所体现的也是与 Christopher Alexcmder 相同的精神：

我们一直都在努力提升模式语言在产生一致性方面的能力，这是在创建模式语言的过程中反复使用的最重要的测试。这些模式语言是作为一个整体而存在的。我们正在探索模式语言在多大程度上可以作为一个整体产生统一的实体。

模式还是套话

老生常谈的套话没有真正的价值。我们常常告诫自己要像躲避瘟神一样避免老生常谈。

但是套话真的一无是处吗？如果在我们每次想说点什么的时候，都得绞尽脑汁地从头想想如何用一种全新的方式来表达，这样就真的好吗？

套话（即“cliché”，又译作“铅版”）这一说法来自于活字印刷：排版工人将常用表达做成一个字块，该字块就被称作“cliché”（铅版），而不是每次都手工设置整个词。时间一长，该说法就慢慢被用来描述单词或短语本身了。对于想使用套话的作者来说，它确实有问题：

- 对于草率使用套话的作者来说，可能无法表达他真正的意图。
- 如果作者选择套话而不是匠心独具的词，他就会失去通过更优雅或者发人深省的词而让读者赞服的机会。
- 太过明显的套话会显得迂腐：读者听到的是套话，而不是作者想要传达的信息，会非常失望。

但在日常生活中，套话不仅仅是允许的，而且实际上套话在我们日常的沟通交流中非常关键。套话让我们要传达的信息更加有效并且更易理解。

那么，设计模式和套话一样吗？

从某种程度上来说，是一样的。它们是解决创造性问题的经过验证的、现成的且常见的方式。与套话一样，人们需要辨别它什么时候是有用且相关的，什么时候是被错用或让人迷惑的。

在 Unbeige blog 的一次采访中，身为设计师和作家的史蒂芬·赫勒（Steven Heller）被问到了他自己的设计过程：

Unbeige：当你开始设计、面对空白的页面/电脑屏幕时，你要做的第一件事是什么？

Steven Heller：祈祷。然后翻翻我之前的老套路，并不断地修改。

他提到的实际上就是：设计模式或者说套路，通常只是设计的起点。这往往是在你勾勒一个设计方案的轮廓时，在设计工具的空白页面最先接触到的。作家在写一篇文章或故事的初稿时就可能采用一些俗套的桥段，最后她才会对其润色，有的时候是在编辑的帮助下完成的。模式也有着类似的作用：你所做的用户体验设计初稿可能会包括一些模式，它可能会包括一些明显的套路。但是，当你从更宏观的视角来审视它时，就会发现这些套路并不奏效，你需要对其做些调整和优化——需要稍微修改一下。

有时，一个基本的设计模式正好合适，根本不需要进行任何修改。但一般情况下需要对模式做些修改。你应该仔细想想如何修改模式本身才能适应你产品的特殊要求。那么，开始“重新发明轮子”吧！

克里斯·法黑（Christopher Fahey）Spring 产品设计部的副总裁

延伸阅读

Brown, William, Raphael Malveau, Skip McCormick, and Tom Mowbray. *Anti-Patterns: Refactoring Software, Architectures, and Projects in Crisis*. Wiley, 1998.

Kim, Amy Jo. *Community Building on the Web: Secret Strategies for Successful Online Communities*. Peachpit Press, 2000.

Gamma, Erich, Richard Helm, Ralph Johnson, and John M. Vlissides. *Design Patterns*. Addison-Wesley Professional, 1994.

Powazek, Derek. *Design for Community*. Waite Group Press, 2001.

Porter, Joshua. *Designing for the Social Web*. New Riders Press, 2008.

Tidwell, Jenifer. *Designing Interfaces*. O’Reilly Media, 2005.

Li, Charlene, and Josh Bernoff. *Groundswell*. Harvard Business School Press, 2008.

Alexander, Christopher. *A Pattern Language: Towns, Buildings, Construction* (Center for Environmental Structure Series). Oxford University Press, 1977.

Alexander, Christopher. *A Timeless Way of Building*. Oxford University Press, 1979.

Social Media in Plain English, *http://bit.ly/1SNdOqf*.

Rheingold, Howard. *The Virtual Community: Homesteading on the Electronic Frontier*, The MIT Press, 2000.

Hafner, Katie. *The Well: A Story of Love, Death and Real Life in the Seminal Online Community*. Carroll, Graf Publishers, 2001.

第 2 章

社交的核心

与其说网络是一种技术创新，不如说它是一种社交创新。我设计的是一种社会效应（帮助人们一起工作）而不是一种高科技玩具。

——蒂姆·博纳斯-李，《编织万维网》（1999 年）

在《建筑的永恒之道》一书中，克里斯多佛·亚历山大（Christopher Alexander）在某种程度上解释了模式语言的目的，他说他们所宣扬的就是要用"无名特质"来构建物理空间。有些东西（往往是些不可名状的）会让建筑空间变得非常吸引人、温暖、人性化、舒适、健康、有活力。通过对这些空间的分析我们可以知道，座席区的范围设置得恰到好处，或者灯光有助于营造一种小组对话的气氛，但在这些琐碎的设计决策背后有很多具有普遍适用性的高阶指导原则。

网络社交空间也很类似。一个精心设计的注册过程，会直接影响人们是否感受到网站对他们的欢迎、是否期待他们的加入并且是否很容易让他们上手。这可能需要你为网站专门定制界面。但当你涉及这些细节时，内在的一些更高级的原则可以帮助你做出更好的设计决策。

这同样适用于你想要在现有的网站引入社交特性，或者对已经创建并发布的网站进行修改或扩展。

因此，在深入一个新网站或应用的细节设计前，可以退一步想想哪些基本原则能保证项目的成功。请看图 2-1 中的例子。如何才能创建出可以引导用户进行健康参与且有机增长的空间，并且创造出大于其各部分之和的价值？

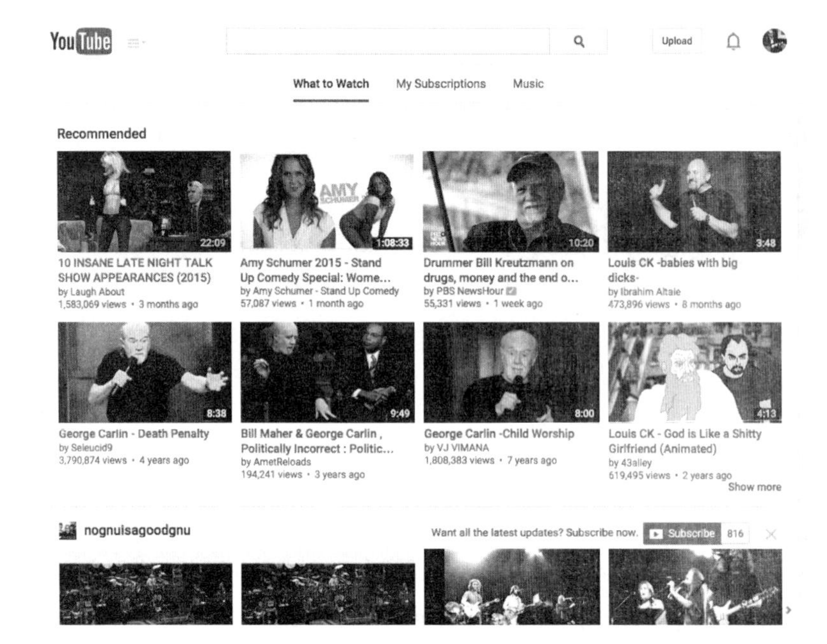

图 2-1：在我使用了一段时间（并且注册了一个账号）后，YouTube 自动为我创建的主页使用不同的策略来吸引我的注意力、引导我参与，并鼓励我试用网站上其他的社交功能。你在这里能发现哪些社交设计原则

我们已经确定一些尽可能通用的原则。大部分成功的社交网站和应用都会体现出这些原则。它们还有助于你决定如何以及何时使用本书后续章节提到的更多战略设计模式。在一头扎入设计模式的细节前，请先花几分钟时间认真考虑这些原则并将它们牢记于心。你会发现设计模式不仅能让你清楚使用它们的场景及其搭配方式，同时也有助于你做出超越原有经验的设计决策。

社交网站的一个共同特点就是，它们必须照顾到每个用户（也就是说，要照顾到每一个目标用户）。它们不能局限于某一具体的狭窄领域。但你要如何应对各用户群之间的差异呢？你不可能让每个人都满意。事实上，用户体验设计本质上就是要在众多因素中做出权衡。那么你如何才能做到让网站涉及的范围尽量广、包纳的用户尽量多呢？

社交，但不仅仅是社交

本书所介绍的模式和原则有时不仅限于社交应用领域。这并没什么不妥。互联网一直暗含社交的潜流，实际上，它一直在为人们提供相互的联系。对于大多数人来说，在我们可以联网以前，我们的电脑更像一个档案柜，而不是电话。它们不是通信设备，至少不能直接当作通信设备（你可以用打字机写信，但无法用它将写的信递送给你的联系人）。

当个人电脑实现联网并最终成为互联网的“云”时，坐在屏幕前敲击键盘的体验（稍后可能会对着麦克风讲话并开启摄像头）就都成为社交行为而不再是个人行为。

因此，本书中的很多模式和原则，例如本章提到的下一组模式，可能被看成是对当下多数应用程序开发项目的有益建议，但它们尤其适用于社交网站。（当然，这类网站的比重也会随着时间的推移而变得越来越大。）

社交网站要有意设计得不够完善

设计网络社交环境和设计传统媒体、内容广播式网站的一个主要区别是：在线社交社区不可能在事前就设计得非常完善。或者说，它不应该提前设计完善。我们必须给社交应用程序的用户机会，让他们亲自“完善”设计。

这一原则源自一些熟悉的概念：自定义、皮肤、用户自定义标签，以及它们可能引发的新兴的分众分类（folksonomies）等。

你可以将该过程称为“元设计”。我们为用户提供的是“渔具”和教他们如何钓鱼的指导，而不是“鱼”。我们设计的是系统规则，而不是结果。有人将其称为衍生式设计，因为你设计的是由用户自己完成整个环境的界面。

采用这种设计哲学，我们创建的是开放的空间，而不是迷宫。如果我们成功地将用户带到我们的网站，并让他们参与到社区生活（会在后面的章节讨论），他们就会在个人选择和与人协作方面有所取舍，这些取舍将决定他们共有环境更详细的形态。

但很显然，应该有所限制。你必须找到基本环境（稳定、不变且可靠的）和那些可扩展的环境之间的界线。网站类型决定这条界线存在于整体架构的哪个部分。举一个非常简单的例子：给自己的个人资料页面换肤。MySpace 允许用户有众多的设计组合，例如用户可以创建一种狂欢的气氛来让人想起往日 Web 中 Geocities 的家园。Facebook 为用户提供了一系列配色方案，只要你喜欢高雅的蓝色格调（Facebook 的配色局限于蓝色的不同色调——译者注）。无论设计决策本身是否正确，它们会导致截然不同的结果，进而可能会奠定社交网站的基调。

沿着脚印铺路

我们从建筑学中学到的，并且早期一直被网络从业者所倡导的一个口号是“沿着脚印铺路”，其根本含义是看看哪里有现成的做法，然后将其标准化。比起创造某种无视历史、传统、人性、几何学、人体工效学和常识的“理想化的路径结构”，这种做法要有效得多。这一原则有时在校园内体现得比较明显：即使在草坪上竖起了“请勿踩踏”的牌子，也无济于事（人们还是我行我素，习惯成自然）。

在设计社交界面时，该做法有两种应用。首先是简单地做人类学功课，并研究一些你的潜在客户。他们如何做今天要做的事情？当然，最好的是他们能做你希望他们做的事情，但这是否真的完全不同？当你给用户的生活注入新的生机时，你是希望提供一种方式让他们继续舒适地做原来的事情，还是坚持让他们改变现有的一切？

“沿着脚印铺路”的第二个应用会在网站生命周期的后期出现，也就是当你有一定的用户群，并且开始有一些你永远不希望发生的事情发生时。通常，其推动力就是为杜绝这些无赖行为，并严格落实规则（这些规则只允许发生你事前计划好的行为）。只有当你想杜绝的行为是真正有破坏性的，你这样做才有意义。有许多蓬勃发展的社交网站，因为设立反对娱乐的规则而倒闭（因为用户干了网站“不提倡”的即兴创作活动，他们不得不离开）。

更高明的做法是支持用户所从事的行为。让用户告诉你界面中的哪些部分是最好和最常用的。不要自以为是地假设你知道你所构建的社交环境需要如何演变。

谨防不明确的心智模型陷阱

关于计算机，我最喜欢的一点就是它总是能够创造奇迹。它们能将人们都认为不可能的事情变成现实。然而对很多人来说，这也是他们对计算机很有意见的原因。

当你开车时，你可能不理解汽车引擎盖下碳氢化合物发生燃烧时的一系列热力学扩散过程。也许你知道汽车能够开动，是因为气体在发动机气缸内膨胀，导致活塞的时序运动而实现的。但即使你不理解这些内在过程，你仍然可以理解油门和汽车前行之间有直接的关系。当然，大多数界面都没有这么简单，即使是汽车上的界面。如果汽车不能开动，你可以大概判断出它发生了什么问题。你看，你忘了松手刹！这样处理错误后，你就可以继续自由地驾驶了。

显然，我不会让你为汽车建立用户界面模型。然而，有趣的是，虽然汽车的内部构造及活动非常复杂（我们几乎都无法完全理解这种复杂性），我们仍然可以很好地使用它，并在出现问题时及时修正。这是因为让汽车运作的一系列事件已经在我们头脑中形成了心智模型。只有在有燃料、发动机点火、你没有刹车并且踩下油门后汽车才能启动。因为我们有了关于汽车如何启动的模型，所以当它表现得和预期不相符时，我们就能排除故障。

对于我们所创建的模型来说，最重要的就是它们是如何使用的。它们与碳氢化合物的燃烧或横向扭力无关。虽然发动机有严重的故障对于我来说仍然是个黑盒，但我知道我可以打电话给美国汽车协会把我的车拖到修理厂。而这，亲爱的朋友们，正是问题的症结所在：您需要设计让人们从错误中恢复的界面。你作为设计师所面临的问题是用户没有像汽车心智模型那样强健的计算机心智模型。出现问题时，你的用户一定会手足无措的。

那么，我们如何解决这个讨厌的问题呢？让我们从我们所知道的入手。用户必须有一个计算机心智模型；否则他们根本无法使用它们。然而，该心智模型的范围包括用户界面控件，也可能是标志性或者是列表式导航。问题是（计算机与汽车的不同之处在于），与计算机交互是受我们无法控制的使用环境和条件影响的。许多使用情形可能不被用户所理解，或者可能从来没有向用户解释过。汽车工业的历史很悠久，孩子们在学校就学习过它们。在我们第一次学习开车时，我们就已经基本了解汽车是如何操作的了，虽然这一心智模型有点泛泛。但对于计算机来说并不是这种情况。用户在学习使用计算机的基本常识时会倍感受挫，并且常常都会被人嘱咐要记住界面上的某一细节。

让用户的心智模型全线崩溃的例子就是使用网络。对于用户来说，网络可能是计算机上最不友好的环境，但它却是最成功的计算平台。使用网络时，用户可能会遇到很多情境错误，但大部分用户都没有理解和恢复这些错误的心智模型。经我们分析，踩油门无法提速的原因可能有 4 个，但网页加载失败的原因则可能多达十几个。由于用户缺乏相应的心智模型，因此最好的应对措施是尝试自我诊断错误并对用户进行培训。这两者之间的区别非常重要。虽然告知用户错误并告诉他们接下来该怎么办已经足够了，但当用户再次遇到相同的情况时还是会面临同样的困惑。相反，如果是 DNS（域名系统）的问题，就如实告诉用户，并帮助他们了解什么是 DNS。也许你需要使用电话簿来类比用户电脑拨号，或者你可能会以更直接的方式传达信息。但不管你怎么做，都不要让你的用户屡屡失败、变得沮丧。相反，应为他们建立了一个终生满意的客户心智模型。

优步（Uber）软件工程师汤姆·休斯 - 克劳切（Tom Hughes-Croucher）

严格 VS. 灵活的分类法

在社交网站中，人们倾向于给一些至少是部分定义的结构贡献内容。当讨论分类法时，我们讨论的是用于从产品结构到导航、再到内容分类的组织方案。

让设计是未完成的这个理念包括：决定哪些元素是确定的，哪些元素是可以灵活变化的。Flickr 是将这两种设计方法（严格 VS. 灵活）应用到不同情境中的先驱者。Flickr 界面上的某些元素是严格定义的，包括对象模型、网站的主导航和预定义关系类型的短列表。

使用对象模型：人们可以进行收藏媒体对象，参加群组并提交媒体对象等操作。主导航在网站的最顶端，包括：主页、您、管理与建立、联系人、组群、发掘。默认关系类型的短列表允许用户将他人添加为联系人（这种关系无须对方同意便可生效），还可进一步选择将其归为朋友、家庭成员，或两者兼而有之（见图 2-2）。

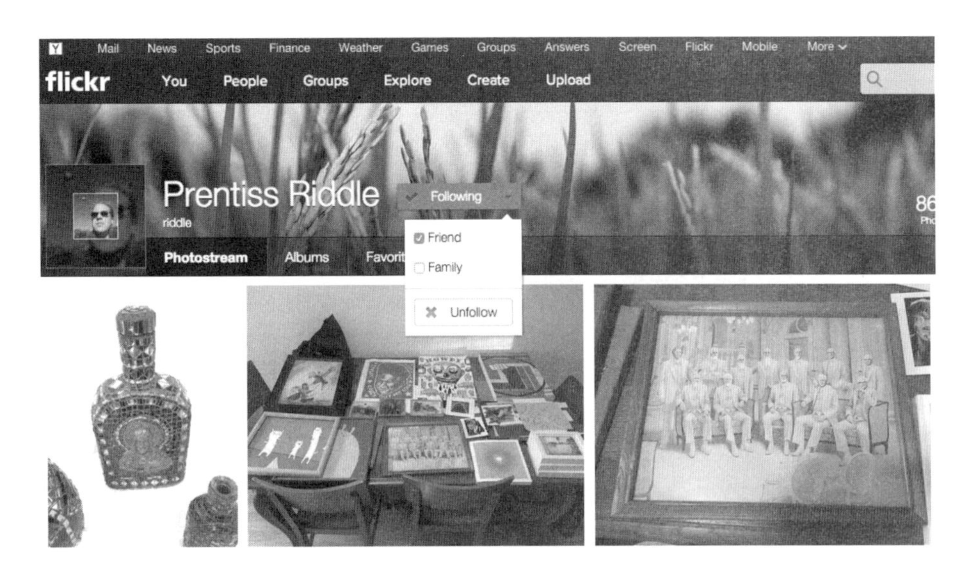

图2-2：在Flickr中，联系人可以是朋友、家人或者两者兼而有之（但仅此而已）

我不是说这些设计和信息架构是一成不变的。自发布以来，Flickr增加了第二个媒体类型（视频），并在不改变其基本理念的前提下重构导航菜单。它还从允许用户定义附加关系的自由连接模式发展到现在这样较狭隘的模式（因为真正使用这一功能的用户相对较少，所以它为日常维护所提供的价值非常有限）。

最近，它又变回比较灵活的分类方法，这样可以让用户在适当情况下不断发展，发明出一些概念、标签、分类、群组，这种方法既满足了他们的需要，又不需要作为设计师的你去预设每个可以想到的、社交应用可能促进和支持的场景。

除了这些“硬性”的分类元素外，Flickr还为用户提供了无限的自由和精心定义的轴线，让用户自己发明他们真正需要的东西。这样的例子有：Flickr著名的自由标签功能，让用户可以标记他们自己的对象。用户还可以选择是否允许其他用户为其添加标签（见图2-3）。

图 2-3：社交应用程序的设计师无法预测用户想要使用的所有标签

在 Flickr 的设计中另一种自由形式的分类元素是：用户可以用其所能想到的任何名称或主题来创建群组。这个功能涉及我们即将讨论的很多模式，包括群组的概念、极其简单的群组形式、讨论、参与、邀请，以及将媒体对象添加到群组“池”的能力。

Flickr 的用户还发明了与群组相关联的奖励推荐机制概念。Flickr 会向用户推荐与其评论相关的绚丽图片，并且通常都会附带一个加入相关群组的邀请（或者至少可以让用户很自豪地展示该奖励，这对相关群组来说也是一种广告）。许多人认为这些奖励俗气而牵强，但它们代表了一种由用户发明且被 Flickr 用户界面允许（但不直接支持）的创新。

这样（不管有没有奖励），群组就可以作为用户浏览的“枢纽”，将用户从好友的图片带到相关群组中，然后让用户浏览其他图片（见图 2-4 和图 2-5）。

La Poutré says:
Hi, I'm an admin for a group called Vitruvian variations, and we'd love to have this added to the group! It's a new group. I try to collect all kind of pictures inspired by Da Vinci's drawing.
Posted 2 months ago. (permalink)

图 2-4：达芬奇“维特鲁威人”风格的 Merlin Mann 讽刺漫画群组，发出的邀请使得一批痴迷这种模仿和恶搞的人加入了这个群组

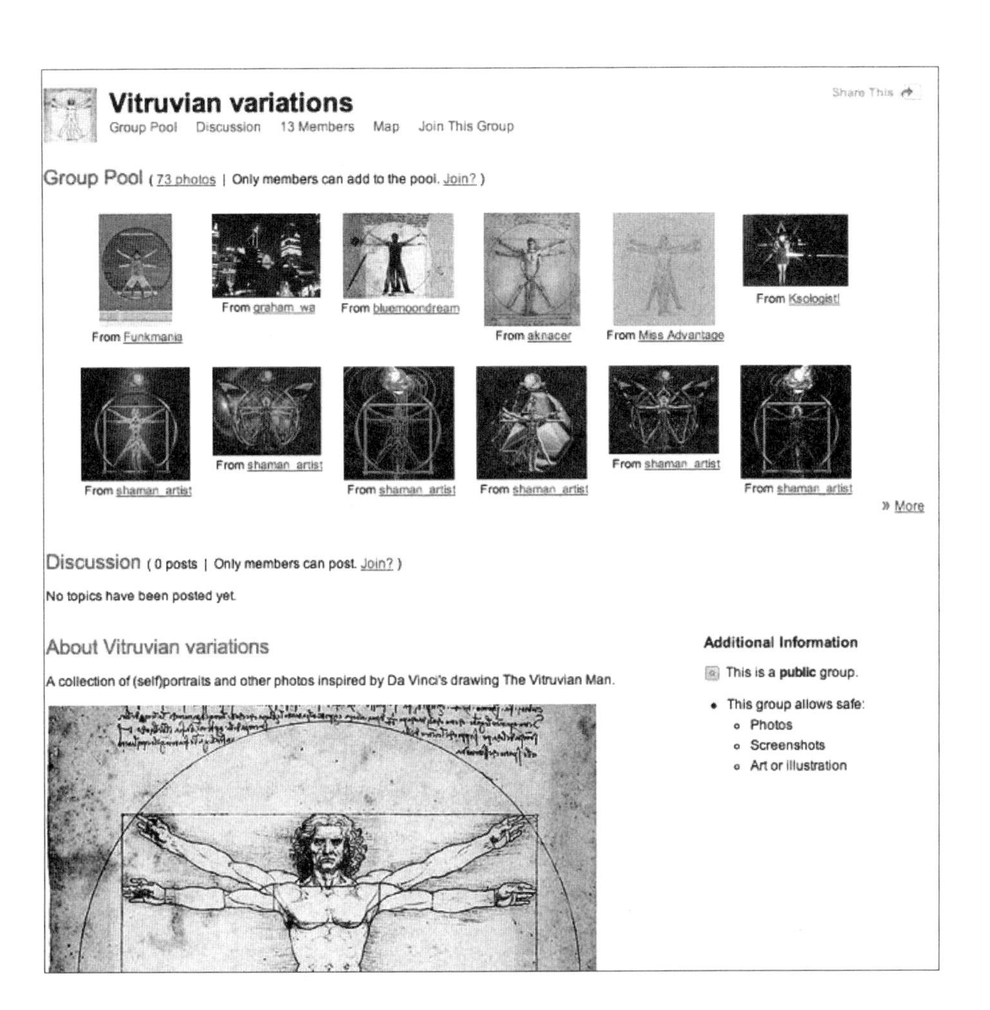

图 2-5：Vitruvian variations 群组展示了一系列相同主题的图片

重写本

2008 年在 Adaptive Path 公司 MX 周的一次演讲中，Matt “blackbeltjones” Jones 在谈到 Dopplr（为经常光顾社交网络的人所创建的网站）时，建议将重写本的隐喻 (*http://bit.ly/1OhbUNY*) 作为“社交工具的模型”：

> 我们的内容会变得更加简明，因为它聚集了我们对其的想法……我认为，“重写本”是非常强大的社交工具。
>
> 当然，这些都是源自我们没有经历过的媒体欠发达时代。但即使将媒体看成一种丰富信息的方式，我仍然会这么认为。

我们也这么认为！

从字面上看，重写本是至少写过一次的手稿（一个古老的名词，可能是纸莎草或羊皮纸），只是原有的文字有些被擦除了而显得模糊不清了。因此，先前的内容仍然依稀可见或者被“压在”最新内容“之下”。“重写本”这个词也常常用来比喻可以显示事物本身历史的任何东西。

肯尼斯·G·威尔森（Kenneth G. Wilson）在《哥伦比亚指南之标准美式英语》（*The Columbia Guide to Standard American English*）中将它定义为“一部已被擦除和改写了一次或多次的作品，因此它的层次会很深。因此，它为解读或揭秘，或者只是简单地通过物质层看到事物的真相提供了一种隐喻。该隐喻不是什么谜团或历史年轮，它只是有多层含义。”

那么它到底是什么意思呢？它意味着为你的用户提供一种方式，让他们可以在保留原有痕迹的基础上，添加新释义、添加元数据、重定格式、重新创建并改变你已经为他们设计好的环境。

图 2-6 所示的 Flickr Commons 就是一个很好的例子（这也是引自 Matt 的例子）。

图 2-6：Flickr 的“The Commons”为社区成员提供了一种注释（通过添加标签或评论）来自各种博物馆和图书馆照片（从国会图书馆开始）的方式。这样，通过持续不断地为其逐层添加新的释义，就能将这些馆藏文物数字化

走向数字重写本

重写本这种历史形式确实是强大的社交工具模型。

当然，它源自媒体匮乏的时代，即写作材料的短缺意味着不断重复使用的时代。这是我们未曾经历过的。然而，通过尘封已久的媒体视角看互联网，可以极大激发我的兴趣。这种做法为未来指明了方向：我们网站的内容会变得越来越靠谱，因为它整合了众多人的智慧。

关于信息的信息（元数据）分层当然不是什么新鲜事，但该做法的参与性却是前所未有的。

正如克雷·夏奇（Clay Shirky）和大卫·维因博格（David Weinberger）在他们的新作中所指出的，每个人都在用其他事物注释每一个事物。此外，移动和定位技术的发展表明我们周围的世界正在重新回归重写本。

那么，我们可以从重写本这一历史重现的形式中借鉴点什么呢？

例如，看看位于英国格林威治区国家海事博物馆的馆藏地图（就在我家附近），历届探险者在多年的探险中，在同一份文档中不断标注新机会、理论和障碍物等。

由此我们可以类推，一个成功的数字重写本需要一个永久 URL，我们不需要担心它在传播过程中会出现知识积累过程中断的情况。当然，重写本不仅只有好的经验可借鉴（它也存在一定的局限，大家所添加的释义其质量参差不齐）。认为重写本上所添加的每一释义都具有相同的价值有点牵强。

那些研究重写本历史版本的人在形式和内容方面都发现了一些有价值的东西，每一新层的形成都经过几十或上百年的时间。很多最有价值的信息很快就会被看得一文不值并被重写，最后丢失；直到现代化的信息保存技术重新发现它们的价值。

数字重写本存在于任何形式的出版物中，存在于过滤后的世界，这与互联网之父 John Postel 的言论是一致的：你出版作品的时候要保守谨慎；对你见到的东西要宽容。理解和筛选是阅读重写本的关键技能，这对古老的实体重写本和现代的数字重写本来说都一样。

马丁•瓦登伯格（Martin Wattenberg）和费南德•维也加斯（Fernanda Viegas）的著作中体现出了优美而实用的历史变迁（http://www.research.ibm.com/bisual/project/historyflow/），它记录了维基百科的整个变迁过程，并指出信息可视化将在未来解码重写本的过程中扮演重要角色。

最近，谷歌在其“Wave”技术上发布公告称互联网已经成为创建内容的一种在线实时协作方式。这是由信息和媒体内容的不断添加实现的，而不是通过发布页面实现的。这也说明，Google Wave 可能是第一个完全实时的数字重写本实例。

在未来不仅会由众人为每件事添加释义，每个事物也会为彼此注释。

我们的环境、置身其中的各种实体对象和我们自己都将成为我们参与创建的重写本。

——马特·琼斯（Matt Jones），谷歌创意实验室交互设计总监

像人一样会话

（这一小节原本取名为“用人类的声音说话”，但后来我又根据自己的想法做了修改。我在想，实际上，是谁在说话呢？ 我认为“像人一样说话！”更贴切。）

当我们开始把个人网站、艺术项目和其他创意或 20 世纪 90 年代的非正式对象放在一起时，互联网的非正式氛围是显而易见了。但十几年后，随着各种商业活动在网上的开展，很多面向商业的网站重新开创了一套遥远、单调、近乎机械化的商务套话——可以在企业年度报告和目录文案中找到。

即使这样，明智的企业家们更看重以平易近人的语言和他们的潜在客户交流。企业总是会以掩饰人性的面目示人，它会隐藏业务人员的实际特性。从其他角度展露一些人性化的东西有很好的缓冲效果，而且收效明显。

当然，有时这种形式化和距离感还是有用的，在现在这样的时代下，权威是由开言纳谏形成的，而不是从高层、远处以假装正经的官腔发布报告形成的。

当然，“像人一样说话”说起来挺容易，但是该像哪类人那样说话呢？你希望你网站的说话口气像什么类型的人呢？请为你想采用的那种语气和个性建立模型。

这在社交网站环境中会显得更加真实。如果一个网站从开始就不与用户好好沟通，用户怎么可能会觉得舒服呢？医院中弥漫的消毒水味道和机动车辆管理局的官僚手续，根本不是让人们建立人际关系和合作的环境。

要谨记，网站和应用程序上的文字是用户界面的关键部分。如果你乐意的话，你也可以将其称作 UI 副本、术语和标签，但它与按钮、窗口、滑块等控件一样，都是用户界面的一部分。

因此，与网站用户沟通时要使用人性化的口气。但是怎样才能做到呢？如果你做错了，后果往往是令人毛骨悚然，且近乎恐怖的，就像是一个油腔滑调的商人在你认为只是一个聚会的活动中推销他的产品或服务。其底线是要真实可信。你真的会这么说？你敢放声朗读它吗？你读出来的内容听上去像你所预想的那类人吗？

这些工作看起来像是模式方面的。

交谈

要想做到像人一样说话，最简单的方式就是采用谈话的口吻，如图 2-7 所示。

- **Don't upload content that is illegal or prohibited.**
  If we find you doing that, your account will be deleted and we'll take appropriate action, which may include reporting you to the authorities.
- **Don't vent your frustrations, rant, or bore the brains out of other members.**
  Flickr is not a venue for you to harass, abuse, impersonate, or intimidate others. If we receive a valid complaint about your conduct, we'll send you a warning or terminate your account.
- **Don't be creepy.**
  You know the guy. Don't be that guy.

图 2-7：要使用当下的流行语，而不使用像教科书、税务表格或路标那样的措辞

是什么

人们在屏幕上阅读那些毫无情感的文字会无动于衷的。

何时使用

为社交网站撰写文字内容时使用该模式，包括：操作指南、错误提示和系统自己需要告诉读者、访客或会员的消息。

如何使用

杜绝使用学生腔或官腔。问问自己，这是不是你自己平时的说话方式。放声朗读自己所撰写的文字内容，并剔除所有你感觉不自然的文字。试着将文字内容读给别人听听，体会一下自己的“口感”，同时也看看读出来后的文字内容听起来效果如何，并注意观察对方的反应。

不论语文老师当初是怎么教你的，但用缩略词、分离不定式，甚至用连词作为句子的开头没有任何问题。只要让人觉得自然就好。

特例

要注意避免使用一些生涩难懂的俚语，除非你很确信你的用户乐意根据上下文或文字的中心思想来揣摩其含义。

不要误把自己的小聪明当真实。

为何使用

谈话式口吻给网站的浏览者提供了真正做出回应（就像对另一个人做出回应一样）的机会。这种广开言路的心态会让读者真正与网站进行对话，并且更加确信网站是由人制作的，而不是由机器生成的。

实例

Flickr 的服务条款就是这种“大白话”风格的典范，尤其是“不要沦落为那号人”这一条款（真绝！）。

自我反省式的出错信息

出错信息应始终把责任归咎于网站的创建人，而不应归咎于使用网站的用户（见图 2-8）。

图 2-8：是诚恳认错还是耍小聪明

是什么

消极或者中立口气的错误信息会让人觉得是在责备用户，好像在说，是用户错读了网站说明，错填了表单，或者是在其他地方把事情搞砸了。让计算机的错误信息数落一顿真让人不爽。

何时使用

当你在网站上撰写错误信息时应该使用该模式。你肯定撰写过这些错误信息，对吧？你不会忘记错误信息（会有像“错误 41”这样的对话框），对吗？你不应该指望工程师们撰写这些错误信息（像“错误 41：出现了错误 41”这样的对话），是吧？

如何使用

以谈话式口吻撰写错误信息，解释问题出在哪里，为什么会出错以及下一步该怎么做。一定要说明错误是由系统的失误所造成的。即使导致错误的原因是用户没有遵守操作指南造成的，也要假定操作指南本身不够明确，或者是没有为表单的填写提供充分的指导。

出错时不要责备用户。网站要接受用户的抱怨，并向用户表示歉意，然后继续努力。

特例

“哎呀”这种方式既可以模仿人意识到犯错时的反应，同时也是认错负责的一种表现。但你永远不希望听到飞行员、机修工或者外科医生说“哎呀”。当网站涉及敏感的个人信息或背景（例如，医疗或金融背景）时，使用较正式的语气可以避免产生轻率不靠谱的印象。即使在正式或敏感的情况下，当问题发生时，避免谴责受害者同样重要。

实例

图 2-9 显示了当没有搜索到结果时，Snapchat（*http://snapchat.com*）会承担责任（“我们找不到您要搜索的结果”）。

图 2-9：当搜索失败时，Snapchat 不会让用户觉得很糟糕

提问

人们对话或者交谈时最常见的形式就是一问一答（图 2-10 和图 2-11）。最早的邮件列表、Usenet 和 Gopher，以及常见问题列表（FAQs）都是通过收集大众的智慧或一些权威人士的答案来回答人们的问题。

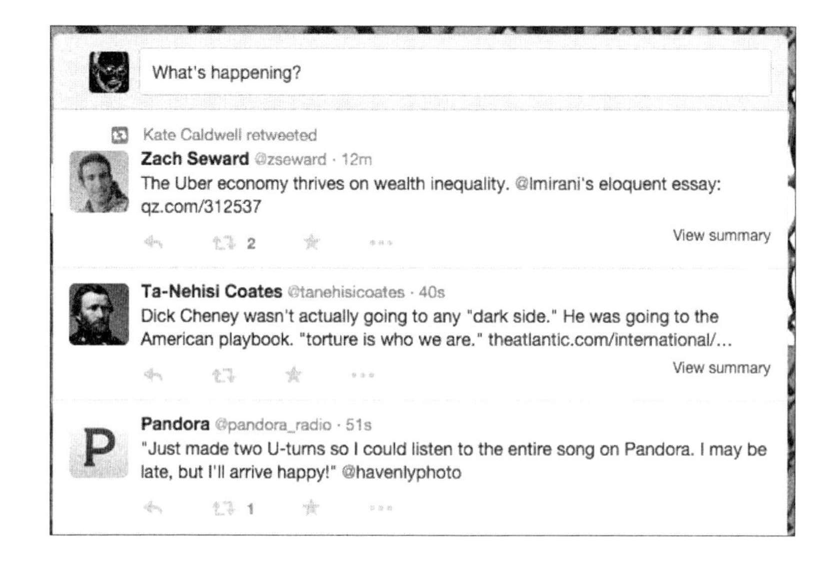

图 2-10：Twitter 会通过向你提问来引导你开始使用它，现在是“What's happening?”

图 2-11：Facebook 通过问你“What's on your mind?”鼓励你开始使用它

人们自然会有疑问，如果是他们自己寻找答案的话，那么他们就会默不作声；如果他们意识到有机会提问的话，他们就会直接提问（在邀请界面或者碰到有经验的社区成员表示欢迎的情况下）。

但是，该模式是指你如何用网站自己的口吻向用户提问。

是什么

在网上很容易碰到不知道该做什么，下一步如何操作，该说什么，输入什么的情况。这种“一片空白”的空间是非常可怕的（你该看看我下笔写本章前满头大汗的情景）。

空白或寂静的页面会让用户不知道如何是好，不知如何才能继续操作下去。

何时使用

当撰写解释性文案、帮助文本以及在用户界面上将来可能会有的功能的说明标签时，该模式适用。

如何使用

就是要问问题。以提问的形式提出建议。以好奇的方式撰写网站内容，这样就会让用户觉得不得不回应网站的提问。

为何使用

有提问，就需要有解答来回应。并且，提问本身就是让用户参与其中的一种方式。

实例

Twitter 问你："你在忙啥？"有的人会犹豫是否要直接对它做出回应，但重要的是 Twitter 提问了，它在推动用户与它交流。这样，对话就开始了，它在邀请你对其做出回应。

不要到处开玩笑

人们常说，挖苦讽刺并不能在电子邮件（或其他 ASCII 之类的沟通方式）中表达到位。因此，微笑和其他表情符号已经成为一种重要的全球现象。通过使用这些表情符号就能缓和生硬的用语，或者提示读者你可能只是爱开玩笑而不是要有意冒犯。

同样，在界面文字上讲笑话也几乎是不可能的，因为每个人认为的幽默都不一样。某个人觉得有意思的东西，另一个人却会认为庸俗、不恰当、无聊或乏味，如果网站面向的是全球用户，各地的文化差异只会加剧潜在的问题。

不要对界面文字内容乱开玩笑。

是什么

人们能够理解幽默和调节尴尬气氛的俏皮话，但界面上不那么一本正经的文字可能会让用户觉得你是在拿他们找乐子。

何时使用

当你想在界面搞笑时可使用该模式。

如何使用

不要纯粹为了开玩笑而开玩笑。这并不是说你不能机智或灵活地与别人分享文化典故。但很少有人能把笑话讲好，尤其是你所面对的是无法谋面的网站用户时。

特例

一些小网站，会用一些比较经典的俏皮话来迎合社区的喜好，这种情况下，他们讲些笑话也不会让网站的用户感到陌生和困惑。

为何使用

因为同样的幽默对不同的人来说会有不同的效果，并且你也不可能知道最终看到界面文字的人是谁，所以最好彻底剔除界面中的笑话，以免冒犯用户或造成其他不必要的摩擦。

让用户互相讲些他们自己的笑话吧。

不要中断电子邮件

如果你将电子邮件作为广播媒介（例如，发送提醒或通知）却不让用户回复他们收到的消息，就比较差劲了。你也没理由不处理这些回复，你可以把这些回复当作通知转发给正确的收件人。这需要你在方便沟通（用户之间以及你提供的服务和客户之间）和维持用户原有的习惯（可以按他们已有的习惯回邮件）之间做出权衡。

例如，37 Signals 的 Basecamp 产品以前发的邮件都是单向的，都附有警告信息“do not reply”（请勿回复）。但它很明智，只要回复的邮件达到一定程度后，它就会将其添加到 Basecamp 的评论线程中（如图 2-12 所示），这么做既考虑了它自己的利益（在网站上与用户保持沟通）又满足了用户的利益（能正常回复邮件）。

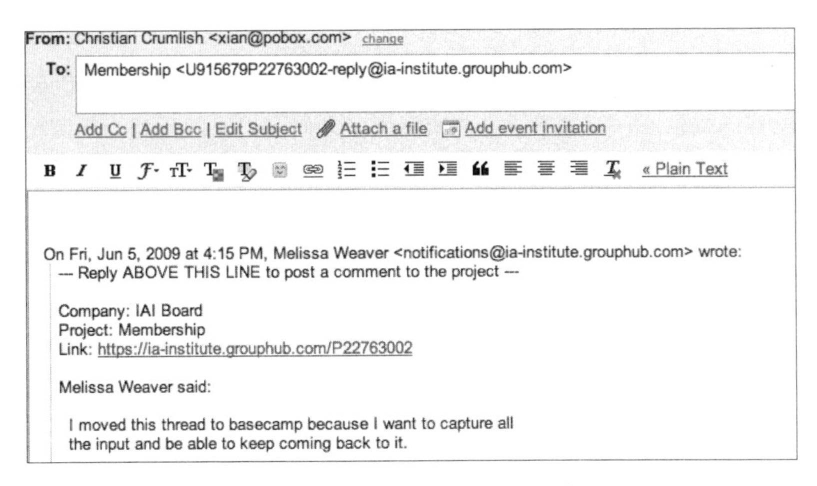

图 2-12：使用电子邮件作为网站和用户沟通的媒介，可以做到不伤害用户的感情（用户会按照他们的经验来回复邮件），并且会提高网站的点击率

要开放

我现在想灌输到你脑海中的另一大原则是开放性。开放是最近很时髦的东西,但它对不同的人有不同的含义。它可能意味着要做到非常透明,要使用开源软件，要公布平台接口，要众包（crowd sourcing），等等。我们在第 17 章将讨论几种开放方法。我们认为这些方法是有效设计和发展在线社交环境必不可少的，但在设计用户体验时我们只需要想着这个问题：“如果网站有更好的开放性后，要如何改进界面？”

从游戏中学习经验

我们稍后将讨论游戏设计和社交设计的相同之处，这很有意思：它既能在游戏中增加社交功能，也可以将好玩的元素引入社交界面。应用程序不必成为游戏或者看起来像个游戏，只需要采用与游戏相同的设计技术（能让游戏好玩的技术）。

Ludicorp 的第一个产品是 Game Neverending 并非巧合（第二个产品是 Flickr，它的成功仰仗于几乎能让人上瘾的游戏般的用户界面）。这个模式被 Flickr 的联合创始人史都华·巴特菲尔德（Steward Butterfield）用于他们所创办的另一家公司 Tiny Speck——刚进入网站时也是一个非常吸引人的多用户游戏（Speck），但用户最终会被转向称为 Slack 的工作聊天服务。

即使在企业中，界面也不必那么枯燥乏味。想想该如何取悦用户，并鼓励他们和其他人互动。

游戏是最古老的“社交界面”之一。游戏规则和筹码为人与人之间的互动提供了一套情景支持。实际上，人们会用他们找到的任何元素来做游戏。很多通过应用程序和网站，例如 Tumblr 和 Reddit、SnapChat、YikYak（“你属于巴菲剧中的哪个角色？”“关于猫咪你不知道的 37 件事”，或“iPod Shuffle 算卦”）传播的“文化碎片”都是用网站内置的发帖、评论和投票功能所创建的，这就说明你可以通过为用户提供生产性工具让用户自己创造游戏。

反模式的“货物崇拜”

旧时的“货物崇拜”是指人们被更先进的技术（该典故中的先进技术

就是二战时期的飞机）震住了，于是开始模仿他们看到的东西（木无线电塔，用火炬点亮“铺好”的飞机跑道，仿造制服），希望这么做能带来好处（“货物”），即他们亲眼目睹的仪式和物体。在这种情况下，设计模式可能就会陷入一种“货物崇拜”：他们在没有真正了解结构、布局和流程在原有情境中如何运行的情况下，就模仿它们。一个常见的肤浅例子就是很多初创公司的域名都以非元音结尾，就好像 Flickr 今天能如此成功，完全是因为“Flicker”结尾的那个“r”似的（参见图 2-13 和图 2-14）。

图 2-13：Flickr 的口号（或诸如此类的内容）一直没有变过，而 Zooomr 放弃了类似的口号

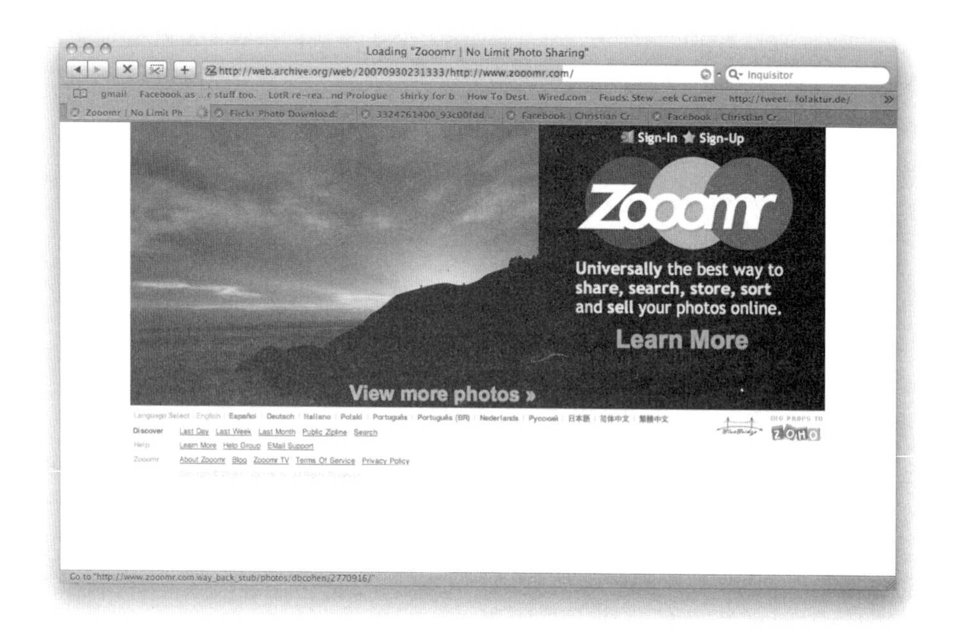

图 2-14：Zooomr 模仿了 Flickr“源词 + 非元音字母‘r’结尾”的命名方式。它的子标题一度也非常接近 Flickr 的子标题，许多源标记也出奇地相似。他们说，模仿是最诚挚的恭维，但只有你了解到底在模仿什么以及为什么要模仿它时，才会对你自己有所帮助

另一个较新的“货物崇拜”示例是 Facebook 采用了左侧全局导航后，每个手机应用都开始模仿这种模式；但 Facebook 经过测试后却发现，之前采用的“主导航模式条位于屏幕底部”的模式更好。

反模式：“嬉皮街”

20 世纪 60 年代，反传统文化社区有一段时间在旧金山两条街的交叉口（Haight 街和 Ashbury 街）蓬勃发展。传奇摇滚乐队 Jefferson Airplane 和 Grateful Dead 就定居在这里。免费的食物、免费的音乐会和自由恋爱引发了辍学者和探索者数量的持续攀升，这个地区成为一个盛大的派对场所。

然后媒体主导的“爱之夏”文化开始兴起，旅行者和逃亡者挤满了整个街道，妓女、毒贩和皮条客开始蛊惑一无所知的新加入者，最后这场运动的发起人只能向北跨过金门桥进入 Marin 县。

我在全新的社交服务中已经看到一个非常相似的模式。初期，他们看

起来就像是某种“乌托邦”：由有魅力的人所推动的一个小型、友好的社区（就技术来说则是有影响力的人，例如罗伯特·司考博（Robert Scoble）这样的早期采用者）。刚开始时，加入这些社区的人们发现他们周围都是一些志同道合的好心人。终身的友谊也由此铸成。

这个时候，热门应用的创建者认为他们已经取得成功。他们的产品正在变得流行。所有的“酷孩子”都在使用这个服务，并且邀请新人。那么可能会犯什么错？

就像嬉皮士在海特街最终走向灭亡一样，社交网站很容易变得过载、危险、腐坏且最终被弃用，成为互联网历史中昙花一现的产品。

没有人会拒绝通过初始普及来解决推出一项全新社交服务时所遇到的“冷启动”问题，但要注意爆发式的普及，因为这并不总是能产生可持续的社区。

正如我们的一名审稿人劳拉·克莱因（Laura Klein）所说：“我看到的情况是，当产品开始步入主流时，这些酷孩子就不会再使用它们了。反过来说，如果它们没有走向主流，它们就会消失。那么，正确的位置是什么？”这是一个很值得考虑的问题，回答这个问题让我们感觉有点像“金发姑娘”原则。它是一种平衡各方权益的行为。宣传和流量很重要，但这就是你为什么需要考虑更深层的参与指标、从SEO中识别“回头客”、发现你的社区领导和传道者、不让网站只是昙花一现的原因。

反模式：“苍蝇王”

即使是最成功的社交网站也可能会出现欺凌、骚扰和辱骂等问题。在威廉·戈尔丁（William Golding）的《苍蝇王》这部小说中，一群英国男孩子被搁浅到一个荒岛上，并逐渐恢复到恐惧、仇恨和害人的野蛮文明。

当在线社交体验没有可以引导的社会规范、没有问责和对弱势群体的保护措施时，就会有发展成为不文明行为的不良倾向。

例如，YouTube一直受害于其无人监管的评论方法。人们一直觉得YouTube的评论类似于开放运行的排污系统，就好像是无人监管的评论被追加到政治网站的大多数文章中。（最新消息！我从Laura Klein得到可靠消息，Youtube引入的“不喜欢”机制开始帮助隐藏最邪恶的内容，这种恶性循环可能会被打破，但仍然需要很多年来克服互联网上的这种恶意和负面势头。）

写这本书的时候，Twitter正在因为为其用户创建安全的空间屡次失败而遭受攻击。Twitter的开放性使得它很容易成为跟踪者或者骚扰者定位受害者的平台，从而逼迫受害者退出Twitter或者将他们的生活搞得一团糟。

可悲的是，我们人类仍然很容易陷入仇恨和令人不安的行为模式，这在你设计、构建或者管理一个社交网站时特别重要，你必须从头开始考虑这些，并提供你的设计界限、保障措施、限制和干预方式，从而创造出你想看到的那种世界。

把握道德尺度

当你为人们设计体验，或设计让人们自己创造他们自己的体验框架时，总会有道德方面的考量。

- 当你开展商务活动时，是否有明确或默许的承诺？
- 你是否承诺保证用户的安全，保证他们的信息不会泄露并尊重他们的隐私权？
- 你是否会为了网站聚集人气并快速建立自己的社交图而昧着良心欺骗用户呢？巴尔扎克曾经说过：“巨额的财富往往没有明确的来源，其秘密就是人们常常会忘记曾经犯下的罪行，之所以会忘记，是因为它们的处理手法都很巧妙。”许多当前成功的社交网站都有“不可见人”的第一桶金，可能是通过垃圾邮件病毒式要请的模式，也可能是未经用户同意就使用他们的联系人列表。有些公司从不指望用那些见不得光的做法生存下去，而有的公司就会睁一只眼闭一只眼地默用一些潜规则。

你会发现，许多时候在你运用这些模式时就会涉及道德层面的事。“自愿退出”是否妥当？你所公布的信息是否足够？你是否有必要停止某些霸王条款？

在本书中，当我们碰到与道德有关的因素时就会提出来，并鼓励你自己好好把握自己的道德尺度。

延伸阅读

“Are We Building a Better Internet?” on page 572.

McConnell, Steve “Cargo Cult Software Engineering” *http://www.stevemcconnell.com/ieeesoftware/eic10 htm*? .

Crumlish, Christian “Grasping Social Patterns ” *http://www.slideshare.net/xian/grasping-social-patterns*.

“Jargon File entry on Cargo Cult Programming” *http://www.jargon. net/jargonfile/c/cargocultprogramming.html*.

“Mevs.You(vs i).” *http://bit.ly/1DktYpz*(ChrisFahey’s Graphpaper blog).

Winer, Dave. “Rule 1.” *http://bit.ly/1OhcJq3*.

“User vs. You.” *http://bit.ly/1Dku5RQ* (Chris Fahey’s Graphpaper blog).

Wikipedia entry on Cargo Cult Programming. *http://en.wikipe-dia.org/wiki/Cargo_cult_programming*.

“You vs. I.” *http://bit ly/1DkvhEW* (Chris Fahey’s Graphpaper blog).

“Your Web Application as a Text Adventure.” *http://bit ly/1Dkvsjq* (Michael Buffington, podcast from SXSW 2007).

第二部分

我是某某

关于“自我”的概念（哲学家、心理学家和科学家已经讨论了很久）也成了用户体验设计领域的讨论话题了。

在网络社交空间中，人们可以清楚地描述自己的特征并建立丰富的个人资料以供别人了解。通过某人的行为和言行所建立的个人声誉，其他人就会对他有一定程度的认知。只要加入到社交空间中，人们就能建立自己的形象和自己在系统中的身份，这样其他人就可以开始与其互动了。

交互设计的未来受到了电脑游戏极大的影响。游戏设计师可以随时进行达尔文竞争压力实验。由他们提出并经过市场验证的想法正在成为（或者已经成为）很多人期望的设定，而这些人很可能最终成为你的用户。游戏技术甚至已经渗透到最优秀的应用中，了解它们的机制有助于你了解如何更好地激励人们，并为声誉、竞争和社会认同的设计提供线索。

接下来的几章会对模式和提供框架时所需考虑的因素进行深入讨论，在这个框架中人们可以参与服务、建立自己的身份（真实身份或者是网络马甲）、维护自己的形象以便他人能联系到自己并与自己互动，并且，人们也可以通过积极参与系统中的活动来积累自己的声誉。

第3章

邀你加入

桌子很大，他们三个都挤在桌子的一角，“没地方啦！没地方啦！”他们看见爱丽丝走过来就大声嚷着。
“地方多得很呢！”爱丽丝说着就在桌子一端的大扶手椅上坐下了。
“要喝酒吗？”三月兔热情地问。
爱丽丝扫视了一下桌上，除了茶，什么也没有。“我没看见酒啊！”她回答。
“根本就没酒嘛！”三月兔说。
“那你说喝酒就不太礼貌了。”爱丽丝气愤地说。
“你没受到邀请就坐下来，也是不太礼貌的。”三月兔回敬她。
“我不知道这是你的桌子，”爱丽丝说，“这可以坐下好多人呢？还不止三个！”
“你的头发该剪了。”帽匠好奇地看了爱丽丝一会儿，这是他第一次开口。
“你应该学会不随便评论别人，”爱丽丝板着脸说，“这是非常失礼的。”

——《爱丽丝梦游仙境》第7章“疯狂的茶会”，刘易斯·卡罗尔（Lewis Carroll）

参与

我最近举办了一次生日派对。在策划派对时，我需要确定受邀嘉宾以及派对的主题和活动。我的策划时间有限，并且由于这只是一次个人的庆典，因此我想将其范围限定为家人和朋友——我觉得没必要将派对搞得过于隆重，也不用把我认识的人都请来。当我确定了待邀嘉宾的名单后，我就向外发请柬了。从策划派对到派对举行期间，我又发过几次提醒，以便及时更新新增的活动信息。

到了派对的那天晚上，我一直忙着在门口向到场的嘉宾问好，然后在人群中串场以便让所有的人都体会到我对他们的盛情，让他们感到非常愉快。作为主人，我必须得知道有哪些嘉宾到场了，得维护现场人们之间互动的气氛，在我的家里体现出我的好客，并且要准备好充足的食物和酒水。

开始运营一个社交网站或者有着社交元素的网站，与策划和举办派对没有本质上的区别。你需要考虑待邀的嘉宾，他们是否可以邀请其他人，一旦他们来了后会发生什么。一旦人们访问了网站，你就需要向他们打招呼并且以一种非常友好的方式欢迎他们，让他们觉得他们很重要并且对社区也非常有价值。如果他们不认识周围的人，你就要给他们引见或者为他人做自我介绍提供方便。在这种情况下，人们需要体会到他可以参与到与他人的交往中的，他们可以加入他们感兴趣的谈话，即使他们在这之前并不熟识。

当然，别忘了零状态启动的话题。早期使用者喜欢“碰瓷”“试水”。只要有新事物出现，他们就会来凑热闹并注册。就像旧时的开垦者一样，他们来到这里，为社区打下了基础，他们会待在这里成为资深用户，或者当他们不再喜欢这里便会离去。对于这类用户，你不仅要让他们注册交互，更要让他们体会到你对你的用户是非常欢迎的，你也非常鼓励他们带他们的朋友来注册，让他们知道这个注册过程非常简单。

鼓励人们来你的网站的第一步就是要确定他们整体体验的基调。你对用户的欢迎和关注方式能够决定你给用户的第一印象是否美好。人们会告诉他人他们对网站的第一印象，如果第一印象不好的话会影响网站的成长和的品牌形象。

你应该仔细考虑一下用户以何种方式参与到你的在线社区比较合适。你的注册过程应该复杂还是简单？你应该在用户想做的事情和你的网站之间设立怎样的门槛？哪些门槛是可以取消的？哪些是进入你网站的最低门槛？需要保存多少个人信息？你需要何种隐私控制，才能让用户对所参与的活动和所做的贡献有安全感？

你该如何打点早期用户？他们可能在为你所提供的服务树立口碑方面有着不可估量的作用。你的测试版应该是封闭的还是开放的？该版本的价值是什么？用户的参与程度是否也分等级，用户是否会随着他的不断成长拥有更多的功能权限？如果用户在你的网站上所花的时间越来越少，你如何才能让他们与网站频繁互动起来？

这里的模式用最佳实践解答了以上问题，它们会告诉你如何处理影响用户进入社区的众多因素、用户在参与社区整个生命周期中的因素和隐私策略因素。

注册

是什么

用户想访问某个需要创建或者保存个人信息的网站或应用。用户想为网站的社区贡献内容，并且想将这些内容归档保存以便后续使用（参见图 3-1 和图 3-2）。

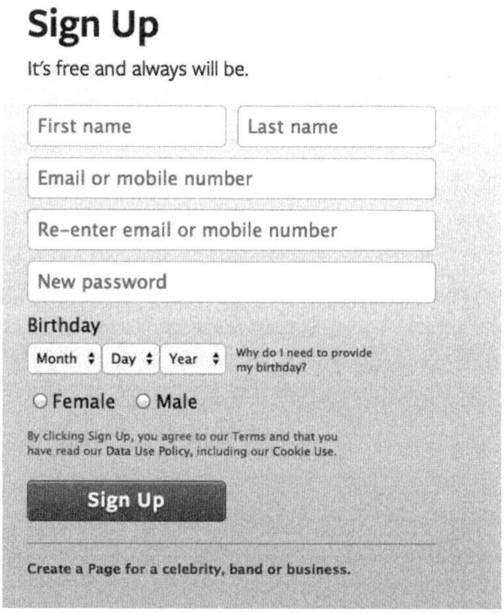

图 3-1：Facebook 的注册（http://facebook.com）界面收集了足以提供价值的信息

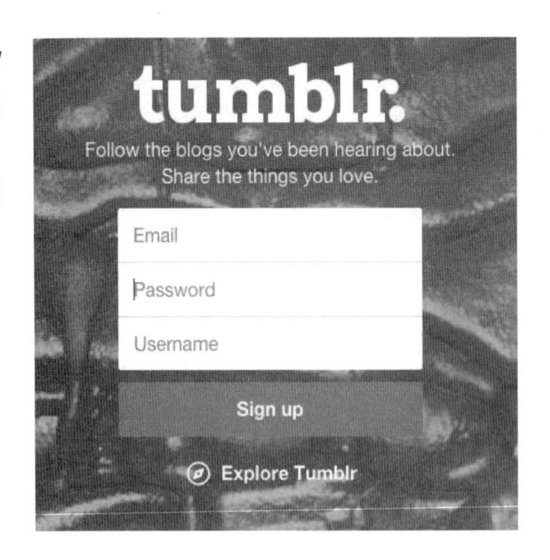

图 3-2：Tumblr（http://www.tumblr.com）的注册只收集基本数据，只要能让用户开始使用 Tumblr 即可

何时使用

- 网站的功能要求留下个人信息或隐私信息，并且隐私和安全非常重要。
- 财务往来要求记录计费、物流和交易信息。
- 用户想参与线上活动（评论留言、写博客、发帖子、发照片、建立自己的人际网）并且这种参与活动需要身份确认并且 / 或者与用户创建社区的目的、声誉、创建个人信息或知识库有关。

如何使用

- 只收集用户登录网站最必要的信息，如图 3-3 所示。通常只需要一个电子邮件地址（供登录时使用）和密码。甚至你需要考虑一下是否有必要注册。
- 为了获得更佳的用户体验时才会收集其他信息。你可以问问自己，你要收集的数据是否在网站的其他地方、其他时刻可能被用到（见图 3-3）。

图 3-3：Pack（http://packdog.com）在要求你注册前就为你的狗狗开启信息创建过程了。直到第 3 个界面才要求你创建一系列认证证书。这个过程完成时，你已经创建了一个个人账户，你的狗狗也有了自定义的资料

- 解释你所收集的每条信息会对用户有什么好处。例如：
  - 邮政编码或者其他地址信息可以帮你找到附近的餐厅和商店。
  - 手机号码可以接收网站向手机发送的内容，也可以用该手机向网站发布内容。
- 尽量在用户浏览网站的最后可能的时刻再要求用户注册，例如：当用户想保存他们创建的视频时再要求其注册。
- 在移动体验中使用屏幕键盘时，应使用自定义键盘来给用户提供额外的安全以及更简单的输入信息方式。例如，当要求电子邮件地址时，要提供 @ 和 . 符号，如图 3-4 所示。

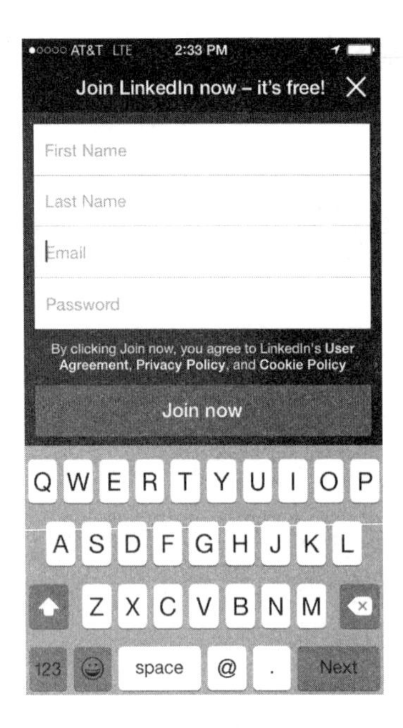

图 3-4：当用户在要求输入电子邮件地址的文本框中输入时，为了便于输入，键盘就会变为包含 @ 和 . 符号的键盘，而无须用户自己在键盘输入法之间进行切换（LinkedIn iOS 应用）

- 在注册之后，让用户继续回到原来的任务中。如果他们是通过随意浏览或搜索引擎而进入网站的，那么注册后要跳转到最可能鼓励他们开始使用该网站的那个页面。

- 避免简单地将注册时的各种输入框分页呈现、逐步收集。这种方式很可能会降低效率，并且会让用户反感[注 1]。

- 允许通过电子邮件地址的使用来创建唯一的标识符，邮件地址是验证用户的唯一信息。

- 不用强迫用户创建一个与电子邮件地址不同的用户名，除非该用户是网站早期的试用者，否则随着时间的流逝，他想用的账户名（通常是他自己的名字）已经被占用的概率就会越来越高（参见图 3-5）。最乐观的情况就是：这样做只是会让你的用户感到不快；而最糟的情况就是：你的用户会弃你的网站而去，并且会心生敌意。

注 1：Wroblewski, Luke *Web Form Design: Filling in the Blanks* Brooklyn, NY: Rosenfeld Media, 2008:206

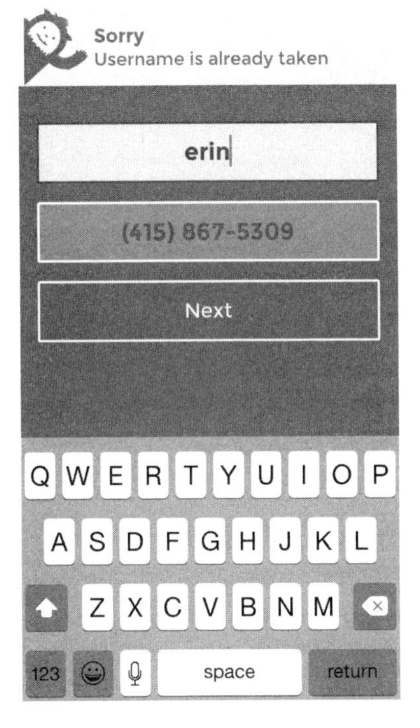

图 3-5：PIP 上的出错信息。这个错误产生的原因是该用户名已被占用。如果系统允许用户使用手机号码作为唯一的标识符并允许用户保留他们自己的姓名时，成功率会大大提高（PIP iOS 应用）

- 允许用户使用与别人相同的昵称进行反馈并在用户和系统之间进行互动。

- 要清楚标明哪些元素是用户名和密码所需要的。是否需要包含大写字母和数字？是否区分字母的大小写？是否有最少 6 个字符、最多 15 个字符的限制？要提前告知用户，而不是以错误提示的形式提供这些信息。杰拉德・斯布尔（Jared Spool）称这种设计为防御性设计。提前描述清楚某一行为的期望和结果，可以有效预防任务中断并能确保更成功的注册过程体验。

- 当用户填写完表单时要给予反馈，如图 3-6 所示。在该示例中，当输入框中的数据填写正确（例如，一个完全可识别的电子邮件地址）时会在后面显示对钩，或者通过密码强度检测来指示密码的安全程度。

Join Twitter today.
erin malone
erin@designingsocialinterfaces.com
Username
Suggestions: erin21269529 | erin73622165 | erin41587830 | erin29708727 | erin55612857
Tailor Twitter based on my recent website visits. Learn more.
Sign up
By signing up, you agree to the Terms of Service and Privacy Policy, including Cookie Use. Others will be able to find you by email or phone number when provided.

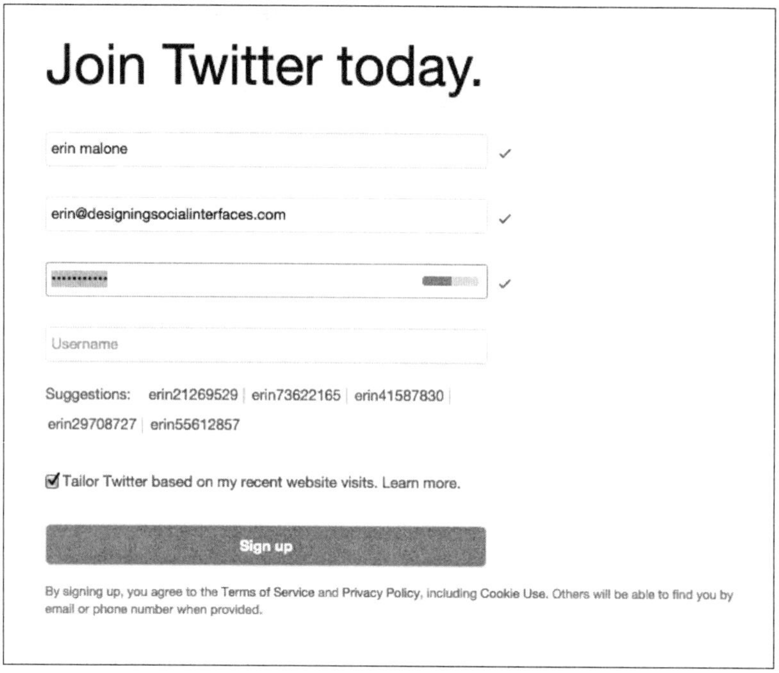

图3-6：当部分信息被正确填写时，Twitter的注册表单就会显示绿色的对钩。由于系统要求唯一的用户名，因此系统还会根据在第一个输入框中输入的真实姓名来提供可选的用户名（http://www.twitter.com）

- 当用户输入密码时，使用短暂的延迟来将他们刚刚输入的字符转换为星号显示。另一种做法是在注册过程中用纯文本形式显示密码以供用户验证，并且只在登录过程中隐藏它。
- 在点击“提交”按钮前，要在同一行提供与上下文有关的出错信息来验证日期和数据格式，或者检查用户名是否可用（参见图3-7）。这样做既可以缓解用户的愤怒情绪，又可以尽量避免用户放弃注册任务。

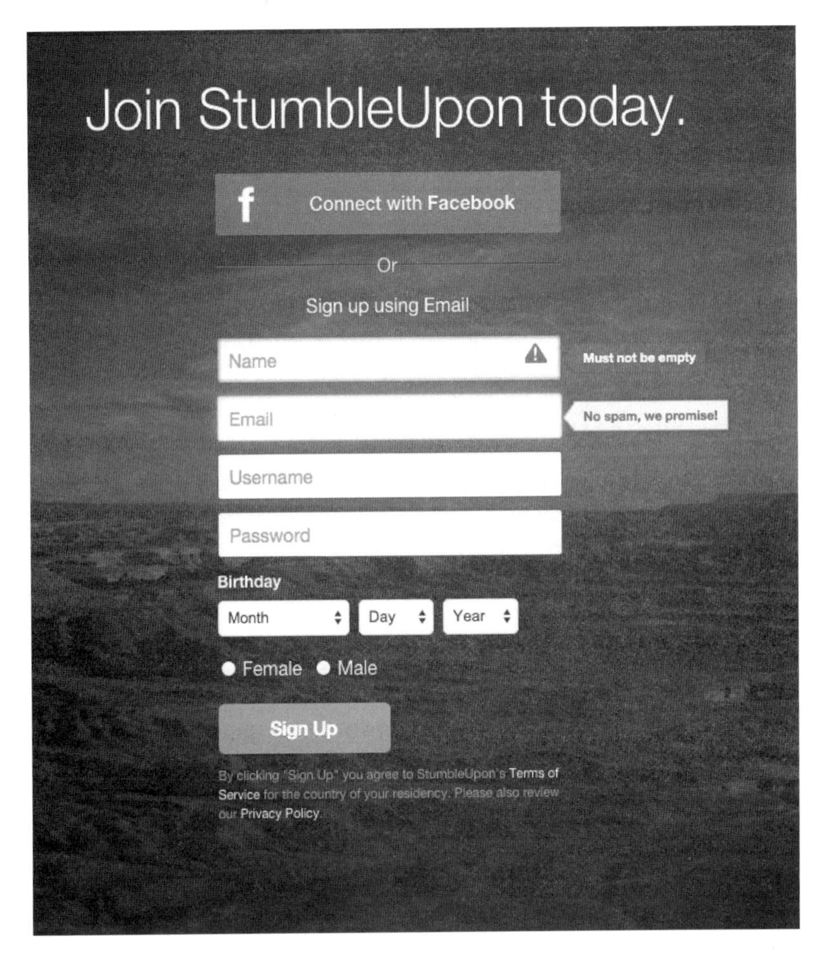

图 3-7：当输入框中填写的某些信息不正确时，StumbleUpon 的注册表单会在同一行提供出错信息。该注册表单使用错误提示来提醒用户填写的信息不正确，并在用户输入信息时提供提示信息来提醒用户可用的数据或者格式（http://www. stumbleupon.com）

- 请确保密码所要求的安全等级与用户所创建或保存的数据安全级别相匹配。保存菜谱和在银行付款的安全级别其差别是很大的，因此，用户对网站的安全性和所用密码类型的期望也大不相同，你应该做出相应的调整。

- 只在非常必要的情况下使用验证码。验证码是为了“证明”注册该服务的人是“人”而不是“机器”。不幸的是，有些邪恶的家伙们会通过雇佣廉价劳动力来读取验证码，这样他们就能轻松绕过验证码创建账户，用以发送垃圾邮件或进行其他类型的攻击。

由于验证码还需要实现可达性方面的应变方法，而且通常都难以读取，因此你一定要确保是否有必要使用它。

- 在移动体验中，当显示多个输入框时要包含“下一个”“上一个”“完成”，或者特殊的键盘，这样用户就可以在不离开键盘区域的情况下，直接从一个输入框移动到另一个。
- 如果你需要二级认证（也称为二元认证、两步验证或者多重因素验证），当你需要一个二级认证问题或者PIN时，应立刻告知用户。确保他们知道这个安全体系如何保证他们的信息安全。
- 你也可以考虑跳过整个注册表单并且允许用户使用OAuth（*http://oauth.net*）启用的服务，例如谷歌、Microsoft、Twitter或者Facebook Connect注册。

为何使用

如果在用户执行某项任务的过程中要求其“注册”，就会中断用户原有的操作。当需要存储个人信息或用户产生的内容时，这种中断是必要且可被接受的，但这并不意味着网站可以利用这种手段来收集用户的生活细节和他的子女信息。

为了获得更好的用户体验，用户很乐意提供他们认为必要的信息。如果除了唯一标识符和密码外还需要其他信息，必须清楚说明为什么需要这些信息以及提供这些信息后会为用户带来哪些好处。注册过程就是跟用户讨价还价的过程，如果你没有清楚地说明其价值或者其价值看上去不够大，他们将会放弃注册并离开你的网站（参见图3-8）。

可达性

注册表单应该很容易通过键盘来导航，只要点击“返回”键即可触发“提交”按钮。

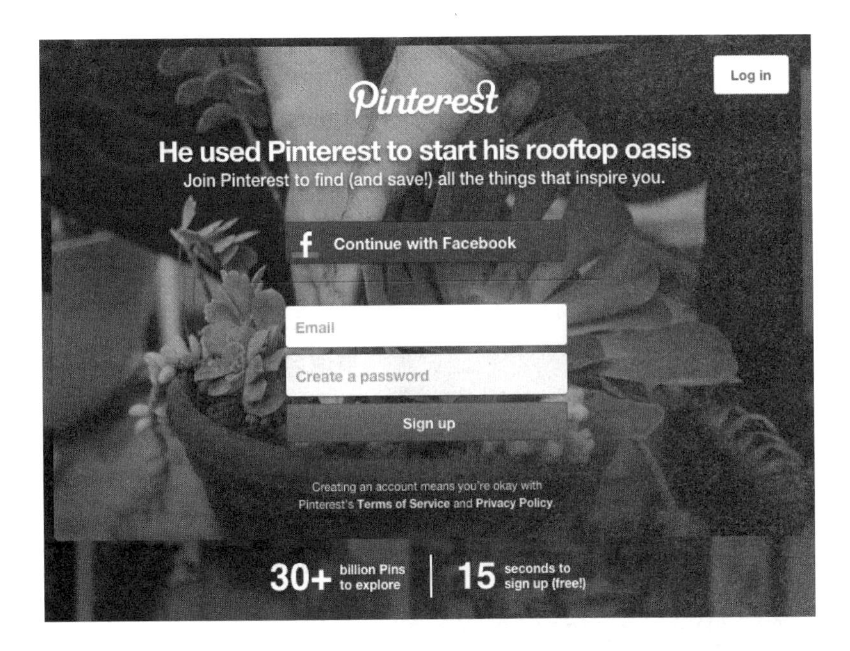

图 3-8：Pinterest 的注册界面非常简单，并提供了为什么注册有价值的相关信息（例如，有 300 多亿 Pins 等待探索）（http:// www.pinterest.com）

相关模式

- 登录
- PIN
- 二元认证
- 指纹或 Bio 指纹
- 登录连续性
- 退出
- 服务条款

参见

- Tumblr (*http://www.tumblr.com*)
- Twitter (*http://www.twitter.com*)
- Facebook (*http://www.facebook.com*)
- PIP (*http://letspip.com/*)
- LinkedIn (*http://www.linkedin.com*)

- Pinterest (*http://www.pinterest.com*)

登录

是什么

用户想要访问存储在主网站的个人信息或者应用程序（参见图 3-9）。

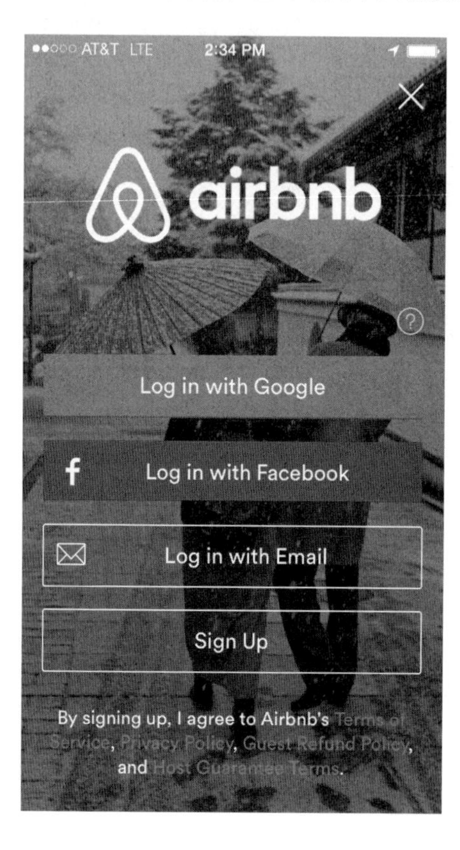

图 3-9：Airbnb 应用顶端的登录界面。要注意，用户可以选择 Facebook、谷歌或者他们自己的电子邮件地址进行登录（Airbnb iOS 应用）

何时使用

- 个人数据需要存储或者需要针对具体的用户进行自定义或个性化。
- 网站是用户所产生的内容的知识库，并且用户提交的东西或文件要标明身份并且 / 或者需要由作者来管理。
- 出于安全性或者隐私方面的考虑并且用户的数据需要被保护。

非必要情况下，不要要求用户登录。如果仅仅因为你想知道是谁在使用网站，并不能成为你给用户设置障碍的充足理由。

如何使用

- 提供一个明确标有“Sign In”（登录）的按钮，如图 3-10 所示。不要指望用“Login”标签。要谨记你得像个活生生的人一样说话。

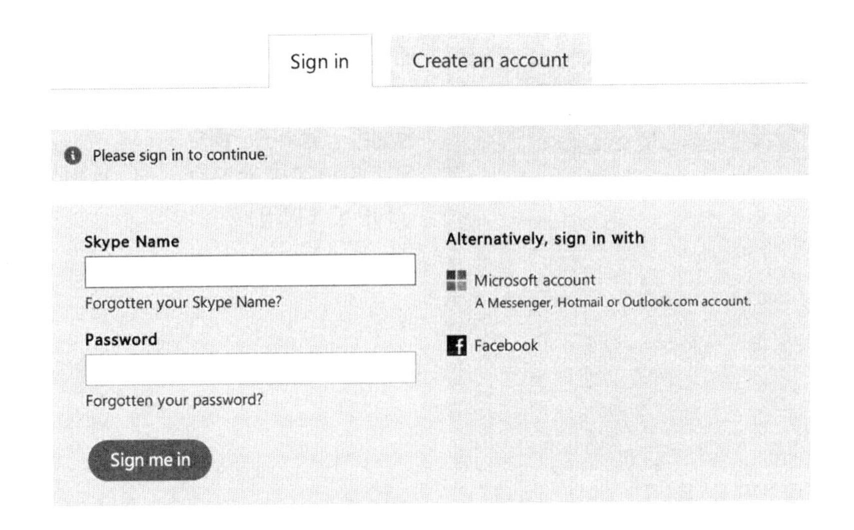

图 3-10：Skype.com 的登录模块（http://skype.com）

- 为用户名提供输入框。
    - 这应该是唯一的标识符。很多网站使用电子邮件地址，如图 3-11 所示，这可以缓解一个网站中用户名的重名问题。

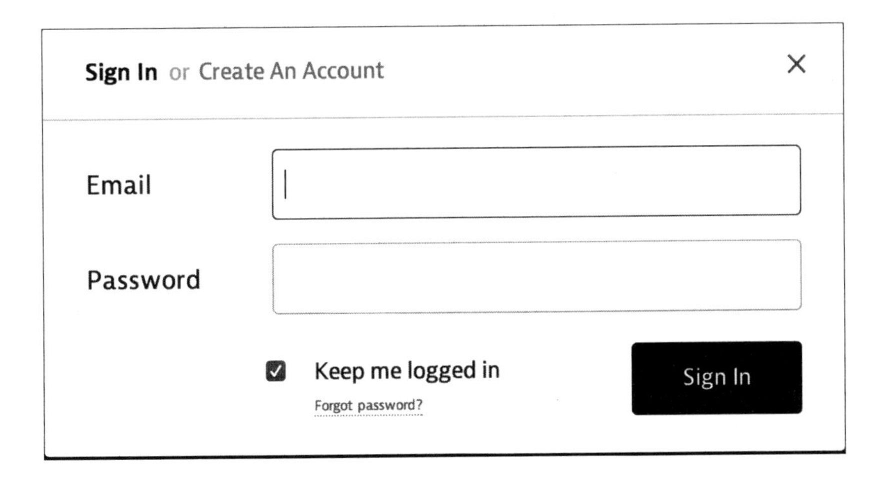

图 3-11：Instapaper.com（http://www.instapaper.com ）中的登录组件

○ 为了避免不必要的错误，应该清楚地标明用户名字段中所接受的字符类型（参见图 3-12）。很多用户经常使用不同的用户名登录，但通常会忘记他们到底用的是哪个用户名。这样他们经常无法登录，并且倍感受挫，甚至会弃该站而去。

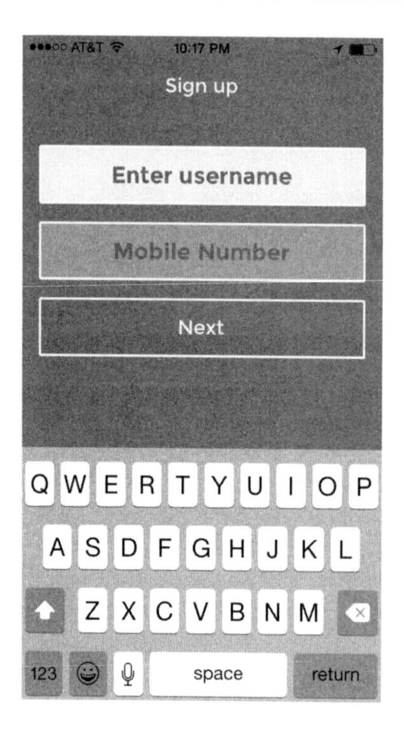

图 3-12：PIP 移动应用中的登录界面清楚标明用于登录的“用户名”和电子邮件地址（PIP iOS 应用）

- 为密码或者 PIN 提供输入框。
- 为用户提供检索用户名的明确方式，以防他们忘记了自己的用户名。
- 为用户提供检索或者重置密码或 PIN 的明确方式，以防他们忘记了自己的密码。
- 如果合适的话，允许用户在一个较长的时间段内保持登录状态。常常会用一个复选框和相应的文本告诉用户他会在多长时间内免登录。要设定明确的预期，让用户知道什么内容将会被记住。是用户名和密码，还是仅仅是记住用户名？一定要说明清楚。
- 应该提供“2 周内自动登录”或者“在这台电脑上记住我”等选项。这样就可以防止当其他人使用用户的电脑时意外登录其账号。

- 允许用户在移动设备中保持登录，并使用设备自身的身份认证作为主要的安全机制。如果需要二级认证，考虑使用PIN或者让用户输入发送给他们的文本信息来访问信息。
- 在企业环境下，将认证与轻量目录访问协议（LDAP）以及其他企业制度结合起来，这样就能获得一个任何情况下都适用的认证。只要人们在防火墙中并且成功完成身份认证后，就应该让他们保持登录状态。
- 用户成功登录后，网站就应该以某种方式告诉用户他已经登录。网站通常会采用显示用户名（已登录或昵称）和“退出”选项的方式来提供反馈。
- 提供让用户退出登录的方式。
- 如果用户没有账户，就提供一种简单的“注册”方式，这样就不会分散用户想要登录的注意力。
- 只有到了不得已的时候才要求用户登录——例如，当用户需要访问隐私信息或需要保存数据时。

为何使用

用户登录网站后就允许他们保存信息和内容，以备后继再用。已注册且已登录的用户对你来说更具商业价值，因为你通常会有他们的更多信息（既包括直接信息，也包括通过他们的行为和交互所产生的间接信息）。

要求用户只在登录后才能开展某些特定的任务（留言评论、发照片或视频，或者参与对话），这就会强制他们对自己的言行负责。他们能通过这些树立自己的声望，创建自己的信息内容，其他人也能通过他们的行为和参与情况了解他们。

可达性

登录表单应该很容易通过键盘导航，当按下回车键时就会触发“登录”按钮。

相关模式

- 登录连续性

- 注册
- 退出

参见

- Amazon.com (*http://www.amazon.com*)
- Facebook (*http://www.facebook.com*)
- Google Reader (*http://google.com/reader*)
- LinkedIn (*http://www.linkedin.com*)
- Photobucket (*http://www.photobucket.com*)
- TripIt (*http://www.tripit.com*)
- Twitter (*http://www.twitter.com*)
- Yahoo! (*http://www.yahoo.com*)
- YouTube (*http://www.youtube.com*)

二元认证

是什么

用户想要让他们的信息更安全。

何时使用

- 你需要更多保护敏感信息的安全措施（参见图 3-13）。
- 你知道一台设备（例如，手机或者安全令牌）会在大部分时间与这个人同在。
- 在企业环境中，允许员工访问办公室防火墙之外的企业社交工具。

如何使用

如果二元认证或者两步验证在注册过程或者设置中有意义的话，允许用户激活它们。

如果使用 SMS 或者文本信息，就在用户输入其登录凭证后，给他发送有 PIN 的文本来进入（参见图 3-13）。

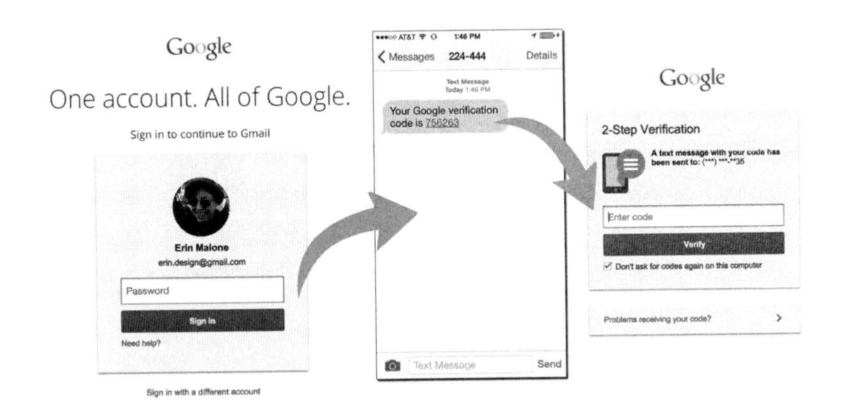

图 3-13：你可以在网页和手机之间设置二元认证来访问谷歌账户

为文本 PIN 或者来自令牌的 PIN 提供输入域。

给用户提供一种方式，让他在需要时可以给自己发送另一个文本。

在企业环境中，PIN 可以由 RSA 令牌产生，也可以是与用户认证凭证绑定的软件。总之，产生的 PIN 应该是独一无二的。

为何使用

总是有需要更多安全措施来保护身份、企业社交对话和共享文件的情况。激活，甚至是要求两步验证有助于阻止数据窃贼；与简单的用户名和密码方式相比，两步验证让信息更安全。

相关模式

- 登录
- PIN

参见

- Gmail (*http://www.gmail.com*)

PIN

是什么

用户想要简单地访问他的数据，而不必每次都进行完整的账户验证。

如何使用

- 你想要访问该应用程序的快捷方式（参见图 3-14）。

图 3-14：Dropbox 允许用户在 Dropbox 密码输入界面设置登录时使用的 PIN（Dropbox iOS 应用）

- 一个应用程序在短时间内被多次访问。
- 你需要在移动应用程序中进行二级验证。

如何使用

为用户提供在注册时创建 PIN 的能力。

将该 PIN 与用于验证的另一个唯一数据绑定，例如用户的手机号。

允许用户在应用程序设置中创建或者更改 PIN。

PIN 至少应该是 4 位数，并且可以轻松地用一只手在移动设备上输入。

在某些企业环境或者涉及金融数据的更高级别的安全状况下，考虑使用 6 位或者更长位数。

访问应用程序时，在初始设置后显示 PIN 界面，而不是登录界面。

自动给用户提供数字键盘，而不是让他自己导航到标准键盘的数字键。

输入 PIN 后，你应该直接将用户带入应用程序的主界面。

为何使用

由于个人移动设备有内置的安全性，因此用户可以锁定它们，利用它更轻松地访问应用程序中的社交功能——尽可能减少认证导致的摩擦。

相关模式

- 登录
- 二级或者多重因素认证

参见

- Dropbox (*http://www.dropbox.com*)

指纹或 Bio 指纹

是什么

最新的安全选项是生物认证技术，该技术使用指纹扫描来访问手机和设备中的应用程序，如图 3-15 所示。

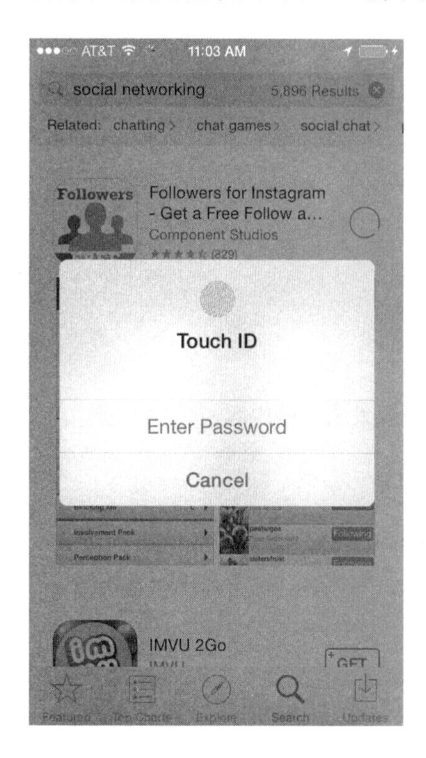

图 3-15：在苹果的 App Store 中，用户可以使用指纹（Touch ID）来验证购买

何时使用

- 你想要通过独一无二的指纹来访问网站或者应用。
- 代替使用 PIN 或者用户名 / 密码组合的登录方式。

如何使用

- 当登录移动应用程序时，提供通过指纹传感器来进行验证的选项，而不是显示登录界面。
- 用户成功认证后，将他带入应用程序的主界面。

为何使用

生物认证方法给设备和应用程序提供更高的安全性，因为它们与特定的人相绑定，并且更难破解。

相关模式

- 登录
- 退出
- 注册

参见

- Apple App Store

登录连续性

是什么

一个有账户但现在没有登录的用户想要发表一些内容。

何时使用

当参与社区必须要求身份验证时使用该模式。参与的形式包括（但不限于）评论、投票、评分、添加标签、发博客，以及在论坛发帖等。

如何使用

- 当用户想发表评论（或进行类似操作）时，提醒他需要先登录，并将他引向登录流程。

- 当用户成功登录后，返回到他要评论（或进行类似操作）的原有上下文中，如图 3-16 所示。

- 当用户提交信息时，在转向登录流程前要先保存用户已经输入的数据。

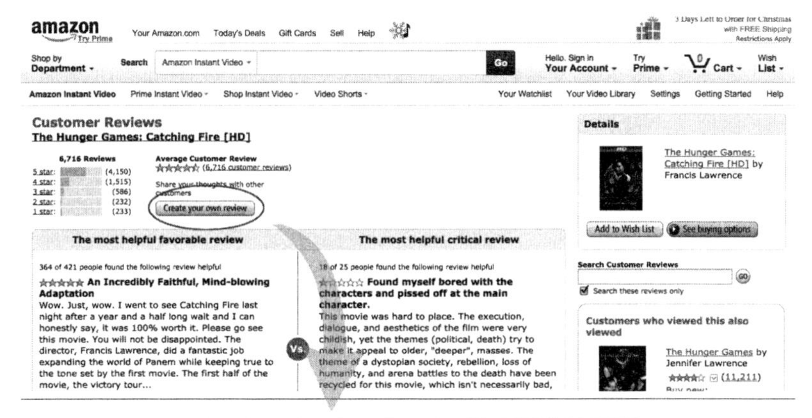

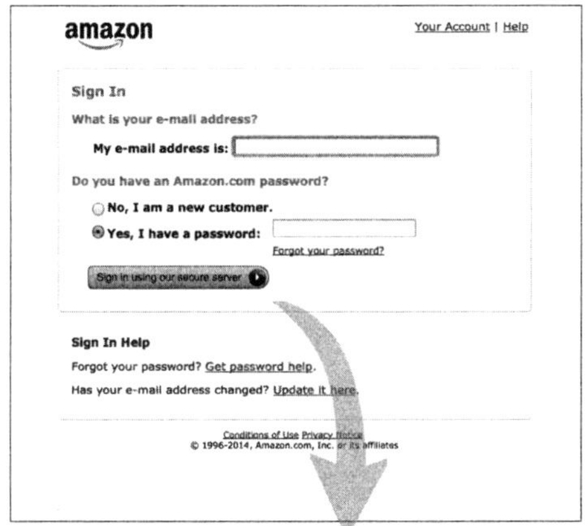

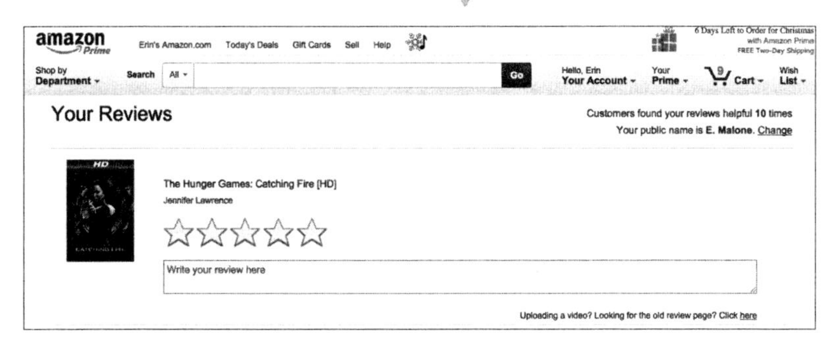

图 3-16：只有当需要时亚马逊才会提示登录，当用户成功登录后，系统就会将他带回原来的任务中

为何使用

重要的是，“登录”这一要求不能成为用户参与社区活动的障碍。

特例

如果出于安全的考虑（例如跨站点脚本的问题和跨域名的问题）需要打断流程或者需要用户返回首页，那么至少应该清楚地向用户发出警告，告知用户如何重新继续原先的任务。

该警告信息可能包括一个指向最近一次网址的链接，一个预置的表单，或者是表明几秒后重新返回原地址的信息。

相关模式

- 登录
- 退出
- 注册

参见

- Amazon (*http://www.amazon.com*)

退出

是什么

用户想退出系统、结束与系统的会话或者想要匿名时（参见图3-17）。

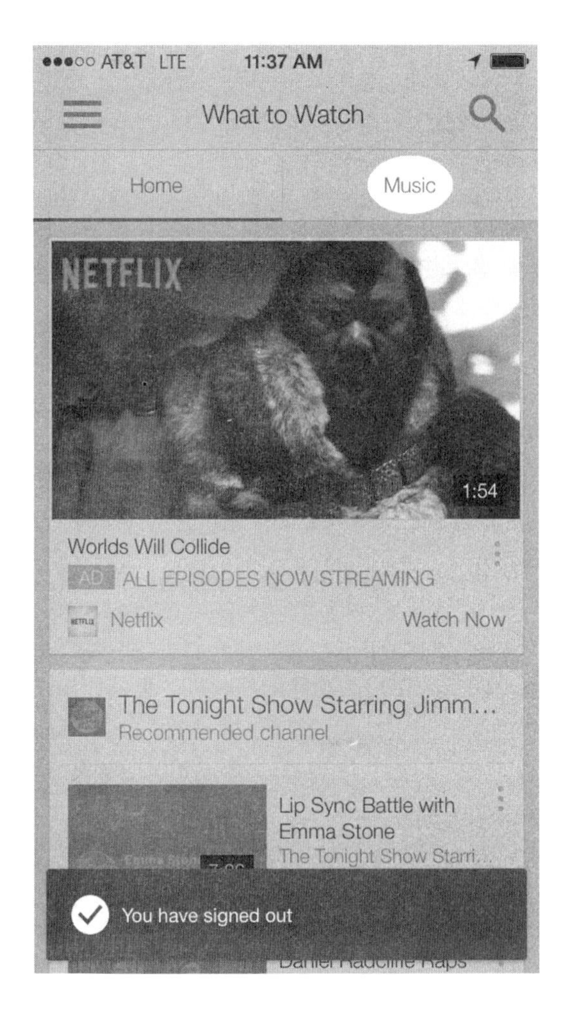

图 3-17：YouTube 移动版本的“退出”标志（YouTube iOS 应用）

何时使用

- 用户想要结束与系统的会话。
- 用户想要匿名时。
- 用户使用公用电脑，需要保护个人数据和成果的隐私和安全性时。
- 用户已经退出系统，但你想继续让他和站点保持关系时。例如，你想告诉他接下来他可以去哪里，以及一些新功能特性的信息。

如何使用

- 考虑提供一个初始页面提示，以清楚地表明用户仍未登录。

- 即使用户已经退出，或者当用户返回系统时，需要提供清晰的选项供用户试用其他功能。
- 提供便捷的重新登录功能。
- 依据内容多少或所占区域大小进行调整来保证页面轻便简洁，这样就能减轻用户的挫折感，并且以一种积极的体验结束与系统的会话。

为何使用

用户退出某个服务后，接下来他要干什么尚不清晰。一般的网站常常会在用户退出后将用户扔回首页，但这会让用户不知所措，并且这种做法并不能清楚地告知用户他是否已经成功退出了系统。

提供一个“退出”页面，清楚地表明如果用户退出系统后，系统会给出用户清晰的提示。

这一页面是向用户介绍新功能或未使用的功能的好时机，也是让用户重新登录的一种策略。

相关模式

- 重新登录
- 登录

参见

- YouTube mobile

使用生命周期

使用生命周期（如图 3-18 所示）是很简单的概念，由几个展示人们如何使用软件的步骤组成。

首先，人们要通过某种途径听说该软件，可能是通过同事或朋友。然后，他们决定试用一下并且注册该软件。接着，他们会进行最关键的步骤——初次使用软件。最后，他们就会进入“持续使用该软件”的模式（或者根本不再使用）。

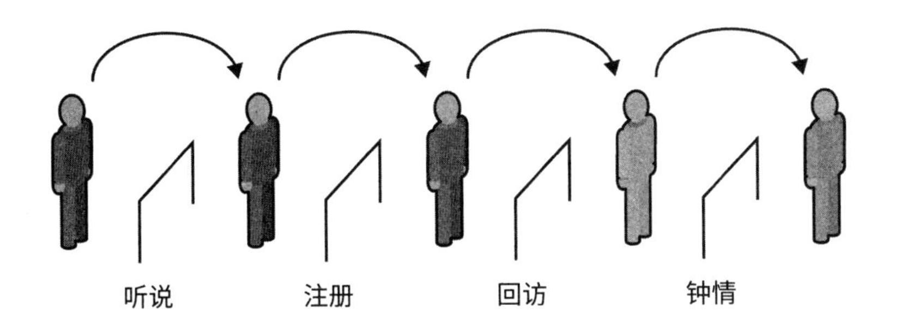

图 3-18：使用生命周期是由约什·波特（Josh Porter）在《筑巢引凤》（Designing for he Social Web）中定义的

从“软件使用的生命周期”的角度看软件，我们就会发现在生命周期的每一步都有需要我们集中精力来对付的特殊设计挑战。

例如，人们听说了某个软件后就会对它有很多疑问。用户会对你的软件提出什么问题？你是否会倾听并记录用户的心声，同时将其体现在你的网站和你的应用中呢？你是否有信心将有着类似疑问的新用户牢牢地留在你的网站上？或者，是否存在一些非正常的注册方法，这会成为使用周期中的一大败笔吗？我们否可以让用户在注册之前就使用软件？

软件使用的生命周期并不是尖端科学，但在设计时脑海中也要始终保持一个良好的设计框架。这将有助于你在应用中设计上下文相关帮助，或者有助于你整理要让用户了解和开始使用软件所需要的所有素材。

幸运的话，用户会相对自信和快速地开始使用我们的软件。如果是这样的话，他们很可能会与他人分享他们所钟情的这个软件。这就是我们的终极目标：良性的共享循环。

——约书亚·波特，Bokardo Design 的创始人，《Designing for the Social Web》（New Riders 出版）一书的作者

邀请

邀请（包括发送的过程和一旦他们接受邀请后的后继动作）是社交网站病毒式传播的核心。

接受邀请

是什么

用户接受好友加入某网站的邀请或链接，如图 3-19 和图 3-20 所示。

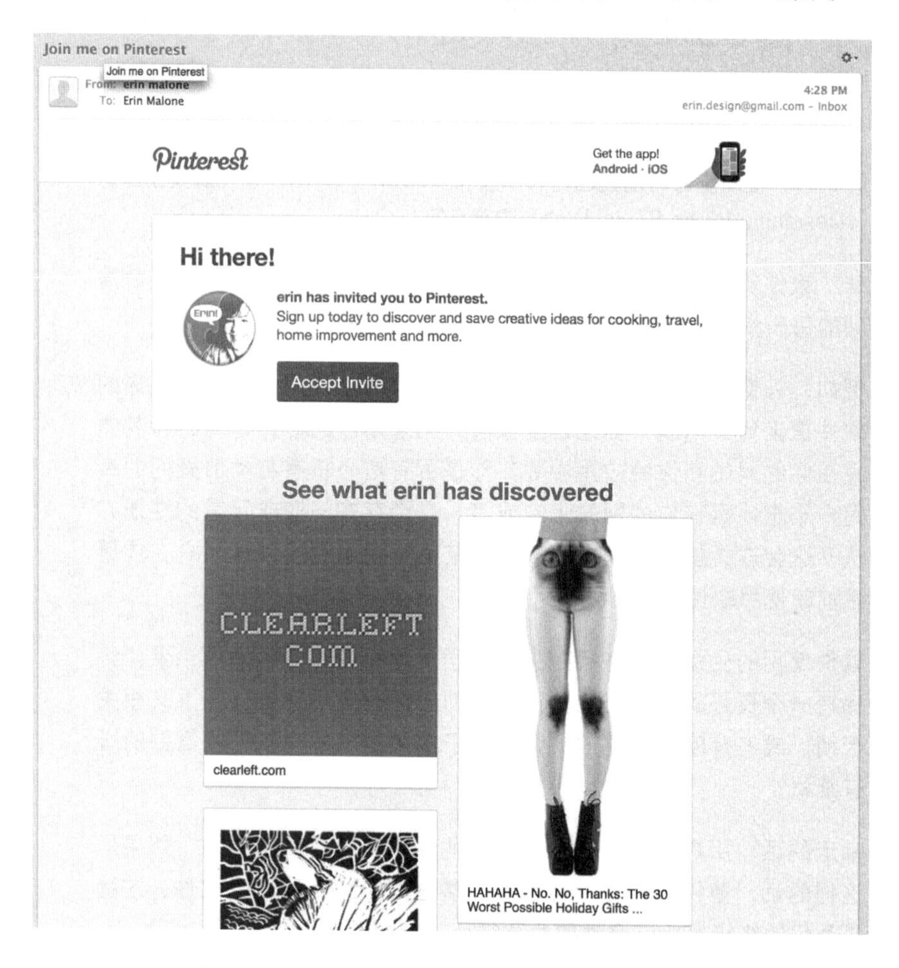

图 3-19：加入 Pinterest 的邀请（http://www.pinterest.com），不仅包括邀请加入的行动号召，还给出了关于被邀请者可以保存和分享的相关内容类型的提示

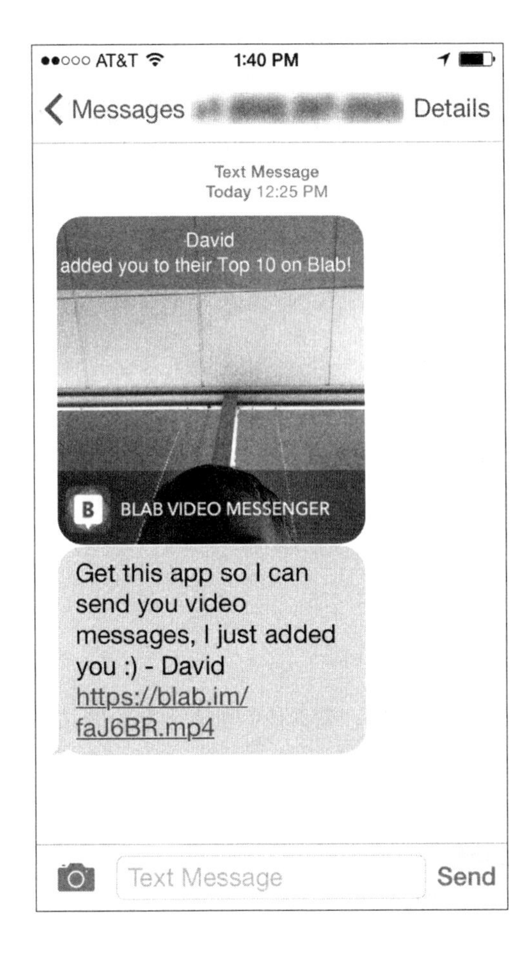

图 3-20：Blab Video Messenger 的邀请，通过短信发送。由于文本和数据费用，因此通过文本邀请朋友加入某个应用可能会有困难（Blab Video iOS 应用）

何时使用

- 你想要通过构建用户关系网来提升用户体验时。
- 服务的增长依赖于朋友的朋友。
- 你想要补充完善“用户相互推介”这种传统的网络推介方式。

如何使用

- 邀请应该包含发送者的个人信息。
- 应该清楚地告诉受邀人发送者的身份。
- 应该明确地告诉受邀人加入可以得到哪些好处。
- 要有一个明显的“马上注册”的按钮或链接，以便让受邀者很容易就可以进入网站开始试用。

为何使用

为用户提供一份正式的邀请供其向好友发送邀请，可以将网站的营销信息和用户的个人信息整合在一起。另外，这个过程还可以保证持续有人注册网站，以满足网站的病毒式成长目标。

相关模式

- 发送邀请

参见

- Ello (*http://www.ello.com*)
- Blab Video Messenger 移动应用

发送邀请

是什么

用户给某位好友或某一组好友发送邀请，邀请他们加入到某一网站的体验中，如图 3-21 所示。

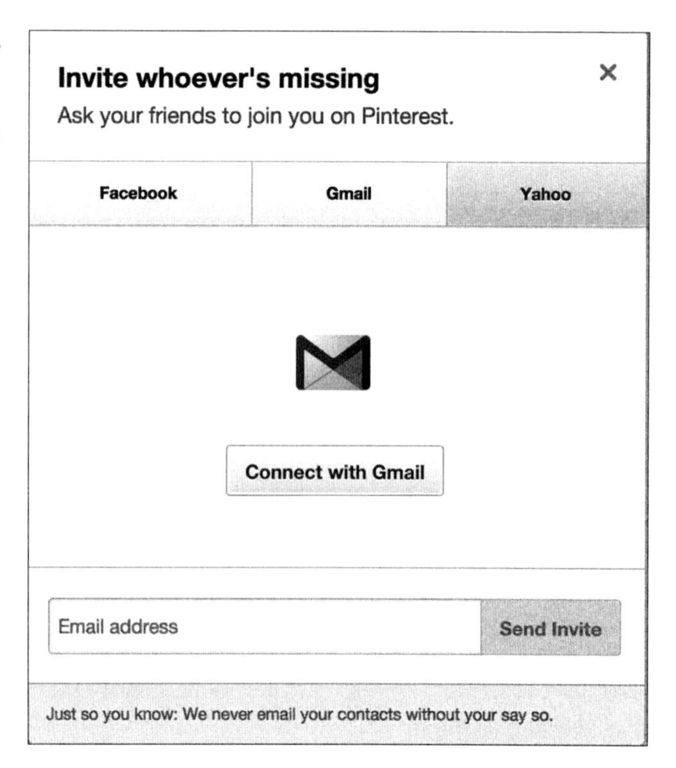

图 3-21：Pinterest（http://www.pinterest.com）让用户通过 Facebook 以及电子邮件邀请好友

何时使用

- 你想要通过构建用户关系网来提升用户体验时。
- 服务的增长依赖于朋友的朋友。
- 你想要补充完善“用户相互推介”这种传统的网络推介方式。
- 用户已经参与了网站的很多活动，已经充分了解网站的价值并且向他的好友推荐该网站。

不要在用户刚注册后就对其使用该模式，因为此时用户还未真正参与到网站的活动中。当用户与你的网站有了足够的交互和充分的了解后，再出现邀请他人的选项会比较合适。

如何使用

- 使用一种包含上下文的电子邮件格式。
- 为用户提供一个展示加入网站能获得的各种好处的信息模板。
- 预填充的内容应该是可编辑的，允许用户对邀请进行个性化的修改。
- 允许用户通过访问他们的通讯录来邀请他人。
- 提供一种可以让用户给自己发送信息的机制。
- 提供一种可以从其他社交服务中获取联系方式和电子邮件地址的机制。使用标准的授权技术（例如OAuth），而不是密码的反模式（参见下一节“密码的反模式”）。
- 在用户还未使用网站的功能前，不要强迫他邀请其他人加入网站。
- 确保新用户很容易就能找到“邀请朋友”链接，如图 3-22 所示。

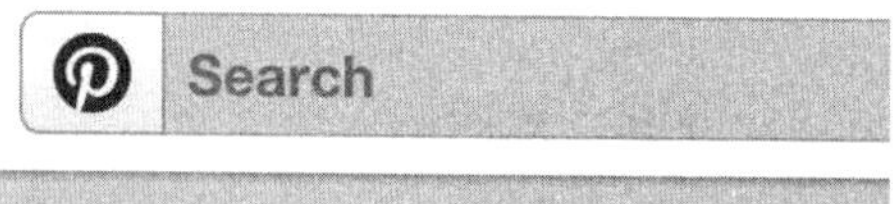

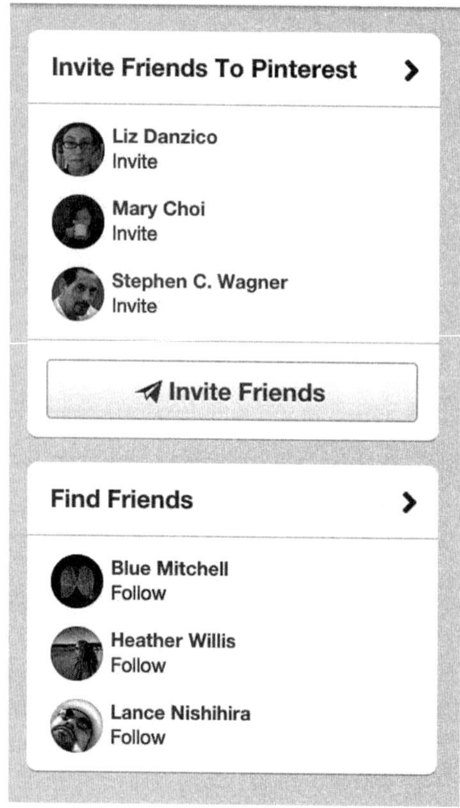

图 3-22：Pinterest（http://www.pinterest.com）在其主页的侧边栏提供"查找朋友"和"邀请朋友"的功能，让用户可以轻松地访问创建自己人际关系网的工具。

- 不要给从其他网站获取的用户通讯录和联系人列表发送垃圾邮件。
- 在移动设备中，要利用联系人列表内置于手机中这个事实，并利用它查找朋友。

特例

如果说网站和其功能的使用主要依赖于一组人的互动，那么允许用户以邀请或批量注册的方式邀请好友的需求，就会优先于在邀请好友前鼓励使用的建议。

为何使用

允许用户邀请好友使用网站是社交网站病毒式本性的体现。从长远来看，为用户提供让他们成为优秀网民的工具和系统交互，可以提升网站的整体体验和人气。

相关模式

- 接受邀请

参见

- Pinterest (*http://www.pinterest.com*)

密码的反模式

什么是密码的反模式呢？这为什么值得一提呢？许多社交网站一直都在与“零状态启动”状态做斗争：用户刚刚进入网站后没有好友，网站可能会将用户数据与从其他的网络服务（例如，用户的在线通讯录）所获取数据相比较，然后让用户在本站内页找到他自己的好友。网站可能会要求用户开放他们的各种在线通讯录，这样网站就能将通讯录中的姓名、电子邮件地址与网站现有客户进行匹配，然后向新注册用户推荐一组已在该站注册过的好友，以便让新用户快速建立起人际关系网。在其他情况下，网站会集合来自其他账户的数据并让用户连接账户，如图3-23所示。

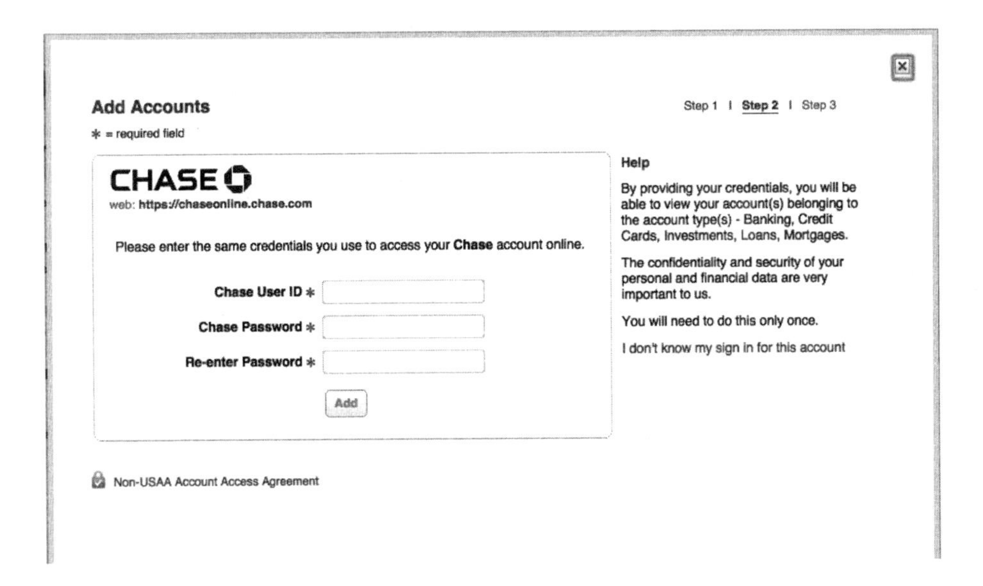

图3-23：密码反模式要求用户认证另一个银行账户，参见USAA（*http://www.usaa.com*）

由于实现起来很容易，所以网站都会采用这种密码反模式。问题是要实现这种交互，网站会要求用户提供另一个服务的用户名和密码。许多网站会一次性地收集这些用户数据，并承诺不会将用户名和密码用于其他用途，但是用户无法相信网站的这一承诺，他们也无法获知网站的主人真的没有说谎。这么做的最终目的就是让用户非常轻松愉快地找到他的好友并且能迅速融入网站的社交活动中。不幸的是，有许多钓鱼网站和黑客创建看起来可信的网站或服务，但它们实际上是想搞到用户的账户并有着“邪恶”的用途。此外，该做法违背了许多网站在用户刚刚访问时向用户承诺的服务条款。

密码的反模式唆使用户将自己的登录凭证甩给了一个陌生人，并且将用户的登录凭证设置得更易通过互联网来骗取。人们习惯了该做法后，就会不假思索地将自己的登录信息提交给另一个新网站，以便换取一些很酷的应用权限。这对银行信息来说特别危险，因为泄露的登录凭证会从经济上毁掉一个人。

另一种比较安全的变通做法是使用 OAuth、OpenID 或者 Facebook、Twitter、雅虎和谷歌的身份连接 API，通过正式授权来访问用户在其他网站中的数据。

OAuth 是“一个可以通过简单而标准的方式，从桌面和网络应用中获取安全的 API 授权的开放协议”。也就是说，它是一种开放性技术，允许网站以安全的方式访问用户数据，并且不需要用户将用户名和密码洒向整个互联网。实际上，数据归第三方网站来保存和控制，需要到第三方的网站上来访问这些数据。很多大型互联网公司都同意支持 OAuth，因此我们没有理由保留这种反模式，实际上，这种反模式已经越来越难以找到了。

最终，用户应该能够访问自己的数据并且可以将自己的数据从一个网站带到另一个网站——不论是他们的关系网还是他们的社交图，或者是他们所贡献的数据，例如照片或视频。通过人际关系来提升用户体验的社交网站，应该采用安全的认证交互，这样既能让用户访问他们的数据，又能让用户养成更好的上网习惯来保护他们的密码安全。

授权

是什么

用户想要在无须从头开始的情况下参与网站。他想从其他网站中导入自己的数据和文件，如图 3-24 所示。

Authorize Imgur to use your account?
Sign In
Cancel
This application will be able to:
• Read Tweets from your timeline.
• See who you follow, and follow new people.
• Update your profile.
• Post Tweets for you.
Will not be able to:
• Access your direct messages.
• See your Twitter password.
Imgur
By Imgur
imgur.com
Imgur makes sharing images with the Internet easy. It can be used to share pictures with friends, as well as post images on message boards and blogs.
You can revoke access to any application at any time from the Applications tab of your Settings page.
By authorizing an application you continue to operate under Twitter's Terms of Service. In particular, some usage information will be shared back with Twitter. For more, see our Privacy Policy.

图 3-24：Twitter（http://www.twitter.com）的授权界面让 Imgur 应用可以访问 Twitter 授权和个人信息

何时使用

- 通过访问另一个网站的数据和文件，可以增强或扩展网站上的功能（例如，下文示例中提到的 A 网站）。
- 网站的用户所产生的内容或数据可能会增强用户参与的其他网站的体验效果（例如，下文示例中提到的 B 网站）。

如何使用

成功的授权需要两个网站的相互配合：一个网站（A 网站）的功能特性可以通过用户数据发挥更大的作用，另一个网站（B 网站）有可以共享的数据或文件。

A 网站

- 在自动利用密码的反模式访问用户数据前，请确认对方网站是否采用了 OAuth。如果对方已经采用的话，要尽早采用相关协议，以方便数据传输。

- A 网站应该询问用户想访问哪些数据。
- 显示可能的选择，例如 Twitter（*http://twitter.com*）；LinkedIn（*http://linkedin.com*）用于一般的身份认证；flickr（*http://flickr.com*）、Photobucket（*http://photobucket.com*）、smugmug.com（*http://smugmug.com*）等用于共享图片；或者通过雅虎通讯录、Plaxo.com（*http://plaxo.com*）、谷歌等共享联系人。
- 一旦用户选择了其数据所在的网站后，A 网站就应该给用户发送授权访问权限。
- 关于数据将被如何使用的信息应该在 A 网站显示出来。

B 网站

- 使用 OAuth 来推动整个授权过程。
- A 网站应该将其用户发送给 B 网站。用户登录账户后，B 网站应该询问用户是否真的想与 A 网站共享数据。
- 用户同意后，会被带到 A 网站，此时已经允许用户使用 B 网站的数据在 A 网站进行互动了。
- 关于 A 网站如何使用信息的承诺应该清楚地告知 B 网站的用户。
- 提供一种允许用户在任何时刻取消授权的机制。
- 为用户提供一种简单的撤销权限的方法。

为何使用

采用 OAuth 这类授权流程和协议可以让用户在不暴露自己用户名和密码的情况下访问不同的网站。与使用密码的反模式相比，这种数据共享的方法更好一些。

相关模式

- 密码的反模式

参见

- Imgur (*http://www.imgur.com*)
- Twitter (*http://www.twitter.com*)

- Facebook (*http://www.facebook.com*)
- Flickr (*http://www.flickr.com*)

内测版

是什么

用户渴望试用某个还未向公众完全开放的网站。

何时使用

- 你想让一小组用户帮你测试并推广网站的第一个版本，如图 3-25 所示。

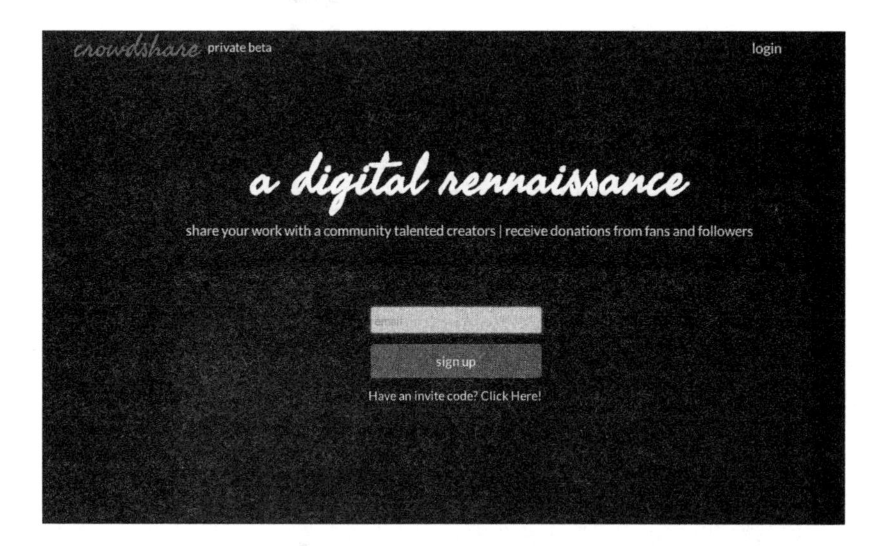

图 3-25：逐渐增加测试版用户数量的一种常见技术是让用户直接从主页注册。另一种技术是给每个新用户一些邀请码，这样网站的用户就会通过推介慢慢增长（http://crowdshare.io）

- 你只想让一小部分用户有机会向 N 个新用户发送邀请，这是一种受控的病毒式增长方式。

如何使用

- 清楚地标明网站正处于内测阶段。
- 列出一系列的功能和好处或者让用户浏览产品，这样就能让用户知道他要注册的是什么网站了。

- 当你想让用户注册来接收内测版的相关信息，或者邀请用户参加下一版时：
    - 在注册中提供电子邮件地址字段。
    - 在注册时提供用户名字段。
    - 给用户提供一个确认页，让他知道网站已经收到他的注册请求，并且告知用户需用多长时间才能得到加入网站的反馈或要求。
    - 向用户提供的电子邮件地址发送一份确认邮件，这样不但能验证一下邮件地址，也可以提醒用户他将会在注册网站一段时间后收到邀请。
- 允许用户邀请有限数量的人加入内测版时：
    - 明确告诉用户总共可以邀请多少人。
    - 记录用户已经向多少人发送过邀请，还可以邀请多少人，并将该计数信息摆在显眼的位置。
    - 提供一种方式，让用户可以在邀请中自己添加信息。
    - 向受邀人清楚地说明网站的功能亮点和优势。

为何使用

内测版可以让你有机会在网站向公众敞开大门前，通过一小撮人来测试网站的社交功能。从内测版起步也可以让你从朋友和家人开始推介网站，这样就可以在一定程度上避免零状态启动的问题。此外，内测版的排外性也可以激起人们对网站的好奇，这样就会有更多人申请账户。

特例

通常只是在邀请真实用户开始试用网站的一段时间内是内测版（在大范围用户测试中，找出小范围测试可能不会显现的Bug），然后产品很快就会变成普通大众可以访问的公众发布版了。

在当今最小化可行产品（MVP）、精益开发（lean development），以及在网页和智能手机上快速启动应用程序的世界中，我们看到越来越少的网站插着测试的旗子，并且从来不会将其移除（参见图3-26至图3-28）。

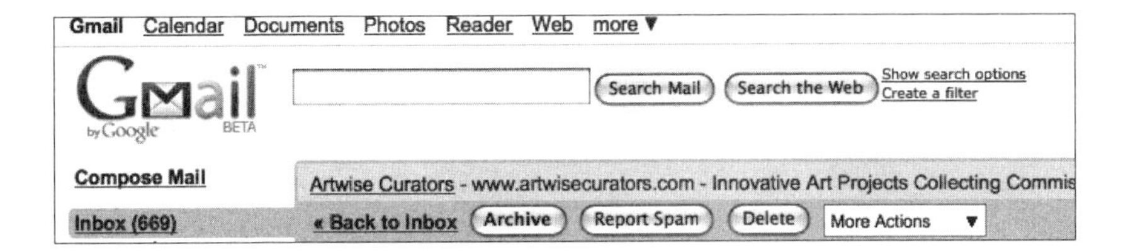

图 3-26：2004 年至 2009 年，Gmail 一直是内测版

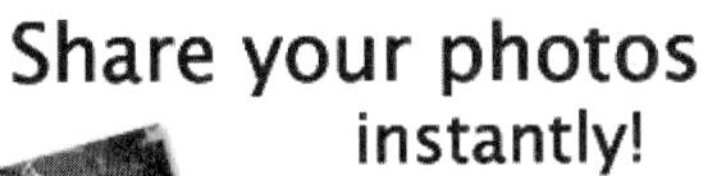

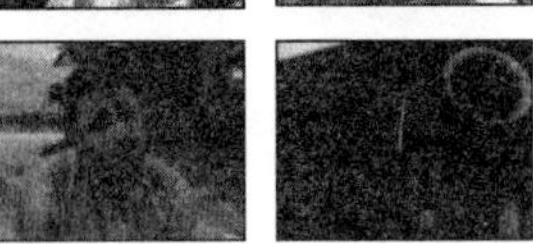

图 3-27：2004 年 5 月至今的 Flickr 主页（http://flickr.com）（Flickr 的内测版持续了好几年）

图 3-28：2007 年至今的 Flickr 主页。它在 2006 年年底 /2007 年年初改成了“gamma”版本，过了一段时间后，在放置“beta”和“gamma”的位置放置上了“Loves you”

永久的测试版通常会伤害用户和软件开发过程。测试版在质量和网站开发生命周期方面都有特定的含义。在网站上长时间悬挂测试的棋子就相当于告诉用户网站充满 Bug，并且你可能不会花太多时间来处理 Bug 并早日发布正式版本。一段时间后，该信息意味着你不关心网站的改进，这将会产生负面影响，造成用户不断离开——因为如果你都不在乎，他们为什么要在乎呢？

参见

- Flickr (*http://www.flickr.com*)
- Gmail (*http://mail.google.com*)
- Crowdshare (*http://www.crowdshare.io*)

你是否在犯 4 种常见的用户 onboarding 错误

让用户注册很难。它需要大量的时间、精力和金钱，然而很多公司在用户首次体验后就失去了他们。不要让你的公司成为其中的一员。

让我们看看可能会有损你业务的常见用户 onboarding 问题。

1. 依靠界面解释产品的价值

软件行业有一种称为“顿悟时刻”的现象。这是用户十分清楚你的产品价值的时刻。他们说：“我现在明白了！”不幸的是，这种“顿悟时刻”对于很多产品来说都来得太晚了，因为用户需要在界面上不停摆弄才能了解产品的整体价值。

通过学习产品的界面来让用户了解其价值，就好像是让人们在压根不知道他们在煮什么时照着菜谱做东西。

你并不会一开始就根据指令开始和面、调制酱料并期望它变成一张比萨——完成任何有意义的事都需要事先设定合适的背景。在这种情况下，背景是你的产品可以在多大程度上改善人们的生活。

让用户在注册前“顿悟”可以给你带来两个好处。首先，它将他们所有的行为都指向有意义且明智的方向。其次，它提供给他们大量的动机——不只是依靠好奇心。在注册前就让他们“顿悟”不仅可以让更多用户了解你的产品，还可以带来更有价值的初次体验。

重要提示：不确定如何提前开启“顿悟时刻”？联系一名潜在的用户，尝试说服他只使用你的营销网站上的材料来使用你的产品。如果这些不足以说服他，要记住你说服他的其他说辞，并将这些说辞添加到你的素材中。

2. 不知道哪些行动导致转换

当然，除非用户亲身体验这种经验时刻，否则“顿悟”并不会给你带来多大好处。“顿悟”可能表示人们了解你所提供的改进，但让他们“尖叫”则意味着他们已经亲身体验了改进。要确认用户确实接收到你的营销网站承诺的改进，就需要追踪成功率。

当公司开始测量用户的活跃度时，很多人发现大约 50% 的注册用户只登录过一次，之后再也没有回来过。这是一个发人深省的认识——你投入这么多来获取新用户，结果却是在他们第一次访问后就失去了一半的人。你如何才能减缓这种趋势？

Greylock Partners 的约什 • 埃尔曼（Josh Elman）是这么处理的：他找到 20 个被成功转化为客户的用户，一步一步跟踪他们的每个行为来了解是什么将他们带入转换点。通过了解何种行为导致这种转换的发生，你就可以更好地推动用户走向最终目标。

你的重点不应该放在让新用户到处点击并熟悉界面上；而是应该放在帮助他们完成有意义的任务，从而实现双赢。

你知道你的用户 onboarding 是在新用户返回来继续使用而不是新用户激活时有效。

重要提示：除了追踪有多少用户成功地完成了每个关键步骤外，还要测量完成这些任务需要花费他们多长时间。时间很宝贵，在新用户初次使用你的产品时尤为如此。

3. “初次体验”就打消了用户继续使用的积极性

最好是考虑在帮助用户改善他们的生活方面的初次体验（而不只是让他们完成你布置的任务）。新用户注册你的产品，并不是因为他们乐于学习你的用户界面中的所有按钮表示什么意思；他们注册是因为他们对你承诺提供的价值感兴趣。初次体验的目标应该是通过引导用户尽可能无缝体验第一个小胜利，来让他们体会产品的价值。

这个小胜利应该与你的产品所提供的整体改进有关。当用户真正体会到产品提供的甜蜜生活（即使很小）时，则更可能让用户继续使用你的产品。

当你知道想要让用户在第一次体验中体验什么时，是时候消除一切会阻碍他们体验的因素。要注意用户获得这个小胜利需要采取的行动，用来削减所有可以放在以后完成的事情。Onboarding 并不是一锤子买卖。如果你不确定来自辅助数据（例如，电话号码或者他们的企业员工数）的转换交易是否值得，那么我强烈推荐你采用“心存疑虑时就把它扔掉”的方法。

将用户的注意力看作极其稀缺的资源。

例如，如果你的产品可以在没有确认用户电子邮件地址的情况下（即使是短暂的）运营下去，就要采取一切手段来避免用户有机会在你的应用程序中执行重要的任务前对用户进行电子邮件轰炸。

要记住，这并不是“使其变得简短且易遗忘”。Lumosity 最近分享了一项研究，他们发现放慢速度并让用户回想他们使用产品时的体验可以让用户更投入，从而更容易坚持使用该产品。当然，如果没有追踪转换率他们永远都不会知道这一点——这是跟踪转换率的另一个原因。

重要提示：另一个影响用户持续使用产品的因素是糟糕的网站性能。网页每次都需要加载很长时间就会给其他竞争对手提供机会。通过敏捷的响应时间留住用户，或者至少告诉用户网站正在为他们效力。

4. 未能与用户一起庆祝成功

从待办事项中划掉一项感觉很好，对不对？现在想想：从待办事项中划掉所有项、做完整个完成列表、将它扔到垃圾桶里，并以一种超级英雄的姿态仰望天空会有多满足！为什么不让你的用户在获得初次胜利时体验同样的事情呢？

我觉得奇怪的是：在很多情况下，当用户在某人的应用程序中取得初次胜利时，公司并没有给予任何庆祝。对你来说，用户完成一项重要的任务时，是你在用户和公司之间建立积极情感联系的好时机。

通过承认用户取得的进展并为他们庆祝，来让用户知道他们做得很好！

我把这些设计机会称为“成功状态”，我总是能看到这样的机会。找到用户体验中的“第一个成功”时刻，并将它们具象化。它们不需要夸张的动作——一个适时的“干得漂亮！”就能取得神奇的效果。

——塞缪尔·胡力克（Samuel Hulick），“USERONBOARD”（文章最初发表在 Help Scout Blog）

欢迎界面

是什么

用户注册一个新的网络服务后，需要弄清楚可以在网站上干什么以及如何开始（见图 3-29）。

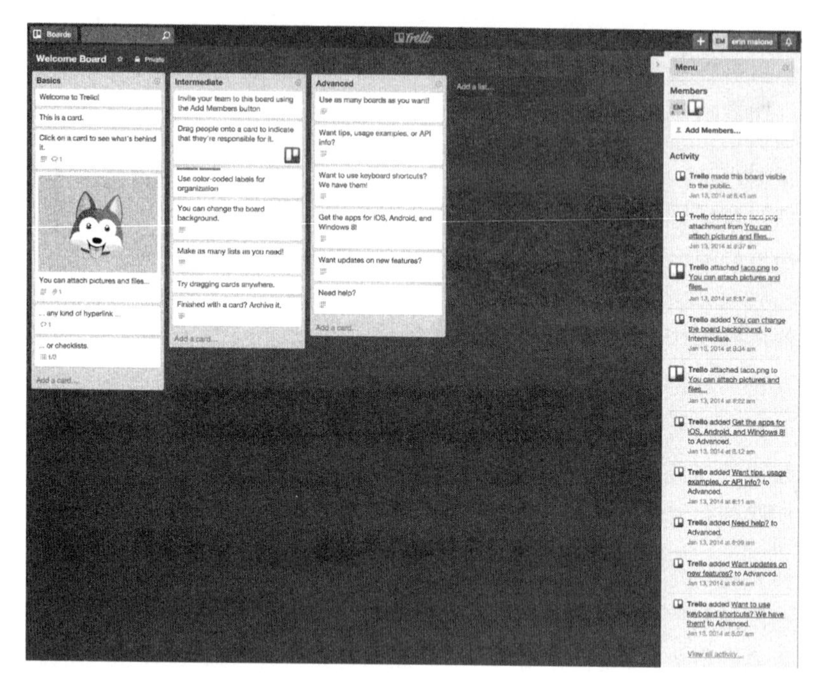

图 3-29：Trello（http://www.trello.com）的新用户欢迎界面是一个欢迎牌。它使用实际的产品来告诉用户如何使用该产品的技术和策略

何时使用

- 新用户第一次访问你的网站。
- 你想让用户熟悉重要或者有用的功能。

如何使用

- 热烈而又亲切地欢迎新用户的到来。可以在用户注册后或者发送完功能推荐邮件后显示专门的欢迎界面，如图 3-30 所示。除了开始界面外，你也可以考虑发送一份欢迎邮件，这样用户就可以有一个网站功能的快速参考手册了。
- 为用户提供一种机制，让他们可以轻松地离开欢迎界面并切换到网站的全功能使用环境。

Doodle Visit your dashboard

Hi Erin Malone,

Thanks for signing up! Your user name is [blurred] Get started now and use Doodle to the max. Here is what you can do:

Discover Doodle account features »

Design your own theme »

Connect your calendar »

- Your Doodle Team

Use Premium Doodle for free for 14 days. It's on us.
To help you schedule appointments even faster, we have set up a free 14-day Premium Doodle trial subscription for you. No worries: After 14 days, the subscription will automatically expire. Give Premium Doodle a try. You'll love it.

This is what Premium Doodle can do for you:

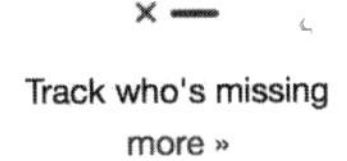
Track who's missing
more »

request additional information
more »

set automatic reminders
more »

We have sent you this e-mail because you signed up for a Doodle account. If you did not sign up for any Doodle account, you can ignore this e-mail.

Doodle AG, Werdstrasse 21, 8021 Zürich

图 3-30：用户注册后，Doodle（http://doodle.com）会给用户发送一份电子邮件来突出一些关键功能，并通过给新用户提供几天的试用期来提高订阅率

- 像对待你家的客人一样对待新用户。如果可能的话，你可以以私人的口吻欢迎用户并且邀请他们定期登录(但是别让用户感到烦)。
- 可以用欢迎界面推介用户能开始使用哪些服务，以及可以先做什么，如图 3-29 所示。
- 可以考虑让用户从欢迎界面浏览关键场景，但不要强迫用户把所有的场景都过一遍。
- 不要给用户弹出过多的提示框或其他界面干扰元素。
- 不要对新用户惜字如金。你的欢迎词要友好、清晰。不要假定新用户就一定是网络菜鸟，当然，也不要假定他们都是骨灰级网虫。

为何使用

欢迎界面或开始区域就像是新工作环境或新校园的方位介绍图，也像是你的好友初次到你家做客时你会介绍一下房间格局。你越好客(当然，要以高明的手法），用户就越觉得自在并且想在你网站上多待会儿。

相关模式

- 重新登录

参见

- Trello (*http://www.trello.com and Trello mobile application*)
- Doodle (*http://doodle.com*)

重新登录

是什么

用户加入社区一段时间后就不再使用或者忘记使用你所提供的服务了（参见图 3-31 和图 3-32）。

图3-31：Pack（http://packdog.Com）定期给用户发送图形化格式的简报。邮件会向用户推荐最新分享的图片，并包含鼓励用户参与的行动呼吁

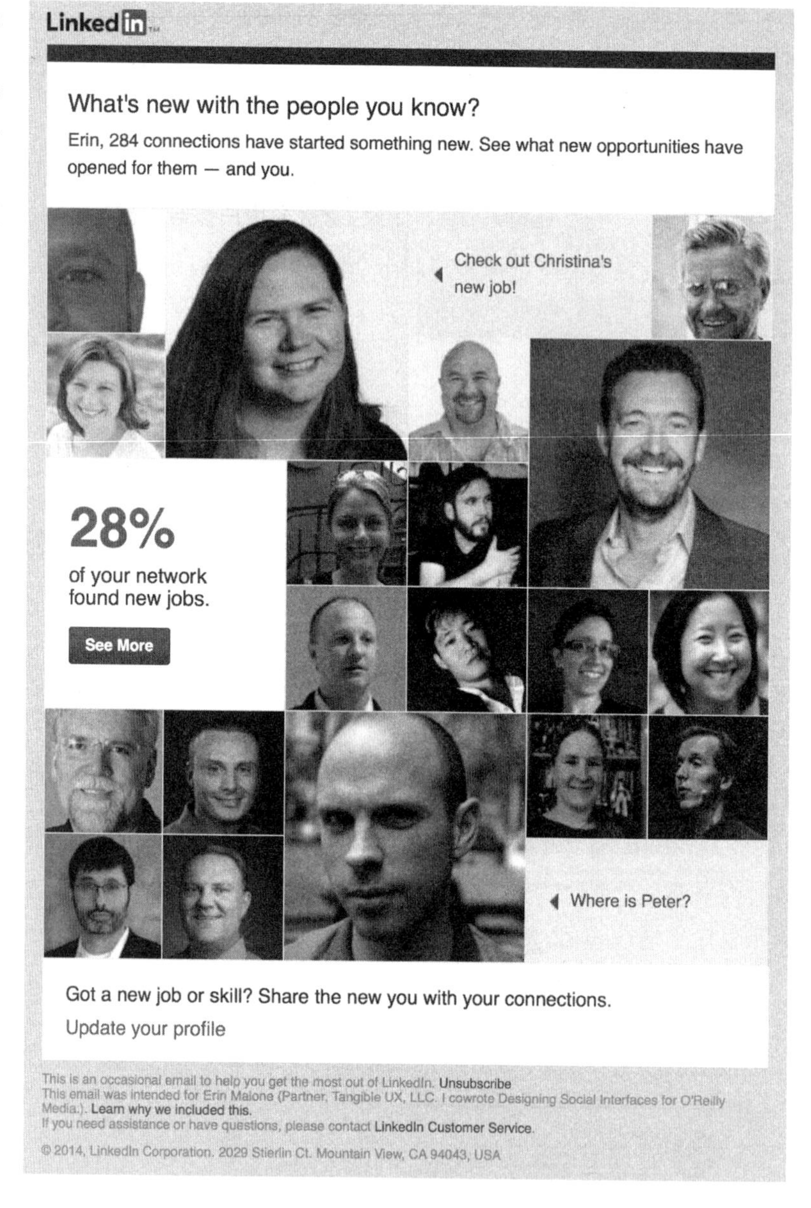

图 3-32：LinkedIn（http://linkedin.com）发送推荐社区新功能的公告，其中包括来自用户个人关系网的最新统计数据。邮件还会提醒用户更新自己的个人资料，从而鼓励其他人也返回网站

何时使用

- 你想将用户重新吸引到网站上。
- 你想要通知用户新功能。

如何使用

- 给用户提供一种方式，让他们可以选择在刚刚注册后就接受网站发送的电子邮件。
- 制订一份对外发送邮件的日程表，并随时更新。
- 电子邮件应该突出关键功能和 / 或新功能，如图 3-33 所示。

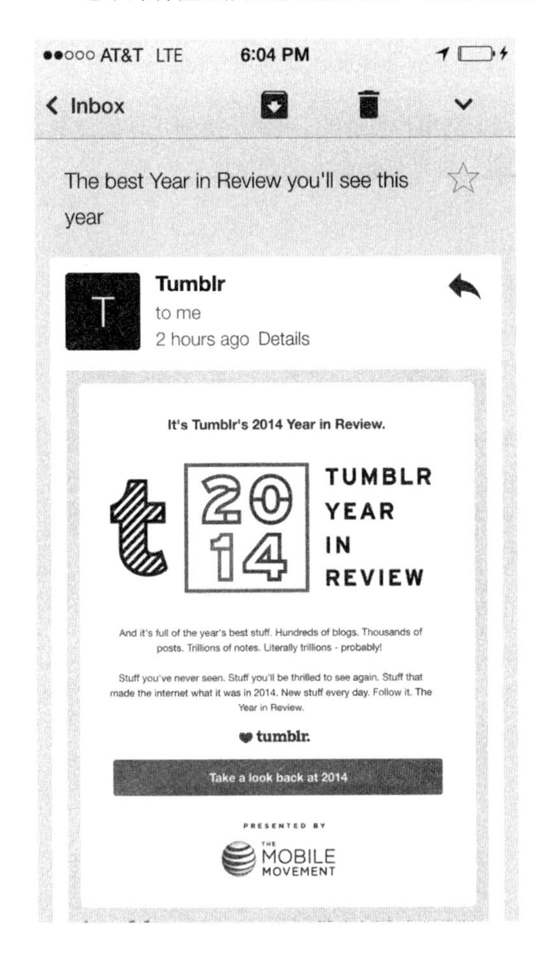

图 3-33：Tumblr 会在年底发送一份网站年度回顾，主要是用户感兴趣和流行的博客以及网站。这封邮件的目的是将用户带回网站，并鼓励用户继续使用

- 如果用户已经有段时间没访问你的网站，你可以发封邮件吸引用户返回网站，但只有他同意接收邮件的情况下才可以发。如果网站的某些功能与人际关系有关，可以从用户的朋友那里共享一些

公共数据，这样可以让用户知道他错过了什么。

- 确定一下规则：用户到底多长时间不访问网站才会向其发送鼓励他重返网站的邮件。
- 邮件中应该清楚说明让用户采取什么行动。
- 每个邮件中的信息不应过多。
- 邮件不宜过多、过频，否则会适得其反：你的用户会纷纷离开。
- 在企业环境中，可能会有一些用户可选的、可用于协同工作的工具。考虑合适的电子邮件提醒，或者在企业内部网络中进行推广。

为何使用

不用说，你想创建一个非常吸引人的、用户每天都会访问的服务。但有时候，你想告知用户新功能或者网站的最新使用方式，以便提醒用户他们注册网站的初衷，让用户重燃激情。

鼓励用户重访网站需要持续的努力。在大多数情况下，鼓励用户重返网站的做法就是定期进行电子邮件营销。在移动设备上，定期通知可以将用户带回应用程序，但它需要简短、精炼、扼要。邮件通常会介绍各种各样的新功能或者用户的网站好友们近期的活动。意外而有趣的信息也有意想不到的效果，例如，Snack 的每日推送（参见图 3-34）让用户重返应用程序。

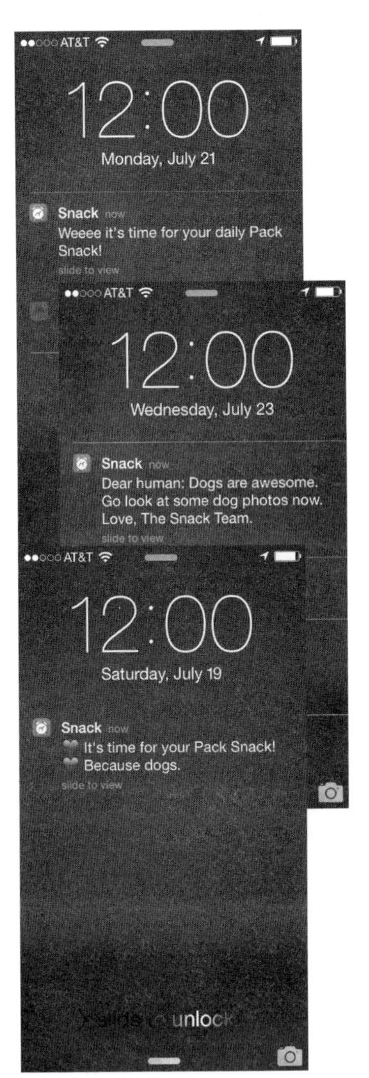

图 3-34：每日推送通知吸引用户返回 Snack。这个推送简短有趣，而且非常适合该应用的风格和品牌（Snack iOS 应用）

相关模式

- 欢迎界面

延伸阅读

Spool, Jared M. "8 More Design Mistakes with Account Sign-in." *http://www.uie.com/articles/account_design_mistakes_part2/*.

Spool, Jared M. "Account Sign-in: 8 Design Mistakes to Avoid." *http://www.uie.com/articles/account_design_mistakes/*.

Porter, Joshua. "Design for Sign Up: How to Motivate People to Sign Up for Your Web App." *http://www.peachpit.com/articles/article.aspx?p=1216150.*

Hulick, Samuel. "The Elements of User Onboarding." *https://www.useronboard.com/training/.*

"Go With the Flow, Lessons on Onboarding and Virality." Presentation by Erin Malone to BayChi, December 2010. *http:// bit.ly/1HxByvi.*

Information about Facebook Connect. *http://developers facebook com/connect.php.*

Information about OAuth. *http://oauth.net.*

Wroblewski, Luke. *Web Form Design: Filling in the Blank.* Brooklyn, NY: Rosenfeld Media, 2008.

"What is OpenID?" *http://openid.net/what/.*

第 4 章

我的其余部分在哪里

我们都在表演，一直以来我们都是这样有意或是无意地在别人面前彼此表演着。通过表演，可以告诉别人我们希望被认可，并且我们也喜欢被认可。

——理查德·艾夫登（RICHARD AVEDON）

社交网站运转的核心是人——他们是谁，你如何认识他们的，他们贡献了什么。人、他们的自我表现和向网站贡献的内容构成了一个丰富的、错综复杂的社区。如果不知道你是谁，你未来的朋友就不会认识你。潜在的联系人将不会信任你说的话，也不想与你联系。如果你没有一种构建“他们是谁”这种概要的手段，你就不能从一群人中认出谁才是你的朋友，也不会完全信任陌生人。

对于想尝试新网站的用户来说，定义自己的身份和建立各种关系网是个很大的障碍。因此，在一个网站上树立的良好形象和建设好的各种关系网会大大减少用户流失。要尽可能通过自动化方式来帮助用户：将评论这类活动聚集起来并给用户展示关系网的状态流，就可以在不需要用户做很多工作的情况下建立丰富而有趣的默认设置。

人们越来越相信，一个人的身份是属于他自己的，而不是属于创建数据的软件或者服务。无法交互的社交网站不断增加意味着人们每去一个网站都需要重新创建自己。在某些情况下这不是问题，因为社区的背景决定用户需要展现的形象。但对于很多用户来说，在各个网站上想展示给他人的东西没有什么差别。

Facebook Connect 的成功（允许人们在多个网站和应用中使用同一组

身份验证凭证）在某种程度上来说是巨大的，因为其共享的身份信息包含描述一个人的丰富数据集，人们通过该信息就能了解这个人。

本章介绍的模式是将某人的个人信息和活动信息展示给其他人的界面，这组成了可能被认为是用户品牌的组成部分：他展现给其他人的形象，其他人会将这个形象转化为对他的看法。这包括个人资料、个人资料的个性化；怎样将用户对网站的贡献归功于他，用户对贡献的内容可以做何种控制；设置头像；哪些信息是隐私的；用户在哪里管理这些信息；个人展示板（用户可以在个人首页查看他的关系网中发生了什么）。个人资料应该与署名、联系人卡片和其他公开信息一同构建一个充分以人为中心的个人的体验。

一个人的个人资料及其展示，不管是通过活动自动生成的还是用户自定义的，都能让你认识这个人；它给用户提供了一个机会展示他们乐意与世界分享的任何一面。

身份

用户身份和控制用户展现方式的能力，都是创建社交网站的核心要素。能够在网站中创建并管理自己的身份是构建其他事物（对网站的贡献、关系网、信誉）的基础。这与用户本身和用户将自身形象展示给哪些人有关。

考虑这些主题时，要注意到能让用户取名（昵称）只是帮助它们构建自己身份的第一步。正如第 3 章“注册”一节中所讨论的那样，允许用户创建昵称（不会因为该昵称已被占用而让用户使用一个他不喜欢的昵称）是你能做的最佳设计决策。难道你愿意自己被称为“jack089”而不是“设计牛人 jack”吗？

为用户创建身份还需要几项内容，包括“个人资料”“头像”“反光镜”和“署名”。与这些模式相关的是用户声誉和他们的关系网。

当考虑需要把哪些元素放到一起时，要注意你并不需要全部元素，而且你可以从某几个元素开始，以后慢慢添加所需的元素。

这章的所有模式都要考虑以下几点：

- 让用户自己去表达它们认为真正重要的东西。图 4-1 显示了“About”中的个人资料更具表现力，并反映出更加个性化的方法；而

LinkedIn 上的个人资料是不能自定义的，反映的是交互的专业性（见图 4-2）。

图 4-1：自定义的“About”个人资料（http://about.me）

- 让用户能够控制如何展现他自己。用户应该拥有自己的操作和与身份相对应的声誉，但在某些情况下，应该给用户提供可以匿名的选项。

- 让用户决定到底哪些人可以看到自己个人资料中的哪部分内容，如图 4-3 所示。给用户足够的控制和许可访问权限。我的生日只有我的朋友才能看到，还是每个人都可以看到？如果是每个人都可以看到，就请做好其中可能有假数据的心理准备吧。

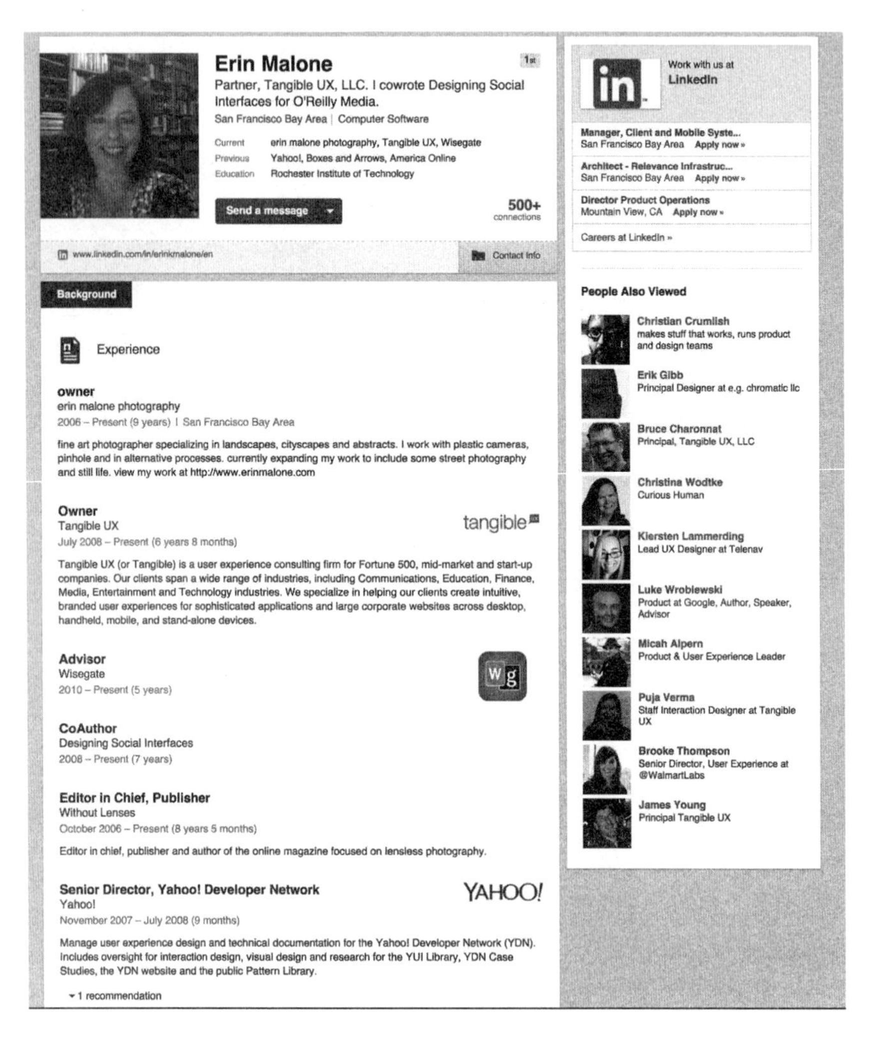

图 4-2：本书作者在 LinkedIn 上的个人资料（http://www.linkedin.com）

- 要清楚地向用户展示作为编辑者 / 所有者能看到什么，以及其他人能看到什么。在婚恋网站上这已经是一门科学了，但在许多其他类型的网站上，到底哪些人能看到什么内容表达得还不是很清晰。

- 清楚地传达关于用户个人资料信息的隐私政策；例如，哪些项是可见或者不可见的，哪些项可以被匿名使用来作为业务数据的一部分。

- 拥有强大的身份解决方案也不能缓和马甲现象（参见第 11 章“马甲”一节）和人们可能创建多个身份的情况。

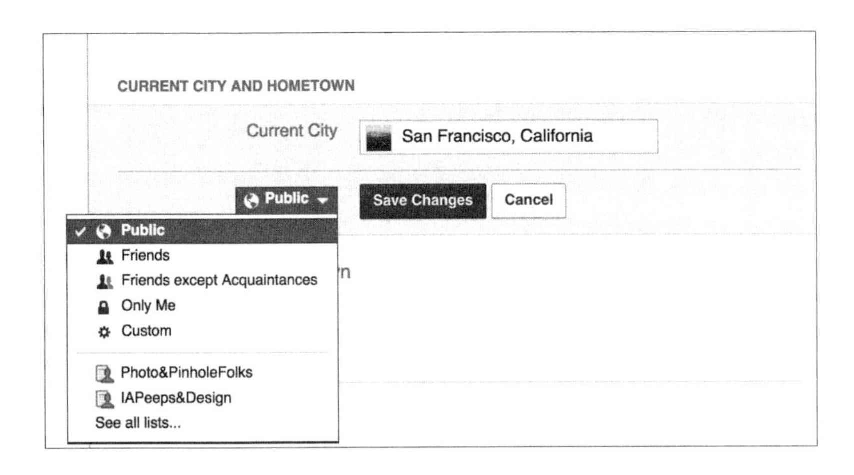

图 4-3：Facebook 个人资料中的隐私设置（http://www.facebook.com）

三重身份模式

在社交媒体的设计中，最容易让人误解的一个模式就是用户身份管理。产品设计师经常会混淆不同用户身份需要的不同角色。这种混淆通常是因为将以前的在线服务（如雅虎，eBay 和 American Online）作为规范参考而造成的。在我们对社交媒体的用户需求有更精确的理解之前，这些服务是以工程为中心而建立用户身份的。通过将工程需求（创建会话、检索数据库记录等）与用户需求或者可识别性和自我表现结合起来，很多旧的身份模型实际上会妨碍用户的参与。例如，雅虎发现用户不断反馈害怕收到垃圾邮件（如餐厅评价、留言板上的留言）是用户不创建内容的首要原因。这最终导致了对雅虎身份模式所进行的昂贵且彻底的重组。

我发现三重身份模型最适合于大多数在线服务，并且应该与当前的身份共享方法和以后的计划兼容。

用户身份的 3 个组成部分是：账户 ID、登录 ID 和向公众显示的 ID。

账户 ID（数据库关键字）

从工程的角度来看，始终有一个数据库关键字存在——这种方法可以获取用户的记录并对应到 cookies。从真正意义上来说，账户 ID 是公司与用户关系最密切的东西。它必须是唯一且永久的。通常，它表现出来就是一串用户永远无法控制的随机数字。事实上，从用户的角度来看，这个 ID 应该是不可见的，或者至少是无活性的；应该不存在与该 ID 相关的公开功能。例如，它不应该是邮箱地址、可用的登录名、可显示的公开名称或者即时通信地址中的状态。

登录 ID（会话认证）

登录 ID 一定要创建与账户 ID 相关的有效会话。登录是授予用户访问服务器上私密信息的方法。这种登录 ID 通常是由一组唯一且有效的名称 / 密码的组合来表示的。要注意的是，服务器不需要为登录 ID 创建独一无二的名称空间，而可能会用其他服务提供商已有的 ID 标识。

例如，只要某个电子邮件地址属于某个用户后，服务器就可以将这个电子邮件地址作为登录 ID。渐渐地，更加成熟的功能性 ID 被用户所接受（例如，OpenID 和 Facebook Connect），它们可以提供登录凭证，用户不需要再重复输入用户名和密码。

通过将账户 ID 和登录 ID 分开，用户更容易根据不同的情况定制不同的登录方式。由于账户 ID 不需要更改，因此可以缓解数据迁移问题。同样，将登录 ID 和向公众显示的 ID 分开可以保护用户的账号不被破解。最后，网站应该允许一个账户对应多个不同的登录 ID，从而使网站可以聚集来自多个身份 ID 供应商的信息。

向公众展示的 ID（社会身份）

与满足技术需求的账户 ID 与登录 ID 不同，向公众显示的 ID 表示的是用户期望自己以什么形象展示在网站的其他人面前。打个比方，通过你的穿着和名字人们就知道这个人是你。从这个定义来看，在技术层面上，向公众显示的 ID 标识不必是唯一的。世界上有很多 John Smiths，其中的几千个 John Smiths 会使用 Amazon.com（http://amazon.com），而这其中又有好几百人会发表评论，但所有这一切都是互不干扰、相安无事的。

在网上，用户向公众显示的 ID 通常是一个复合对象：照片、昵称，或许还有年龄、性别和住址。它提供了充分的信息，让所有观看者都可以迅速了解某位用户的情况。向公众显示的 ID 通常被链接到更详细的个人资料，进行进一步的身份区别：“评论《The Great

Gatsby》的那个来自纽约的 John Smith 是我非常喜欢的那个 John Smith 吗？”或者“这是我的大学同学 Mary Jones 吗？”

提供多样化服务的网站可能想要提供不同的向公众显示的 ID，便于用户在各种具体的情况下使用。例如，玩野性西部扑克游戏时，用户希望展现的身份可能是一个邋遢的亡命徒或者酒吧女，但绝不是他的真实身份——电影评论员。

——F. 兰迪·法莫（F. Randall Farmer），Rosenfeld Media

个人资料

个人资料是社交信息的核心部分之一，它就是用户在系统中的脸。个人资料是一个展示自我的地方，在这里用户可以创建他们希望在你的网站环境中被看到的“声音”或“图片”。根据你网站的性质，个人资料是用户关系网和活动所围绕的中心。在很多网站中，个人资料通常能够表示出这个用户在网上的活动以及他在该网站上的好友。

是什么

用户想要一个集中且公开的场所向别人（认识和不认识的）展示和他有关的所有内容和信息（见图 4-4）。

何时使用

- 你的网站 / 应用鼓励用户自己生成的内容，并且你想给用户提供一个展示他们具体贡献的场所。
- 你的网站鼓励关系网的建立。
- 你想给用户提供一种通过查看其他人而更了解这个人的方式。
- 你想让用户展示个性。
- 你想让用户和他人分享自己的信息。
- 你想展示用户在网站的活动行踪（例如，状态通知）和网络活动。

图 4-4：本书作者在 Facebook 网页版和移动版上的个人资料 (Facebook iOS 应用和 http://www.facebook.com)

如何使用

核心个人资料

- 为用户提供可以自定义显示名称的工具，或者提供昵称选项。

- 考虑采集用户的姓氏和名字，同时还要提供显示的名称，可以是头衔、昵称，或者用户的姓名。让用户自己决定。全名要通过关系网共享，通过全名可以弄清楚这个人可能是谁，尤其是当这个人的头像只是图标或者虚拟形象时。

- 不要把显示名称与用户登录名设置成一样的。这样做就是把一半的用户登录信息暴露给了病毒或黑客。你应该提供一个让用户进行连接的安全场所，保护他们的登录信息和个人信息是非常重要的。

- 允许用户选择哪些项是公开的，哪些项是保密的，哪些项只能是“好友”才能看到的，如图 4-5 所示。

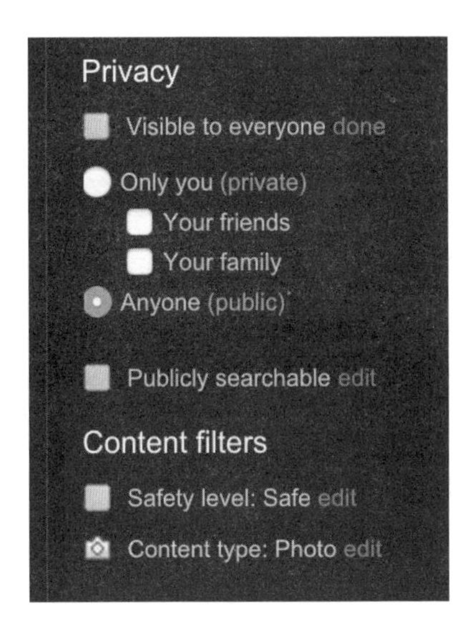

图 4-5：Flickr（http://www. flickr.com）让用户指定谁可以看到刚上传的内容

- 让用户自定义个人资料的部分内容。个人资料是自我表达的一种形式。“About”个人资料就是这种形式的一个极端代表，LinkedIn 和 Facebook 的个人资料自定义严格得多，仅限于用文字、图片和用户的活动来区分和定义一个人的个性。

- 不要强迫用户公开显示他的所有信息。

- 仅搜集那些对维持关系和社区活动非常必要的信息。不要强迫用户填写个人资料中要显示的所有信息。

- 允许用户上传一张或者多张她自己的照片，如图 4-6 所示。

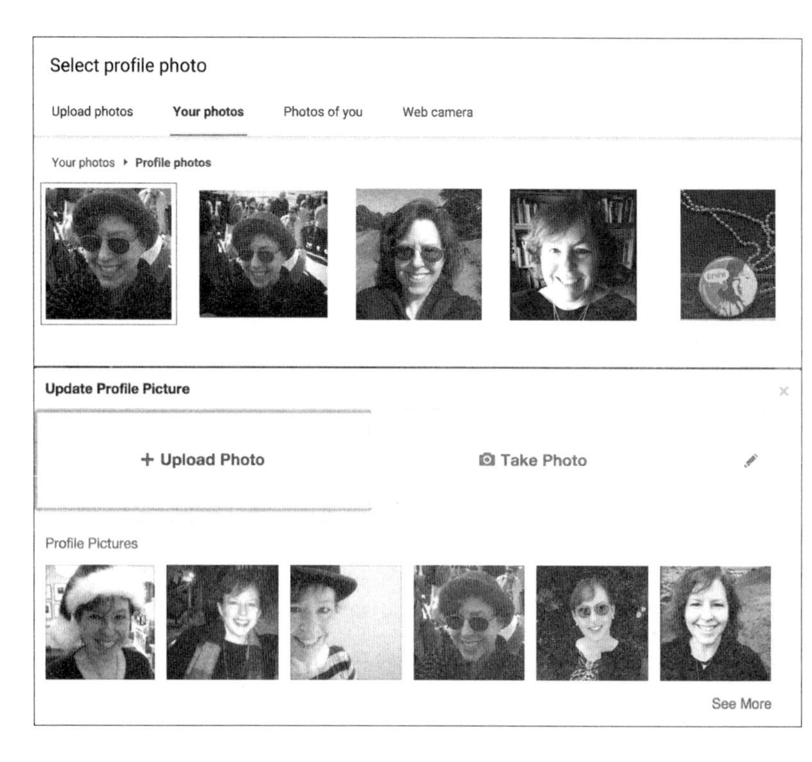

图 4-6：在 Google+ 和 Facebook 中，用户可以上传多张照片用于个人资料。用户在任何时候都可以更改她用于个人资料的照片（http://plus.google.com 和 http://www.facebook.com）

- 在个人资料中提供一种视图，因为用户的联系人会查看它。
- 在个人资料中提供一种视图，因为公众（而不是用户的联系人）会查看它。

个人资料偏好设置和更新

- 个人资料偏好要让拥有个人资料的用户欣然接受。如果用户登录了，要显示一个明显的、容易找到的链接来编辑个人资料。
- 其中一项难以决定的事情就是个人资料上的每一个元素是否都与该账户绑定，并且不可编辑。
- 个人资料的数据区域应该单独编辑，而且其中要有尽可能多的选项可以由系统自动添加（如果适用的话）。个人资料的数据搜集方式通常是：给用户显示一些问题、填一些表格和可以自由输入的字段。

- 如果可能，可以通过用户在网站上的活动搜集个人资料信息。

- 要为用户提供一种机制，让他可以返回编辑信息，但如果网站的核心体验与个人资料的完整性无关，不要强迫用户填写完整的个人资料。

- 通过给用户提供说明他们个人资料完整程度的线索或者通过使用鼓励个性化的默认设置（例如，默认头像），来鼓励用户填写完整的个人资料；如果个人资料的完整程度与良好的用户体验无关，就不要强迫用户填写完整的个人资料。

- 如果可能，允许用户使用 OpenSocial API 从其他服务中导入个人资料内容、个人资料图片、昵称和核心个人信息。

- 使用“所见即所得”+“轻量级编辑链接”的方式，如图 4-7 所示。

图 4-7：LinkedIn（http://www.linkedin.com）个人资料的每个模块都有轻量级的编辑控件，它只能被个人资料的所有者看到

- 显示给用户的个人资料页应该与其他访问者看到的页面尽可能接近。个人资料的所有者不用预览就能准确地知道其他访问者能够看到哪些内容。

- 个人资料访客和所有者看到的内容差异，应该仅限于访客看到的内容少了一个用于更新的“编辑”链接。

- 如果个人资料中包括了很多经过许可才能看到的内容，就提供一个许可指示符，标注出内容是公开显示的、需要经过许可的，还是私密的。功能强大的个人资料页不仅可以控制行内编辑，还可以处理鼠标悬停时的拖放操作。

- 当个人资料的所有者为个人资料增加链接时，要将页面加载为编辑模式而不是预览模式。
- 不要在个人资料页为内容所有者提供太多内容管理选项，这会使页面负荷过重。
- 一定要为所有者提供管理内容的单独“控制面板”。
- 一定要提供专门的更新 / 状态页面，这样关系网的所有者才能够密切关注相关人员生成的内容。

私密信息

- 账户个人信息中搜集的信息可能是私密的，例如电话号码或者电子邮件地址。
- 确保那些与账户绑定的信息，例如密码、密码提示问题、信用卡信息、其他金融信息和个人信息，保存在只有该账户持有人才能访问的隐私区域。
- 将隐私信息放在账户区域，与对外显示的个人资料分开。
- 提供一个选项，使隐私信息只对最亲密的联系人公开，如家人或密友（参见图 4-8 和图 4-9）。

装点个人资料

很多以个人资料为中心的网站，如 About（见图 4-10），都鼓励将个人资料装点作为展示主人个性的一部分。自我表达是体验的重要组成部分，它和可上传的其他内容一样，直接影响着对创建者的认识。即使是 LinkedIn 和 Twitter 这类体验也可以让用户通过添加背景图片来自定义和区分个人资料，虽然它们都无法像 MySpace 那样提供足够多的自定义。

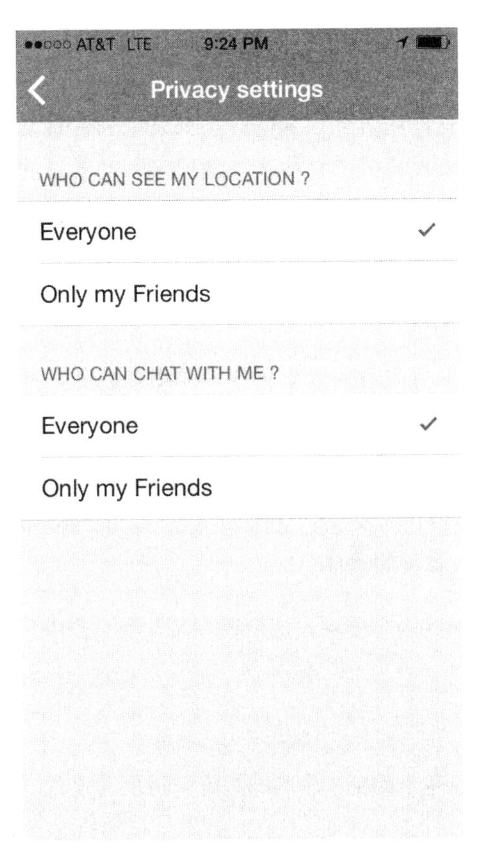

图 4-8：Blobix 中的隐私设置。用户可以设置位置和联系人信息（Blobix iOS 应用）

First name	Erin	Public
Last name	Malone	Public
Gender	Female	Public

图 4-9：Skype 中的隐私设置是不允许用户修改的。系统会告诉用户谁可以查看哪些信息，但不允许用户修改设置。当系统将某些私密信息默认为面向公众显示时，会让用户感到特别不安

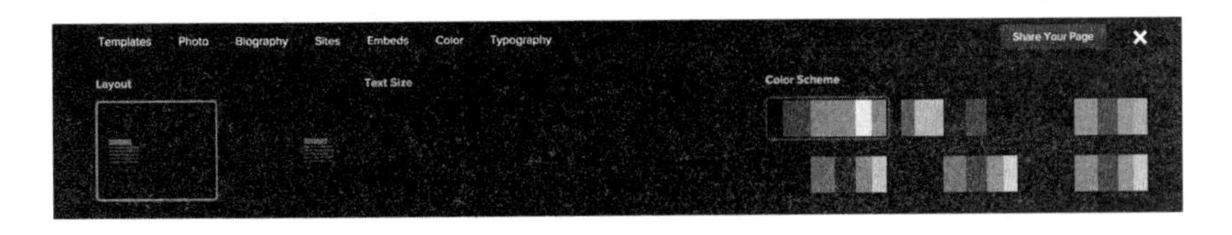

图 4-10：About 的个人资料给用户提供了添加颜色、图片和全屏背景图片的选项（http://about.me）

- 与那些更偏重于任务导向型的网站（例如，LinkedIn 或 Facebook）相比，内容和人与人之间的交互被认为是首要的，而且网站界面就是为了放置这些内容而设置的。当开发个人资料系统时，需要考虑：对用户来说重要的是什么，他们来网站的目的是什么，个人资料和自我表达在这种背景中的重要性如何。

- 为了鼓励采用，提供易于使用的皮肤；也就是说，提供上传背景图片和自定义布局选项的功能。

- 为了实现更具个性的个人资料或者为了给更年轻的用户服务，可提供黏性标签、迷你的虚拟人物、家具或小道具等附加物来增加自我表现的机会。

- 允许高级用户使用可以进行更多自定义的方式，例如 CSS 和 HTML；但要保证系统个人资料的质量。

- 允许用户像点菜一样将不同的内容模块或应用程序添加到页面中。

个人资料认领

- 一些网站会自动为用户创建基本的个人资料，然后让用户认领它。

- 用户可以通过多种方法（如评论、好友邀请等）来获得未经验证或未声明所有权的个人资料。

- 留下匿名评论或其他匿名内容的用户可能想声明这些内容是他们贡献的，以此来提高他们的声誉。

- 当用户的朋友加入了这个站点并邀请用户参与时，就会为用户创建一个大致的个人资料。

- 允许被邀请的用户或匿名内容的所有者轻松地认领他的个人资料或其他聚合内容。不要用内嵌 Cookie 代码作为检索匿名内容的方式。

- 通过验证一些数据字符串（例如，已经经过验证的电子邮件地址）可以将已经存在的个人资料与潜在的用户相匹配。

- 无论使用何种技术方法，都要确保这种方法是简单、不显眼且不可怕的。几年前，雅虎发布了一款名为 Mash 的个人资料体验，用户可以为他们的朋友创建个人资料，然后邀请朋友来索取资料。

很多人不理解为什么“自己的”个人资料页已经有了内容，为什么其他人可以编辑它。对于知道是怎么回事的人来说，这是有趣的体验；但对于一无所知的用户来说，这会令人感到困惑、毛骨悚然。

多重身份

用户非常善于根据不同的交互环境扮演不同的身份。例如，家中的你与办公室中的你是不同的，网上的你也不例外，参见图 4-11、图 4-12 和图 4-13。

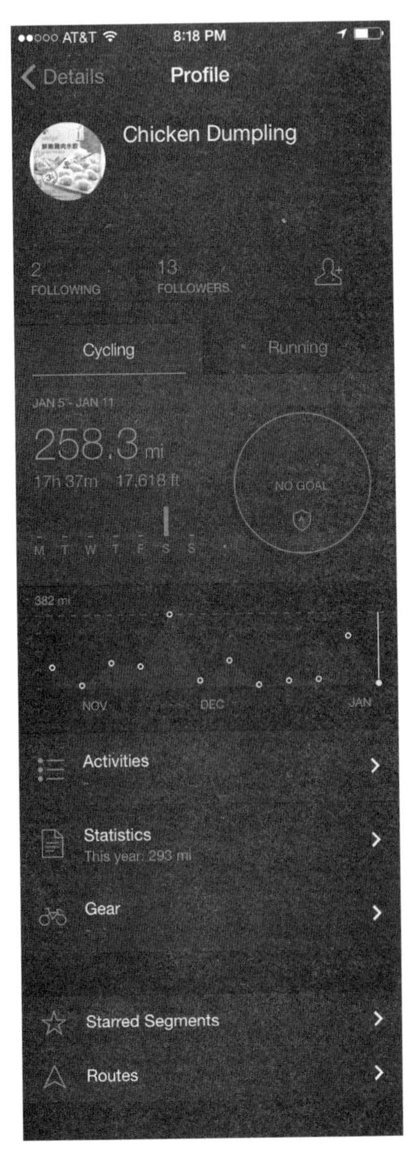

图 4-11：Strava 移动应用中的运动情境个人资料（Strava iOS 应用）

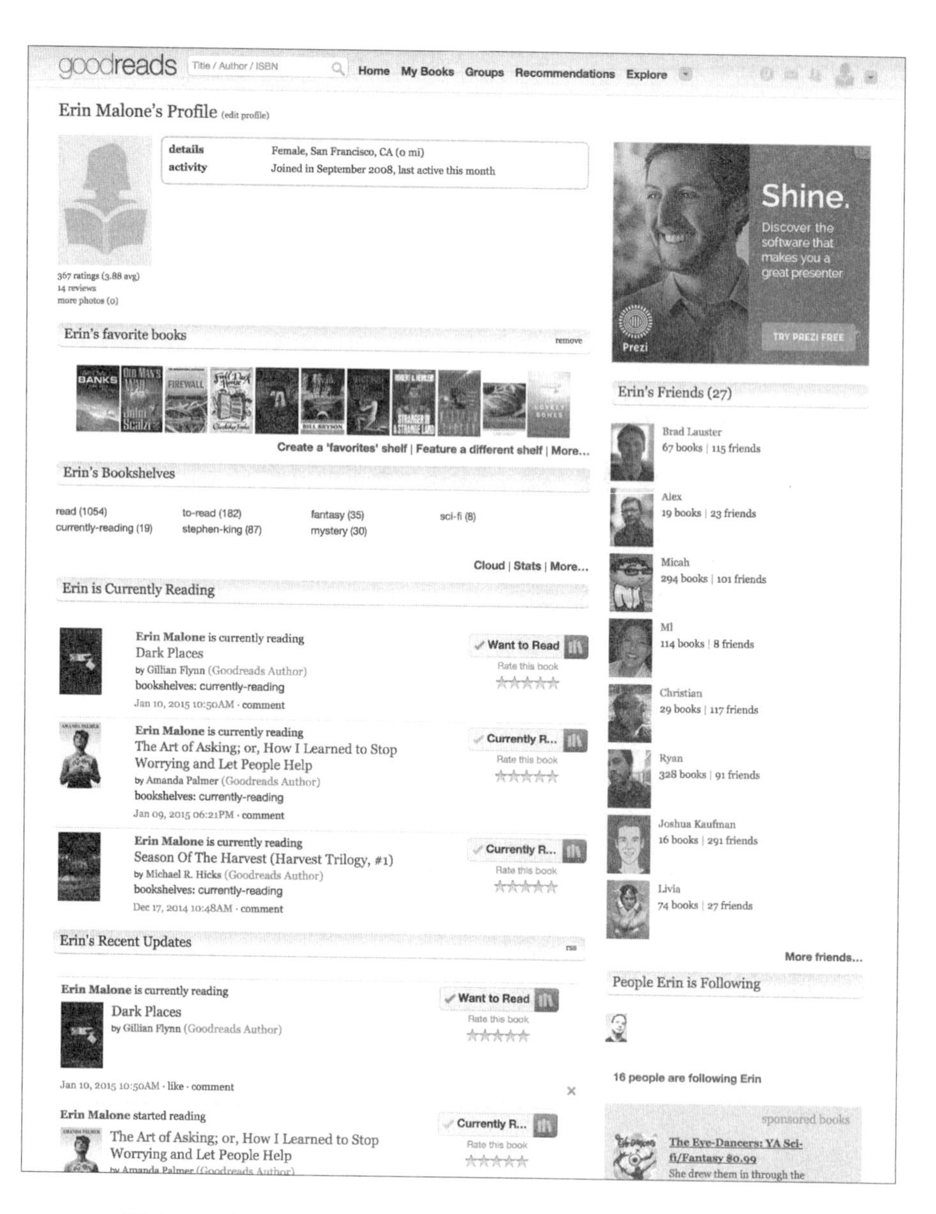

图 4-12：Goodreads.com 中的书籍情境个人资料（http://goodreads.com）

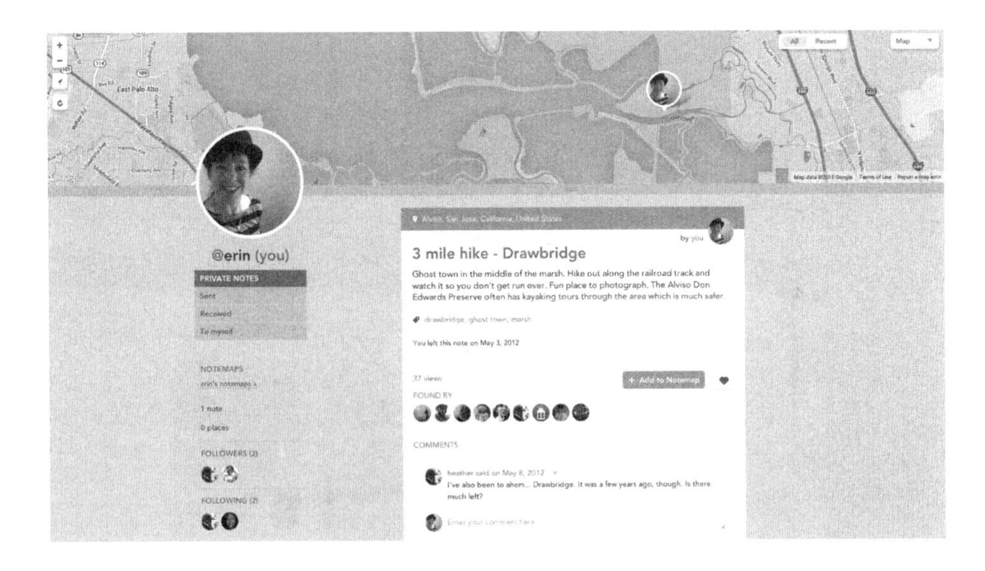

图 4-13：Findery（http://www.findery. com ）中的位置情境个人资料

- 考虑你的体验环境，并且让个人资料符合这种情境。
- 不论何时，都要用几种设计解决方案让核心的用户身份信息保持一致（包括名字、性别、住址等）。其他所有的信息都可以通过用户在网站上的活动来收集或自动添加。

建议

使用 OpenSocial 中定义的通用个人资料 / 身份字段（*http://bit.ly/1Jo9hK6*）。你可以从中选择在你的情境中有意义的数据项，并忽略其他无关项；但是字段中的标签和信息的存储方式要一致。这可以确保用户未来的可移植性，并且在用户加入你的网站时可以直接导入用户在其他服务中的数据。我们的目标是让用户的资料在互联网上是通用的（适用的情况下），而不是在她每次注册一个新网站时都强迫她重新创建个人资料。

注意事项

网站收集和显示的信息类型决定了用户的类型，并且确定了网站的定位。例如，LinkedIn 收集关于用户目前和过去工作经验的职业信息（参见图 4-2）。个人资料是由其他用户或第三方开发的应用程序逐渐添加建议内容来逐步完善的。Facebook 中的某些字段是可以自由输入的，但正如图 4-14 所示，还有一个强大的部分是“用户以前上过哪些学校”。

因为 Facebook 的起源是大学社交网络，所有这些信息都是很合适的。Facebook 已经将个人资料扩展到包含工作经验和第三方开发商的应用等内容。

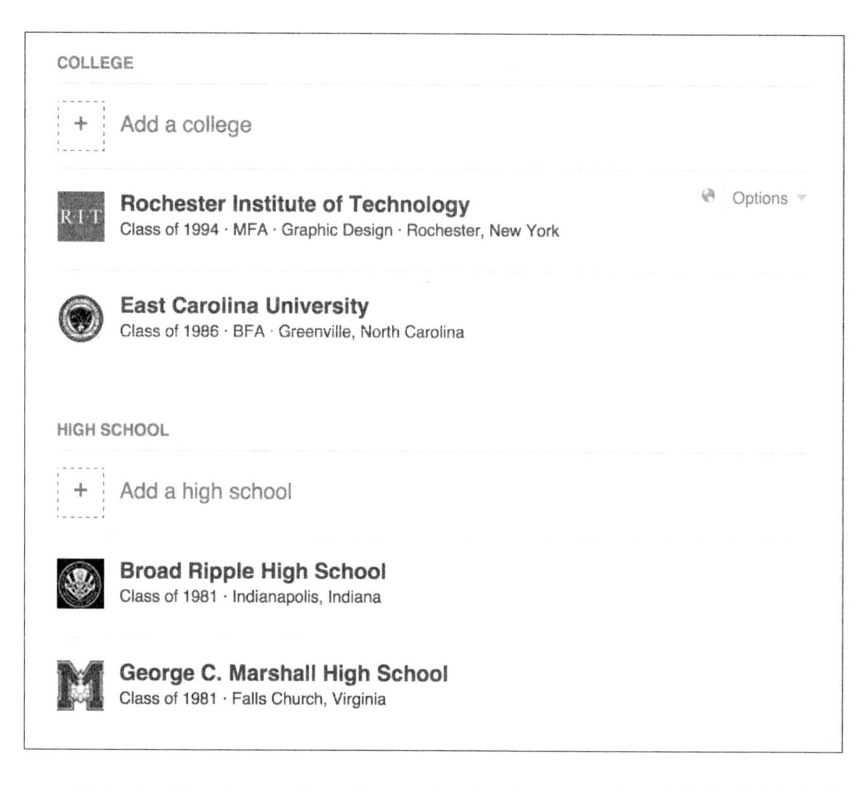

图 4-14：Facebook（http://www.facebook.com）有一个收集学校信息的强大区域。学校是 Facebook 为拥有相似背景的用户创建关系网的一种方式

Tinder、Orkut 和 HowAboutMe 这类交友网站都是围绕个人资料发展起来的，因此在这种背景下收集关于用户婚姻状况、想找哪种类型的男朋友 / 女朋友，以及感兴趣的音乐和视频等信息是合适的（见图 4-15 和图 4-16）。

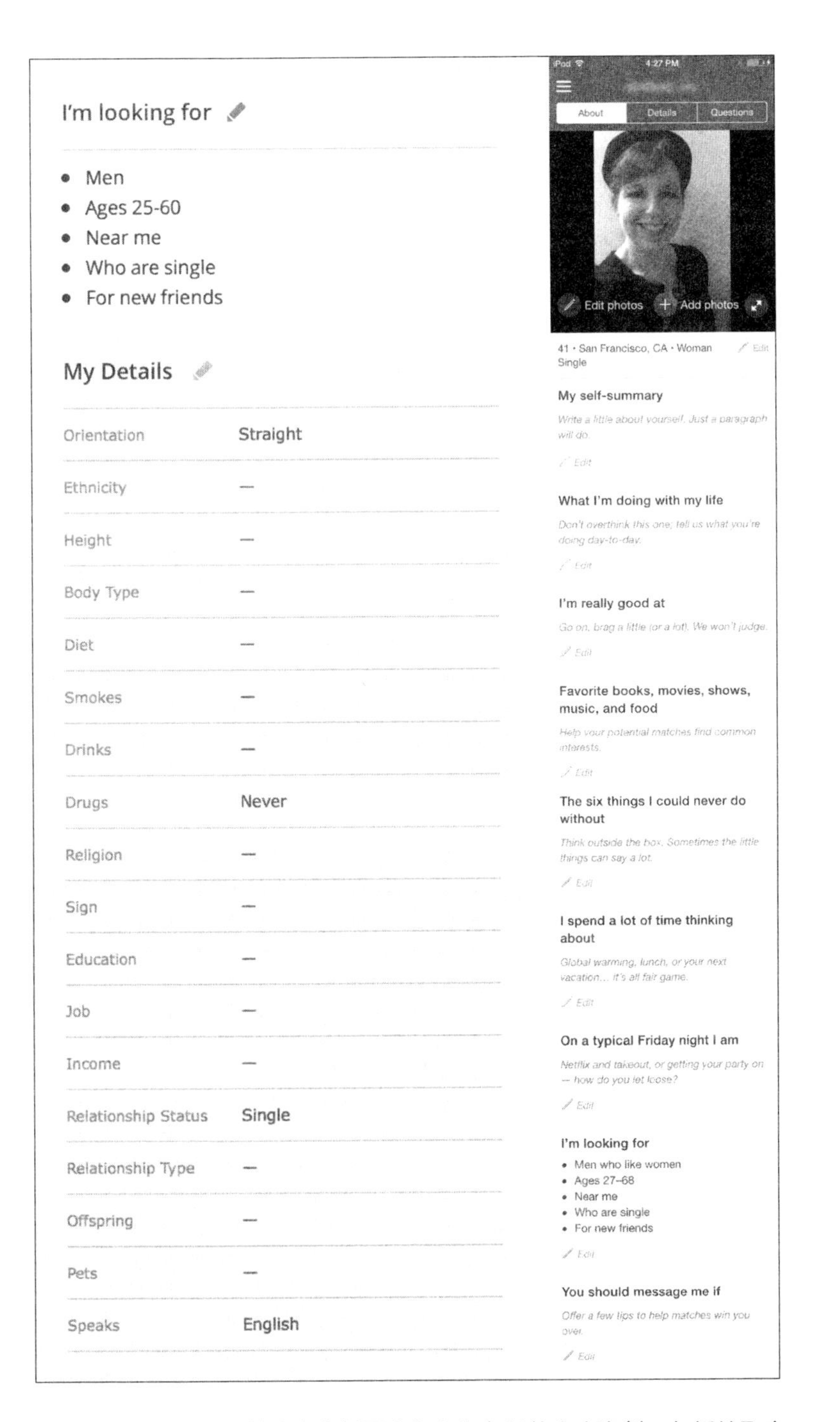

图 4-15：OkCupid 的个人资料要求与交友有关的个人资料，包括性取向、感情状况和在其他情境中不便收集的信息（http://www.okcupid.com 和 OKCupid iOS 应用）

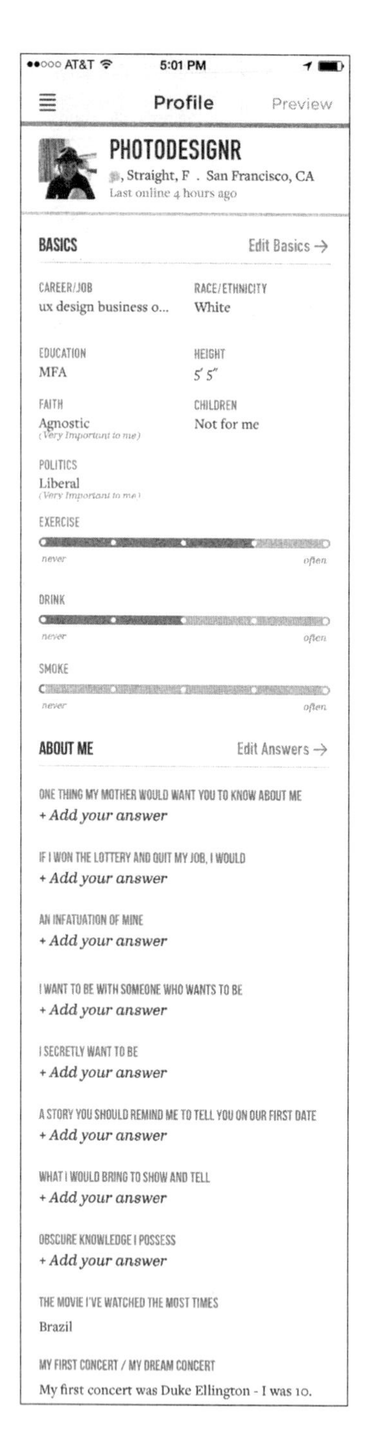

图 4-16：另一个交友网站 HowAboutwe 要求类似的信息，但它显示信息的方式有所不同（HowAboutWe iOS 应用）

这些社交网络都会用具体的个人资料数据告诉用户其社交重点和网站中存在的社区。

开放性问题

由于各网站（例如，Facebook、Twitter、LinkedIn 和谷歌）提出了个人资料和用户身份的开放标准，因此选择使用哪个协议就变得越来越重要。多数大玩家都采用 OpenSocial 标准。从长远来看，使用或者兼容这个标准可以让用户更容易地访问他们的数据。

反对新兴的标准可能在短期内是有利的，但从长远来看可能会非常不利，因为越来越多的用户需要在站点之间来回传送数据。

为何使用

对于用户所使用的各种网站服务来说，个人资料就相当于一个路由器，其他活动和人际关系都是围绕它而展开的。仔细挑选对网站有意义的数据字段，就能保证让个人资料为用户提供有意义的环境。提供自定义功能可以鼓励个人资料的个性化和本地化，这样有助于用户长期使用网站所提供的服务。

相关模式

- 署名
- 用户名片和联系人卡片

参见

- Facebook (*http://www.facebook.com*)
- LinkedIn (*http://www.linkedin.com*)
- OkCupid (*http://www.okcupid.com* 和 OkCupid 移动应用)
- HowAboutWe (*http://www.howaboutwe.com* 和 HowAboutWe 移动应用)
- Strava 移动应用
- GoodReads (*http://www.goodreads.com*)

推荐（或者个人推荐）

推荐是一种背书式证明，它能提供与个人相关的信息，或者和这个人的兴趣或者技能相关的信息，如图 4-17 所示。它有助于丰富个人资料，并为他人提供了解用户的不同视角。

Recommendations
Received (1)
Given (12)

Erin, would you like to recommend James?
Recommend James
Owner
Tangible UX, LLC

Richard Heggem
Senior Sales & Business Development Executive
I think the thing I appreciate most about James is his intuitive 6th sense about web design and navigation. He always has a wealth of ideas that I've found we can ignore, but usually to our detriment. He is straight up, honest, insightful and always a pleasure to work with.
January 27, 2006, Richard was James's client

图 4-17：LinkedIn（http://www.linkedin.com）中的推荐是在个人资料中显示的，可以帮助他人塑造对这个人的看法

是什么

人们对别人怎么看自己或自己的作品感兴趣，也希望其他人看到。这能够丰富用户自己的信息和技能。

何时使用

- 你想让用户在网站中为其他人提供背书式证明。
- 你想分享其他人个人资料中的信息。

如何使用

- 在个人资料中提供一个显示推荐的模块。
- 为用户提供给关系网中的其他用户写推荐的工具。
- 当用户浏览别人的个人资料时，明确提出让他推荐的要求。Flickr 和 LinkedIn 都在次级信息中加入了链向个人资料主体的链接。

- 考虑让别人写推荐的人是怎么认识这个人的，如图 4-18 所示。

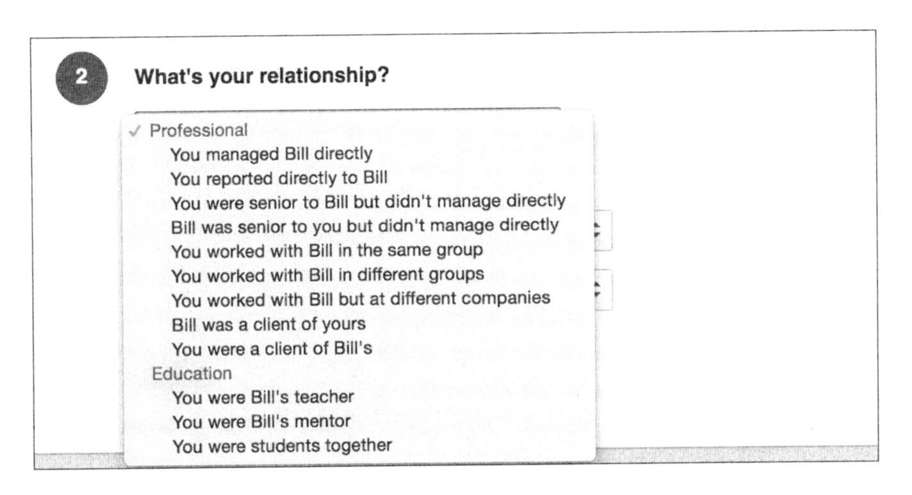

图 4-18：LinkedIn（http://www.linkedin.com）询问写推荐的人是如何认识这个人的，以便给出推荐的背景

- 提供一种方法，让被推荐人在发布推荐之前对其进行审核。毕竟，个人资料是属于该用户的，他应该对显示的内容有控制权。

- 清楚地告诉推荐者，个人推荐在发布前要被审批。这将阻止想要在个人资料上恶意留下粗口或试图写一些垃圾信息的人。

- 为推荐提供依据，将其链接回推荐者自己的个人资料。这将有助于增加推荐的可信度。

- 考虑在用户的个人资料中显示他为别人写过的推荐。

- 考虑在用户的个人首页（参见“个人首页”一节的内容）上用一个模块显示用户的好友最近所写的推荐，也可以在活动流中显示（参见第 5 章“活动流”一节的内容）。

- 考虑一种轻量级的替代方法提出用户对其他人的看法。LinkedIn 提供了一种称为“背书”的功能，与评级或者加标签类似，它很容易邀请用户留下反馈，并且是鼓励用户参与其中的一种简单方式。

为何使用

与添加评论或简单的赞同相比，允许用户为关系网中的人提供背书是一种更长久、更有意义的分享用户正面信息的方法。对于专业性较强的网站，如 LinkedIn，推荐可以让个人资料查看者从不同角度了解这个人，这对雇佣或商业决策很有帮助。

参见

- About (*http://www.about.me*)
- LinkedIn (*http://www.linkedin.com*)

个人首页

是什么

用户想在网站上查看朋友的最新动态、当前活动和最近发表的评论，以及朋友的关系网中发生的其他事情（见图 4-19）。

图 4-19：用户登录到 Tumblr（http://www.tumblr.com）后，主页就是个人首页，它提供了访问好友最近活动和进入网站大多数功能的途径

何时使用

- 网站体验围绕着人们的活动和他们的关系网而展开，而与该活动是否发生在他们的关系网中无关。
- 你想要为公开的个人资料提供配套的详细页面。
- 你想鼓励用户重复使用你的网站。

如何使用

- 在用户的个人首页上提供访问其他功能和应用的入口，如图 4-20 所示。

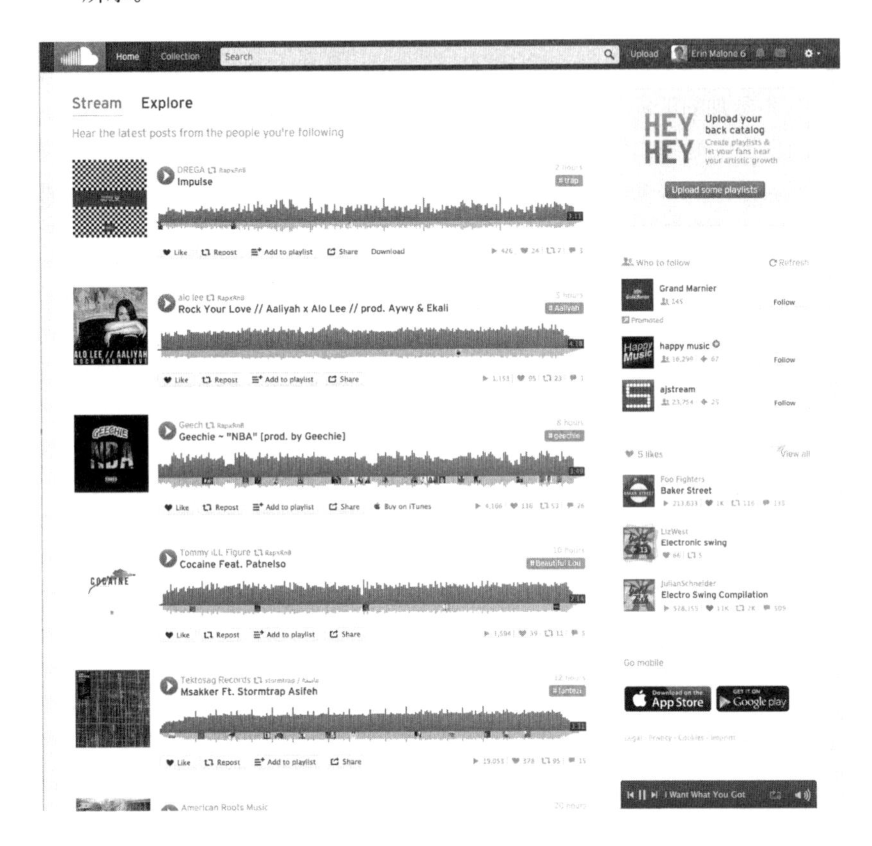

图 4-20：登录到 SoundCloud（http://www.soundcloud.com）的首页显示我关注的人最近发的帖子，给我推荐可以关注的其他人，并显示我感兴趣的最新活动流

- 为用户提供一种选择在个人主页中显示哪些内容的方法，并给他们提供返回网站的理由。

- 不要为了给评论或者广告腾空间，而隐藏重要的社交信息。
- 允许用户通过 RSS 订阅其他网站上的活动来补充本站上好友的活动更新。
- 如果用户状态是网站的重要组成部分，就允许用户直接在个人首页上创建状态更新。
- 让用户能够方便地访问关系网中联系人的个人资料。
- 让用户很容易就能访问自己的个人资料并进行查看和编辑。

为何使用

个人首页和个人资料是成对的。个人首页应包含用户想持续查看的信息和参加的活动。用户应该可以在个人首页上点击朋友的个人资料，获取有关好友和他们兴趣的更多信息。Facebook、Twitte，甚至是线下聚会网站 MeetUp，其个人首页是“用户版”的网站主页，显示的主要是近期的各种活动。

相关模式

- 个人资料

参见

- Facebook (*http://www.facebook.com*)
- Twitter (*http://www.twitter.com* 和 Twitter 移动应用)
- MeetUp (*http://www.meetup.com*)
- SoundCloud (*http://www.soundcloud.com*)

身份反光镜

是什么

查看个人资料或者创建内容时，用户需要可以编辑他展示给公众的身份（见图 4-21）。

图 4-21：Findery 上简单的身份反光镜，让用户可以知道其他人会如何查看某段内容的所属人（Findery iOS 应用）

何时使用

- 用户可能需要一种持续的方式来处理向公众展示的个人信息。
- 当用户要处理自己向公众展示的个人信息并改变他们显示出来的署名时使用。
- 有助于让用户确认他已经成功登录。

如何使用

- 显示用户当前的公众身份。
- 显示一个查看当前背景下公开个人资料（如果有的话）的链接。如果当前背景下的个人资料不合适，就显示能链接到用户主要公开个人资料的链接。
- 仅显示名字和图像这些身份信息即可。没有必要向所有者 / 用户显示年龄、性别、住址或其他背景下的身份信息。还是在公开视图中显示这些信息吧。

编辑要显示的名称

- 提供一个简单的方法来改变用户将会看到的显示效果（见图4-22）。

图 4-22：在需要时用户可以在 Twitter（http://www.twitter.com）的个人资料中更改要显示的名称。但不允许修改与账户 ID 相关的 @ 名称

- 为了减少身份泄露和垃圾邮件，鼓励用户使用不暴露网站认证 ID 或电子邮件地址的显示名称。
- 提供“公开匿名”的显示方式，来减少对附加的特殊身份的需求。
- 如果需要，允许用户使用另一个不同的 ID。
- 将控件放在内容提交表单的底部，让用户首先关注他们所贡献的内容（而不是是否需要改变他们的身份）。

编辑要显示的头像

- 显示一个可以让用户编辑并修改其显示头像的链接，如图 4-23 所示。

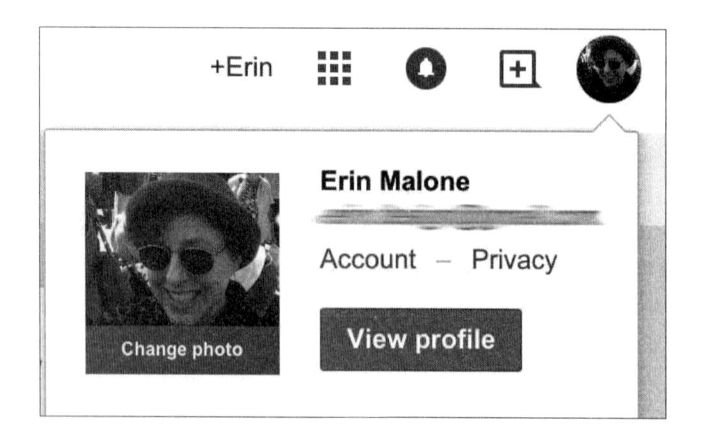

图 4-23：谷歌 Chrome 浏览器提供的一种简单方式，用户使用它就可以修改与显示名称相关的头像

- 提供一个窗口显示用户的所有图像。使用浮动窗口就能让用户在不脱离背景的情况下进行选择。
- 允许用户选择现有的图片（或虚拟形象），或者让他添加一张新图片，如图 4-24 所示。

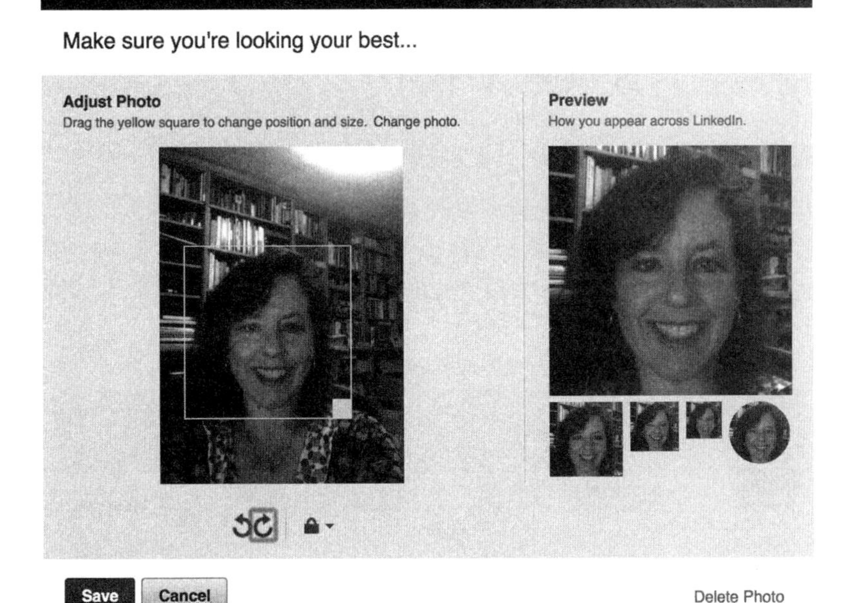

图 4-24：LinkedIn 有一个内置的照片修剪窗口，用户可以在方形显示范围内调整要显示的头像

- 在有着多种应用背景的网站（例如 MeetUp）中，要让用户决定新头像是应用于所有的应用背景，还是只在当前背景下使用。

为何使用

如实反映当前用户 ID 中可调整的名字和头像。在某些背景下，用户可能有想使用的特定昵称或首选身份。允许用户看到他会被显示成什么效果，这样不但能够让用户安心，并且可以让他们对网站产生一种控制感和主人翁的感觉，从而鼓励用户更多地参与网站活动。

相关模式

- 用户名片或者联系人卡片

- 个人资料

参见

- LinkedIn (*http://www.linkedin.com*)
- MeetUp (*http://www.meetup.com*)
- Tumblr (*http://www.tumblr.com*)

用户名片或联系人卡片

是什么

用户需要在不中断当前任务的情况下，获得在线社区中某些人的更多信息。所需的信息可能包括身份信息（为了帮助用户识别并联系参与者）或声誉信息（为了帮助用户做出与信任相关的决定），参见图 4-25 和图 4-26。

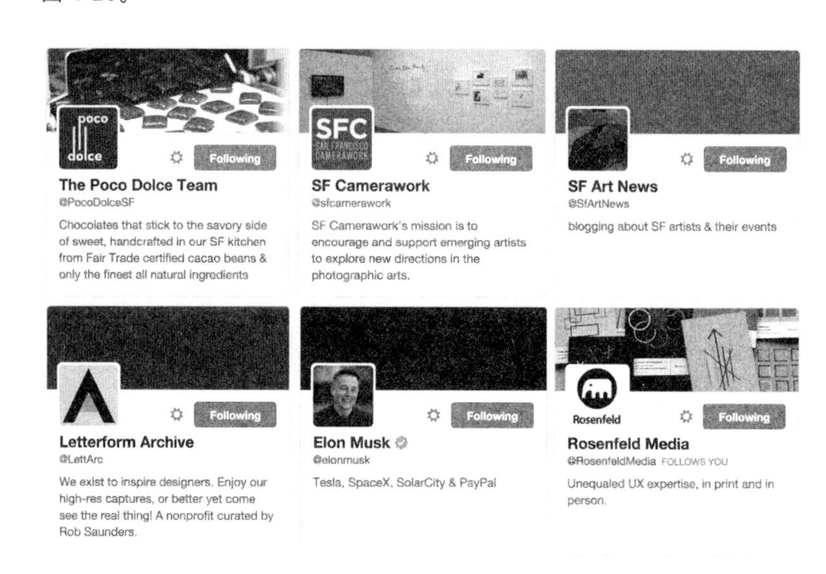

图 4-25：Twitter 中使用的联系人卡片

图 4-26：Tumblr 中使用的联系人卡片

何时使用

- 需要显示用户的头像或昵称时。
- 需要参与者的更多信息（在某些情境下），但不希望将屏幕搞得混乱不堪。

如何使用

- 当用户将鼠标悬停在要显示的名称或头像上时，打开一个小面板。
- 将头像、用户名称，以及用户决定要显示的其他信息（真实姓名、年龄、性别、所在位置）在社区中放大显示出来。
- 显示关系“反光镜”，如图 4-27 和图 4-28 所示。

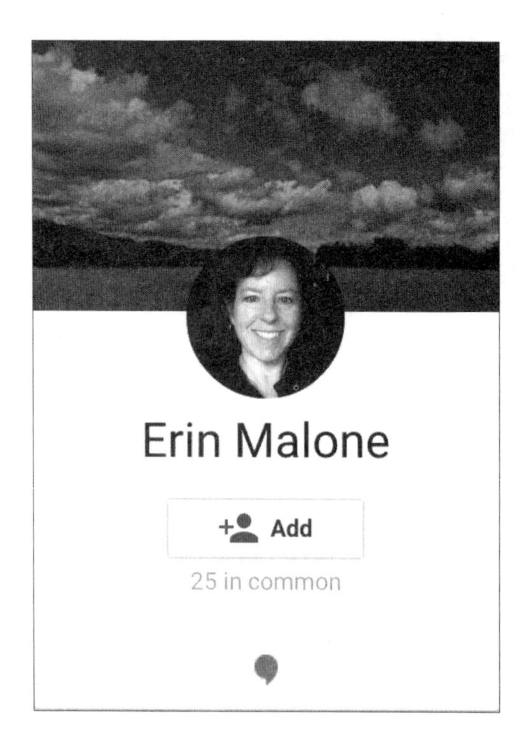

图 4-27：Google+ 指出某个用户是否是你的联系人，如果不是，就立刻使用“+Add”添加他，使其成为你的联系人。“反光镜”还会显示你们有多少个共同的联系人

图 4-28：Facebook 指出联系人最新的活动，他们有多少共同的联系人，以及他们已经是朋友还是只是单方面的关注

- 允许在这个面板上进行订阅、关注、连接、退订或者屏蔽这个用户。
- 用背景身份信息可以有选择地扩展之前所描述的能力，例如当前背景中的声誉信息、共同联系人，或者让用户参与新活动的链接。

为何使用

- 用户名片或证件让用户可以以可预见的方式和背景与在线社区的另一个参与者进行交互。
- 通过这些方式就可以减少屏幕上与身份相关的信息混乱。
- 如果采用了用户名片，状态指示器、声誉标志和关系“反光镜”都可以隐藏起来，但是要容易让用户找出来。被删减的昵称可以被扩展。区块链接也可做得不那么突出。小型或微型（通常是非常模糊的）头像可以以一种更易辨认的尺寸来显示，这样可以使在线社区更人性化，并提高用户参与活动的积极性。

相关模式

- 署名
- 个人资料
- 身份反光镜

参见

- Twitter (*http://www.twitter.com*)
- Facebook (*http://www.facebook.com*)
- Tumblr (*http://www.tumblr.com*)
- Google+ (*https://plus.google.com*)

署名

是什么

某项内容的读者需要了解谁是内容的贡献者，内容贡献者需要为他自己发的帖子积累信誉，如图 4-29 所示。用户需要将他所贡献的内容或所参加的活动记入他向公众显示的 ID 上。

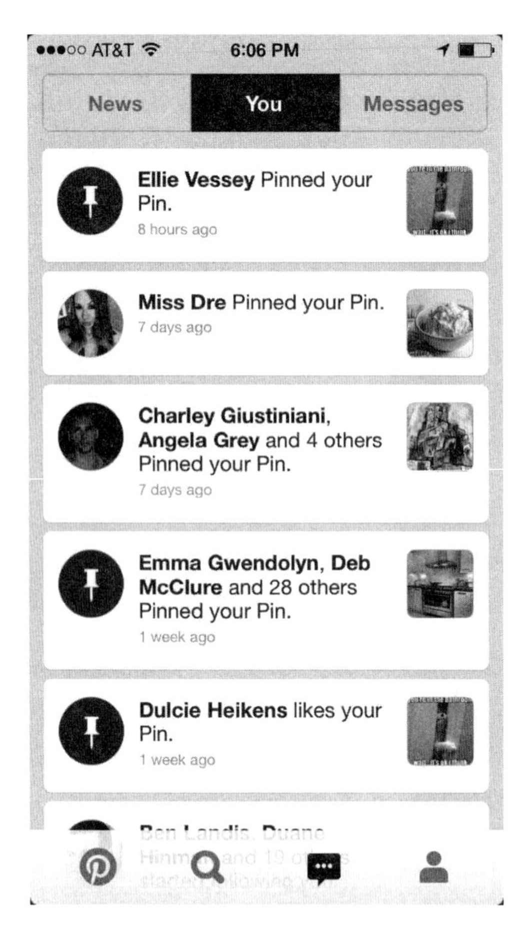

图 4-29：Pinterest 上被钉和所喜欢项目的署名，以及其他活动的署名

何时使用

贡献内容、加入一个社区或者编辑公众个人资料时使用该模式。

如何使用

对内容消费者来说

- 在帖子的标题（或摘要）附近列出作者的名字和头像（如果空间和性能允许的话），如图 4-30 所示。

A Day with Edward Tufte

(Top 10 Takeaways on giving presentations and visualizing content)

Ashley Whitlatch

Feb 14 · 8 min read

Berlin Subway Station Signage

Berlin has an extensive subway network—10 lines, 170 stations, 151.7 km kilometers of rail. The network transports 507 million passagers...

Ramzi Rizk

Feb 15 · 5 min read

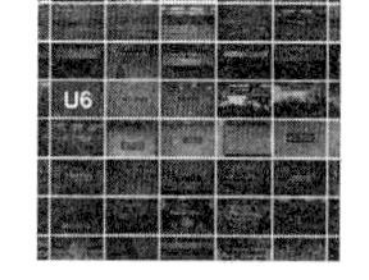

The Maker Movement Is About the Economy, Stupid

By Congressman Mark Takano

Mark Takano

Feb 13 · 5 min read

Start to Finish: Photographing Antarctica

How I turned the unique photo-op of a flipped iceberg into viral photos.

In Vantage, by Alex Cornell

Feb 11 · 1 min read

图 4-30：在 Medium（http://medium.com）中，文章标题和简单的描述伴随着具有头像的署名

- 将显示名和头像链接到与当前的使用环境最相符的用户个人资料上。如果没有这种情境的个人资料，可以将名字和头像链接到用户的主要个人资料上。

对内容创建者来说

- 如实地反映用户当前向公众显示的身份，并且能让用户在提交内容或加入一个社区之前更新它。

为何使用

给内容署名可以让用户诚实，并拥有他们自己言语和行为的所有权。显示作者如何被显示的“反光镜”可以确认他的追随者们会看到什么；

而内容消费者可以确定用户的身份和他们的朋友，并将其和与该用户相关的信誉度及专业知识联系起来。

相关模式

- 用户名片或联系人卡片
- 身份反光镜

参见

- Tumblr (*http://www.tumblr.com*)
- Reddit (*http://www.reddit.com*)
- Yelp (*http://www.yelp.com*)
- Pinterest (*http://www.pinterest.com*)
- Medium (*http:/www.medium.com*)

头像

头像既是用户在线视觉形象的代名词，也是在网上代表用户动画 / 卡通或三维图像的产品名。在 2008 年 12 月 2 日的一篇报道中，纽约观察员 Gillian Reagan 写道：

> 个人资料图片（或者按网上的说法是“头像”）将我们展示得非常苗条、帅气、风趣（有人将此称为我们在“MySpace 的最佳角度”）。但是渐渐地（市场研究公司 IDC 的调查结果表明，半数以上的国家会经常使用社交媒体）这些网站的娱乐性开始向一些较严肃的事情蔓延；社交网络可以提供抓住工作面试、约会甚至是美国总统办公室第一现场的机会。当社交网站在我们的职业生涯中变得越来越重要时，头像也就越来越重要。一张小小的图片就概括了我们在网上的形象。

是什么

用户想用一个视觉形象作为其在线身份的一部分时，如图 4-31 所示。

图 4-31：Instagram 上的个人资料将头像显示为用户的视觉 ID（Instagram iOS 应用）

何时使用

当用户想拥有一个与其身份相关的视觉资料时使用该模式。

如何使用

- 提供一种允许用户上传任何形式的图片作为头像的机制。可以是一个小肖像，一个图标，或者用户认为能代表自己的图案。
- 允许上传比较大的图片 (400 × 400 像素)，并能够自动调整以适应系统对小尺寸图片的需求。很多服务使用的图片是 48 × 48 像素，而较大的图片（100 × 100 像素或 400 × 400 像素）可能会用于个人资料（参见图 4-32）。调整图片的大小，以便在联系人列表和手机屏幕上使用。这些地方使用的图片通常要比在网页中小。

图 4-32：LinkedIn 上使用的头像。界面的不同部分使用不同的尺寸。最大的图片被用于个人资料，比较小的方形图像用于列表中，而圆形图像被用于显示你与联系人的共同点

- 头像允许有一定程度的匿名（见图 4-33），但很多情况下会降低发帖人的可信度。

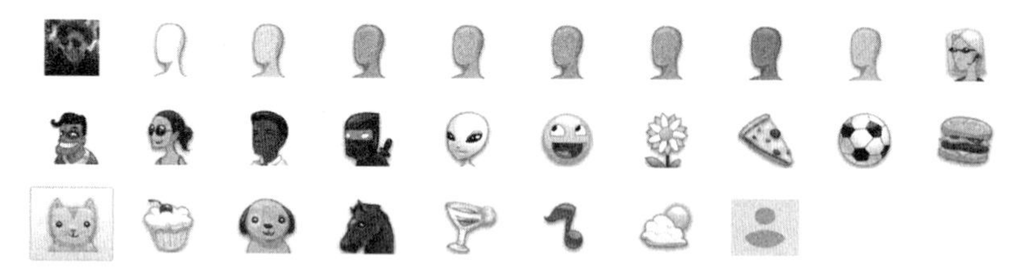

图 4-33：卡通风格的头像被用于 Google chrome 和 Google Chat 中

默认图片

- 如果用户没有指定用于当前情境的图片，系统就将“无图片”作为默认头像，如图 4-34 所示。这种做法鼓励用户自定义一个头像，以拥有与其他用户不同的身份。

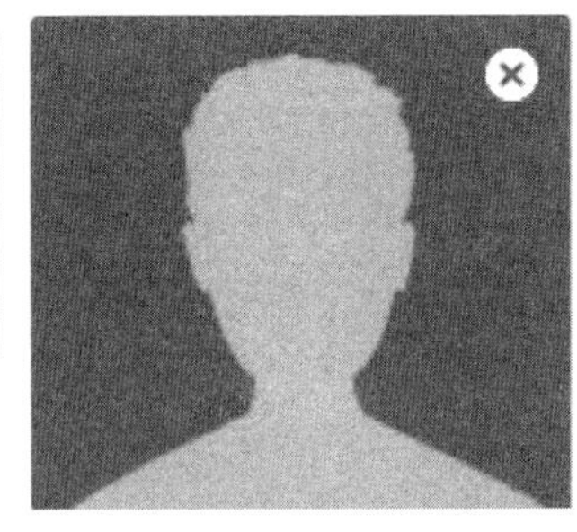

图 4-34：“无图片”图标被用于 MeetUp、Facebook、Google+ 和 Flickr

多个头像

- 允许用户上传多个头像，并通过在使用环境中编辑个人资料或用户名片来改变形象。（参见“身份反光镜”一节中的“编辑要显示的头像”）。

- Google+、Facebook、MeetUp 和其他网站的用户名片及反光镜允许用户上传多张图片。即时通信软件 Adium 允许用户从 10 个最近的图标中选择当前头像，如图 4-35 所示。其他情况下，当用户想更改他们的头像时，他们可以上传其他图片来覆盖之前的图片。

图 4-35：在 Adium 中，用户可以从 10 个最近使用的图片中选择他的头像

- 考虑允许用户上传并存储多个头像供以后选择。

情绪表达

- 允许用户附加一个具体的状态信息或表情，通过显示特定的心情来补充他们的头像（见图 4-36）。

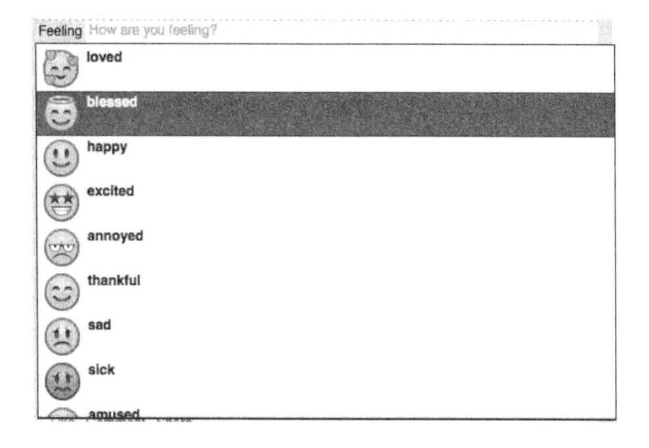

图 4-36：Facebook 用户可以在他们的状态中使用表情符号

- 考虑何时使用情绪表达和与个人资料头像相关的状态信息。

为何使用

通过允许用户上传图片，鼓励他们建立真实的身份。头像图片可以让用户将照片同个人形象及声誉结合起来。

相关模式

- 用户名片或联系人卡片
- 身份反光镜

参见

- Google+ (*http://plus.google.com*)
- Facebook (*http://www.facebook.com*)
- Instagram 移动应用
- Adium application

便携式身份

从 2001 年开始，人们就一直在讨论开发一种便携式身份，W3C 已经制定了一些原则。在过去的几年中，由于业务利害的冲突、市场的破碎和关注其他举措的开放运动，这一切都只是在缓慢进行。因此，为了得到一种真正可行的解决方案，人们已经屈从于使用 Facebook Connect 或者 Twitter 的 auth 解决方案。

W3C 工作小组发布了一套规范，让用户成为便携式身份的拥有者，而不是让身份数据归属于一个公司。你可以在 http://bit.ly/1SNhwQD 查看这些规范。

然而，人们仍然需要决定要注册哪些网站以及要移动或者输入哪些数据，托管用户身份信息的服务和系统非常多。最终人们会使用那些看起来最简单的(即使从商业角度来看不是最安全或者不是最不可知的)，他们都是在用速度来推动体验。

延伸阅读

Grohol, John M. "Anonymity and Online Community: Identity Matters." *http://www alistapart.com/articles/identitymatters.*

Wenger, Etienne. *Communities of Practice: Learning, Meaning, and Identity.* Cambridge University Press, 1999.

boyd, danah. (MS thesis) "Faceted Id/entity: Managing repre- sentation in a digital world." *http://smg.media.mit.edu/papers/ danah/danahThesis.pdf.*

Lardinois, Frederic. "Facebook Continues to Dominate Social Login." January 27, 2015. *http://tcrn.ch/1Joc9qi.*

Donath, Judith S. "Identity and Deception in the Virtual Community." *http://bit.ly/1Joc9Xv.*

Schneider, Tim and Michael Zimmer. "Identity and Identification in a Networked World." *http://bit.ly/1JoccTd.*

Internet Protocol Identity Community Group, *https://www.w3.org/community/ipid/.*

Hinchman, Lewis P. *Memory, Identity, Community: The Idea of Narrative in the Human Sciences.* (SUNY Series in the Philosophy of the Social Sciences). State University of New York Press, 1997.

"No More Put A Skirt On It." *http://bit.ly/1DHpVOz.*

Gergen, Kenneth. *The Saturated Self: Dilemmas of Identity in Contemporary Life*. Basic Books, 2000.

Mishler, Elliot G. *Storylines: Craftartists' Narratives of Identity*. Harvard University Press, 2004.

Reagan, Gillian. "Superstar Avatars." *http://bit.ly/1DHq0Si*.

Wagner, Kurt. "UsersLoginwithFacebookInsteadofCreatingNew Accounts Online." October 29, 2013. *http://on.mash.to/1JocpWh*.

The W3C Open Social Web Working Group, *http://bit.ly/1Jo9hK6*.

WebID Community Group, *https://www.w3.org/community/webid/*.

第5章

我们在这里

如果没有留下看似毫无意义的个人信息的蛛丝马迹，我们就无法移动、生存或者做任何操作。

——威廉·吉布森（WILLIAM GIBSON）

你如何知道一个人是否在场？在课堂上，他们习惯使用点名，每个人会回答“这里”或者“有”或者有时候只说“在”（寒暄交流纯粹只作为一种社交的润滑剂，没有太多的语义内容，例如“你好吗？”）。通常你可以四处看看。一个人站在你背后清他的喉咙时，不是因为他的喉咙真的沙哑了，而是作为一种暗示他在你旁边的暗号，这样才不至于吓到你。

在现实世界中，我们会运用各种各样的痕迹（在这一刻或者是最近一段时间）来确定谁在场、谁缺席。如果你看到一块没有修整的草坪，就可能意味着最近没有人在家，或者认为主人在邻里关系中扮演了一个破坏者的身份。但当你注意到门栏上一堆没有收拾的报纸，那肯定是主人不在的信号。同样，如果一户人家的窗帘白天是打开的，而在天黑前就拉上了或者灯亮了，那肯定是有人在家的一个指示。

墙上的“挖鼻孔”涂鸦和“Kilroy 到此一游”，也能告诉我们有人经过这里，很可能就在不久前。

在 Grant McCracken 富有传奇色彩的人类学博客 ClutureBy（*http://cultureby.com/2007/12/status-casting.html*）中，他提到使用状态播报（发布你的状态，我们很快就会知道）进行寒暄交流：

> 当我们播报状态时，有点像动物。就像我在“puzzle of exhaust data”一文中所讲到的那样，看待无用信息的一种方式就是将它当作寒暄交流（无论人类还是其他动物，寒暄交流包括了非语言类手势和一些微小的不太像语言的噪音。喃喃、叫嚷、呻吟等都是寒暄）。我们可以认为 Twitter 上发布的一些小内容都是寒暄。你可能不太会注意“我正在喂猫”。但是通过这条小信息可以告诉人们我的存在、位置、情况和状态。Twitter 上的信息不是“无用信息”的原因可能是它提供了定位信息。

在一个较早发布的博客上，他讨论了寒暄信息是如何“较好地堆叠”的：

> 这些寒暄信息“堆叠”得很好，每条信息都是基于它之前的信息进行假设和创建的。这些信息包括：1）我在；2）我很好；3）你在；4）你很好；5）沟通渠道畅通；6）社交网络存在；7）社交网络处于活跃状态；8）社交网络正在发生变化。当我使用 Twitter 或者 Facebook 说正在和我的猫玩耍，我敢肯定没有人会反感，但是他们却因此知道了他们的社交网络中存在一个叫作 Grant McCracken 的人。这并非没有任何意义。Facebook 可以维持这样的社交网络：我们过不了多久就会忘记在会议中认识的人，我们很难将他们与收到的名片对上号。关于我的猫咪的“刷脸”可以帮助 Grant McCracken 这个社交网络节点不被遗忘。

所以，当我们物理位置上相距很远时，可能无法将所有的感觉通道完全调动起来（因此出现了“远程监控”或“网络在线”的概念），我们在网络世界中模拟人们是否到场的工具和做法越来越多，如图 5-1 所示。对于我们大多数人来说，第一次接触“在场”的相关提示应该是在及时消息或者实时通信应用中。

总之，各种各样的远程在线就是现在常说的实时网络（或者叫作直播网络，实况网络）：只要有人分享了内容并记录（或者从此以后可以通过社交搜索迅速找到），在线社交行为就会不断更新。

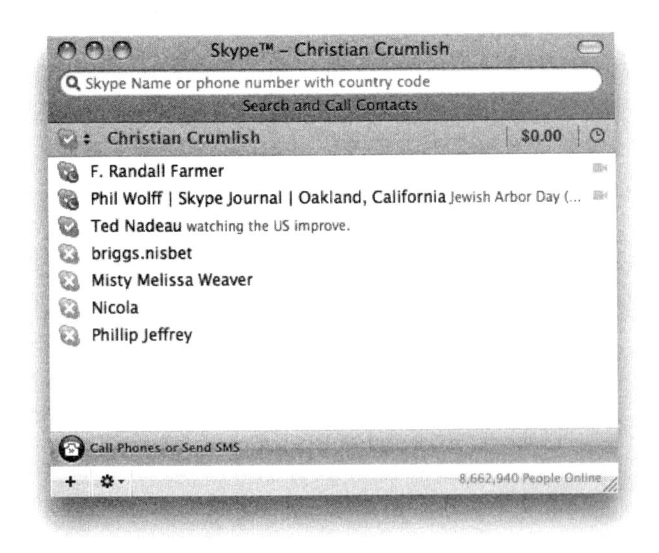

图 5-1：能够实现远程在线或者部分在线的工具是什么呢（不仅要显示出你是否在线，还要显示出觉知、关注和响应）

“在线”的简史

谈到在线可能比较令人困惑，因为这个词的含义至少包括以下三个方面：

- 刚开始“在线”指的是在业务或者项目中存在的一个持久性的在线“场所”——对网站的一种委婉说法（例如，“我们需要在线”“我们需要改进我们的在线状况”）。在新千年到来之际它经常被用于一种攀比感觉（这种感觉在第3章的认证模式中较多地涉及）
- 人们很喜欢有一个与人类本身相对应的事物存在，由于关联到一个博客或者某个社交产品的一系列帖子（例如，Facebook）就可以创建一个人持续的状态更新，而且当前状态有助于给出这样的信息：博主积极地“出现”在那个空间，人们在那里可以找到他。
- 再有，即时消息和Twitter理论家也都在讨论“在线”的含义。IM程序具有在线提示，可以向全世界或者跟用户有关的人（或者是那些用户没有屏蔽的人）传递一种信息——这个人在线，可以和他交流；这种在场并不是你能看到他，而是你能够联系到他。这是同步的、实时的在场，与上面提到两种异步含义有所不同。这里我们也经常说状态播报（除了是“可以联系到的”，也开始有了自由的选择，通常是有限的、可以表明我们在做什么或者当前感受的几个字），这样与别人的寒暄交流实际上给出了：有时候看似无意义的聊天片段却是一种告知别人我在线，可以联系和关注的提示（如图 5-2 所示）。

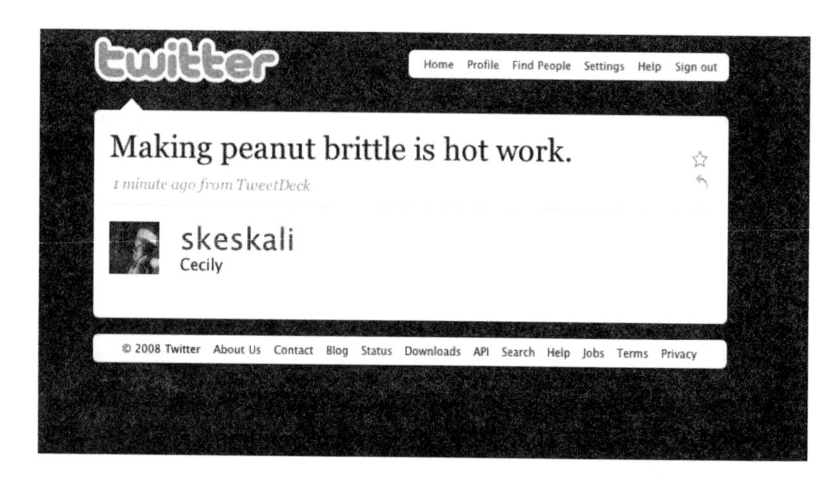

图 5-2：有些状态播报可能是微不足道的。它有时候是可以与（非噪音的）寒暄交流对等的，我们在状态播报中给出的信息提醒了其他人我们存在。就像是这个例子，Cecily 发布的在做花生糖的信息，让我觉得比以前更了解她了

我们在本书中讨论的主要是上面的第 3 种含义，也会涉及一点第 2 种含义。如果从哲学角度在本质上理解，我们可以说在场是实时（最小延迟）交流的首要条件，它本身也可以作为寒暄交流的媒介。

“在场”的未来

马丁·葛迪思（Martin Geddes）在他的 Telepocalypse 博客中（*http://www.telepocalypse.net/archives/000636.html*）写道：

> 当提到在场时，我们很容易联想到即时消息图标，消息的传送和接收使用的是类似 SIMPLE 的协议。但是看一下都柏林的欧洲媒体实验室。他们拥有根据你个人的专门信息来控制花朵开放的系统，桌面可以记录它上面放了什么，也有触觉（通过接触表达感情）即时信息，由时间控制的网上大厅入口等。在这里“在场”不仅仅是一些笑脸图标。

在场的动作和各个方面

显示交互式“在线”的基本概念往往分解成两个方面：状态和“可联系”。

“可以联系到”显示的是是否可以实时联系该用户。

状态可能有多种形式，并且是当用户上线时向其他人更新其生活中某些方面的一种方式。

主要的原则是要记住，设计“在线”界面就是给用户创造尽可能多的机会，告诉他们你在线（类似于留下足迹或者其他痕迹）。实际上，它可以分解成几种行为（用户或者系统可以采取的）：

- 发布在场信息
- 显示当前在场状态
- 显示最近在线的时间线
- 维护过去发布的（部分或者全部）“在线”历史
- 给用户提供一种订阅“在场”更新的方式
- 给用户提供一种过滤“在场”更新的方式

状态存在着多种不同的方面，除了可联系外它们可能还包含在更新中，它们不仅限于下面几条：

- 当前活动
- 心情
- 环境
- 位置
- 设备状态（开 / 关）
- 其他（系统、设备或者用户自定义方面）

最后，还存在一个你可以分享状态、心情和位置等的公开空间，这个空间就像即时信息环境下的“好友列表”。

“可以联系到”是在线的底线，如图 5-3 所示。如果你有空，那是最简单的。这就是说，表面上看，其他人可以实时与你联系（打断你）。

“不能联系到”可以有几种方式（离开，忙碌，暂时不在）。这些方面来源于信息和聊天应用中，但它们常常是在线的持续指示。

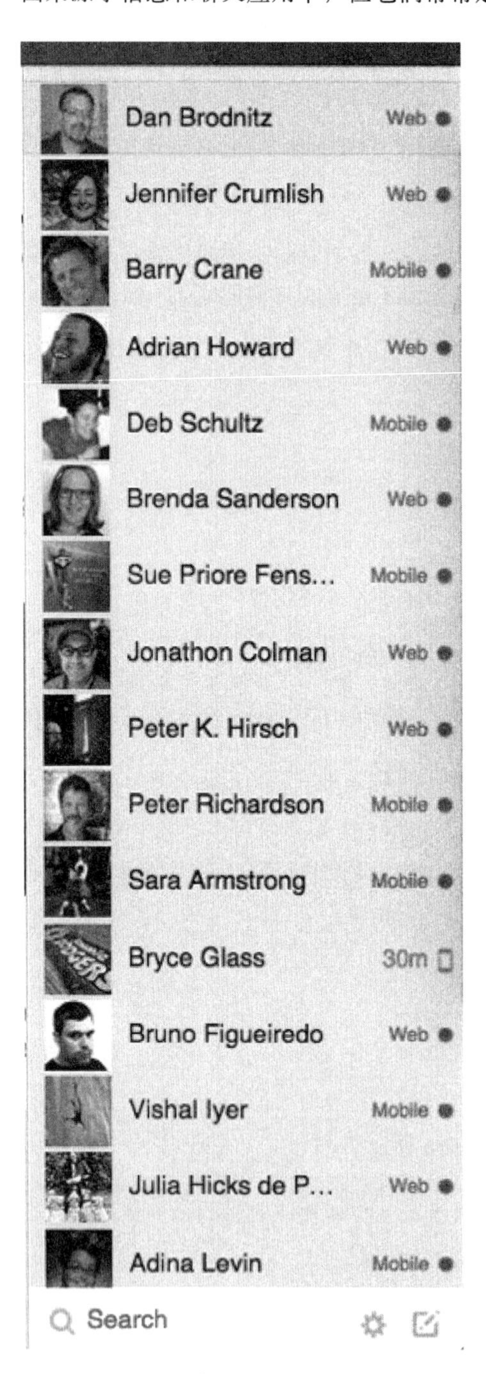

图 5-3：最根本的在线信息也许是在线和离线状态

状态还可以有更丰富的选择（而不仅仅是简单的在线或离线）。很多在场功能的应用都可以让用户手动更新状态（一般来说，她最近做了什么），或者用其他应用或对象自动更新她的状态。状态信息可以被列在在线信息的最上方，如图 5-4 所示。

图 5-4：除了指示在线外，在线状态更新还用于指示用户最近参加的活动

心情状态选项（如图 5-5 所示）让用户可以说明她现在的感受（这是通过冰冷的机器界面很难感受到的东西）。要谨防提供一个完整的人类情感分类。虽然你本意是好的，但你可能会将事情复杂化。

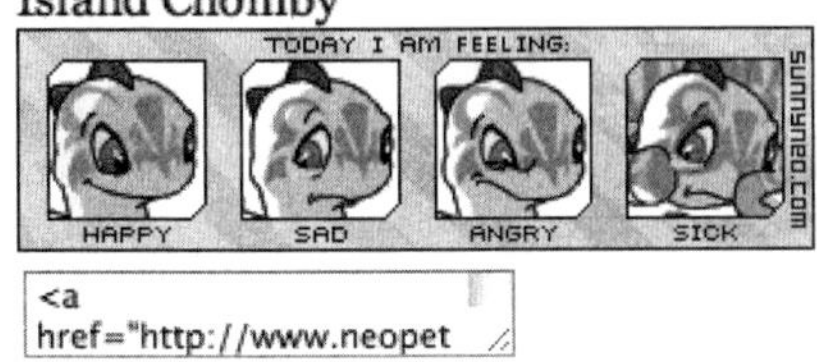

图 5-5：心情词汇可以是自由格式的，也可以是基于受控词表的。Neopets 提供了 4 种标准心情：开心、伤心、生气和生病

无论是向其他人还是应用程序提供你的位置信息，都要让地理信息（例如，相近或者物理有效性）发挥作用。位置信息可以手动输入或者使用 GPS、移动电话塔等设备自动检测，又或者询问地理信息服务平台。

Twitter 用户开发出了自己的“位置”语法：“L”作为前缀，后面依次是经度、纬度信息或者地名。在 Twitter 将该选项添加到发帖子时自动共享位置信息前，该语法就已经产生了。

在线 / 空闲

该模式也被称为“现在谁在？”

管理和显示在线 / 空闲的界面模式也被看作“在线指示器”（Online Presence Indicator，OPI）。如图 5-6 和图 5-7 所示，它们给用户提供了一种当可以或者不可以联系他们时，给其他人（公众或者是他们的联系人，根据系统的规则而定）显示的方式。

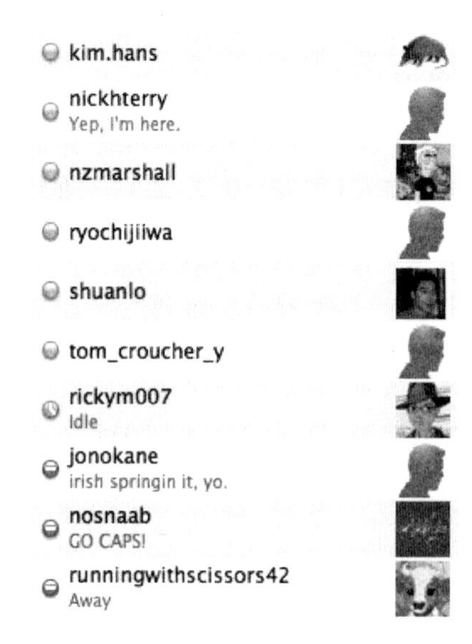

图 5-6：一小部分图标就可以指示谁在线、谁空闲以及谁离开

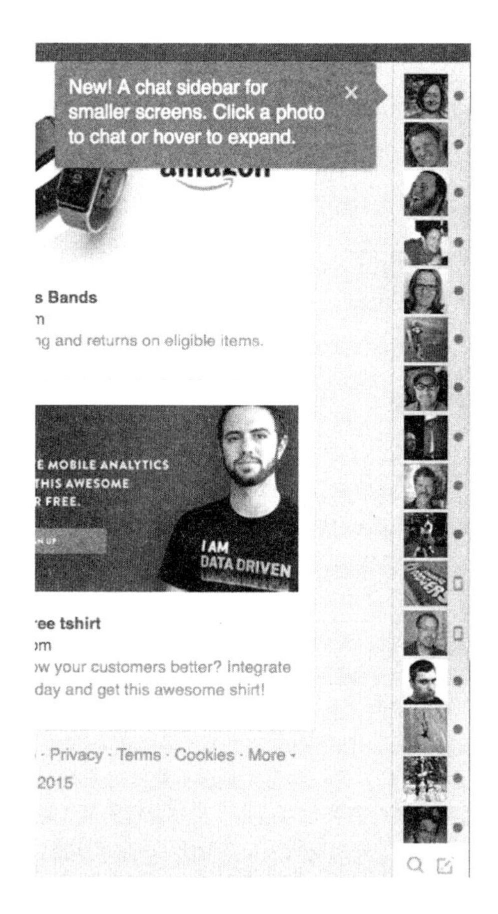

图 5-7：一个比较简单的模式可能只显示你的一部分联系人并显示当前处于活动状态的联系人，如 Facebook 模块所示

是什么

用户需要知道谁在线、谁有空，以及可以联系谁。

何时使用

- 用户想要确定他的朋友是否在线。
- 用户想看看可以和谁联系。
- 用户想要看看是否可以和他的朋友聊天。
- 用户想要告诉他的联系人他正在忙。

如何使用

有两种方法。目前的方法是自动显示在线，虽然这可能会对想要保护自身隐私或者屏蔽某些人的用户造成负面影响。

在第一代 IM 应用中创建的旧模式，允许用户目测他们处于 3 种状态中的哪种：“在线”“忙碌”或者“离线”（稍后在表 5-1 中说明）。此外，如果技术上可行，当用户离开电脑一段时间时，可以自动识别为“离开”。

表 5-1：常见的可用状态和它们的含义

状态	含义
空闲	用户已经登录，并且其他人可以联系他。如果“忙碌”和“离开”状态不可用，OPI 会默认为该状态，更宽泛地被定义为“在线”状态。一个应用可能会允许用户手动设置为空闲，或者设置为只要登录成功就显示“空闲”
忙碌	用户已经登录成功，但标明他很忙。忙碌指的是两种不同的含义，这又涉及 IM 中两个相对立的动机：一个是有意设置的，一个是无意设置的。一种含义是真的很忙，要求其他人遵守这个社会基本道德（例如，如果看到一个人设置了“请勿打扰”，他就知道这个人是可以联系到的，但是只有当迫不得已时才会联系）。另一种含义是有可能暂时不在，隐含了用户可能延迟回复信息，这个其实也可以用下面将要提到的（例如“暂时外出”“不在办公桌前”“外出吃饭”）“离开”状态来描述。将你的状态设置为忙碌在功能上并没有什么重要意义，但可以作为一种社交性的公告
离开	用户成功登录，但他的朋友注意到他在一段时间内都没有键盘或者鼠标活动。用户可以选择无视该设置，因此总是显示“空闲”或“忙碌”
离线	用户没有登录，或者已“隐身”状态登录

选用一系列持续的图标来表示这 3 种状态（或者 4 个，加上“离开”）。研究表明交通信号灯颜色（红、绿、黄）不能很好地与这些选项相匹配，尽管在即时信息应用中广泛地应用它们。主要原因是虽然“空闲”很容易被映射为“通行”（绿色），但其他 3 种状态（忙碌、离线和暂时离开）都和“停止”（红色）相同，并且它们都无法很好地与“慢行 / 小心行驶”（黄色）匹配。

这种模式也存在于一些较新的产品中，例如 WhatsApp，如图 5-8 所示。

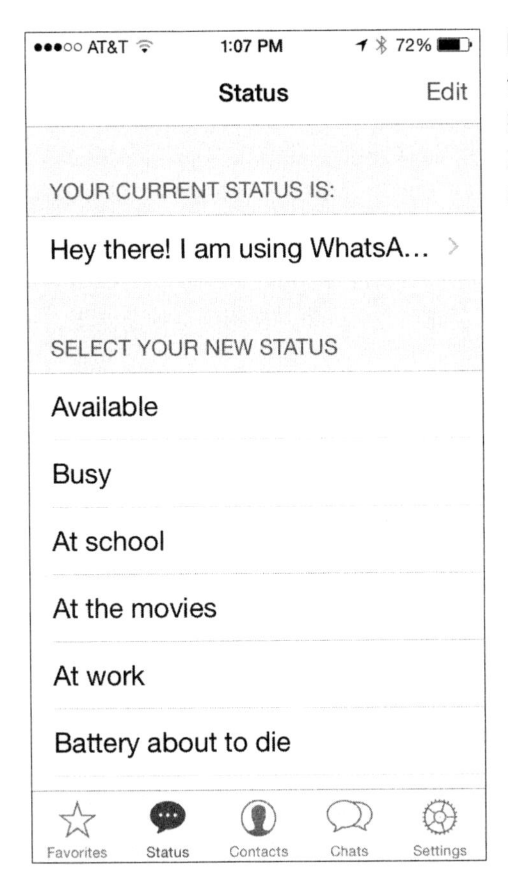

图 5-8：WhatsApp 提供了很多可用选项，包括在线和忙碌等常用选项，以及“电池没电了”等实用状态

隐身模式

太透明或者太诚实的自动系统有时会让用户陷入尴尬，例如当你只想对一部分联系人显示在线时。此进，你会发现提供隐身模式很有用——标志为“不可见”，隐身模式不会自动告诉联系人你在线。

例如，Yahoo! Messenger 允许根据不同用户有选择性地确定如何显示自己的状态，步骤如下：

- 在用户按下 Ctrl 键的同时点击想要保持“隐身”的联系人姓名来突出他们。
- 在打开的菜单中选择“隐身模式设置”。
- 点击“永久离线”。

该联系人将看不到你在线，除非你更改了设置。为了提示用户，这个联系人将会在列表中显示为斜体。（Messenger 提供了一个针对群组的相似功能。）

另一方面，Facebook 目前没有提供这样的“隐身模式”。它确实允许用户在聊天过程中关掉窗口并“离线”（每次一个会话），但它确保用户可连接的强烈愿望忽略了用户“隐身在线”的需求，从而导致用户想出各种各样的解决办法，例如这篇博客（*http://bit.ly/1Jo9hK6*）描述的复杂解决方案：包括了创建自定义列表并使用现有的功能集。

为何使用

显示空闲是在线最基本的组成模块。给用户提供创建在线和空闲状态的简单方法，有助于让人觉得真的有人在这个社交系统进行真实的交流。

环境

表明用户在听什么音乐的指示是最常见的在线更新环境报告。它可以被用于显示用户的环境风格，并作为潜在的话题。用户可以手动填写“我正在听什么”或状态字段，或者可以用一个应用程序来读取正在从另一个操作系统或者设备播放什么音乐，如图 5-9 所示。不断更新该信息的过程被称为“歌曲记录”（Last.fm 在推广）。

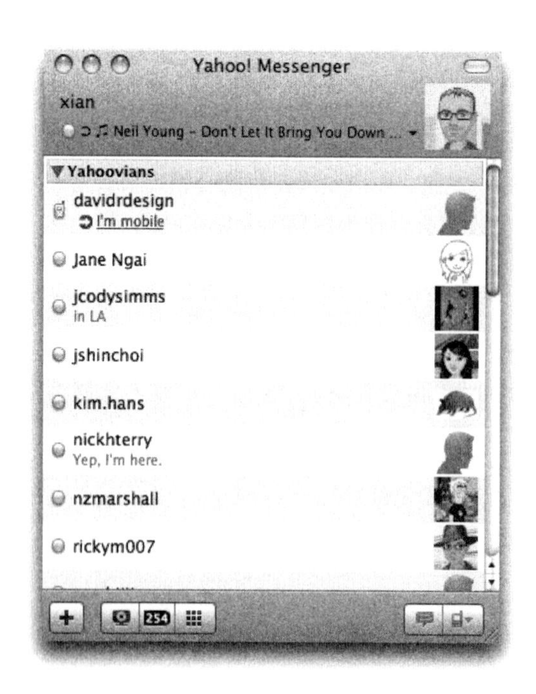

图 5-9：一种应用程序可以自动检测出用户使用像 iTunes 这样的应用正在播放的音乐，并将其识别出的信息指定为用户的当前状态。通常，一个音乐符号可以告诉用户的朋友：其信息不是手动输入的而是真正的音乐数据

好友列表

是什么

用户需要拥有一个关于她认识的人（朋友、同事、家人）的列表，这样就可以实时进行交流了（见图 5-10）。“好友列表”这个词现在有点过时了，它主要与传统的IM应用有关；这个概念已经使用其他名称，例如“朋友”。

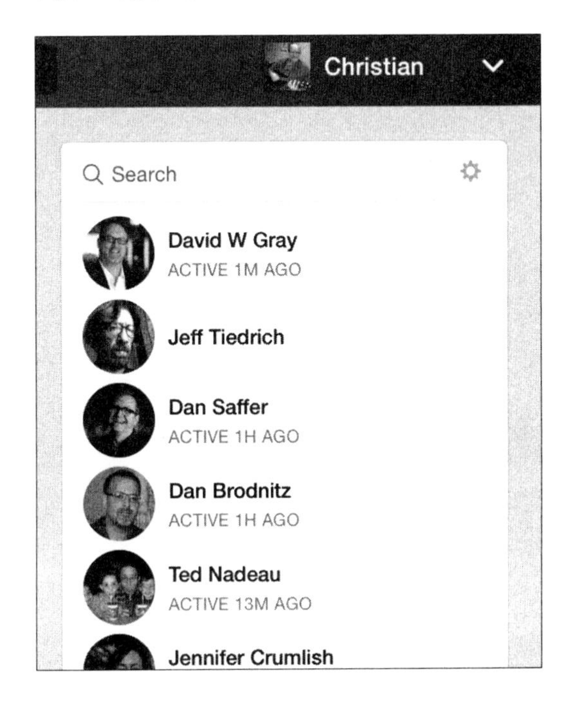

图 5-10：Facebook 显示我最近经常联系的人，以及他们的活动状态

何时使用

提供即时通信时使用该模式，例如 IM。

如何使用

- 显示哪些用户在线（参见本章“在场的动作和各个方面”一节）。
- 显示哪些用户离线。
- 显示用户在线，但他可能很忙、无法接收信息。
- 考虑显示用户离线，通常表示用户不在电脑旁或者正在忙其他的事情。

- 给用户提供一种将好友进行有意义分组的方式，例如朋友、家人、高尔夫球友、同事等。
- 考虑给用户提供一种动态地从好友列表中选择多人创建群组聊天的方式。

为何使用

实时通信和好友列表给异步在线体验提供了一种即时且真实的组成部分。

示例

以 IRC 模式为基础的消费者企业通信应用 Slack，给你显示了你正在互动的人和他们的在线状态（见图 5-11）。

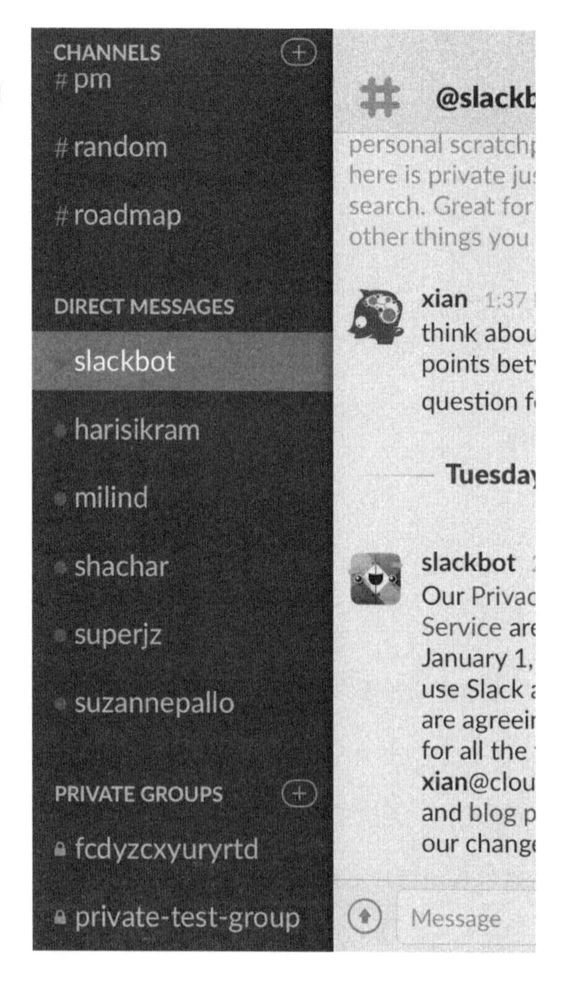

图 5-11：在 Slack 中，只要我的朋友在线，相应的点就会变成绿色

相关模式

- 添加朋友
- 公共社区
- 私人对话

参见

- Facebook 和 Facebook Messenger
- Slack (*http://www.slackhq.com*)
- Skype (*http://www.skype.com*)
- AIM (*http://www.aim.com*)
- Yahoo! Messenger (*http://messenger.yahoo.com*)

活动流

当状态更新最先出现在即时通信程序中时，就注定了其迅速性，暂时与即时信息挂钩随后就被忽略。但对于其他状态采集的界面来说，采集最近的活动历史并将它们混合一起，再加上一些在线活动的图片就可以展示最近一段时间内的状况。

但其中仍然存在一个注定其短暂性的因素。你很少会查找一个人几天前的状态更新来确认当时他在做什么、想什么，或者听什么（至少如果你不是侦探的话，你是不会这么做的）。然而，什么都无法阻止这类状态更新信息被保存、固定链接、分类、索引和被查找，即使在线信息是关于最近的过去或者当下情况的。

你需要考虑过去状态更新的持续性。你想让它们永远都能被找到，还是只能找到最近几天的信息？你允许用户下载或者保存状态数据，还是将这些数据转换到另一个系统？这些积累的活动更新可以描绘一个人在网上的长期形象。

你可以将一个人的活动流看成他上网或者使用系统行为表现的一个总结。这可能包括状态更新，但它可能还包括可以通过 RSS feeds 记录或其他设备获取的一些可以被记录活动。它可能是你的系统或网络中几种应用设备的融合，或者公众互联网的融合。

图 5-12 表示活动流可能是更新和活动的集合体，将它们融合在一起就可以告诉人们最近用户在做什么，想什么和说什么等的丰富信息。

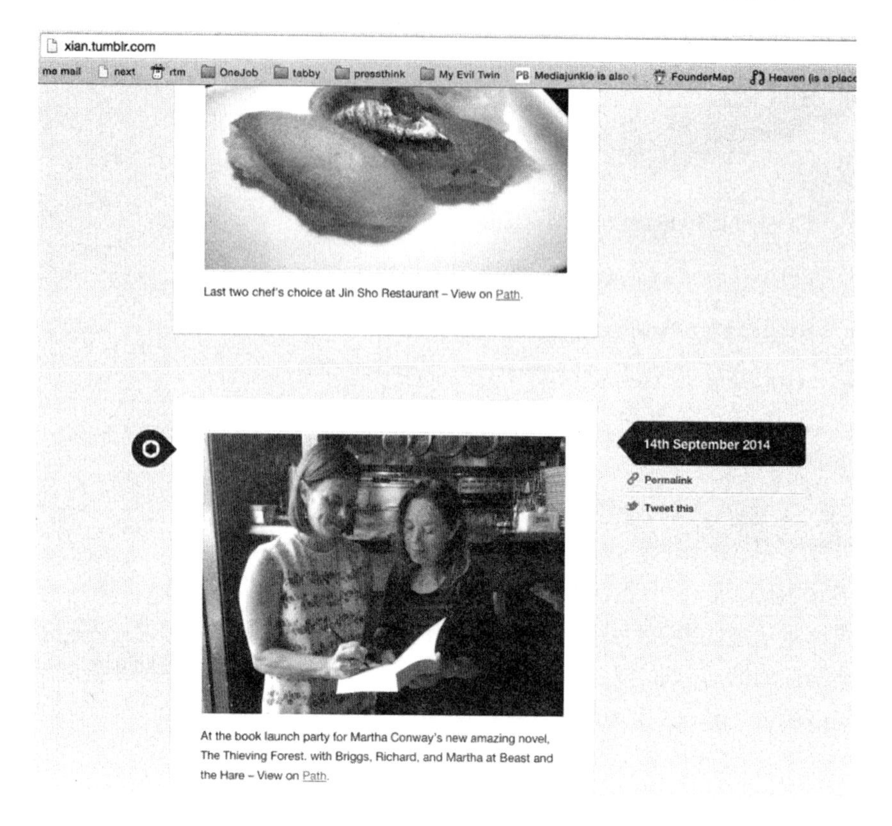

图 5-12：当聚集不同服务中的活动和行为时，活动流的更新可以给用户的关注者描绘他一天或者最近的活动

当将活动流显示给用户时，考虑是否提供单一的更新（例如，更新信息）或者多种不同形式活动（链接、发布的媒体和所听歌曲等）的组合。如果要将不同类型的活动混合在一起，考虑你的用户想要如何分离单一的情境。

例如，RebelMouse 提供了一种将你的在线活动交织成一种大报板式设计的简单方式，但这也为非共享内容的创建者提供了一种不相干或者无用的体验（见图 5-13）。

图 5-13：如果策划得好，聚集的活动流可以像出版物一样丰富，但自动化工具会让用户觉得混乱

状态播报

状态播报是发布给部分联系人或关注者持续状态流更新的一个步骤，其用意与IM状态更新相似；状态播报可以看到用户过去的想法。它不一定表示某个时间点在线的用户，但如果你看到一个朋友最近的状态更新，你就可以推断出他在线。

状态更新在系统之间进行的“互养”模式是有价值的。例如，Twitter用户可以将他们在Twitter上的状态更新变成他们在IM客户端上的状态（反之亦然）。或者，在Twitter上发布的信息可以被转播到其他服务，例如Facebook、Friendfeed或Yahoo! Updates。但要注意如何使这种连接发挥作用，因为最原始的文本有可能丢失，并且更新可能无意义或者无法适应新情境，例如，离开、空闲和在线占据了80%的IM状态。

Twitter这类状态播报工具（见图5-14）给它们自己提供了各种应用。如果你提供一个输入框和一个按钮，他就会发明出他自己的用法。

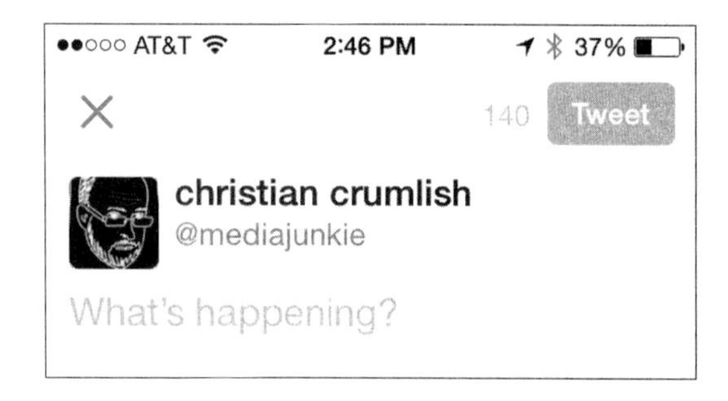

图 5-14：Twitter 让用户用少于 140 个字符来描述“你在做什么？”。尽管大多数用户很少会回答这个问题，但是状态更新流却描绘出了他们每个时刻的想法和体验

除了展示一个人的状态流，展示一个群体（每个人或是用户的朋友）的状态流也是很常见的。这些界面可能会受益于向用户提供的简单过滤或者分类方法，尤其是当一个人在这个信息流中占主导地位时。

是什么

状态播报（也被称为微博客或者更新）是允许用户创建短日志文件的方式。它们经常被聚合成信息流，并且可以包含文本、图片或视频。

用户希望以一种方便的形式查看他们的朋友做了什么。此外，应用程序可以从与公众或目标人群分享他们的用户做了什么而获得广告效益。这种更新可以提醒其他人在系统中可能发生什么。

何时使用

你几乎可以在你能想象到的所有情境中产生和使用更新：多个应用程序或者网络、网页、移动设备等。你还可以以上下文敏感的方式显示它们：提供与用户正在干的事情相关的信息。更多可能性如下所示：

- 作为轻量级的博客。
- 当你想要交谈和实时更新，但不需要即时通信的同步交流时使用。

如何使用

更新旨在给用户提供令人愉快的、与个人有关的即时内容，帮助他们与其他人联系并参与到别人的生活中，从而鼓励他们使用网站。

要实现这一点，需要从内容生产源和第三方产品创建用户活动流，并且让它们可以被内容消费产品和其他网站所使用。

一个复杂的系统需要通过追踪点击来了解用户的喜好，因此如果活动流中的项从一个“足够好”的猜测开始，就可以通过进行选择的、经过迭代优化的加权算法改进它们。然后，普通用户的体验被显示为“根据你是谁和你在产品中的位置决定你想查看的内容”的更新。

更新常常遵照主语、谓语和宾语的形式以及一个可选择的简介选项，正如 Chris Messina 在一个公开活动的演讲中所讨论的那样（*http://bit.ly/lgndq5X*）。一些可能的实现如下所示：

- 微博客的基本界面是文本框，它有着明确的字数限制和提交按钮。可供选择的文本（比如视频和图片）清晰地显示了其大小和时间限制。
- 提供了一种发表即可浏览的方法。作者和社区应该都可以查看。

为何使用

有时你想说的只是几句话或分享一个小想法。微博客不需要占用太大的界面。

相关模式

- 博客
- 评论
- 公开对话

管理最新更新

当用户开始依赖他们的朋友在网上的更新内容和一些有趣的新闻线索，或者网站推荐的信息时，重要的是给他们提供一些良好的工具。一些改进来源于可以增加或去除一些资源（赞同或友好 VS. 反对或不友好），但更细粒度的选项多少来源于某个人特定类型的内容，如图 5-15 所示。

图 5-15：我对 David Jay 并没有什么不满，我只是受够了该死的暴风雪。要注意的是，Facebook 给我提供的另一个选项可以帮助我过滤这类信息

因为触发条目非常紧凑，你可以考虑在相同的菜单上提供管理条目的其他响应式选项（例如，报告辱骂性内容）。

在聚合信息中，很容易丢失对一个项目的“跟踪”，因为它们很快就会被新内容所取代，因此给你的用户提供一种只显示来自单一资源条目或者隐藏其他来源条目的筛选方法，就能在浏览时穿越噪声信息。

陪伴

技术可能是冷漠和客观的。但“机器中的幽灵”概念首次出现时，它被用来嘲讽笛卡儿的身心二元论，他们不赞同身体仅仅是简单的肉体机制，认为精神像幽灵一样存在，并赋予肉体人性。二元论在哲学界逐渐退出了主流，但在如今的网络社交系统中确实存在基本的二元论思想。机器将我们连接起来，但没有人（上面提到的幽灵），它仅仅是一团缠绕在一起的电线和电子信号。

在现实世界中，我们想知道附近有其他人，他们来来去去，给一个地方增加了生命力。一座被遗弃的建筑物很可怕，而一座有生命迹象的建筑物会让人感觉比较温暖并且倍受欢迎。社交界面中存在几种交流这种情感的方式。

环境亲密感

环境亲密感就是允许用户与其他人在一定的规律和亲密程度下保持联系，这在以前是无法做到的，因为存在时空差异。

环境描述了轻松的、有氛围的、非定向的和分散的交流。这是一对多的交流：它们没有被明确地表述出来，也是非对话的。它们发生在一个被定义了的空间中。这个空间中的关系是密切的——这种交流可以营造出亲近、熟悉和温暖的气氛。只要你登录网络就可以碰到你的朋友，或者仅仅通过发送一条文本信息就可以碰到你的朋友。

Flickr 让我知道我的朋友们午饭吃了什么，他们怎样装修他们的卧室和他们最近的发型。Twitter 告诉我他们什么时候感觉到饥饿，最近什么技术困扰着他们，他们今晚和谁一起吃饭。

谁关心这些？谁想知道这么详细的信息？这是否只是令人讨厌的噪声信息？确实有些人这么认为，但这些人只是不想扰乱他们自己。对我来说，有许多人将这种网上社交看作是“现实生活”中的活动，而技术只是辅助你搞定这一切的手段。

但确实有许多人从这些扰乱人的“噪声”中看到很大的价值。它帮助我们了解那些本来只是认识的人。它让我们感觉和我们关心的人比较亲近，或许在现实生活中我们不大可能如此亲近地参与到他们的生活中。

这些细节信息就帮助我们创建了“亲密”。（它帮助我们节省了在现实生活中与他们保持信息同步的时间！）它并没有特殊的含义，只是能让我们保持联系。

就像伊恩·居里（Ian Curry）在《Frog Design》中写的那样：

> 博客基本上被缩减到就像俄国语言学家米凯尔·巴克金（Mikhail Bakhtin）说的“寒暄功能”。就像你询问走廊里的人“发生什么事了？”，你并不是真的想知道发生了什么，寒暄功能仅仅是能让交流发生。这不禁让我联想到了伊藤瑞子（Mizuko Ito）在描述现在的日本青年时说的简短传达内容文本信息，说什么并不重要，因为能让人保持联系就已经是很好的功能了。这种简单的交流逐渐随同其他形式的交流方式进入人们的视野中。

这并不是一个新的活动或结果，也不源自新的社交工具。相似的研究已经在日本人类学研究中心展开，由伊藤瑞子和冈部大介（Daisuke Okabe）承担此研究，经过研究青年人使用带相机功能的手机的情况，他们发现：

> 信息可以是一种保持当前与他人沟通的方式，也可以是一种多种渠道交流的方式，就像是我们看到的很多信息（包括哪些被标上“不重要”或“不紧急”标签的信息）一样。这种类型的交流包括一些例子如，“我正在爬山”“我很累”“我觉得我应该洗个澡”“刚买了双新鞋”“哦，我正在经历宿醉”或“今天这一集烂爆了，不是吗？”

就其本身而言，Twitter 或 Facebook 的状态更新可能显得琐碎或没有意义，但这样单独考察更新隔离了我们这里谈到的社交系统。这些看似琐碎的更新信息对在网络中保持联系是至关重要的。网络可以给参与到其中的人很大的奖励，越来越多的参与者会发现这种奖励远远超过了仅仅保持社交，而且这种环境的密切联系也会带来很多更专业化的东西。

现在，环境亲密在我的生活中扮演着多种角色：它让我避免错过一个重要国际航班，帮助我在家中照看小孩的同时保持头脑冷静。这是我的外包技术支持资源，我的推荐引擎，我的信息过滤器。Twitter 让我真实地参加了那些我感兴趣而又不能去的会议。但是最重要的是，它允许我和我仰慕的其他社区成员创建、维护，甚至建立专门或个人的人际关系，让我进步更快。

所以，虽然一个问题可能只是“你在做什么？”，你可能不会关心，但你知道的信息远比一个状态更新要多。这是一种全新的联系方法，它的实力不容低估。

——**莱莎·雷切特（Leisa Reichelt），Disambiguity 有限公司的用户体验咨询师**

生命的迹象

呈现给回访者社交环境活跃度的最好方式是对最近活动信息的总结，理想状态下是那些他联系的人的信息。对于新用户来说，给他们呈现最近的活动或许是一种不错的选择，也许可以采用匿名方式保护其他人的隐私。LinkedIn 就是这么做的，它同时还充当着用户可参与的活动类型的提醒（见图 5-16）。

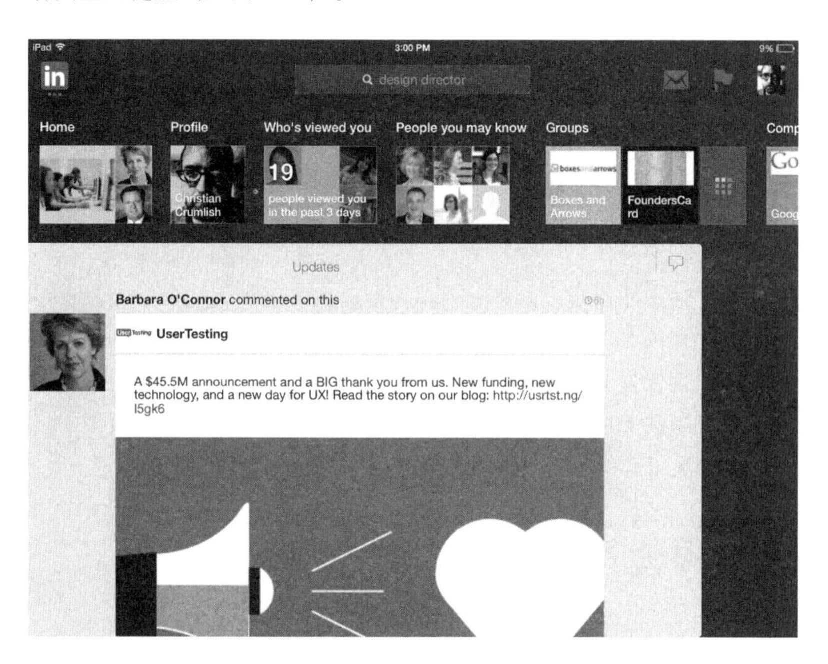

图 5-16：LinkedIn 在用户网络上显示了一系列最新活动的报告，给用户一种网络很健康、非常有活力的感觉

陈列来访的用户

另一个可以显示其他来访者是否登录的技术就是脸或者虚拟头像网格，正如你在 Skype 中看到的那样（见图 5-17）。

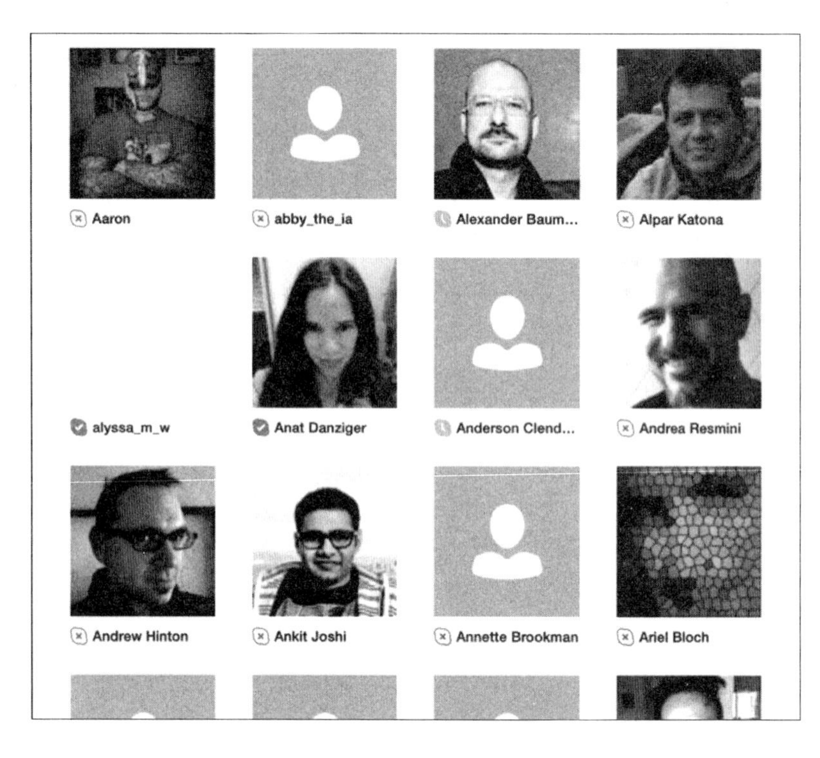

图 5-17：Skype 尝试显示用户的脸，但仍然会显示一些虚拟头像

雅虎设计师布莱斯·格拉斯（Bryce Glass）曾经说过：

> 我们有一个可以插入到企业内部网络任何页面的JavaScript，它是一个可以显示最后 n 个访问该页面的员工的小部件。虽然它最终由于法律因素（隐私问题）被扼杀，但在你的设计文档、产品需求文档等文件中标明人们“在场”是很有意义的。（你的团队真的检查过你的规范吗？多久的事了？谁持有反对意见？）

延伸阅读

Activity Streams, *http://activitystrea.ms*. extension to the Atom spec.

CultureBy, *http://www.cultureby.com*.

第 6 章

你会从这个人手里买二手车吗

什么是声誉？它是公众（群体或个人）对某个实体（个人、某一群体，或者某一组织、某一品牌或某一对象）的一致选择（判断）（从技术上讲就是社会评估）——为了与他人有所区别，它会预测实体在未来（某种特定的环境下）表现出某种特定行为方式的可能性。这是普遍的、自发且非常有效的社会控制机制。

——**特德·那多（Ted Nadeau），《声誉 2.0》**（*http://www.slideshare.net/ted.nadeau/sxsw-2007-reputation-20*）

你还记得你到新学校报道前一天的感受吗？可能是恐惧，一种对未知事物的惧怕，在这全新的社会环境中会有很多无形的规则，不管是好是坏都将是一个新的开始。可能是兴奋，是重新树立个人形象的好机会。直到你发现：你在夏令营的死对头先你一步到校，他已经在背后说了你的坏话，诋毁了你的声誉，使你根本没有机会树立第一印象。

什么？你从未有过这样的经历？没关系……可能是我想起了我的高中生活吧。

网上的声誉是这类社会问题在另一空间中的体现，它复现了现实世界中的模型，与现实世界相通，还会通过某种方式扩展到现实世界中。

一个人在网上的声誉可能并不完全与他在“现实世界”中的声誉相同，但是其基本原理是类似的。声誉在很大程度上是一个语境问题。你知道如何和你的家人、参加舞会的其他人、邮件列表中的联系人，或者通过 Google 接触到的完全不认识的人相处吗？

在社交产品界面上提供的声誉度量和相关服务要比衡量人在现实世界中的声誉，或者他们在网上的虚拟声誉简单得多。你只需专注于你在网站中经营的社区、你想在社区内灌输的价值观、你鼓励的行为，以及你希望深度参与到你的社交环境中的用户类型即可。

即便如此，这仍是不小的任务，并且在很大程度上决定着你想采用的声誉模式，因为不同的模式会有不同的后果和影响。（实现声誉平台也是一项极具挑战性的工程任务，这已经超出了本书的讨论范围，但 F. 兰道·法莫（F. Randall Farmer）和布莱斯·格拉斯（Bryce Glass）在《创建网络声誉系统》（*Building Web Reputation Systems*）一书中详细地对它进行了讨论。）

声誉影响行为

当人们身处某种社会结构中时，都想树立自己的声誉并期望了解他人的声誉，但每个交互和声誉模型的设计都有其自身的取向和激励机制。平衡这些因素在很大程度上决定着某个社交体系是否能最终成功。

请注意，我们讨论的是“用户的声誉”而非“事物的声誉”。我们会说“他很乐于助人”，而不会说“开胃菜很丰富，但都太咸了”。

存在着活动（贡献和消费）的良性循环，并且每个行为都影响声誉。当用户贡献内容并活跃在你的网站中——分享、写评论、收集和发布等，他们正在为社区的其他用户创建可以通过阅读、投票和评级来消费和分级的内容。这将信息的质量授予网站或应用程序，而网站或者应用应该奖励和鼓励他们继续贡献内容。

从根本上来说，声誉系统包含跟踪你提倡的行为并且能让公众识别出来。因此，任何一个经过精心设计的声誉系统都是从可取行为的列表开始的。你想确保用户试用某个功能、提供更高质量的内容，或者记录他人的反馈吗？正如管理人员常说的：“你无法管理你无法衡量的东西”，这同样适用于声誉。你不能确认你无法追踪的事情。

当定义可取的行为时，要充分考虑用户、群组和网站自身的情况。你和用户制订的用于供养声誉系统的协议涉及一种权衡：他们回报好的内容，他们在自己的人际关系网中分享观点，他们降低不良内容的等级，他们成为主题专家，他们抱着网站可以接受的期望分享体验。这种行为让你可以在他们参与热情变高时进行修改和个性化；这让你可以以高水平的创建专家为特色，并提供推荐算法。

需要注意的是，一套功能齐全的声誉系统需要稳定的、永久性的身份（正如我们在第 3 章所讨论的那样）。

竞争图谱

开发声誉系统时，你首先要确定的是要在网站上培养的竞争和合作机制。这一决定将帮助你筛选合适的声誉模式。你要构建哪种类型的社区？纪律严明的还是温馨体贴的？你想让“声誉”在社区中扮演什么角色？铁面无情还是温柔体贴，或者介于二者之间？

是什么

当新社区或现有社区需要声誉系统时，设计师必须注意社区应该展现出来的“竞争”程度。在无竞争的气氛中唐突地引进竞争机制会带来很多问题，并且可能导致社区内部的分裂。

何时使用

当设计社区需要选择声誉系统类型时使用该模式。

如何使用

图 6-1 试图从“竞争”程度来描述社区。“竞争”是个笼统的说法，但是这里用“竞争”描述以下内容的综合结果：社区成员的“个体目标”，以及这些目标在何种程度上会和谐共存或者产生冲突；社区成员参与的行动，以及该行动在多大程度上会侵犯到其他社区成员的体验；人与人之间的对抗或竞争程度。

CARING	COLLABORATIVE	CORDIAL	COMPETITIVE	COMBATIVE
GOALS				
Members are motivated by *helping* other members—giving advice, solace or comfort	Member goals are largely shared ones. Members work together to achieve those goals.	Members have their own intrinsic motivations, but these goals need not conflict with other members' goals.	Members share the same goals, but must compete against one another to achieve them.	Members share opposing goals: for one member to achieve these goals, others must necessarily be *denied* their own.
USE REPUTATION TO...				
Identify senior members of good standing so that others can find them for advice and guidance.	Identify community members with a proven track record of being trustworthy partners.	Show a member's history of *participation*, that others might get a general sense for their interests, identity, and values.	Show a member's level of *accomplishment*, that others might acknowledge (and admire) their level of performance.	Show a member's history of accomplishments, including other members' victories and defeats against them. Reputation is used to establish bragging rights.
REPRESENT REPUTATION WITH...				
Accept volunteers (of good standing) from the community to wear an *Identifying Label*: "Helpful" or "Forum Leader." New members can trust these folks to help initiate them into the community.	Use *Named Levels* to communicate members' history and standing; members with higher ranks should be trusted more easily than newbies.	Consider Statistical Evidence to highlight a member's contributions. Just show the facts and let the community decide their worth. Optionally, *Top X* designations can highlight members with numerous valued contributions.	Allow easy comparisons between members with *Numbered Levels*. Provide mini-motivations by awarding *Collectible Achievements*.	Let a member track her own progress by assigning *Point Values* to different actions. *Rank* members against one another, displaying winners and losers.

图 6-1：竞争图谱会帮助你选择适合社区基调和文化的声誉模式

很明显，该“竞争图谱”非常主观，并且不必惊讶很容易就能从中找出许多与事实不符的例子。该做法就是为了能够以任一框架作为起点，而不是苛求一个可靠、完善的模型。

根据你社区中所体现的相对竞争程度，我们可以向你推荐合适的声誉模式。

为何使用

- 合适的竞争水平（或者缺乏）可以鼓动和激励用户做更多你想要让他们做的（贡献和参与），而不只是被动消费。

等级

明确定义的个人成就等级可以为声誉提供清晰的衡量指标，这样就可以在社会结构中对个人的声誉进行经验性评估，并将评估结果在整个社会体系中公布。不同的等级都有典型的命名或编号。有命名的等级通常都有明确的等级次序，如图 6-2 所示；因此，从某种程度上讲，命名和编号这两种方式都可以看作有编号的等级划分。

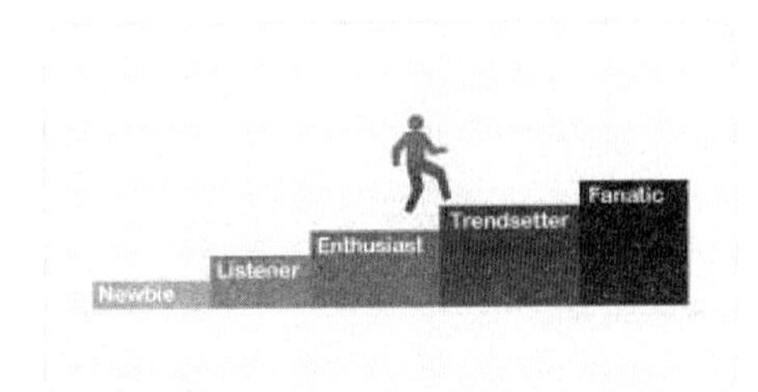

图 6-2：以体验或者成就等级为特征的排名系统是声誉的一种形式

有命名的等级

是什么

社区的参与者需要以某些方式衡量他们自己在社区中的个人发展情况：他们有多大进步？或者他们与社区和社区提供的功能有多深入的互动？另外，这些相同的衡量指标可以用来比较成员，这样就能知道谁在社区的经验更多或者更少（只要对比较的要求不是太高就可以实现），如图 6-3 所示，这就是交通和导航应用 Waze 的功能。

何时使用

你想让用户从社区内容的消费者成为发现并验证高质量内容的贡献者。

社区存在竞争，但是竞争不是特别激烈。虽然有命名的等级有竞争优势（我的 Wookie 击败了你的 Jawa！），但是与其他一些模式（例如，排名、积分、有编号的等级体系）相比它的竞争性要小很多，这可能是因为它们在本质上不太会依赖经验。

你想让用户见证他们在社区的成长，并且给他们提供晋升到下一个等级的方法。

图 6-3：Waze 移动 GPS 应用使用众包信息来让司机知道路上发生的事故或者交警的位置。参与可以得到多种以积分为基础的、有命名的等级回报（Waze iOS 应用）

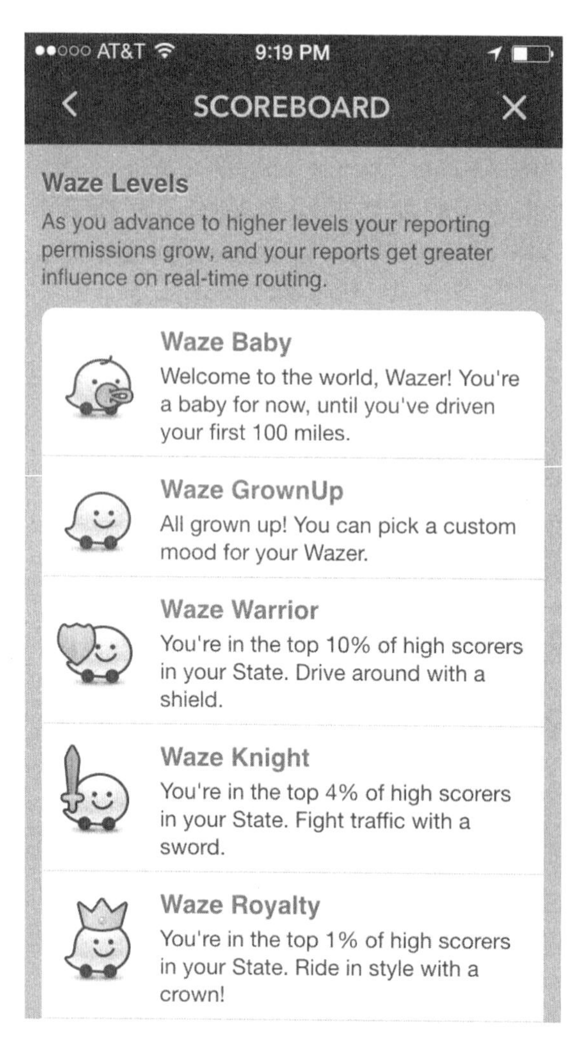

如何使用

在用户的整个成长过程中，定义一系列完善的声誉。用户所达到的每个等级都要比他之前的等级高。每个等级都有不同的命名，这样就能让等级变得有趣且易于达到。但不同等级之间的比较就变得更困难了（参见图 6-4）。

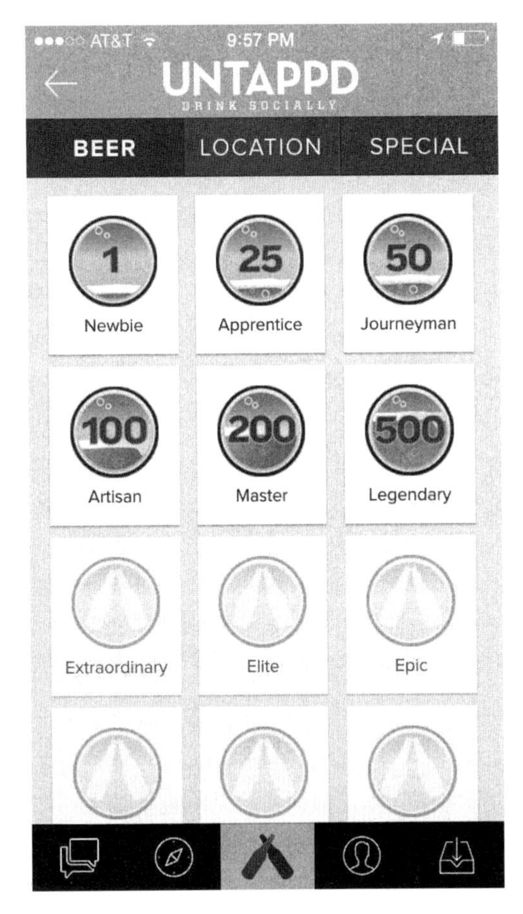

图 6-4：Untappd 中的等级基于消费的啤酒数量。只有当用户达到某个等级后，他才能知道这个等级所要求的数量（Untappd iOS 应用）

如果你给每个等级不同的命名，要确保有等级相关的数字，这样用户才能了解如何才能“升级”（参见图 6-5）。

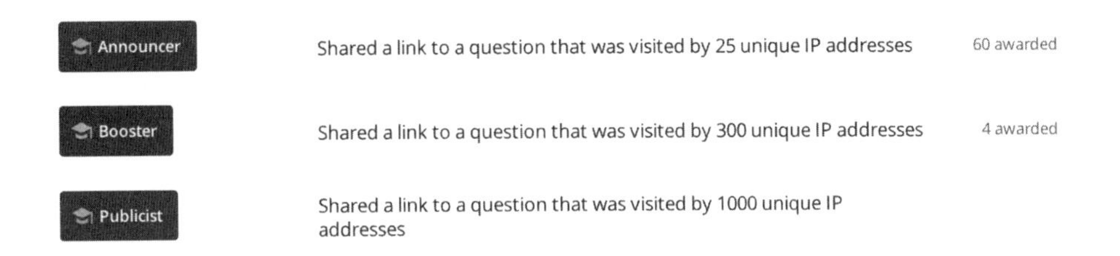

图 6-5：在 Stack Overflow 的 Academic 社区中，可用的标签有几十个——分享链接、提问、一般性参与或者适度的参与。在每个标签中，都有通过参与而获得相应等级的奖励。最有声望的、需要最多工作或活动的很难达到（http:// academia.stackexchange.com/）

建议

等级的命名要普通且容易被大众理解。例如：金牌、银牌和铜牌的等级命名就很好理解。这种命名方式可能在体育环境中特别合适，或者应用得更广泛一点：它适合于对等级体系的要求是“清晰、易于理解”而非“有趣、依情境而定”的情况。或者，也可以考虑对等级进行主题性命名，用这些有趣而“自然”的命名可以提高用户在社区的用户体验。（例如：在“星球大战”社区可能会采用星际中的生物或概念来命名不同等级。）你可能会考虑在最高等级之上设置新等级，以便应对有些重要的用户可能已经达到了最高等级的情况。但是，我们不赞成你新加“间隙层”，或者在已有的等级体系中插入等级。一般来说，很少会有新增“等级”的情况，如果有的话：你会面临着失信于“社民”的危险，或者这么做会让用户觉得网站的声誉体系好像是可以随意修改的。

注意事项

选择一组合适的主题命名可能没有看上去那么简单。不要期望用户凭直觉就能知道某种 “等级”比其他“等级”更高级。在“星球大战”的例子中，Jedi 要比 Padawan 厉害，但 Bounty Hunter 能打得过 Podracer 吗？你选择命名的情境越具体，你面临的风险也就越大：你会让还未与社区完全合拍的用户感到疏远或困惑。要杜绝任何带有冒犯性的“等级”命名，例如：“音乐狂人！”（Music Hotshot!）或“光影飞侠！”（Photo Flyguy!）。虽然用户可以通过合适的资料习得这些内容，但你要牢记，声誉体系本身也应该是不言自明的，并且社区中有相当一部分人不想被贴上“轻浮、无礼、让人看着就冒傻气”的标签。经测试发现，我们的用户不喜欢这种含糊其辞的等级命名。

相关模式

- 个人资料

参见

- Waze 移动应用

有编号的等级

暗含等级关系的等级命名体系是一种线性的等级次序。这就意味着所有等级本身就是有数值的，或者说它呈现出来就是有编号的，如图 6-6 所示。你需要做的设计决策就是是否将这些数字显示在界面上。

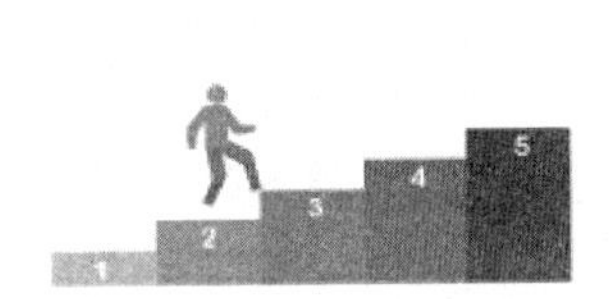

图 6-6：虽然有点无聊，但有明确编号的等级让用户之间的比较变得非常简单

是什么

社区的用户需要用某种方式来衡量自己在社区的个人发展情况：他们进步了多少？或者他们与社区（或社区所提供的功能）有多深入的互动？另外，这些相同的衡量指标可以用于比较社区成员，这样就能知道谁在社区有更多（或更少）的经验，如图 6-7 的 QuizUp 应用中用户名下面的标签所示。

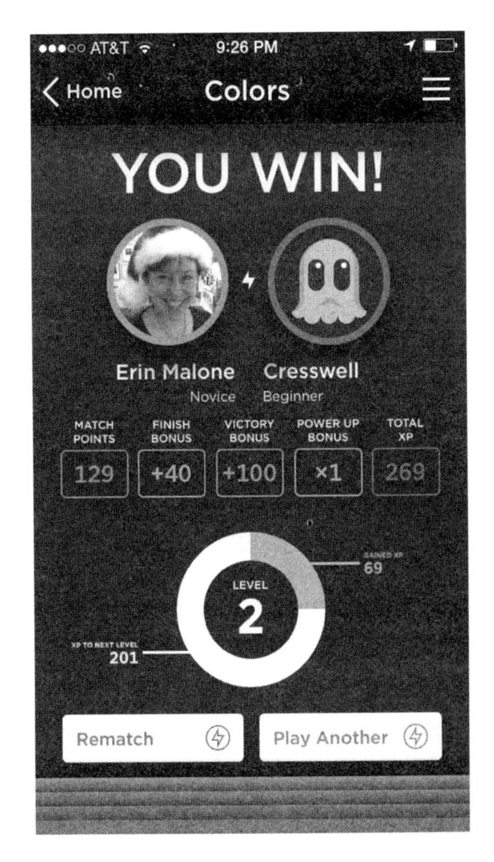

图 6-7：QuizUp 让玩家配对进行比赛，并通过名字确定玩家的等级，以便玩家了解他还需要多少分才能升到下一级，以及他在上一轮竞猜比赛中得到了多少分（QuizUp iOS 应用）

何时使用

你想要给用户提供一种追踪他们在社区内个人成长的方式。

等级应该设置得足够大（或者不封顶）。例如，用户在“魔兽世界”中可以升到 70 级。

你还想让用户之间的比较变得容易（人们一看就知道 1 级要比 5 级低）。

你想倡导更具竞争性的社区精神。

如何使用

在用户的成长过程中确立一套声誉体系。用户达到的每一个等级都要比原来的高。等级由数值标明，这样不同等级之间的比较就变得很直观且容易操作。（然而，有编号的等级常常被认为是冷漠、缺少人情味的。）

建议

多数情况下，有编号的等级系统应该不会超过 10 级。该系统的好处就是即使在日后增加等级也不会引起太多的混乱。例如，如果很多用户都达到了你系统的上限值（参见马上要提到的“特例”），你就应该考虑“开通”更高等级，以便“社民”们继续修炼升级。注意，不要老是这么干，否则，社民就会认为你是在他们面前挂了一个永远吃不到嘴里的“萝卜”。

注意事项

在用户测试中，我们看到有的用户对有编号的等级反应强烈，因为他们联想到了“三六九等”。也有一部分用户觉得有编号的等级“缺乏人情味，有点冷漠”。要特别注意信息密集情况下（例如，列表）的低等级用户，因为这样的用户会有很多。例如，在显示用户贡献内容的搜索结果页面中，不要显示 1 级和 2 级用户。相反，你可以考虑只显示等级高的用户（“10 级用户！”）。

特例

有编号的等级模式的例外情况与用户声誉在各等级的分布有关。理想情况下，注册用户的等级由高到低呈幂次分布。（为了能在社交网站背景下更好地讨论幂定律，请参见克雷·夏奇（Clay Skirky）的“Power

Laws，Weblogs，and Inequality”一文，网址为：*http://www.shirky.com/writings/powerlaw_weblog.html*。）

参见

- Untappd (*http://www.untappd.com* 和 Untappd mobile)
- Academia (*http://academia.stackexchange.com/*)
- QuizUp 移动应用

标签

并不是所有的声誉命名都是线性的或有序号的，它们并不总以阶梯状出现。可以通过各种不同的标签来奖励用户取得的成绩、表示用户对社区活动的参与程度，或者表示其他身份地位的量化指标，如图 6-8 所示。

图 6-8：标签用于区分社区中不同的人

是什么

社区成员需要识别其他用户，社区中“值得关注的”成员应该以某种方式区别于他人。如图 6-9 所示，他们可能擅长社区比较看重的某项技能；也可能是社区或其隶属组织的官方代表；或者可能他们志愿成为社区中其他人的有用资源。

1 of 1 people found the following review helpful
★★★★★ **Very effective for handling hot cookware**
By J. Chambers HALL OF FAME TOP 10 REVIEWER on December 31, 2014

1 of 1 people found the following review helpful
★★★★★ **Lets me pick and choose from a large variety of techniques**
By Ali Julia #1 REVIEWER #1 HALL OF FAME on January 11, 2015

图 6-9：Amazon（http://www.amazon.com）通过将标签作为用户属性的一部分来识别进入“名人堂”的评论者和他们的等级。其中存在几种可能的标签，有的是基于时间的，有的则是基于所获等级

何时使用

你已经确定了想要在社区推广的理想行为。

你想让用户自愿成为某个“角色”，或者自愿在社区中承担责任。

你需要用声誉来体现公司或可信的第三方对用户经验或身份的认可时，可以采用该模式。通过竞争图谱就可以让社区文化遍及社区的每个角落。

如何使用

定义一个或一套本质上没有顺序的声誉。每个声誉都是为了确定和奖励社区中的某种行为或品质而精心打造的。标签对于用户寻找经验丰富的内容提供者（例如：“有帮助的”领路人或“精英”评论者）是非常有用的。这些标签在比较不同声誉的持有者时并不是特别有用。

建议

声誉持有者可能同时拥有多个“身份标签”。在公开显示这些标签前，可能也需要用户申请或接受该声誉。

相关模式

- 头像
- 用户名片或联系人卡片
- 个人资料

参见

- Academia (*http://academia.stackexchange.com*)
- Amazon (*http://www.amazon.com*)

奖励

奖励可以帮助识别有价值的社区成员并鼓励积极的行为。它们可以是所在社区发的，也可以是社区其他用户给的；它们可以显示在用户的个人资料或者用户名片上。

可收集的奖励

社区的一些参与者会响应赚取 / 赢得他们可以收集并展示给其他社区成员的奖励的机会。

是什么

你如何鼓励用户更深入地参与社区活动，让他们为完成一些重要的事情（有可能是合作性的，也可能是竞争性的）而努力拼搏，或者让他们为此事去参加一个焦点小组呢？用户如何才能向他人炫耀他们的成就并赢得他人的尊重呢？图 6-10 显示的是骑行和跑步应用 Strava 使用的系统。

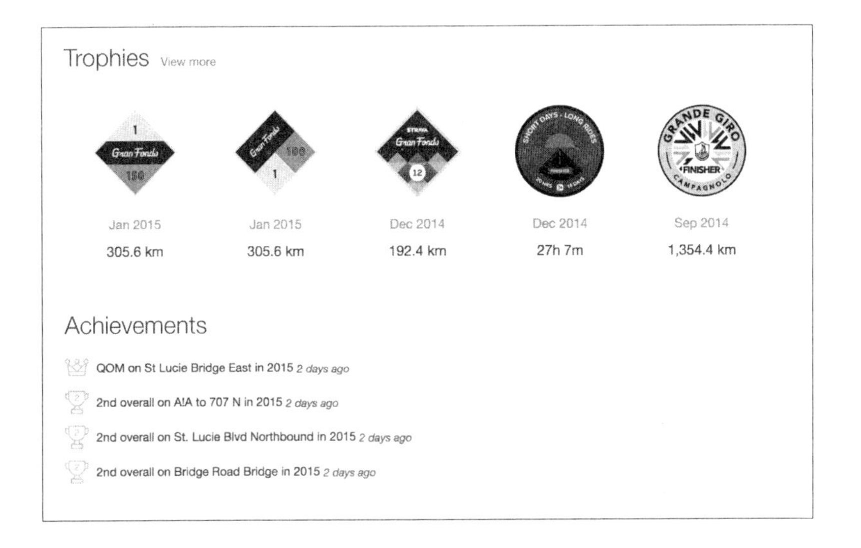

图 6-10：骑行和跑步应用 Strava（http://www.strava.cm）在用户的个人资料中展示了完成运动挑战所获得的奖杯和个人取得的成就

何时使用

你想要利用用户的强迫性。虽然可收集的奖励看起来可能有点无聊或者普通，但只要你使用得当，它们就会让用户对你的社区产生迷恋，并且可以吸引用户探索社区中他们原本不感兴趣的其他功能。

你想要鼓励用户尝试你提供的所有方面。例如，如果你想鼓励用户在梦幻运动背景下多进行交易，可以考虑在他们取得第 10 次成功交易后给予奖励。（“成功”是这里的关键；一定要介绍并强调所取得成就的“含金量”。）

你想要鼓励并奖励用户参与线下的竞争挑战和社区活动。移动应用让人们可以追踪群组活动和竞争挑战中的线下参与，并在网上用奖励、奖品和其他成就管理这个在线 / 离线循环。

如何使用

当用户在社区中达到一定的目标后要给予好处和奖励。这些好处和奖励要成体系、有计划、可累积。你可以以某种方式的个人崇拜来增加它们的趣味性，这样可以更好地吸引用户：设置诱人的战利品、图标，或“游戏筹码”来表示每个成就，并且允许用户保存它们并将它们陈列出来“显摆”。获得这些奖励的“难易程度”要恰当搭配：有些成就很快很容易就可取得，而有些成就需要花费很多时间和精力才能取得，并且很可能会在用户取得了一个容易获得的成就后，为其展现另一个需要攻克的新目标。

建议

与大多数声誉机制一样，“成就”机制应该鼓励用户有高质量的参与而不仅仅是简单重复的活动。因此，不要奖励用户“已玩过 20 次游戏”。相反，你应该奖励用户“在一个赛季中赢了 20 次！”设置一些“第一”类成就很有用（例如：“第一个评论者”，见图 6-11；“楼主”，或“收到的第一个评论”）。对这种成就的认可不能超过对其他难度更大的成就的认可，并且不要持续奖励重复的行为。“第一”类成就在鼓励用户试用新功能时非常有用，但如果用户一再“摆弄”这些功能，你就不应再给予奖励。在网站上列出可能取得的所有成就，这样用户就能知道他们可以取得哪些成就。当然，也要标明他们已经取得了哪些成就。在用户争得该成就前，应该将这些成就“锁定”或置灰。

图 6-11：Yelp（http://www.yelp.com）为第一个写商业评论的用户提供了“第一个评论者”成就

虽然你可以将可收集的成就和积分关联起来（例如，用户每取得一项成就就奖励他一定数量的积分），但不应将二者相混淆。

特例

要慷慨地提供可收集的奖励；社区中的每位成员都应该能很容易地取

得其中的一些成就。但是也要让一少部分成就供不应求并难以获得。

暂时性

Yelp 将它的精英编队（Elite Squad）描述成“识别最活跃最有影响力的用户的方式，包括线上和线下。”要注意，“精英”状态在本质上也是暂时的，它一年一评。

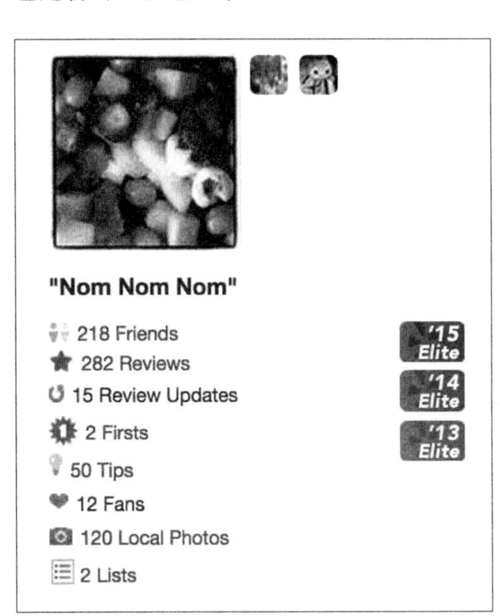

图 6-12：除了用户给用户的奖励外，Yelp 还提供了一种暂时性的“精英”状态

相关模式

- 个人资料

参见

- Yelp (*http://www.yelp.com*)
- Strava (*http://www.strava.com* 和 Strava 移动应用）

用户给用户的奖励

不必垄断颁发勋章的权利。让社区和用户都可以有自己的奖励。让用户可以通过给别人勋章分享自己的荣誉，从而为社交的清整行为提供机会，并且让用户有机会巩固不那么紧密的关系（例如，给别人奖励要比邀请他加入你的个人兴趣小组承担更少的义务）。

是什么

人们很乐意给予并接受褒奖，他们会在关键时刻用现有的消息版面和留言板功能来实现该目的，但如果这种做法有更正式的支持方式，会让整个系统都受益，例如Yelp所提供的做法，如图6-13和图6-14所示。

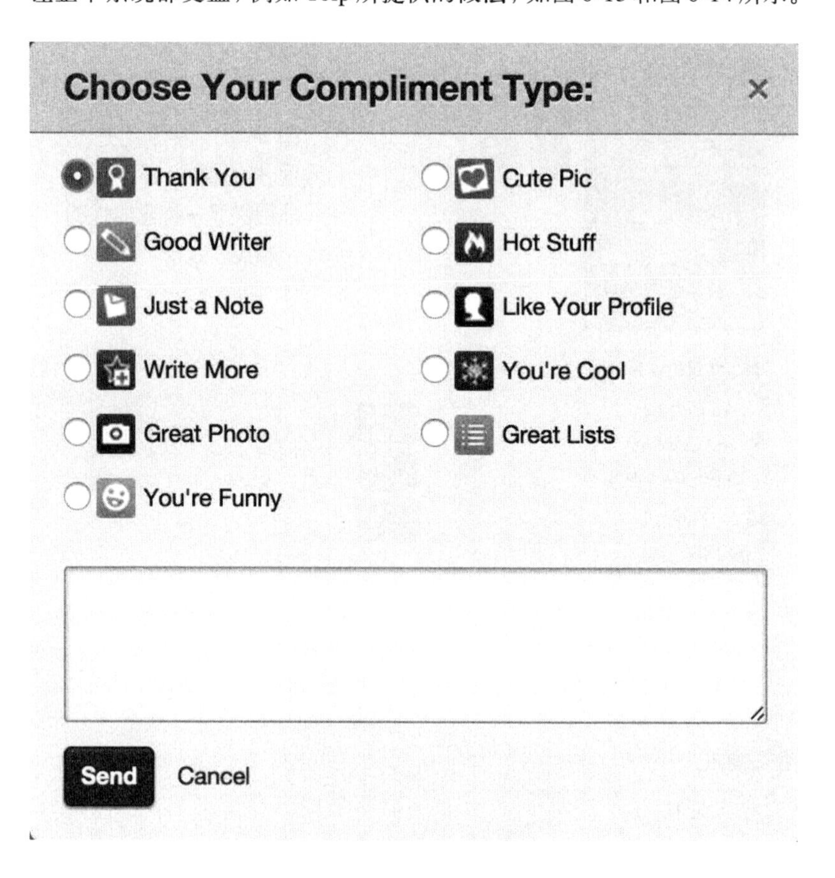

图6-13：虽然Yelp在称赞功能中提供了很多类别，但用户好像会很满意地从中选择一个

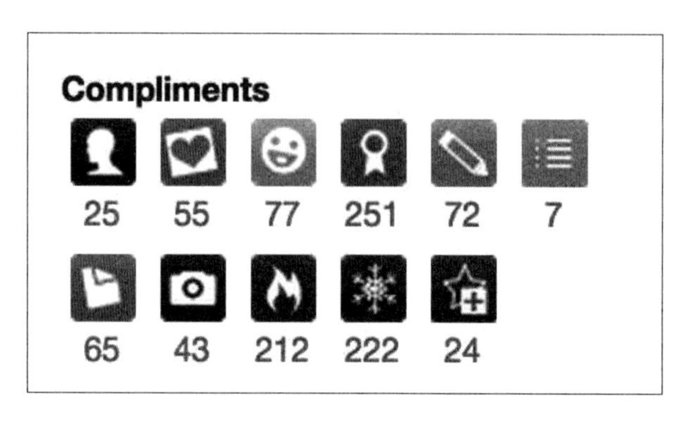

图6-14：Yelp称赞是任何用户都可以给其他人的一种奖励，它们可以显示在接收者的个人资料和用户名片中

何时使用

当你想在用户之间培养一种更强的合作性关系时使用。

如何使用

- 当有用户的参与（例如发帖、回帖、写评论等）或者在查看用户的个人资料时，为网站的邻居们选择一个奖励类型和个性化修改（添加注释说明或为其授勋，或者贴上标签）的界面。
- 你也可以选择让接受奖励的用户先同意领奖再在界面上显示它。
- 要在受奖者的个人资料中显示该奖励。

建议

虽然你可能想为用户提供一个很长的奖励列表(包含各种类别的奖励)，但你还是应该先尝试为用户提供一组只包含 5~7 类奖励的粗列表，这样的列表更容易让用户聚焦，并且可以避免让用户面临过多的主观选择。

注意事项

用户可能会认为自己必须回馈别人给予自己的奖励，虽然礼尚往来并没什么不好，但不分青红皂白就随便给予他人奖励会让接收奖励的用户觉得这种相互之间的奖励有点像垃圾邮件。请为用户提供指导原则并建立起相互感恩时的社交规则（例如，真的不必回馈他人的奖励），这样就能在一定程度上避免“走过场”式的社交行为模式；否则如果不加任何干涉，用户就总会回馈别人的奖励。

相关模式

- 赠送礼物
- 个人资料
- 推荐（或个人推荐）

参见

- Yelp (*http://www.yelp.com*)

排名

排名和等级一样都是为了方便比较。与等级不同的是，排名是为了列出每个类别中最高的、顶级的和最好的。排名的依据是用户所攒的积分。有了有编号的等级后，积分可能会明确显示出来或者也可能会作为地位的驱动器隐藏起来。

积分

基于用户所积攒的积分，积分几乎可以将用户的成长过程无限地对比下去。

是什么

在某些社区中，用户想明确地衡量他们的成就，这样不但他们自己会感到满足，而且可以与其他用户进行比较，如图 6-15 所示。

何时使用

当社区中的竞争很激烈并且用户参与的本身就是竞技性活动（例如，单对单对决赛或训练一支虚拟的足球队）时使用该模式。

在社交网站中，积分通常都会变得黯然失趣，除非社区的本质就是竞争，例如虚拟体育比赛或游戏对决。

具体来说，在如下情况下不要使用该模式：

- 用户参与的活动在本质上就没有竞争性（例如，写烹饪食谱或共享照片）。
- 积分奖励可能会让活动原有的意义打折。将活动的动机量化后，你可能就不会用一个微不足道的、外在的奖励抹杀掉用户的自我满足感和内在动力。

如何使用

在界面上展示用户在社区中挣得的积分，并不断鼓励用户积攒积分。积分通常都是用户通过参与网站中的某项任务获得的。

对于用户的良好表现你不仅要口头表扬，更要给予积分奖励。

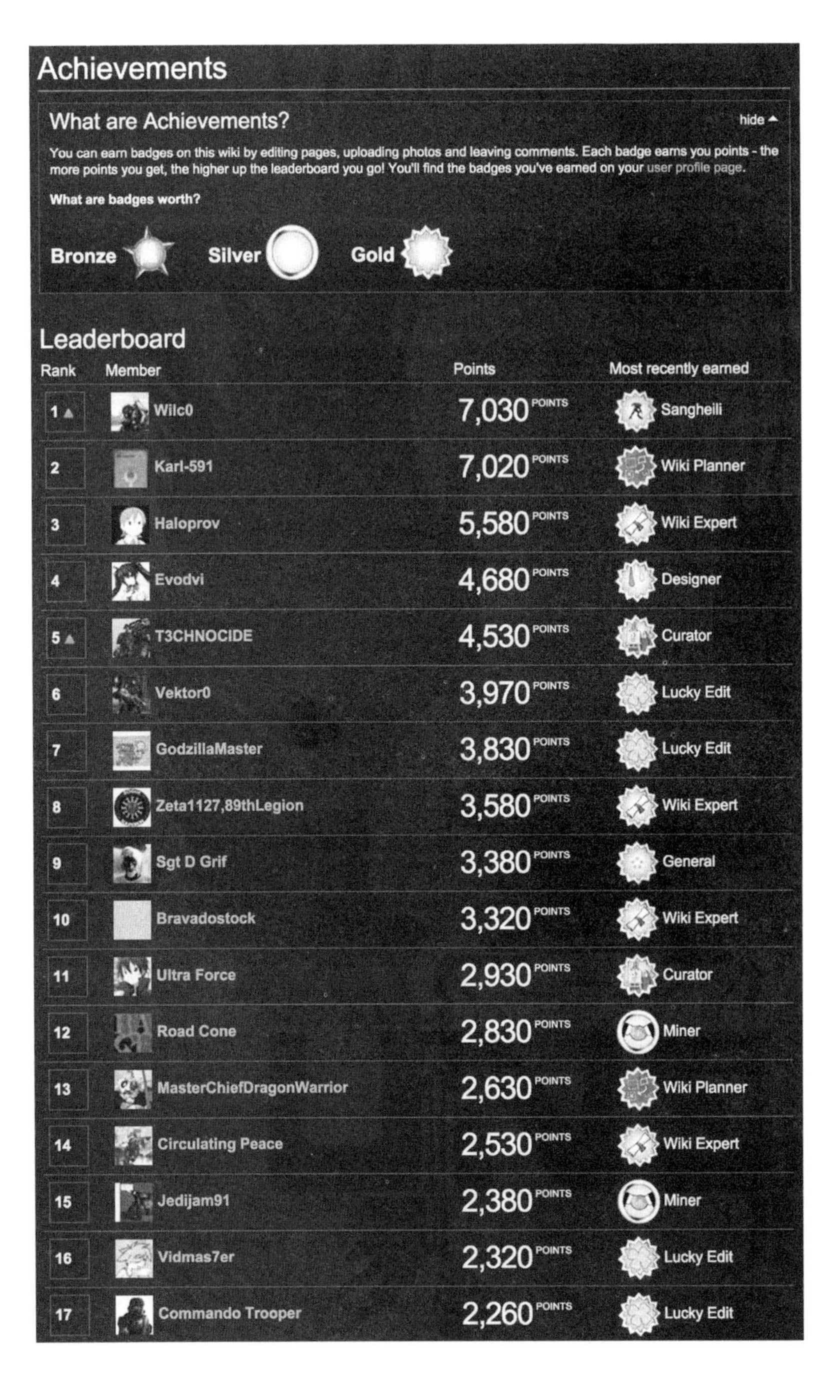

图 6-15：贡献者可以在 Wikia 中获得积分，这些积分还可以转化为徽章。成员可以通过排行榜进行比较，其中显示的积分用来激励竞争和社区的专业知识

你可能也想对社交积分进行解释说明，这些说明都是由社区中的其他人对某一社区成员采取的行动所驱动的。如果可能，这些社交积分会反映出一种品质（例如，要对精彩的评论给予“点赞”的评级）而不是某种简单重复的活动（例如，每当有好友加入到用户的社交网络中，就给予一定的积分）。

建议

考虑将积分作为其他声誉模式的补充，其中积分本身不是声誉的主要指标。它们只是给用户一种成就感，并指出它们在声誉里程碑中的进步；例如，“Dwalin is a Level 8 Dwarf (342)”。

积分奖励依据的应该是表现（例如，在游戏中赢了对手一局）而非活动（例如，每发一个贴子奖励 10 积分）。根据活动奖励积分就会使用户一次次地重复执行某项活动而不顾他们所贡献内容的质量。在游戏世界中还有专门的名词来形容这种行为：消磨任务 (*http://en.wikipedia.org/wiki/Grind_(gaming)*)。

在某些社区中，用户想对他们的成就有一种明确的衡量，这样不但他们自己会感到满足，同时也可以和其他用户进行比较。

在表现方面的一个例外情况就是：当用户“初次”进行某项活动时，积分是非常有用的奖励（例如，“你完善了个人资料，获得 20 积分”）。这种“初次”奖励很难作弊，但是它却能鼓励用户探索社区中的新区域。

示例

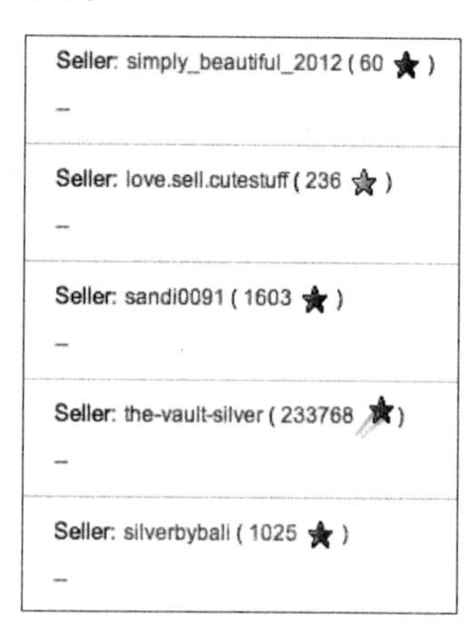

图 6-16：eBay 的 Feedback Score（http://ebay.to/1H6nLrX）基于销售者或者购买者成功完成的交易数量

Xbox Live 的 GamerScore（*http://bit.ly/1U2oUdh*）是与 Xbox 网络玩家所攒的积分相对应的一种衡量手段。如图 6-17 所示，eBay 的 Feedback Score 功能列出了成功交易的数量。

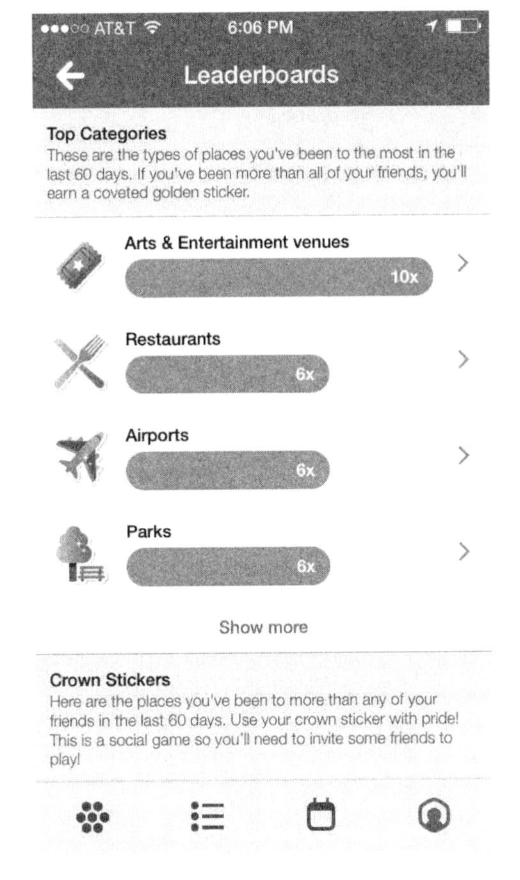

图 6-17：Swarm 的排行榜显示的是用户已经访问并且相互显示的顶端位置类型（Swarm iOS 应用）

参见

- eBay (*http://www.ebay.com*)
- Civilization wikia (*http://civilization.wikia.com*)

排行榜

在竞争性强的社区中，排行榜可以刺激用户为了获得靠前的排名而不断努力。

是什么

在竞争激烈的社区可以使用排名系统，用户可能想知道在某个分类中

（或者在所有方面）谁的表现最佳，图 6-18、图 6-19 和图 6-20 说明了 Swarm、Waze 和 Strava 在某个类别中的积分和排名。

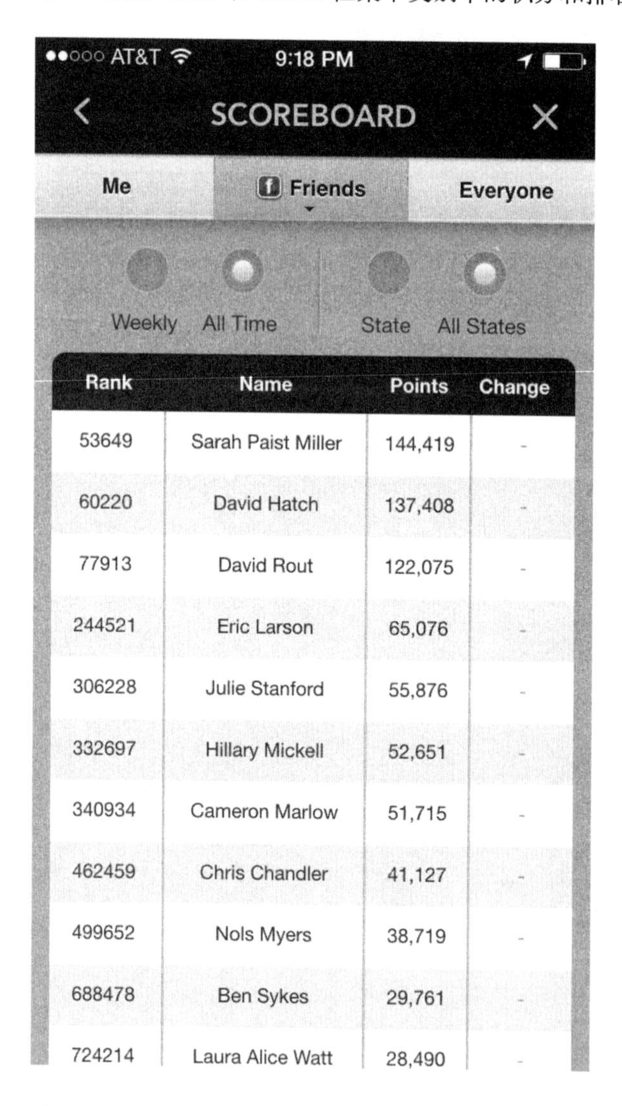

图 6-18：Waze 分享用户个人关系网和系统中所有用户的排名，并按照周和全部时间、用户所处的状态和全部状态过滤它们（Waze iOS 应用）

图 6-19：Strava 的所有挑战都有一个排行榜，用户可以在全部人或者只是他们所关注的人之间进行切换（Strava iOS 应用）

何时使用

- 社区的竞争性很强，并且用户参与的活动本身就是对抗性的（例如，单对单的对决赛，或者以教练的身份指挥一支虚拟足球队）。
- 你想让玩家相互之间进行对比，或者想在用户中故意挑起“谁更优秀？”这样的讨论。

当用户参与的活动在本质上并没有竞争性时（例如，撰写食谱或共享照片），不要采用该模式。

如何使用

在排行榜中显示用户的排名。排行榜就是一个显示前几名的列表，它按分数由高到低排列。

要提供多种角度的排行榜，包括历史纪录（总排名）和每周或每日纪录（社区中新近出现的人）。通常，历史纪录相对稳定（有时会完全不动），所以应考虑将“最近比较活跃的人”作为默认排行榜。

同时，排行榜也应能方便地过滤——可以只显示用户和他的联系人或朋友之间的相对排名，而没有社区内的其他干扰。

在“Is Harriet Klausner for real？”(*http://bokardo.com/archives/is-harriet-klausner-for-real/*) 中，约书亚・波特（Joshua Porter）讨论了亚马逊排名第一的评论者和他的评论高产率（不相信？）之间的关系，如果想长居排行榜首位，每天平均得有 7 本书的书评：

> Klausner 非常想和排名系统“较劲”来保住她的地位。也就是说，在当下，这类社交工具已经变得越来越普遍，从个人收获的角度讲，Klausner 已经看淡了她所发表的评论的价值。然而，没有人会因为所看到的评论没有什么帮助而感到沮丧，所以长远来看，如果她写评论的目的仅仅是保持她的排名，她也就没有什么写的必要了。Amazon 的社交机制应该激励她写出更有价值的评论，而不是写垃圾评论。

因此，你应该牢记：任何你追踪和显示的数值、任何衡量指标都会转换为分数（score）。用户会将其看作是积分而努力积攒它，有的用户会和系统过招来追求数值奖励，而不会管你网站所提倡的“精神”是什么。

参见

- Swarm 移动应用
- Waze 移动应用
- Strava (*http://www.strava.com* 和 Strava 移动应用)

排行榜是有害的

在设计媒体网站的设计中说这么绝对的话还显得有点为时过早，但非常清楚的一个事实是：对社区用户排名（并在他们之间形成相互竞争的风气）不是一个好主意。例如在以前的虚拟神灵（fabled djinni）中，虽然网站排行榜给出了很诱人的许诺（竞争！激励！用户参与！），但常常会出现你不愿看到的名次。

那么，我们为什么要使用排行榜呢？典型的思维过程是这样的：你想在网站上推动某项活动；参与了该活动的用户应该受到认可；也需要有一种机制让其他人参与社区活动。排行榜似乎是完美的解决方案。活跃的贡献者可以得到认可：排行榜中的前几名。排名比较靠后的参与者也会得到激励：赶超领头羊并在排行榜上不断攀升。

你真的想推动该活动吗？活动的火爆程度会随着那些忠实的、积极性很高的用户的持续参与而迅速增加，是吗？典型的大团圆结局！实际上，采用这种模式的效果并没有这么明显。排行榜难以奏效的原因有以下几点。

你要衡量的是什么

许多网站采用排行榜仅仅是为了比较容易衡量用户的排名。很不幸的是，这种易于衡量的东西很多时候并不会告诉你什么是好什么是坏。在竞争激烈的社区，排行榜的做法正在淡出，因为可衡量与高质量之间是有一定关系的。（这就叫作“表现”——在所有尝试里输赢的比例。）

但是，你如何在上传视频的网站衡量用户所提供内容的质量呢？或者如何衡量评价/评论网站中内容的质量呢？这几乎与用户贡献的内容数量（某一动作重复的次数、跟帖的次数、评论的次数）无关。但这类内容数量（离散的、可数的、客观的）才是排行榜所擅长的。

你用来度量的方法总是过于严肃

即使你采用的排行榜也有质量方面的度量（可能你增加了得票或“发给好友”的次数这两方面的权重），但是你得清楚（因为排行榜挑出的这些因素是为了嘉奖和激励用户的）这样的网站社区可能会把排行榜看得很重。排行榜对社区的价值观有着神奇的“汉莫拉比法典”

般的影响：写下来的东西会变成整个王国的法律。你将会在网站用户所做的事情（和用户所忌讳的事情）上看到其效果。因此，要谨慎制订排行榜的规则。你真的比你的社区本身更英明吗？你自己的指令能更好地塑造社区的个性吗？

如果它看起来像排行榜，干脆直接把它当作排行榜

即使网站中没有显示排行榜，也很有可能涉及“比较统计”领域。看看 Twitter 和其社区成员的状态是如何显示的（见图 6-20）。

TWEETS	FOLLOWING	FOLLOWERS
53.6K	353	2.77M

图 6-20：不然你如何知道你在社交比拼中获胜了呢

问题并不在于状态的存在，而是突出显示用户的状态。这让 Twitter 看起来就是那种重视人气和用户的社交网络社区。我们是不是不应对这种说法感到惊讶：在整个服务器上，社区所创建的排行榜仅仅是用来对比的？ Twitterholic、Twitterank、Favrd 和其他所有的服务器都是这种价值排名方式的自然拓展。

排行榜是强大且变化莫测的

在早期，Orkut（谷歌也加入了社交网络）顶部列出了一些无伤大雅的小插件（widget）：国家排行榜（country counter）可以显示用户的地理位置。很好玩，是吧？当然，无伤大雅。但谷歌不会想到，巴西的所有国民将自己的国家推向榜首并以此为荣。巴西的博客名人 Naitze Teng 写道：“Orkut 社区的许多人都紧盯着国家的排名，不可避免地，他们会为此组织各种聚会和“快闪”（flah mob）。当巴西在 Orkut 上的排名超过美国时，人们会为之挥帽欢呼。”(*http://www.popmatters.co m/co lumns/teng/060629.shtml*)。

现在，巴西始终保持着 Orkut 排名榜首的位置（在撰写这篇文章时，Orkut 有 51% 的用户是巴西人，美国和印度则以各自 17% 的份额并列第二，被巴西远远甩在了身后，参见 *http://www.orkut.co m/Main#MembersAll.aspx*）。Orkut 基本上就是巴西人的社交网络。这对谷歌来说并不是坏事，但是谁也没有想到排行榜这样一个简单的、微不足道的小工具居然能产生这么大的效果。

有何用

这可能是有排行榜的社区最险恶的用心了：绝大多数排行榜都是为了让社区更活跃，并且让每位用户在采取每个行动时都有所图。如果你觉得有点极端，可以看看Twitter：好友数和关注者人数都属于该范畴，并且当我受到新的关注后……嗯……我还是更倾向于将其看作是有人想利用用户之间互为“关注者”的关系来搭讪。虽然很悲哀，但这就是事实。并且，这种网站永远不会有官方的排行榜。Twitter仅仅是让用户了解统计数据并为此提供API接口，与此同时，它也开启了潘多拉魔盒。

——布莱斯·格拉斯（Bryce Glass），《Building Web Reputation》一书的合著者（http://buildingreputation.com）

前X名

扩大排名系统覆盖范围的办法就是在用户中推行“前10名”“前25名”“前50名”“前100名”等。该做法是一种对数排名方式，它不像“争取第一”那么具体，但仍然给表现优秀者提供了相对的奖励（参见图6-21）。旧唱片行业的音乐排行榜采用的就是这种方式。（排名前10名的单曲！排名美国前40名的单曲！一路飙升到前100名的单曲！）

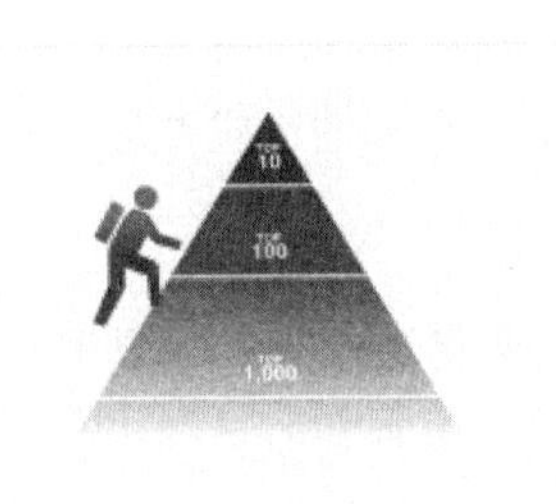

图6-21：虽然你无法成为第一名，但你可以成为前100名

是什么

有些社区的用户非常喜欢冲向“前X名”的这种竞争性挑战。

何时使用

你想鼓励排名靠前的内容提供者持续提供高质量的内容（并且想将其树立为“典型”，以体现社区所倡导的价值观）。你想鼓励重量级（但是排名还不靠前）的内容提供者提高他们提供内容的质量和频率。

以下情况不宜使用该模式：

- 引入“精英”称号会意想不到地“分裂”社区（例如，社区主要提倡的是相互合作或者社区是为了培养用户）。
- 声誉的背景不明确。例如，Y! Shopping 上的“购物达人前 10 强”就很令人困惑，它并没有提供任何有用的信息，但“前 10 名的图书评论者”就比较妥当：它更具体，并且可以让其他用户知道这人所擅长的领域。

如何使用

将用户按序号编入绩效“金字塔”中，并对表现最好的一批用户进行奖励来肯定他们的突出成绩。前 10 强、前 50 强、前 100 强是最常见的分组。可以考虑对社区最有贡献的用户提供额外的奖励：一枚特别绚丽的奖章，甚至可以在奖章易主时，在某种特殊的场合发布一个特别声明。

特例

这类声誉体系有一些比较例外的情况（例如，最基本的“奖励范围应该有多大？”），这在一定程度上需要你自己解释说明：“前 10 强”只有 10 个，“前 100 强”则会增加 90 个。但请你考虑一下更大奖励范围的情况。例如，咱们先不考虑社区的真实规模，你可能会想比“100 强”的奖励范围更大。在对比性研究中，我们听到一些用户说“前 1000 强”的称号太傻了，根本没多大意义。（典型的反应就是：“他们会给所有人发这个称号”。）

亚马逊的“Top Reviewers”（*http://amzn.to/1H6oARw*）机制中的排名是长期积累的，并且竞争非常激烈。然而，它最初的原型让人们对排行榜中排名靠前的用户动机（和道德）存在很多质疑（*http://slate.me/1H6oCZN*）。亚马逊最终回应了这些质疑，它改变了排名规则，并且为“经典”排行榜保留了一小块地方（参见图 6-22）。

FBI 的十大恐怖分子名单（*http://www.fbi.gov/wanted/topten/*，参见图 6-23）是前所未有的。该名单一经发布，J·埃德加·胡佛[译注 1]（J. Edgar Hoover）就担心这种做法会刺激恐怖分子犯下更多的罪行！但是，它并不失为一种成功而又长效的机制。

译注 1：美国联邦调查局（FBI）第一任局长。

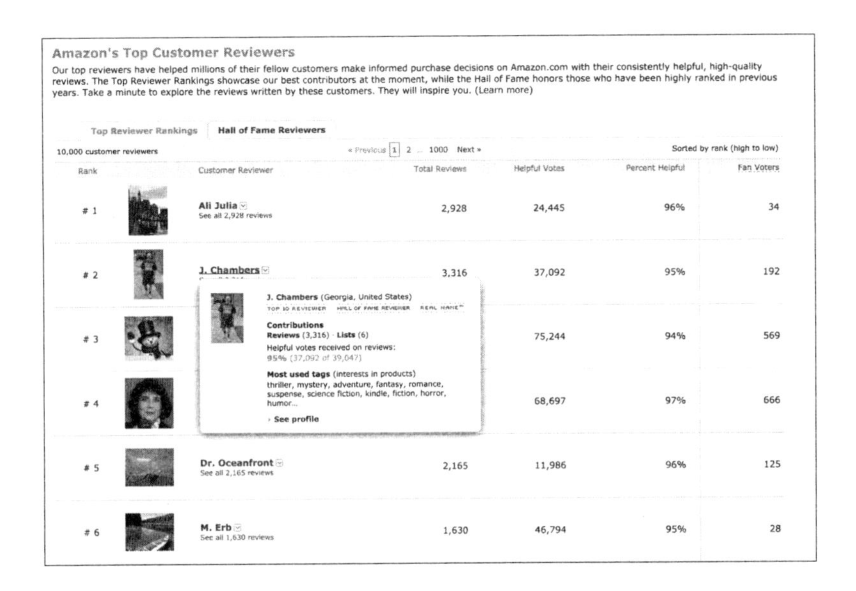

图 6-22：亚马逊的顶级评论者名单显示了用于确定排名的标准。悬停在评论者的图标上会显示其用户名片（这里是一些标签），包括前 10 名评论者荣誉

图 6-23：FBI 的十大恐怖分子名单可以帮助你理解前 X 名排行榜的激励作用

参见

- Amazon (*http://www.amazon.com*)
- FBI 网站 (*http://www.fbi.gov*)

监控声誉的工具

最后值得一提的是：如果你想在社区中推行一种声誉系统，就应该为其提供清晰的判断标准、排名规则和用户在所有系统中的当前排名信息（以及他们对未来可能会得到认可的预期）。在整个互联网环境下，用户更注重他们在搜索引擎中的声誉，链向自己的链接数，以及自己参与社交网络的证据（包括 Facebook 上形象不佳的大学同学聚会照片，也许这些照片在你成为你老板的“好友”时需要进行美化）等。监控和创建提醒一样简单，如图 6-24 所示，当然你也可以使用更复杂的工具。

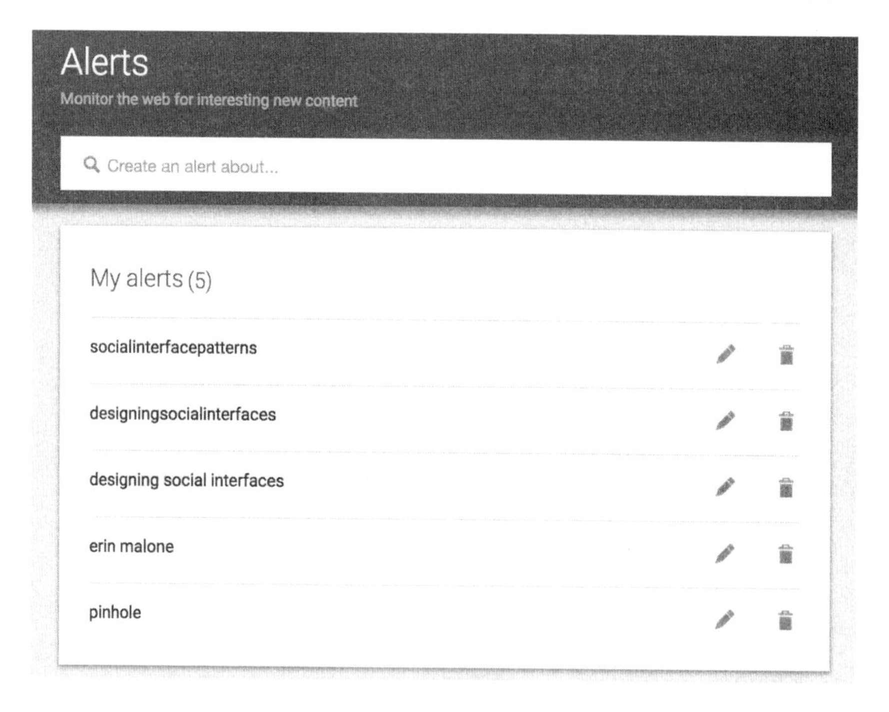

图 6-24：最基本的工具（例如，谷歌快讯）可以实时监控发生了什么

很多社交媒体监控和声誉工具都可以用于监控用户的声誉，虽然要满足商业的需求得管理他们自己在社交媒体中的品牌。你可以使用这些工具来追踪、监控声誉和信任的关系，如图 6-25 所示。

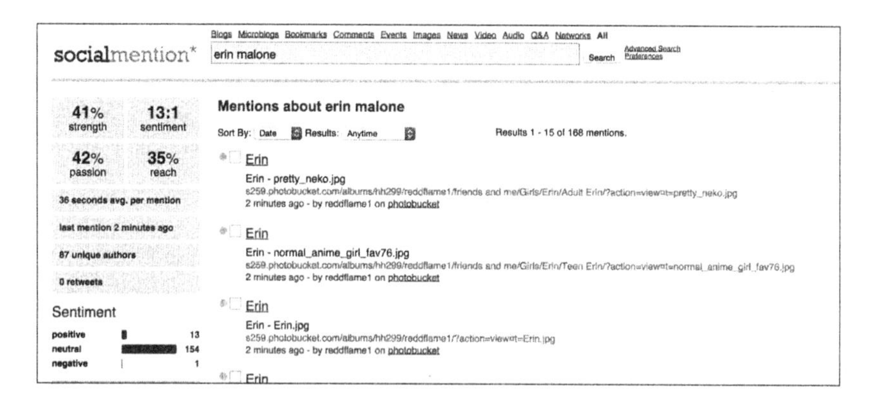

图 6-25：如果你不想开发自己的解决方案，可以使用一个著名的独立声誉维护系统，并将它嵌入自己的社交平台。这个领域还没有明确的赢家，也没有可以区分具有相同名字的人们或者服务的 UI 约定。SocialMention 是一款免费的服务，它会将相同的名字和相同的得分混合在一起，因此它对于想要了解自己成就和影响力的用户来说并没有那么有用

好友排名

我们在 2009 年看到的一种模式是邀请用户用各种维度比较他们朋友的一种游戏驱动方法（参见图 6-26）。由于结果公开等令人尴尬的因素，这类嵌入在社交服务中的应用只是昙花一现。

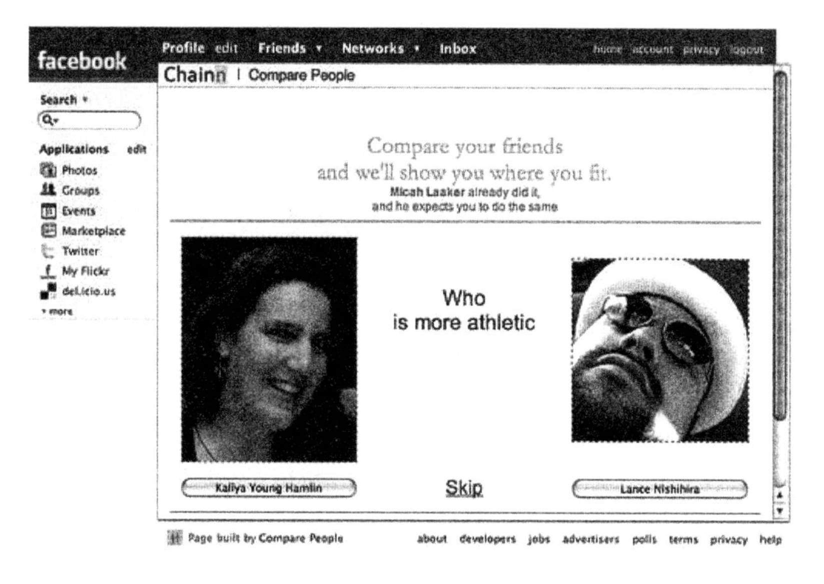

图 6-26：被要求比较好友和点头之交（可能来自你生活的不同方面）会让人感觉很尴尬。它很容易就可以变成一个吸引人的游戏体验，从概念上来说它起源于 20 世纪 90 年代 HotOrNot 类型的服务

仅就此应用本身而言，只是让人们对比好友的小工具并不会给你带来什么惊喜，但如果你能积累互联网中网民的对比数据，你就可以计算出一些排名并将其公布出来，以刺激他们更深入地参与到你所提供网络服务中。

有一些工具利用大型社交网络（Facebook、Instagram、Twitter 等）API 所提供的数据，根据对帖子用词、发帖频率和其他公开的信息进行分析来显示用户之间的比较，如图 6-27 所示。

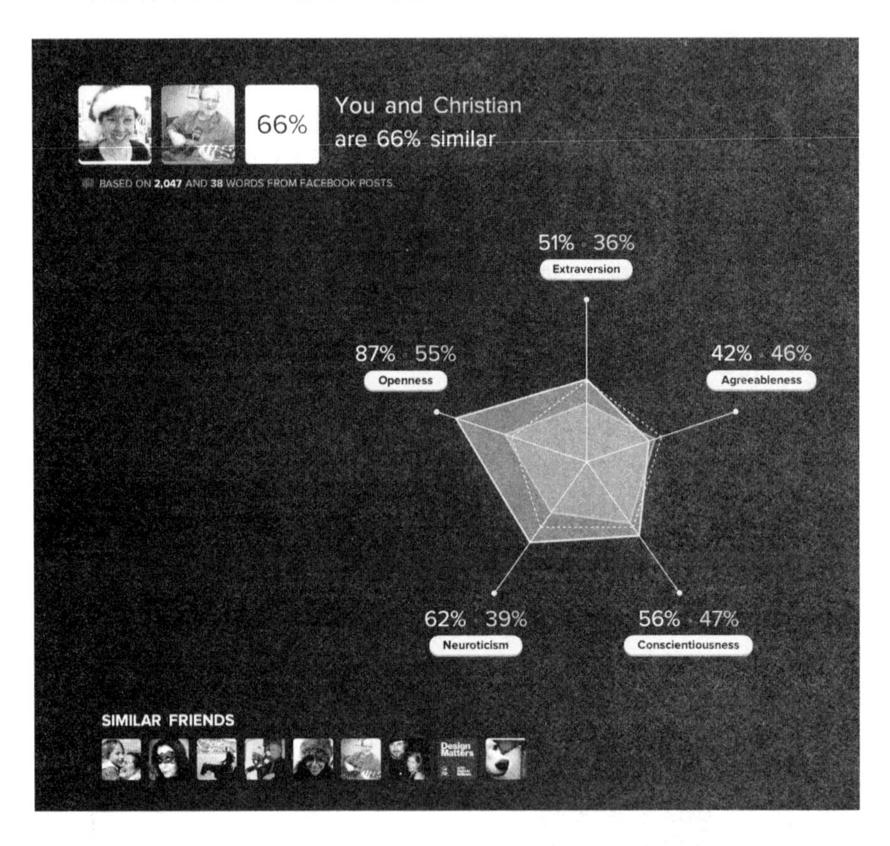

图 6-27：根据 Facebook 中所发的帖子，Christian 和我在关键轴上的比较显示了我们之间的相似点和不同。来自 Five Labs 的工具也是根据这种比较来显示相似的好友

为了赢

游戏已经成为社交网络中的大买卖，仅在 Facebook 中就已经有多约 1.5 亿玩家。社交互动和游戏的融合并不是一种新现象。多玩家游戏一直

有社交方面的设计，例如组队、玩家之间聊天交流、积分和排行榜、玩家声誉和命名新特征。

游戏化（提供用户在网站或者应用中参与程度的游戏技术）已经成为一个有争议的话题，而且这种趋势已经到了每个人都想要在他们的网站上增加徽章和积分，以希望用户可以重复使用网站的程度。

过去几年一直有人强烈抵制这种现象，我们看到很多以徽章开始运营的网站，当他们发现徽章并不是“灵丹妙药”时已经开始慢慢删除它们。

设计师需要谨慎考虑它们的情境，以及与他们想要鼓励的社交模式和行为相结合的每种游戏技术。

游戏交互的核心被 Amy Jo Kim 称为游戏机制。具体来说，它们是：

收藏

玩家可以创建收藏品。当用户完成了所有的收藏或者找到了游戏中所有的东西时，他就有吹嘘的资本了。

积分

大多数游戏都有内置的积分系统，积分可以被系统或者其他玩家授予。积分通常以排行榜或者驱动行为来显示。可以通过解锁新特性或者当用户达到某个等级时给予奖励来强调关键体验。

反馈

反馈可以驱动其他用户参与和享受小组赛。

交换

存在结构化的社交互动，例如礼物赠送。大多数游戏都有显式和隐式的交换。

自定义

这可以让用户表现自己，并让他们在游戏中创建与自身角色相关的独特身份。它可以是界面，也可以是界面中的角色。

游戏的这些元素可以成功地将游戏社交化，但它们同样是一般社交体验中关键的原则和模式。确保你的体验利用这些模式和吸引人参与的社交对象或原因，有助于为用户创建出有趣且吸引人的平台。

当游戏被嵌入到社交网络体验中时你就得到了双重的社交参与，如图 6-28 所示。它们是替代电视的娱乐方式，而且用户可以以有趣的方式参与到他们的个人关系网，而不再只是评论、共享照片等（参见图6-29）。

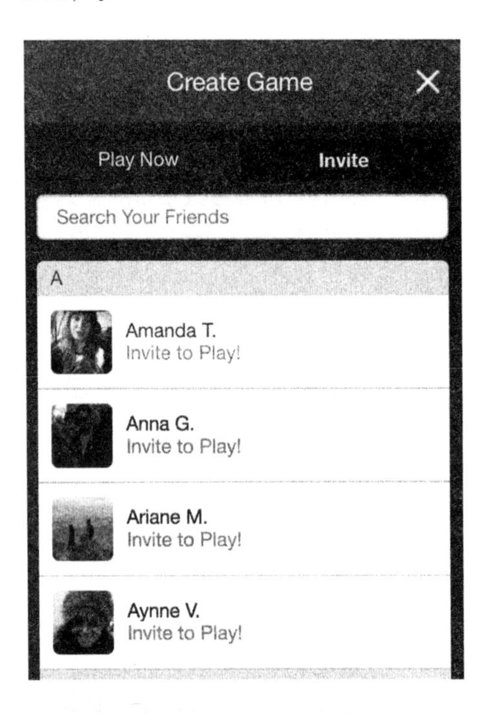

图 6-28：嵌入到 Facebook 中的游戏让人们可以在现有的关系网中加入游戏性

图 6-29：社交游戏应用 QuizUp 让你可以随机与其他用户或者好友一起玩

社交游戏

虽然大多数游戏都是社交性的，因为它们需要和其他人（甚至是一群人）一起玩，而且它们还包含聊天和其他社交工具，“社交游戏”利用社交网络平台来发布，进行病毒式的传播，并采用协作式的玩游戏方式。社交游戏非常流行，几乎成为一种全民现象。妇女和老人会给社交网络中的电子游戏带来巨大的增长。社交游戏有一个传统电子游戏所没有的优势：它们更容易获得；只要你有一台电脑或者联网的移动设备，那么你随时都可以玩。进入的门槛非常低，而且临时用户更喜欢在 Facebook 上玩游戏，而不是在他们的电脑上安装一个未知的游戏应用程序。

注意事项

在现有的社交环境中开发游戏应该以已有的工具和体验为基础。利用用户现有的人际关系网，并将它作为你的优势来病毒式地推广你的游戏。但要确保以一种不会滥用用户关系网的方式。在 Facebook 中已经有一种游戏疲劳了，因为社交游戏已经增长和推广到被认为是“垃圾信息”的程度了。

不要要求用户创建新账户。大多数用户的地位和声誉都建立在他们的身份上——利用这一点，但要考虑合适的情境。

只要有，就在活动流中分享奖励和积分通知，并在很酷的事情发生时通知用户，例如他们的一个朋友升级了或者在一款游戏中打败了其他朋友。

提供可以被融入网站常规部分或者从网站过滤掉的聊天或者评论体验。如果你是在现有内容的基础上创建的，并且为已经知道如何使用它的用户提供了一个框架，这些用户就会参与进来或者沉迷于你提供的游戏。

总之，使用所有可用的社交工具在你的平台中打造社交游戏体验。

延伸阅读

Farmer, Randy and Bryce Glass. *Building Web Reputation Systems*. O’Reilly Media, 2010.

Joshua Porter， “Is Harriet Klausner for real?” *http://bit.ly/1U2tVCG.*

“Putting the Fun in Functional: Applying Game Mechanics to Social Media” A presentation by Amy Jo Kim for Startup2Startup Gathering, 2009. *http://bit.ly/1U2tTuI.*

第三部分

我们想要的社交对象

人们愿意聚集并参与社交网站和应用程序的目的各不相同，这是因为他们的兴趣各不相同。大多数人是由于自己的兴趣访问某个网站，他们希望能够学到更多的东西或者结交志同道合的朋友。他们可能是在搜寻信息，或者想和其他人分享信息。他们很热情（例如，手工制作珠宝或拍摄风景照）并且从某种程度上说，他们很愿意与其他人分享自己的爱好。

作为一名社交网站设计师，你首先需要定义你在网站上所提倡的活动类型。你是想让人们收藏信息还是共享信息？你是否对用户贡献的内容感兴趣？例如用户的回帖或评论，或者你控制的精选信息。或者你是否想围绕某种用户创造的对象构建一个将作为整个社交系统核心的框架，例如照片、商品，或者 PPT 演示文稿？

某些早期的社交网站（SixDegrees 和 Friendster）已经遇到了瓶颈。用户注册账户、填写个人信息、找到朋友并与他们联系后，发现没有别的什么事情可做了。这种网站缺少社交对象模型，因此除了试图构建个人真实的社交图谱外，就没有别的社交活动了。

在你着手处理某种社交活动和相关子活动后，重要的是定义与该活动相关的社交对象。同样重要的还有确定谁是社交对象的提供者——是网站还是网站的用户。

“社交对象”一词 2005 年 4 月 13 日第一次出现在吉利·恩吉斯托姆（Jyri Engestrom）的博客中。吉利是几个社交应用的联合创始人（后来都被较大的公司收购），现在是 TrueVentures VC 公司的入驻企业家。他在博客里写道：

> 社交网络是由一群因共同目标而联系在一起的人组成的。这就是这么多社会学家，特别是活动理论家、角色 - 网络理论家和后“角色 - 网络理论家”更喜欢谈论“社会物质网络”（socio-material networks），或者只谈论“行为”或“实践”（我也是这样），而非社交网络（例如，将照片变为社交对象的 Flickr）的原因。del.icio.us 的社交对象是 URL。EVDB、Upcoming.org（*http://upcoming.org*）等关注的是将事件作为社交对象。

这个概念已经被进一步完善来鼓励网站创建者对网站的名词和动词进行定义，动词指的是人们对组成网站的社交对象的操作和行为。它们可以是比赛、阅读、浏览、分享、收藏、展示、评论或注解等“行动”。然后会通过共享对象的方式将社交进一步渗透到网站中，我们会在第 8 章中详细讨论这部分内容。

JP Rangaswami 对社交对象做了如下的比喻：

> 没有社交对象时，你也可以与他人进行对话。但你不能只有社交对象而没有对话。唯有对话才能让对象有社交属性。
>
> 对话围绕着社交对象展开，就像是珍珠围绕着微尘而生一样。社交对象是会成长的，它们是“活的”。如果你试着将某个社交对象生搬硬套到某场对话中，那么你最多也就是弄得一颗人工养殖的珍珠。大多数媒体就是这么做的，它们试图经营对话，然后就得到了人工养殖的珍珠。而社交对象是天然形成的，不是养殖而成的。
>
> 一个成功的社交对象是逐层附着在对话上的；随着参与者的增多，社交对象也会从网络本身的优势中受益。社交对象与用户及用户的参与有关。

设计社交网站的界面时，问问自己网站架构中包含的社交对象是什么？你要如何支持它们？什么样的行为可能让人和人因为某个社交对象而打上交道？下面几章中的模式处理的是围绕某个社交对象的活动和行为。我们还会介绍一些提供某种框架的模式，这种框架用于创建或者传递用户所创造的社交对象。

第7章

狩猎者

收藏是修炼个性和培养兴趣来让人从中获得满足、感到安全和美好的一种方式。收藏可以提供一种预知性的方法，给人的生活带来安全感。当人们收藏某种物品时，他们会有种归属感，会感觉生活更加明媚、灿烂，也会感觉自己更重要。

——谢尔登·S·格林伯格（SHELDON S. GREENBERG）

收藏

人类与生俱来的一种行为就是收藏。不管是用作纪念的照片，还是某种实物，比如邮票、书籍，或者猫头鹰雕像，大多数人都喜欢收藏一些东西。这种行为已经毫不费力地转移到了网络空间中。

人们乐意分享他们的发现或者他们的收藏品，就像家里的奖杯陈列柜，人们愿意显示自己的收藏让其他人来欣赏，希望别人嫉妒和借用。最终，他们会围绕这些东西进行交谈。

收藏可以分成几个相关的行为：保存、加入收藏夹、标记和显示。保存与加入收藏夹类似，因为两者的用户行为都涉及将URL或者虚拟指针保存到网站的某项或者云的某个内容池。两者的区别在于主网站（资源库）是否同时也是所保存内容的所有者。加入收藏夹一般是为了收藏网站上的内容，而保存可以将任何地方的任何内容保存到第三方网站或控件中。保存和加入收藏夹的另外一个不同是收藏的完整性。在很多情况下，加入收藏夹与动作相关，但不是核心的行为：以SlideShare、Etsy或Flickr为例，它们的收藏夹是指让用户对他们特别喜欢的东西进行标注，并将它们收藏到用户的个人资料中，而网站的核心操作是上传和分享照片或演讲稿。继续定义的话，保存则可能是服务的核心操作，例如 Pocket 或 EverNote 网站，它们的所有服务都是让用户保存自己感兴趣的内容。

收藏的辅助工具是标记（Tagging）。标记给人们提供了管理所收藏内容和帮助人们在他所收藏的内容中查找某个对象的工具。

不管是收藏还是保存的内容，向他人显示都需要网站提供一种架构。

保存

是什么

用户想要保存某项内容来供以后查看、分享或者讨论（参见图 7-1）。

图 7-1：Pinterest 让用户保存图像书签或者"钉一下"，然后就可以从其他地方访问并与其他人分享（Pinterest iOS 应用）

何时使用

- 你想要人们可以保存网站、页面、截屏、照片、视频或网上其他的内容。
- 你想要给人们提供一种显示、分享或者在收藏某项网上内容时协作的方式。

如何使用

- 给用户提供一种保存自己感兴趣内容的简单方式。
- 提供可以被添加到浏览器的工具栏链接或者其他插件，如图 7-2 所示。

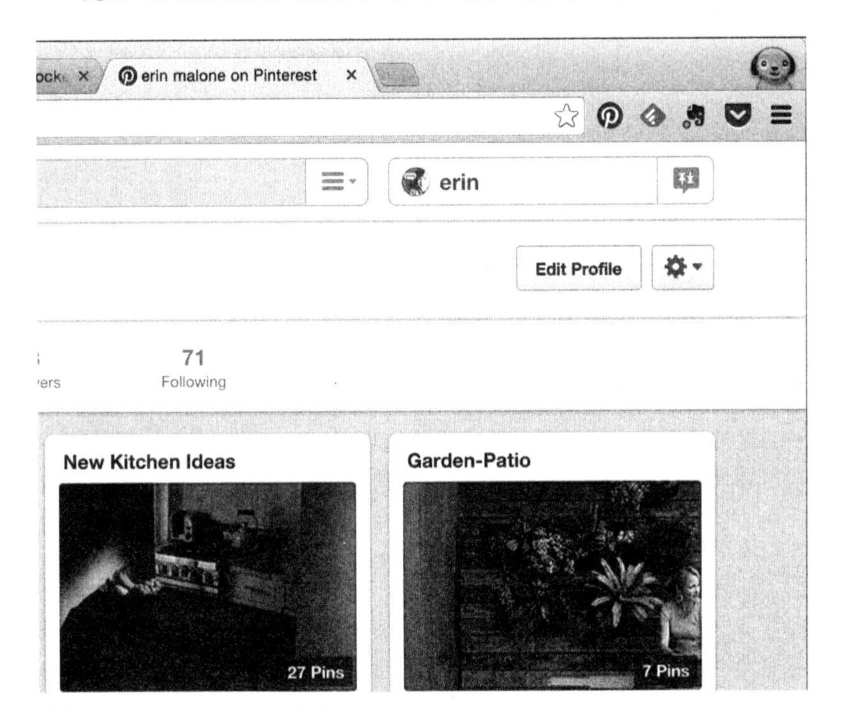

图 7-2：大多数收藏类型的服务都提供了浏览器扩展和工具栏按钮，以供在网上冲浪时可以方便地抓取某些内容。本例显示的是已安装的 Pinterest、Feedly、Evernote 和 Pocket

- 给用户提供一种对所保存的内容添加标签、描述或者其他元数据的机制。
- 将所保存的内容与用户姓名和账户关联起来。
- 保存时，用户可以指定这项内容是公开的还是私密的。

- 如果其他用户之前保存过这项内容，就提供相关标签作为选项。
- 显示有多少人保存了这项内容。
- 考虑提供一种方式，让人们可以围绕收藏的内容组成团体。
- 在刚保存时要提供一种简单的方法，让人们将要保存的东西添加到某个小组。

给收藏者本人显示时：

- 收藏者本人可以看到公开的和私有的保存项。
- 给收藏者提供删除或者编辑所保存内容的方式。
- 按照时间倒序或者收藏者制订的顺序显示收藏品。
- 允许收藏者按照标签筛选所保存内容。
- 允许收藏者按照年月日筛选所保存内容。
- 允许收藏者按照字母顺序筛选所保存内容。
- 允许收藏者按照类型（例如，网站、网页、图片、视频、文字片段、音频片段）筛选所保存内容。

给其他人显示时：

- 提供给所有人显示所收藏内容的选项。
- 以时间倒序或者收藏者指定的顺序显示所保存内容。
- 按照标签筛选所保存内容。
- 按照年月日筛选所保存内容。
- 按照字母顺序筛选所保存内容。
- 按照类型（例如，网站、网页、图片、视频、文字片段、音频片段）筛选所保存内容。
- 提供一种可以关注所收藏内容的选项。
- 给收藏者提供一种查看谁在关注他所收藏内容的选项。

注意事项

保存网页时有两个选项：

保存指向原始内容的指针

保存指针时，它会指向你所保存内容的最新版本，如图 7-3 所示。

如果最初要保存的页面已经更新或改变，那么保存的内容就与用户最初想要的不一样了。另外，你保存的页面也有可能被删掉或者移到其他地方，这时你保存的指针链接就无效了。

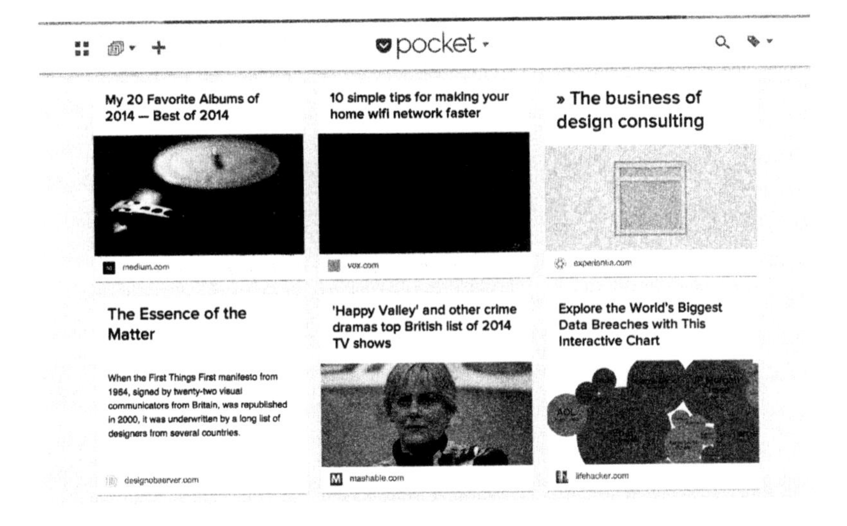

图 7-3：保存 Pocket 上的网页时，系统保存的是该页的副本，然后给用户提供指向该页面的指针（Pocket iPad 应用）

保存原始内容的副本

当你保存的是原始内容的副本时，你就能保证用户所访问的是他最初想保存的内容。但如果用户只保存了一个网站的网址，例如，博客或新闻网站的网址，那么下次网站更新时，所保存的页面也就不同了。

要清楚地告诉用户你使用的是哪种保存方法。保存副本时，要同时给用户提供指向原有网页的链接或者指针。

相关模式

- 显示
- 收藏夹

参见

- Pinterest (*http://www.pinterest.com* 和 Pinterest 移动应用）
- Evernote (*http://evernote.com/* 和 Evernote 移动应用）
- Pocket (*http://www.getpocket.com* 和 Pocket 移动应用）

- Feedly (*http://feedly.com/* 和 Feedly 移动应用)
- GoodReads (*http://www.goodreads.com/*)
- LibraryThing(*http://www.librarything.com/*)
- Stumble Upon (*http://www.stumbleupon.com*)

收藏夹

收藏夹一词早在美国在线（AOL）诞生之际就出现了。只是最近随着用户的积极参与，在资源网站上收藏喜欢的内容这种观点才开始变得普遍。

是什么

用户想要将某项内容（人、地点或者事情）标记为他们的首选对象（参见图 7-4 至图 7-7）。

图 7-4：SlideShare（http://www.slideshare.com）将收藏夹和其他工具放在一起。收藏夹用心形图标表示，这种做法是由 AOL 推广流行起来的

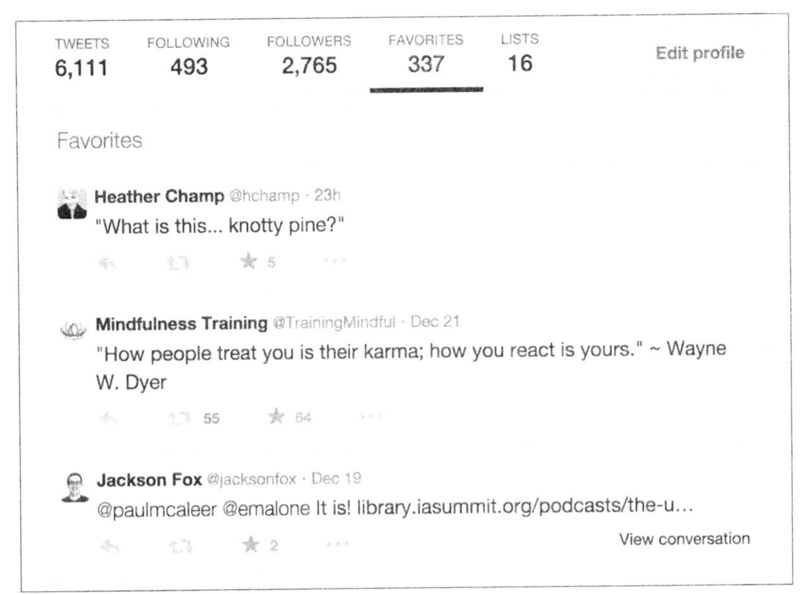

图 7-5：Twitter（http://www.twitter.com）使用星形作为保存收藏夹。内容被选择时，星形就会被填充，所选择的内容会被收藏到收藏夹中。收藏了这条 tweet 的人数会被显示在该星形图标后

图 7-6：etsy.com 上的“收藏某项内容”图标位于照片上（Etsy 移动应用）。用户收藏某项内容后，该图标的颜色就会改变，表示它现在已经被标记为“收藏”并添加到“收藏夹”列表中

何时使用

- 你想让用户创建他自己最喜欢的内容列表。
- 使用这种方法时，不必要求用户为内容页添加书签。

如何使用

- 给用户提供一种可以在网站或者应用中创建收藏夹列表的方式。
- 在网站上每个内容的附近提供一个添加到收藏夹的链接。当用户选中某个对象时，他们也能为该对象添加 Tag 标签、描述，或者其他有助于用户事后回想该对象的元数据。
- 允许用户通过关键字或标签浏览和搜索收藏夹。
- 将用户收藏的内容放在他们自己的页面上，让用户可以轻松地访问它们。将用户收藏的内容与用户的个人信息或身份信息联系起来。
- 允许用户将他们收藏的内容与好友和联系人分享。
- 不要将收藏夹与人联系起来，因为这样可能会导致不好的社交行为。
- 允许内容的创建者查看谁“收藏了”他创建的内容。

为何使用

为用户提供一种与网站内容进行交互的方式，不仅会让用户有主人翁的意识，还会鼓励用户之间进行互动。收藏夹正是实现这种结果的简单方式。

相关模式

- 显示
- 发送 / 共享图标

参见

- Twitter (*http:/www.twitter.com*)
- Etsy (*http://www.etsy.com* 和 Etsy 移动应用)
- Flickr (*http://www.flickr.com*)

- SlideShare (*http://www.slideshare.net*)
- YouTube (*http://www.youtube.com*)

显示

是什么

用户创建了所收藏的内容，并且想把它显示给其他用户，如图 7-7 所示。

图 7-7：在 Pinterest 上，你可以将内容收藏到组中以便查看（Pinterest 安卓应用）

何时使用

- 你想要给用户提供创建收藏的机会。
- 你想要给用户提供一种给别人展示所收藏内容的机制。

如何使用

- 为用户提供一种方式来创建用于显示所收藏内容的模式，如图 7-8 所示。

图 7-8：用户创建内容的网站（例如，SlideShare）让内容创建者可以创建徽章插件，并在他们自己的网站上显示他们所创建的内容

- 为用户收藏的内容提供一个 URL 或内嵌标签，这样他们就能将收藏的内容在自己的个人网站或博客上显示出来。
- 考虑在主流社交网站上创建用于显示收藏内容的插件，例如 Facebook 和 LinkedIn。
- 允许用户有选择地显示所收藏的内容。考虑限制所显示收藏内容的数量，或者通过标签 / 日期范围过滤要显示的内容。
- 为显示的内容提供原网站链接。如果你要显示的收藏内容是网址，就要将标签或其他元数据链接回原网站（插件的提供者）。

为何使用

人们花了很多时间收藏、整理和管理他们所收藏的内容。一旦用户创建并整理了自己的收藏，他们通常会想着显示和分享这些内容。

当联系人和朋友对自己的收藏品进行评论或排名，或者哪怕只是浏览了一下时，对用户来说，他付出的努力就是有意义的。另外，她可能会被大家看成是该领域的专家，这样他就能提高自身声誉，从而提高收藏的积极性。

相关模式

- 托管模块

参见

- LinkedIn (*http://www.linkedin.com*)
- Facebook (*http://facebook.com*)
- Flickr (*http://www.flickr.com*)
- SlideShare (*http://www.slideshare.net*)

添加 / 订阅

是什么

用户想订阅某个人的内容并在用户自己选择的环境(而不是到源站点)上阅读它（参见图 7-9）。

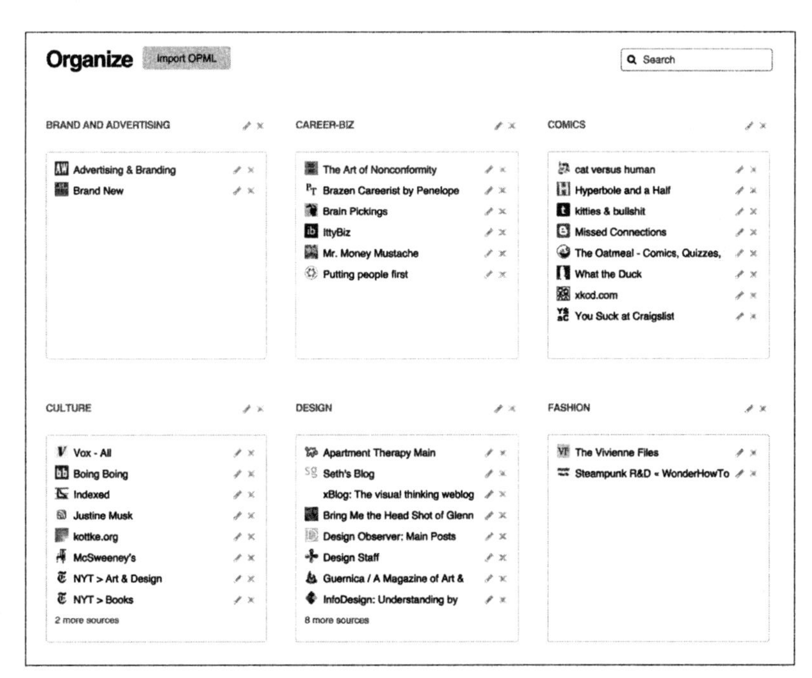

图 7-9：Feedly（http://www.feedly.com）允许用户引入大量订阅的内容，并使用对他们来说有意义的方法来组织所订阅的内容

何时使用

- 你想要给用户提供一种随时随地查看自己想看内容的方式。
- 你想要给用户提供一种同时显示其他网站内容并让用户享受个性化定制体验的方式。

如何使用

- 显示动态内容，例如定期更新的博文、论坛或者照片和活动流时，要鼓励用户订阅，如图 7-10 所示。

NEWS

NYTimes.com Home Page (U.S.)

NYTimes.com Home Page (International Edition)

World (7 RSS feeds)

U.S. (5 RSS feeds)

图 7-10：NYTimes（http://www.nytimes.com）为网站上刊登的各类文章都提供了 RSS 订阅

- 使用标准 RSS/ 订阅图标。
- 当用户选择添加 / 订阅时，还要提供选项让他选择在哪里查看订阅的内容，如图 7-11 所示。

POPULAR RSS READERS: 

AOL READER

图 7-11：不同的订阅源被列在 NYTimes RSS 订阅选项页的顶端

- 显示订阅的网址，这样用户就可以将它剪切粘贴到他们的订阅收藏夹中。
- 另外，为用户提供一个选项范围，可以自动将订阅添加到阅读器中，例如 My Yahoo! 或 Feedly。

为何使用

应该允许用户在任何地方都能阅读到自己想看的内容，这样会让用户对你的网站更加忠实。如果以死板、强硬的态度强迫用户使用你网站上的内容只会让用户流失。

相关模式

- 收藏
- 收藏夹

参见

- 《纽约时报》(http://www.nytimes.com)
- Yahoo! (*http://www.yahoo.com*)
- Feedly (*http://www.feedly.com*)

添加标签

是什么

用户希望使用自己的关键字或者是一套关键字来管理和查找自己收藏的内容（参见图 7-12）。

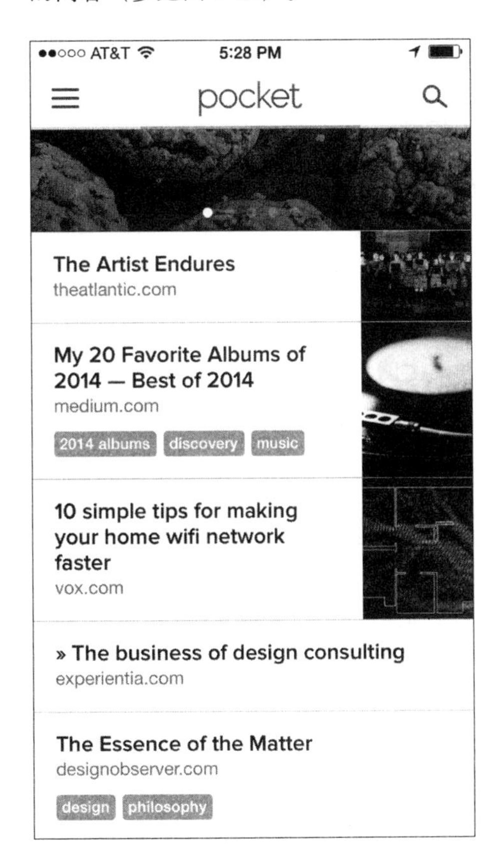

图 7-12：使用标签保存到 Pocket 移动应用中的一篇文章

何时使用

- 用户收藏了很多无结构的数据，例如图片。
- 用户需要管理大量的收藏品，例如书籍。
- 你想要给用户提供一种方式，让他们可以将他们的标签和关键字与结构化元数据融合在一起。

如何使用

- 包含一种让用户自己添加标签的方法，如图 7-13 所示。

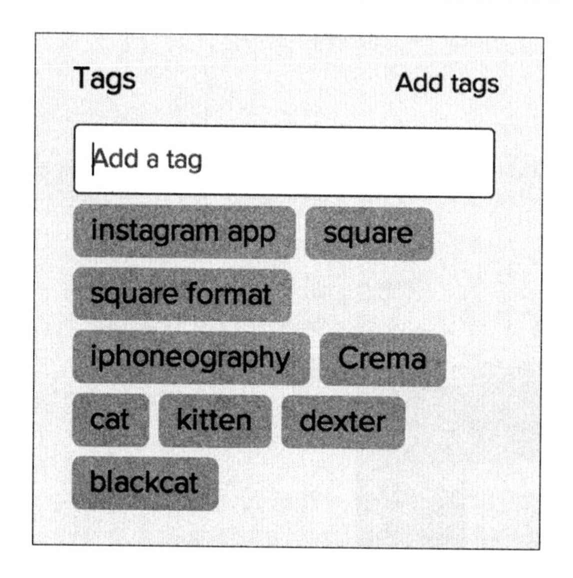

图 7-13：Flickr（http:// flickr.com）上的“Add a tag”机制

- 为用户提供一种删除他们先前所添加标签的机制。允许删除相同的标签或拼写错误的标签。
- 给用户一个非常清晰的指导，告诉他们如何区分不同的标签。最常见的两种方法是：逗号分隔和空格分隔（参见图 7-14 和图 7-15）。你可以使用其中的任何一种方法，但要保持一致，并让用户知道应该使用哪种方法。最让用户沮丧的莫过于他以为逗号是分隔符，于是输入了一个由多个单词组成的标签，但只因为网站使用空格作为分隔符，因此使用逗号只是把它分割成多个标签，进而改变了标签的含义或意图。

http://www.nytimes.com/2014/11/19/magazine/the-s

URL

The Secret Life of Passwords - NYTimes.com

Title

Tags ?

Separated by comma

Comment

1000

Public

Cancel

Save link

图 7-14：Delicious（http://delicious.com）在标签栏旁提醒用户，应该用逗号而不是空格进行分隔

- 对于机制比较健全的社交网站，应该允许网站用户的联系人和 / 或朋友为其收藏的内容添加 Tag 标签。
- 不必担心会混淆受控词表（由网站架构师定义）和用户创建的标签。

建议

为对象添加标签作为产品特性，应该让用户从中可以受益。这些标签便于他们查找和管理收藏的内容吗？这些标签会让社区内的联系更紧密吗？标签能够让用户和他们的朋友获益时，用户添加的标签就是成功的。

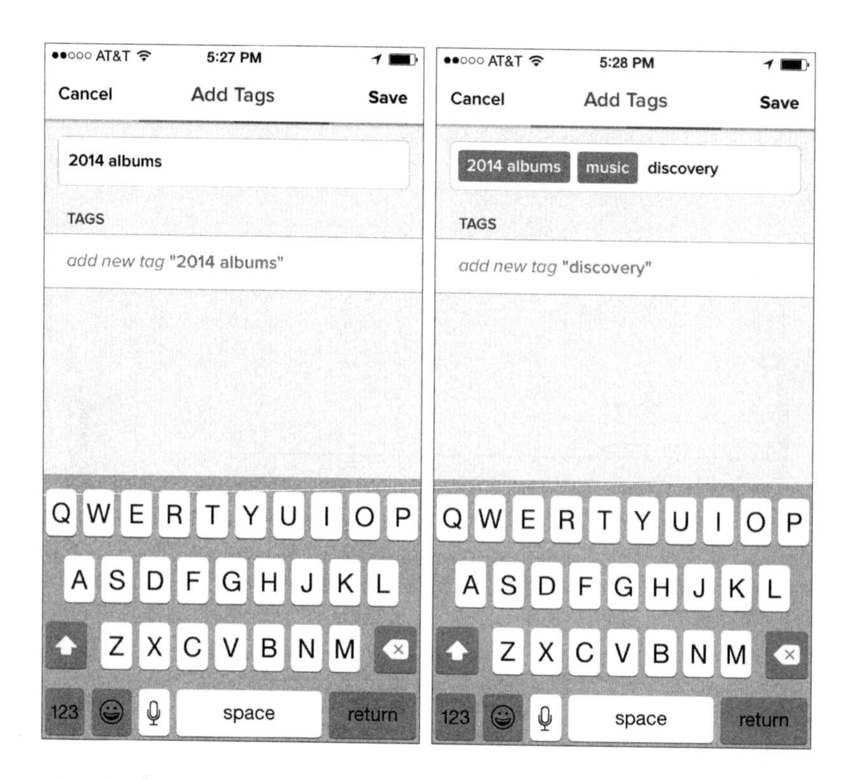

图 7-15：Pocket（移动应用）在文本框下方用引号显示要被添加的标签。当用户点击“add new tag”行时，文本就会被添加到标签集群中，并被显示在封装了整个标签的灰色框中。这种方式让用户可以输入字和词，而不用担心使用的是逗号还是空格作为分隔符

如果添加了标签的内容对所有人都是公开的（新闻、书签），最好给用户一个明确的提示。很多服务都会共享与该对象相关的推荐标签或者先前已有的标签，这样用户就可以从中选择标签或者简单地将其添加到收藏的标签集中。

标签和添加标签的这种机制应该放在可被添加标签的内容附近。

标签

最初是由克里斯·梅西纳（Chris Messina）提出并在 Twitter 中使用的，# 标签是用户给内容添加标签或者元数据而创建的——其中标签并不是用户界面约定俗成的一部分。# 标签现在在互联网中被广泛使用（在微博应用中尤为常见），被网站、服务或者应用正式 / 非正式承认，如图 7-16 所示。

FOX 13 NOW @fox13now · Jan 2
#Duckface, #**LOLcat** & #Mancrush are among new words added to #OxfordDictionary in #2014. go.fox13now.com/1EWhNPx

图 7-16：在 Twitter 中，主题标签使用 # 符号与文本的其他部分分开。每个标签都是可点击的，并且可以生成包含特定主题的所有 tweet 搜索结果

相关模式

- 通过标签查找
- 标签云

参见

- Pocket (*http://getpocket.com* 和 Pocket 移动应用)
- Flipboard (Flipboard 移动应用)
- Foursquare (Foursquare 移动应用)
- Flickr (*http://www.flickr.com*)

通过标签查找

是什么

用户想要通过搜索或者浏览查找某个对象（照片、书签、书籍、文章等），如图 7-17 所示。

何时使用

当有很多对象需要整理或者操作时使用该模式。

如何使用

- 通过标签数据库提供关键字搜索机制。
- 给用户提供一种浏览标签列表的方式。
- 当某个对象被找到后，显示与之相关的所有相关标签；同时允许用户挑选一个新的标签，并以它为关键字进行新一轮搜索（如图 7-18 所示）。
- 提供多词组合搜索。

图 7-17：Pocket 中文章相关标签的下拉列表，让用户可以很容易地快速过滤内容子集（http://getpocket.com）

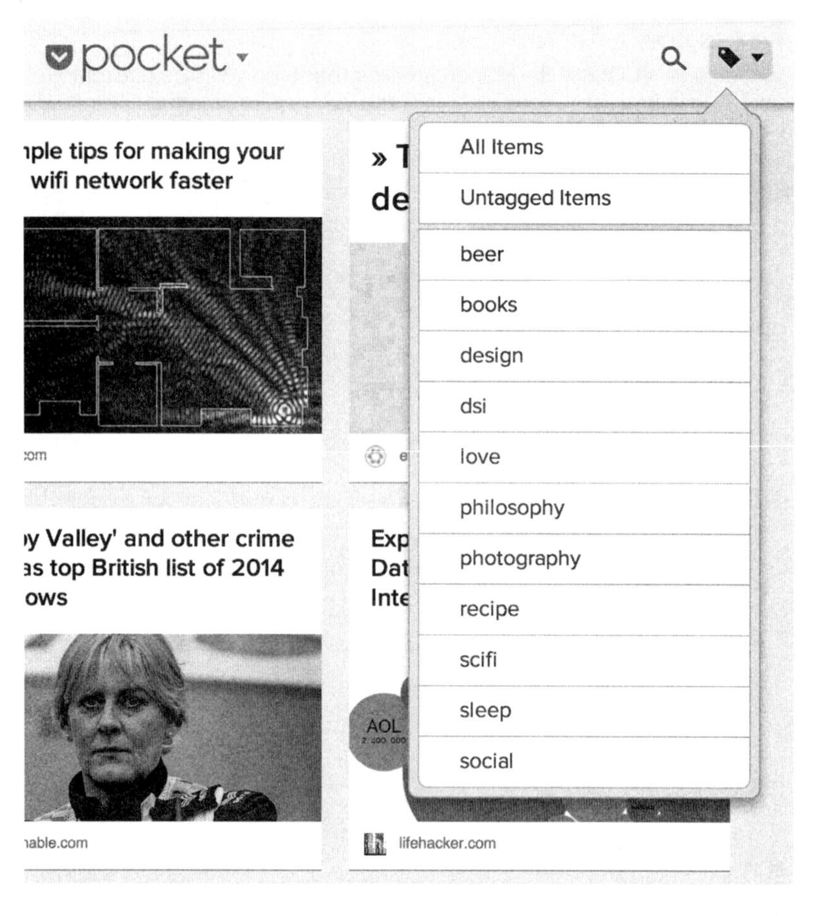

图 7-18：Evernote 中的浏览和查找标签

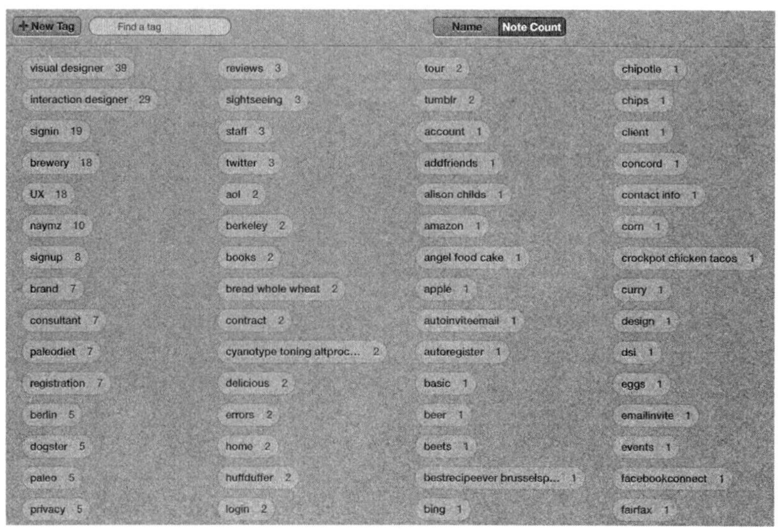

建议

那些带标签的对象应该能够通过使用相关标签的搜索和浏览机制被找到。

为何使用

如果收藏的东西比较多，那么搜索某个对象的机制应该作为网站可寻性理念的一部分。通过标签进行搜索或者以标签作为辅助手段可以让用户使用自己的心智模型中的词汇进行搜索。

相关模式

- 标签云
- 添加标签

参见

- Pocket (*http://getpocket.com*)
- Flickr (*http://www.flickr.com*)
- Evernote (*http://www.evernote.com* 和 Evernote 应用)

标签云

标签云是展示网站内容类型并推动探索式浏览的一种简单的图形化方式。用不同大小的标签显示该标签流行程度的做法很酷，直到这种方法笨拙且烦琐到无法放置到网页中。

拼写错误、多个标签版本形式上的重复、用户产生的标签相关内容的增加所造成的成本都是导致我们逐渐放弃标签云的因素。此外，标签大小的含义不够明确（该标签从编辑意义上来说更重要，还是被分配给更多项目？），这种不一致的使用意味着用户并没有真正理解它。

标签云的最新形式是根据应用和服务的类型，使用标签或者主题选择内容区域，如图 7-19 所示。

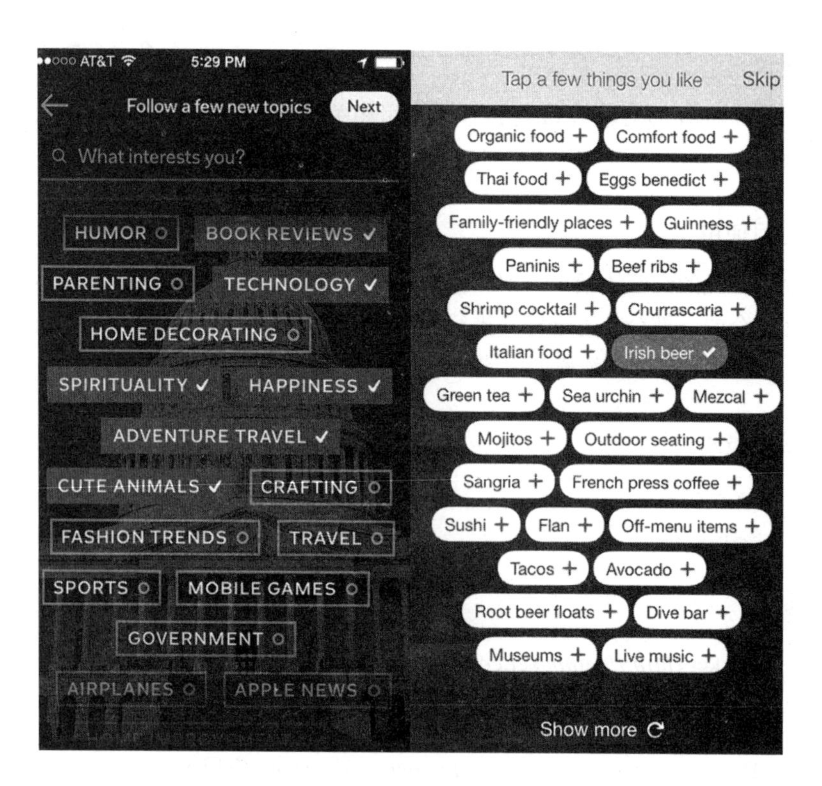

图7-19：移动环境中的Foursquare和Flipboard都提示用户从多种主题中进行选择来帮助创建自定义体验。标签或者主题看似随机，但它们其实是按照流行程度排列的

是什么

用户想要自己创建对某个可用内容的看法。

何时使用

- 自己感兴趣的多个主题包含很多内容。
- 新用户想要马上建立自定义体验。

如何使用

- 考虑提供受控制的主题词表和用户自己添加的标签帮助定义用户体验。
- 让用户可以选择他们感兴趣的主题来过滤内容。
- 用某种方式突出显示用户的选择——通过颜色或者选项框。

- 当用户做出选择时，确保显示的下一个画面是上一次选择的结果，如图 7-20 所示。
- 给用户提供一种返回路径，让他们在任何时刻都可以修改他们的选择。

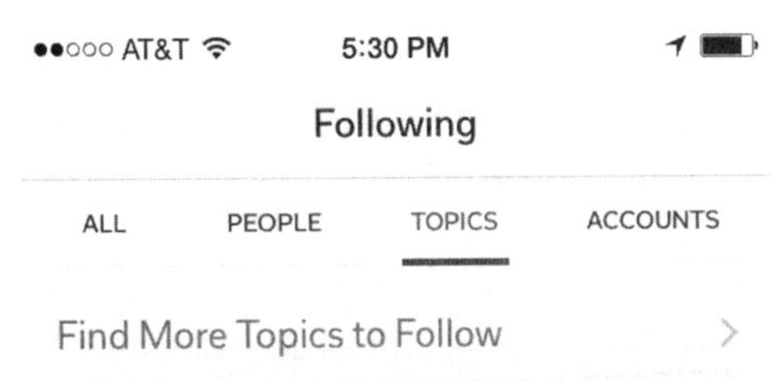

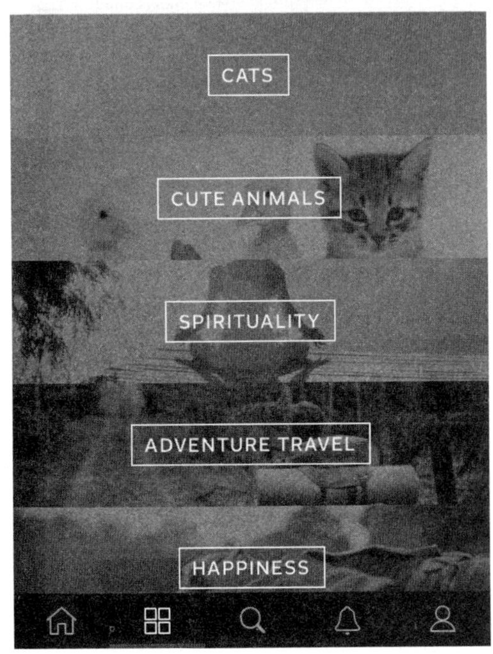

图 7-20：Flipboard 中的 Topics 画面提供了访问每个所选主题的简单方式，每次一个主题。所有的标签显示突出了所有的主题（Flipboard iOS 应用）

为何使用

标签和主题的使用有助于用户轻松地找到他们感兴趣的内容，并以自定义的方式组织他们的体验，从而鼓励重复使用。

参见

- Flipboard 移动应用
- Foursquare 移动应用

延伸阅读

Graft, Kris. “Analysis: The Psychology Behind Item Collecting And Achievement Hoarding.” *http://ubm io/1LOfU8K.*

“A Passion For Stuff: ‘Collections Of Nothing.’ ” *http://n.pr/1LOg1RG and http://bit ly/1LOg5kt.*

Smith, Gene. *Tagging: People-powered Metadata for the Social Web.* New Riders Press, 2008.

Engstrom, Jyri. “Why some social network services work and others don’t Or: the case for object-centered sociality.” April 13, 2005. *http://bit.ly/1LOgf bF.*

第 8 章

有福同享有难同当

友情在生命中留下的印记甚至比爱情更深。爱情可能会让你变得迷惘而愚昧，但友情永远只是彼此分享。

——埃利·维瑟尔（ELIE WIESEL）

共享是指多个人可以（可能在同一时间）看到、拥有、谈论同一事物或者做出其他相关行为。在现实世界中，共享就是让别人访问或控制你目前所拥有或控制的对象。这涉及某种程度的牺牲。与真实物品相比，由字符组成的数字产品几乎可以无损地被复制或显示。

这或许意味着在虚拟空间中更容易共享（比如，在幼儿园中就不容易进行共享，因为放弃 G.I.Joe（人偶玩具）就意味着自己失去了对冒险活动的控制），但这么说来共享的意义也降低了（相对来说，在幼儿园里我们可以一次策划接下来让 G.I.Joe 做什么，从而学会分享和一起玩耍）。

开启自然“口碑”的工具

很多人不太满意用“病毒”一词来描述成功的快速传播，我也一样。但我知道营销家和企业家们已经熟悉了这一用法并且觉得这个词用起来也很舒服，我不想强加一个“正确的”术语，但我仍然同意用“病毒式增长”比喻健康和可持续的积极扩张不太理想。（这一比喻看起来似乎离“转移瘤”这样的术语也不远了。）

你想怎么叫就怎么叫吧，不过鼓励并允许用户彼此之间进行共享的主要动机是让一些好的想法、引人注目的事物和有趣的活动可以迅速传播。这会给内容创建者和那些乐于参与传播的人带来好处。

那么，我们该如何鼓励共享，甚至只是简单地实现它呢？其实目前已经有许多既定的界面元素可以做到这一点了。

一些惯例已经出现，它们为读者提供共享目前在产品中所体验内容的工具。这些工具可以用于本章的多个模式，因此我会先介绍它们。

发送 / 共享图标

是什么

共享图标是放置在界面某个位置的小图标元素，它让用户能够通过各种沟通渠道（包括 Twitter、Facebook 和 LinkedIn 等社交媒体平台，以及 email、SMS 和其他新载体）与其他人共享内容和信息资源。

例如，iOS Safari 中的共享按钮（如图 8-1 所示）给用户提供了一种与朋友在社交产品 Twitter 和 Facebook 上分享内容和其他选项的方式。

图 8-1：iOS 共享按钮提供了一系列选项，包括书签和其他真正的共享选项

有很多种将共享图标添加到流程中的方式——以将其包含在组件中的形式，在现有的网站内容和该组件支持的后端应用平台之间搭建了一座桥梁，从而将应用平台的复杂性从用户应用程序中剥离。

何时使用

在用户可能希望直接发送一个地址、邀请某人查看某些内容，或是在他的共享或公共空间中添加引用或者内容副本时，为他们提供一个共享图标。

说到直接发送，用户可能还会选择把一个链接复制粘贴到一封普通的电子邮件中。这符合用户的需求，对社区也有好处，但系统无法追踪这种行为，因此系统就无从获取这类行为的数据。不妨碍用户非常重要，但要知道如果共享组件无法提供超越传统电子邮件的效果，用户就没有理由使用它。（对于不精通技术的用户来说，合理使用共享组件能将他们从不得不操作网址和其他计算机文本字符串的困境中解救出来，这充分体现了共享组件的价值。）

到目前为止，共享的主要形式是直接发送。其次（如即时通信、SMS/短信、Facebook 等）应该是共享下拉列表（如果可以包括在内）。

用户登录后，你可以用他们的信息预填一份共享表，并自动允许表中的收件人字段调用联系人列表或通讯录数据。

如何使用

- 提供一种可以以多种形式共享、发送或者标记资源的按钮或者图标，如图 8-2 所示。
- 用户点击按钮时，会显示一个具有发送和共享选项或者具有所选定共享类型特定选项的浮层形式（以防存在单个触发器的情况），如图 8-3 所示。

用户开始期待这种获取和共享内容的便利。要知道，每个人都面对着大量的信息和重新访问、共享或响应更多信息的不断提醒。如果用户看到他们不需要多大努力就能顺利地发送或者共享内容，他们刚开始就可能会参与共享，并且从那一刻起就会期待可以立刻且毫不费力地这样做。

图 8-2：BuzzFeed 使得用户很难错过共享选项

BuzzFeed

News Buzz Life Entertainment Quizzes Videos

What 13 Normal Things Look Like After A Breakup

Take away the computer, take away the stalking machine.

posted on Jan. 29, 2015, at 12:20 p.m.

Keely Flaherty
BuzzFeed Staff

1. “Oh look, some delicious ice cream,” says regular you.

图 8-3：例如，如果你选择 Pinterest，你只要通过简单的“pinning”就可以得到文章中所有的图片

作为社交体验设计师，你可以通过以下几种潜在的途径使用这个共享组件。

- 你可以设计并制作自己的组件，并在你的服务中使用这个组件和/或鼓励其他人使用它，这样至少会为你的服务带来一定的回访率。
- 你可以发布一些图标、方法和API来将你的服务添加到现有或正在运行的组件中（参见第17章）。
- 如果你只是希望引入它的功能，而不是要使用共享来推动别人直接参与你的网站或应用程序，你可以使用别人的组件。

国际化

在不同的地区，受欢迎或占据主导地位的书签和媒体共享应用也是不同的。在设计共享组件时，你可以通过支持模块化换进换出第三方服务来提前计划地域问题。

已知问题

随着共享平台数量的增多，只在目标位置显示一组图标的想法成不了气候。

为何使用

在显示内容或应用程序时，将发送/共享组件嵌入模板或浏览器，或是为别人提供这样一个可以嵌入他们的页面中的组件，这会使网络中的共享和互动行为更加便利。你还可以通过第三方书签和媒体共享服务为用户提供这一功能。

相关模式

- 发送

参见

- Facebook (*http://www.facebook.com*)
- Flickr (*http://www.flickr.com*)
- Google Reader (*http://www.google.com/reader/*)
- 大量博客和电子杂志网站

小书签

是什么

小书签（bookmarklet）是一个小型的计算机应用程序，通常是用JavaScript编写的，它可以存储为浏览器中的一个书签网址，也可以存储为网页上的某个超链接。小书签的设计为浏览器或网页增加了一键功能。点击书签时它就会执行一种功能，如查询或数据提取，如图8-4所示。“小书签”（bookmarklet）一词是“书签”（bookmark）和“小应用程序”（applet）两个词的组合。

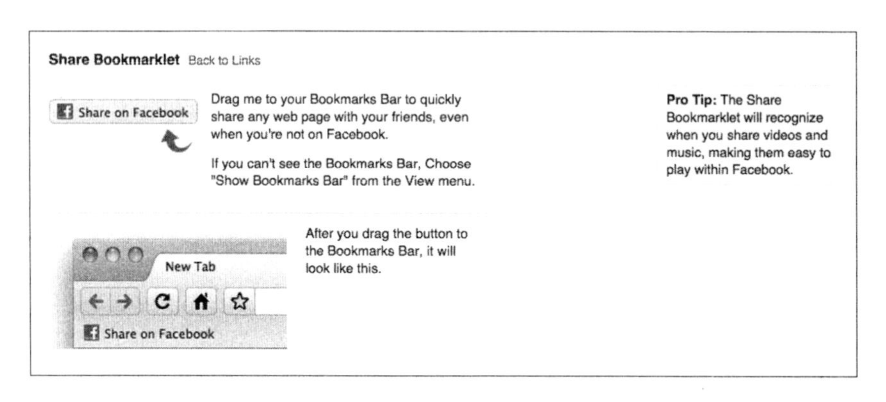

图8-4：Facebook邀请用户安装小书签，这样他们就可以在网站上共享其他所有网站的内容了

何时使用

小书签可以为那些已经习惯了共享和想要更方便进行共享的用户提供很好的服务，但只要展现方式得当，它们还能让更多用户加入共享的行列（否则，首次使用小书签是很不直观的）。

如何使用

正在执行的脚本有权访问它可以检查和修改的当前网页。

用户可以通过创建新书签并将代码粘贴到网址目标地址中来完成“小书签的安装”，但更多时候，你可以为用户提供一个链接，并鼓励用户将其“拖”到书签工具栏中。

小书签的一个问题是它们不能通过键盘操作，但它们可以在任何浏览器上运行，甚至能自我更新。

为何使用

书签让共享变得更容易，从而减少用户的使用困难，让用户更方便地在网络上活动。

参见

- Facebook (*http://www.facebook.com*)
- 大多数博客软件（例如，WordPress、Blogger 等）

活动流

活动流（参见第 5 章）是一个用于共享的第三方接口，在这种情况下，它们是在“活跃动态”显示用户行为（包括发布、书签、共享和评论）的一种被动方式。

私人共享

将信息资源或数字资产直接共享给一个用户或一组特定用户时，可以称为私人共享，虽然可能是与某个“公众”进行共享。

尽管这未必是一种一对一的关系（因为一个用户可以将同样一条信息发送给一组人），但我们仍然认为这种体验是直接的、点对点的。这与“公开共享”形成鲜明对比，公开共享更像是将某个物品挂在一个公共空间里，比如工作休息室的公告板：它可能被某个特定的、有限范围内的人看到，但没有明确要求某一个人去看。

然而，直接（“私人”）共享就意味着直接邀请，这给人的感觉可能更私人化。对于社交界面来说，重要的是要有关于如何区别显示私人共享和公开共享的明确策略。如果一个用户被通知或被邀请去查看或操作一些事情，虽然这个邀请看上去是私人且直接的，但实际上它是一个对长长的好友列表进行大致过滤后集体发送的，这可能会造成沟通不畅和错失良机的后果。如果 Patton Oswalt 真的邀请我在 Facebook 上和他玩文字游戏，我会受宠若惊并且花时间和他玩，但如果实际情况是他（或其实习生）可能通过一个误导界面安装一个应用程序，然后意外地邀请了他联系人列表中的每个人，那么我会感到很失望。

直接共享的通用模式是“发送”和“临时性隐私”。前者类似于一封电子邮件，其中包含带有可选消息的公共资源链接，例如“看看我在《今日美国》中读的这篇文章”。后者也很类似，但它涉及同时邀请某个人看他自己发布的对象或收藏，它通常会跟在公共共享模式后作为它的一个次要的、增进的步骤。

发送

是什么

用户想与一人或者多人共享某一对象（指针、媒体或应用程序），如图 8-5 所示。应用程序涉及共享是为了表明谁与谁、以何频率共享什么内容。

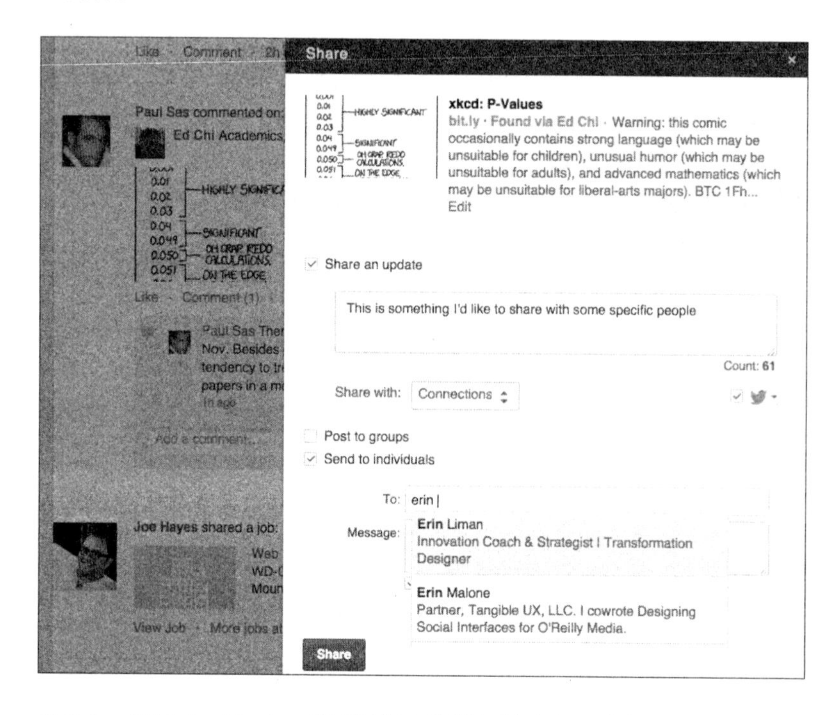

图 8-5：在 LinkedIn 中，我可以将它发送给某个人（或者一个小组、我的联系人、LinkedIn 的公众页，或者跨页发送到 Twitter 上！）

何时使用

当你在你的产品或者网站上显示内容、资源或应用程序时使用该模式。用户登录时，你可以通过预先填入其发件人信息并提供对联系人列表的访问来简化这个过程。

如何使用

给人们提供一种自发共享他们所发现的内容或者对象的机制，即将这些内容发送给好友或是发布到共享空间、个人空间或公共空间中。给每个页面或每个小对象（指针、媒体、应用程序）都提供“共享”组件。

让未登录的用户也可以进行发送并鼓励用户登录来获取联系人列表，或者也可以只让已登录用户进行发送，在这种情况下它可能是对注册的鼓励，也可能会对用户的使用造成障碍（参见图 8-6）。

图 8-6：登录可能是发送邮件的阻碍、附加消费内容或者完全可选的。只有在你登录后，《纽约时报》才会将文章发送到你的邮箱中

当用户点击共享链接时，要为其提供一个能够满足需求的最小界面（如果可能的话，可以是一个弹出式菜单或浮窗），以方便用户快速发送或发布内容。如果可能的话，还要提供自动从通讯录或一组联系人中完成选择的功能。

考虑提供一个添加个人备注的文本输入区域，尽管大多数人会跳过它，甚至有些人会因为它而减慢操作速度。解决这个问题的一种方法就是包含一个链接，如果链接被调用，则展开可选的文本输入区域，Flickr 的组件就是这样做的。

特例

任何类似的（或挂接到的）电子邮件的界面都可能被滥用来发送垃圾邮件。如果使用验证码，要考虑支持音频验证码来提供更好的可达性。熟练的用户可能不愿意使用那种没有追踪或不在个人邮件系统中存档的一次性发送方法。

为何使用

在一个有用的、普适性的发送 / 共享组件上，“发送”选项可以提供一种便捷、熟悉的方法为用户和其他人共享更多的内容、对象和应用程序。如果他们选择通过你的组件进行直接共享，你就可以从中了解用户的行为模式并优化你的界面和服务。

相关模式

- 不要中断电子邮件
- 多重身份
- 单向关注（又叫异步关注）
- 个人资料
- 状态播报

参见

- Flickr (*http://www.flickr.com*)
- 《纽约时报》(*http://nytimes.com*)
- 《洋葱新闻》(*http://www.theonion.com*)
- Yahoo! (*http://www.yahoo.com*)

临时性隐私

是什么

当人们在网上发布或发现某些内容时，他们有时会想要邀请其他人来查看（参见图 8-7）。这可以通过一个共享或者发送界面完成，但在某些情况下，资源本身对没收到明确邀请的人是不可见的。

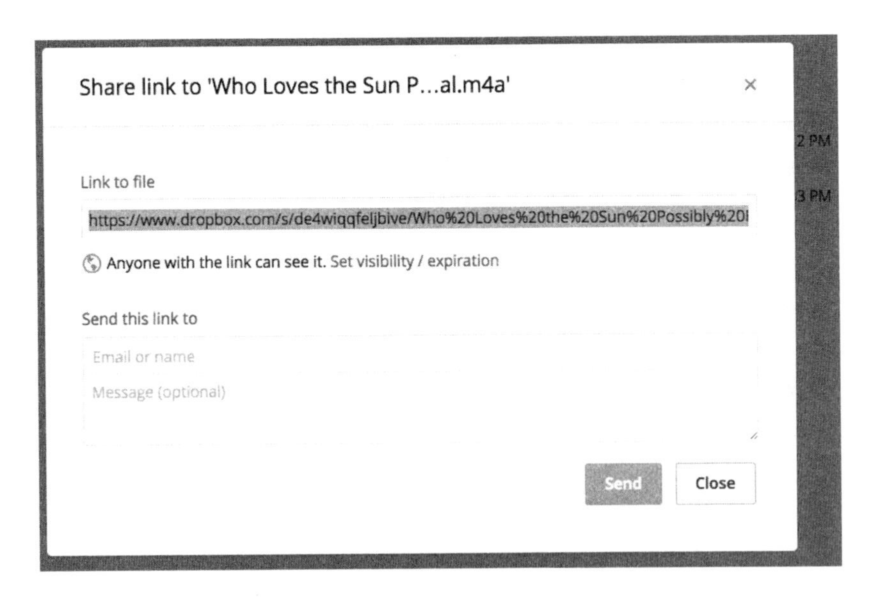

图 8-7：使用可以通过任何媒体发送或者共享的自定义 URL，就能直接和其他人共享 Dropbox 中的文件和文件夹

何时使用

在用户发布内容、上传资源或安装应用程序后，为他们提供一个“邀请”选项。

对于可通过小书签或“共享”组件简单实现共享的公共资源来说，这一模式就没什么必要了。

如何使用

为内容生成一个唯一的自定义链接，为用户提供一个复制和粘贴选项，让用户能够将该链接复制粘贴到一个普通的电子邮件中或是通过“发送”界面自动发送它。

为何使用

这个自定义链接使用临时性隐私为直接收件人分配有限的访问权限，可以在重叠的公众系统中随意进行共享。这会将发件人从创建正式的收件人群组、设置隐私项和赋予明确权限等繁杂的操作中解放出来。

为自定义链接的接收者提供临时入口或受限访问入口。

有选择地提供用户可以自定义的邀请模板。

如果接收者跟随你提供的链接回到你的网站中，要提醒他一旦进入那里，他只是访客身份，他只能查看该链接的内容，如图 8-8 所示。

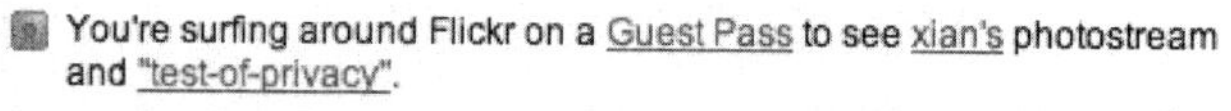

You're surfing around Flickr on a Guest Pass to see xian's photostream and "test-of-privacy".

图 8-8：Flickr 会为用户通过自定义链接访问的页面和后续页面追加提醒信息

相关模式

- 许多公众

资源

- Kellan Elliott-McCrea 在 Web 2.0 Expo SF 2008 上的演讲“Casual Privacy”， *http://www.web2expo.com/webexsf2008/public/schedule/detail/1826*
- Kellan Elliott-McCrea 在 Ignite Web 2.0 Expo 上的讲稿“Casual Privacy”， *http://www.slideshare.net/kellan/casual-privacy-ignite-web20-expo*

参见

- Facebook (*http://www.facebook.com*)
- Flickr (*http://www.flickr.com*)

短暂共享

现在声明短暂共享是一种模式还为时尚早，或者说这个模式未来会找到自己的路，但这个概念已经成为一种显著的趋势。短暂意味着“此刻”或者“暂时”。短暂共享是针对非永久性设计的，旨在让过去消失并且不会造成任何影响。

它需要与匿名或者假名区分开，我们在很多数字空间中已经看到这些模式了，但过去大多数模式提供的都是某种形式的永久身份（假设或者真实的）。

最近的一些产品迅速增长（Whisper），而一些产品随着时间的流逝逐渐“凋落”（Secret），而其他的一些产品继续“繁荣”（YikYak），但所有这些产品都是临时或者暂时的假设身份；其他流行的共享服务（例如，SnapChat 和 WhatsApp）的模式正在扩展，在这些共享服务中的内容将会消失。

我们会持续关注短暂共享作为一种模式的出现。

赠送礼物

亚洲的社交网络率先开创了围绕虚拟商品支付的经济体，它为基于广告的收入模式提供了一种有趣的替代方法。

是什么

用户似乎很喜欢找机会对他人做出友好行为，尤其是当他们送出的礼物可以在个人或共享空间中作为一个有形的、永久的装饰品显示出来时，如图 8-9 所示。

图 8-9：公开或者有形的礼物是爱情或友谊的见证

何时使用

在以友谊和浪漫为主的社交环境中使用该模式，在这些环境中，将感情通过可视化的形式表现出来是很受欢迎的。

如何使用

提供一种内置的礼品赠送功能，或是让第三方应用软件开发商可以使用 API 实现这一功能，这些接口用于实现“联系人”和“在个人主页上显示对象的能力”之间的通信。

如果要建立一个内置的礼物赠送接口，就要在用户查看别人的个人资料或用户卡片时，在他可执行的一系列行动中加上“赠送礼物”命令，并且 / 或者为个人资料中的“礼物赠送”功能提供唯一的入口（参见图 8-10）。

图 8-10：Facebook 个人资料提供了礼物盒功能，访客可以在这里发起赠送礼物的过程

或者你也可以为赠送礼物的人提供一些选择，让他们决定是否公开显示礼物，以及想选择性地写些什么补充消息，如图 8-11 所示。谁应该看到礼物？（是朋友，还是每个人？）在什么地方看到？（是在个人资料，活动流，还是其他地方？）以及谁可以阅读你写的信息？

Method of delivery:
Public
People will see your gift and message.
The gift will go in the recipient's gift box and the wall.
Private
People will see the gift but only the recipient will see your name and message.
The gift will go in the recipient's gift box but not the wall.
Anonymous
People will see the gift but only the recipient will see your message. No one will see your name.
The gift will go in the recipient's gift box but not the wall.

图 8-11：Facebook 为礼物提供了 3 种公开程度或者隐私选项

或者你也可以向赠送礼物的用户收费。（要建立这种行为，你就要在它所带来的收益和你所期望的用户接受程度之间进行权衡。）

引进的限量版礼物可以提供一种刺激，让送礼人付出更多注意力或者精力来选择或者寻找合适的礼物。当礼物被成功接收时，通知发送人。

为接收者提供接受（接受后会在他的个人主页中显示出来）或拒绝礼物的选项。如果礼物被拒收，不要明确地通知发送人。如果礼物被接受，要根据礼物系统的规则以及发送者和接收者做出的选择，将这个礼物显示在用户的个人资料和 / 或他的活动流中。

特例

可以让陌生人互相赠送礼物，但要考虑到垃圾邮件和跟踪的风险。

想想你是否想要对虚拟礼物收费并想在那里找到一个收益来源，还是想促进免费赠送礼物或是探索其他不常见的形式。

为何使用

虚拟礼物能给两个人之间带来最低限度的情感交流，能稍微体现积极的交流姿态。如果礼物显示在个人主页上，那么它们也许还能提醒我们友情的存在。为虚拟礼物支付少许金额，这对一个有多人参与的社交应用来说也是一种收入来源。运输真实礼物的服务会在虚拟空间范畴以外扩展良性互动信誉，并将获得直接的赢利机会。

相关模式

- 用户给用户的奖励
- 个人资料
- 抖动

参见

- Facebook (*http://www.facebook.com*)
- NeoPets (*http://www.neopets.com*)

公开共享

虽然我们有时更喜欢“直接共享”而不是“私人共享”这样的措辞（在一定程度上得承认一个事实，那就是对互联网数据系统有帮助的任何事物最终都不会以任何有意义的、可靠的方式“私人化”），但为了清楚起见，我们正努力对这些社会交往的私人方面和公共方面达成一致。但不要以现有的公共 / 私人二分法的视角看待事物，从一些更具公开性的公共空间的共性方面去思考或许会更有成效。

在任何特定的系统中或许都存在着很多共享情况，从任何访客都可见的对象，到限制只有（登录并验证的）社区成员能看到的内容项，再到那些只有某个正式群组成员或被明确邀请的人才能看到的内容。

我们认为，不直接指向某个人或是某一组具体成员的共享就是公开共享。这种形式的共享可以是主动的，当一个用户决定将内容或资料发布到网站上以供朋友、追随者、粉丝、家人、大众或任何其他观众查看和评论时，就是主动共享。共享也可以是被动的，例如：用户的活动随时被跟踪和报道出来并生成更新通知或生成活动流发送给朋友，而根本不需要用户自觉地、故意地共享这些活动或对象。

许多公众

正如 danah boyd 在她的博士论文：“断章取义”中所写的那样：

> 网络公众就是被网络技术调整重组的公众。因此，它们同时是通过网络技术建造的空间和由于人、技术和实践相交叉而出现的想象社区。MySpace 和 Facebook 这类社交网站都是网络公众，就像公园和其他户外空间都可以被理解为公众一样。通过“博客圈”这样的网络技术联系起来的人群是公众，就像是那些通过地理或身份联系起来的人一样……网络公众这一概念很难说明，因为“公众”是个很有争议的概念，“公众”一词有多重意义，在不同的学科领域中传达不同的概念。在我的访谈中，我发现青少年也在努力定义这个词的含义，并根据它的多重含义从不同的角度进行定义。在用于描述时，“公众”这个概念和同样棘手的概念“私有”代表的往往是相反的含义。

设计任何种类的社交应用时，你都必须立即设法解决（至少）两个公众的观点。一个是以一些方式扫视网站的“整个世界”，但愿能看到你私人花园的高墙。另一个就是你希望培养的网络公众，是由你的网站的所有成员和参与者组成的。大多数情况下都有两种以上的观点。外面的世界本身的子公众就可能会以不同方式来看待你的网站。更重要的是，当你的一个成员遇到另一个成员，并围绕他们共同的兴趣组成群组时，你的系统中便开始有了（或者是真的促进了）多重网络公众。

因此，当你的用户通过你的应用程序进行公开共享时，这可能意味着他们正在与整个世界（就像有人将内容发布到一个普通博客上时）共享事物，或者与你的网站的所有会员或通过你的网站指定的其他公众进行共享。

任何用于一次性共享或持续共享的界面都应该为用户提供选项，让用户能够选择谁可以看到他共享的社交对象。

另外，这些选项可能会被逐步提炼成系统规则，因此，举个例子来说，在 Facebook 上选择共享一个对象时，一种选择就是将其添加到你的个人资料中。

管理情境

曾经我们很清楚,我们某个时候在什么地方。环顾周围我们就会知道,我们是在公园还是在安静的图书馆,是在舞厅还是殡仪馆。我们的行为和谈话很容易就能适应这些情境:在图书馆,我们知道不能喊"小心!"并扔出一个足球,我们也知道不要在别人念悼词时喧哗。

但随着我们越来越多地参与到网络生活中,我们所居住的环境日益数字化(而不是原子化),我们长期坚持的对现实的假设正在随着打字和发短信而逐渐消亡。

这个问题的一个"前网络时代"示例是大多数人都经历过的:不小心"回复全部"而不是"回复"邮件。大多数电子邮件应用程序让你一不小心就会点到"回复全部"。在我们所处的现实世界中,私人会话和公众会话之间的差别需要耗费更多体力并且会有更多的感官提示。但在电子邮件应用程序中,二者之间几乎没有区别:按钮通常都是相同的,只有几个像素是不同的。

"回复全部"是一个非常简单的问题——对一块数据的二元选择:一封邮件发送给一个或者多个收件人,并且情境是相对透明的。但在很多流行的社交网络平台上,这个问题就会呈指数地变得更复杂。

鉴于它的成长历史,Facebook 就成为一个绝佳示例。Facebook 作为一种社交网络应用程序开始搭建情境:哈佛的本科生。不久它就扩展到其他学院和大学,但它的情境结构继续建立在学校隶属关系基础之上。由于它是基于共同的现实世界情境而设计的,因此 Facebook 可以根据现实世界用户的结构猜想它的目标用户:他们会有很多共同点,包括他们的年龄、大学文化和朋友圈。

Facebook 的情境为大学生在和他们一样不成熟、越来越漂亮的同龄人中展示自己提供了避风港。这是青少年一代第一次在发布格式方面无意地向成年人过渡。但这样其实很好,因为伴随 Facebook 用户的是"在那里",这仅仅是因为他们在大学时代已经"在那里"了。

但是,2006 年当 Facebook 对任何 13 岁以上或有电子邮件地址的人开放其虚拟大门时,一切都改变了。现在,刚开始职业生涯的毕业生发现他们的中年同事要求成为他们 Facebook 的好友。我记得我的一些年轻的办公室朋友认为，他们的同事和管理人员可能会看到他们的照片或读到他们十几岁的尴尬事而断章取义地随便乱说。

Facebook 非常适合用作探讨“情境”的实例，因为它大概是最大的一个与它（设备）实际所在地完全分离的虚拟场所了。以前认为“这个网站相当于我度过大学生活的地方”这个心智模型的用户，发现他现在在一个完全不同的地方。在现实生活中需要大量物理消耗的情境转变，在这里只需要几行代码和一个翻页转换即可完成。

并不是说没有警告。Facebook 的经营者已经宣布改变正在到来。那为什么没有更多的人准备好呢？部分原因是这样的现实转换并没太多先例：很少有人习惯考虑这种改变的影响。还有一部分原因是这个平台没有为管理情境转换提供任何工具。

缺乏管理情境工具的问题隐藏在对社交软件平台的一些最大的抱怨后面。对 Facebook 来说，似乎每隔几个月就会有由于误解了其隐私体系结构而导致某个人生活被破坏的新故事；像以前一样，这会导致管理私有情境的新功能的产生或者对规则和限制的修改。在 LinkedIn 中，用户经常抱怨平台不允许他们将合法的同事连接与其他人的连接（例如，招聘人员）分开。在 Google+ 中，大量的情境消息和教程资料来尝试告诉用户“墙和门”在其复杂的共享架构中的位置，但由于大多数人都拥有多个 Gmail 账户，因此管理哪个 Gmail 账户应该接受日历邀请和哪个账户应该在社交邮件地址中是一个很大的挑战。

并不是所有平台都有这些错误。Flickr 照片网站早已将家人和朋友、私有和公开区分开，因此用户很少犯错。开创性的社交平台 LiveJournal 多年来已经为用户提供了强大的权限控制，允许创建不同的用户和群组组合。但用户最近很难找到 Flickr 的权限；而 LiveJournal（对于那些仍然使用这个古老空间的人来说）提供的选项非常灵活，因此用户很容易创建出他们无法记起的群组。

一些以移动为主的社交平台（例如，Path 或 SnapChat）的理念是限制结构的可能性，让这些空间更容易管理。但他们创建的这些限制随着平台的发展变得越来越复杂——由于市场压力而不断增加的功能最终打破了基本的简单性。

不断改变来吸引用户的兴趣对于所有平台都是一个挑战：虽然很多

人一直在提供情境管理工具，但不断改变的结构使得它很难被用户所理解。一个平台的野心越大，它的复杂性越强，用户越难理解。试着找出 Google 生态系统使用“群组”（包括 Google+ 中的“圈子”和“社区”）的所有方式——它面临将诸多不同结构的规则凝结成一个合理连贯“场所”的巨大挑战，这对我们来说非常有启发性。

由于急于让大家在网上完成所有事情，设计师常常忘记一些对物质生活的限制实际上是有帮助的、安慰人的，甚至是必要的东西。我们是社交的物种，但我们也是筑巢的物种，在部落洞穴有我们的小角落。也许我们应该退一步，想想这些模式与其创始人 Alexander 所做的工作有何不同：如何让不同代的人们成功地生活和互动？我们可以从这些结构的精华中学到什么，即使在网络空间的无结构的云中？理想情况下，其结果将是两全其美的：既符合我们对世界根深蒂固的假设架构，又能让我们有跨越以前不能跨越的鸿沟的能力。

——安德鲁·金顿（Andrew Hinton），Understanding Group 的信息架构师，《理解情境》（《Understanding Context》）（由 O’Reilly）出版的一书的作者

共享

是什么

用户想与一个或更多人共享一个对象（指针、媒体或应用程序）。应用程序要参与到共享中，以便知道谁正与谁共享什么，频率如何。

何时使用

显示你的产品或网站上的内容、资源，或者应用程序时，使用该模式。

如何使用

通过将内容或对象发送给好友或发布到共享、个人或公共空间，让人们自发共享他们发现的内容或对象。在每个画面上都提供一致的共享组件，或者将其与每个具体的对象（指针、媒体、应用程序）相关联。

当用户调用共享连接时，提供（如果可能的话，在一个弹出菜单或浮窗）快速发帖所需的最简单的界面。应该提供明确的“‘发送’邀请”的这一可选内容，以便让受邀人收到共享通知。

虽然最初的共享姿态是一致的，但实际上有多个共享架构可以供用户选择，最值得注意的是：

- 社交书签
- 上传到云
- 嵌入
- 持续共享

为何使用

在无处不在的共享组件中提供一次性公开共享选项，可以给用户提供一种方便和熟悉的方法来和别人共享更多的内容、对象和应用。如果他们选择通过你的组件执行公开共享，你就可以从行为模式中学习并优化你的界面和产品。

相关模式

- 活动流
- 多重身份
- 单向关注（又叫异步关注）
- 个人资料
- 状态播报

参见

- Flickr (*http://www.flickr.com*)
- 《纽约时报》（*http://nytimes.com*）
- 《洋葱新闻》(*http://www.theonion.com*)
- Yahoo! (*http://www.yahoo.com*)

现场直播实时共享

我们继续看到在各个方面混合且匹配的共享，最新的创新就是实时视频共享。First Vine 让用户很容易就可以将一小段视频插入到一条 tweet 中， Meerkat 和 Periscope 的出现让直播视频很容易发布和共享（不知何故开始倾向于竖屏，而不是全屏显示视频），图 8-12 就是通过 Periscope 在 Twitter 上播放最近存档的视频。

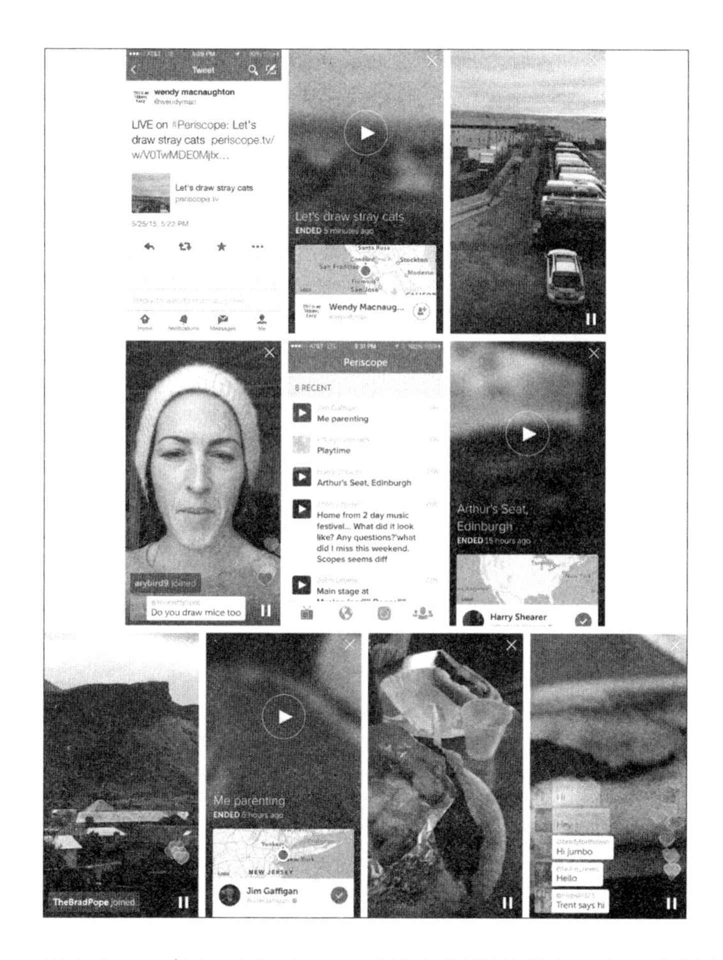

图 8-12：一条关于 Periscope 现场直播视频的 tweet（“我们开始画猫吧！”，除了猫已经走开……）将我带到最近存档的两个视频，一个来自 Harry Shearer，另一个来自 Jim Gaffigan

转发

是什么

在 Tumblr 富有感染力的转发或者纳入 Twitter 基本词汇的 retweet（参见图 8-13），我们看到最有力的一种共享形式是简单地转发你喜欢的内容，让它与第一次出现时具有相同的情境（但在你自己的时间线或者收藏的内容中）。

图 8-13：你对任何 tweet 都可以做的主要事情是 retweet（转发）它

何时使用

使用该模式作为产品初始发帖框架的一部分，这样通过查阅初始发帖，用户很容易就可以将他们喜欢的内容转发到自己的空间。

如何使用

提供一个“转发”按钮，其常见的形式是一个循环按钮，它通常位于每个粒度级故事或者内容块的顶端和底部（见图 8-4）。

为何使用

与寒暄（戳）和轻量级的响应（喜欢和表情符号）一样，转发对于没有创建原创内容压力的人来说，是最省事的参与方法。不断共享的内容可以带动大量观众参与热门话题。

图 8-14：Tumblr 的 Reblog（转发）按钮提供了转发你喜欢的故事或者其他内容的层叠对话框，并提供了在上面添加自己的评论或者按原样转发的选项

参见

- Tumblr
- Twitter
- Google+
- Facebook

社交书签

社交书签是社区用户共同管理社区管理列表中资源的链接的一种方式。社交书签使用关键字和元数据，而不是利用传统的分层文件夹来组织这些资源。这类系统的信息检索是基于关键字搜索的。

因此，社交书签是一个集合了指针的一次共享形式，它大体上包括标题、链接、描述信息（使用和早期博客及 RSS 相同的标准形式）。

社交书签的蓬勃发展得益于书签的便捷性，它将书签的动作以社交的方式体现在界面的相同部分（Chrome 浏览器），在老式书签中也是这么安排的，如图 8-15 所示。

图 8-15：Pinterest 提供了多种方式来帮助共享（“pinning”）

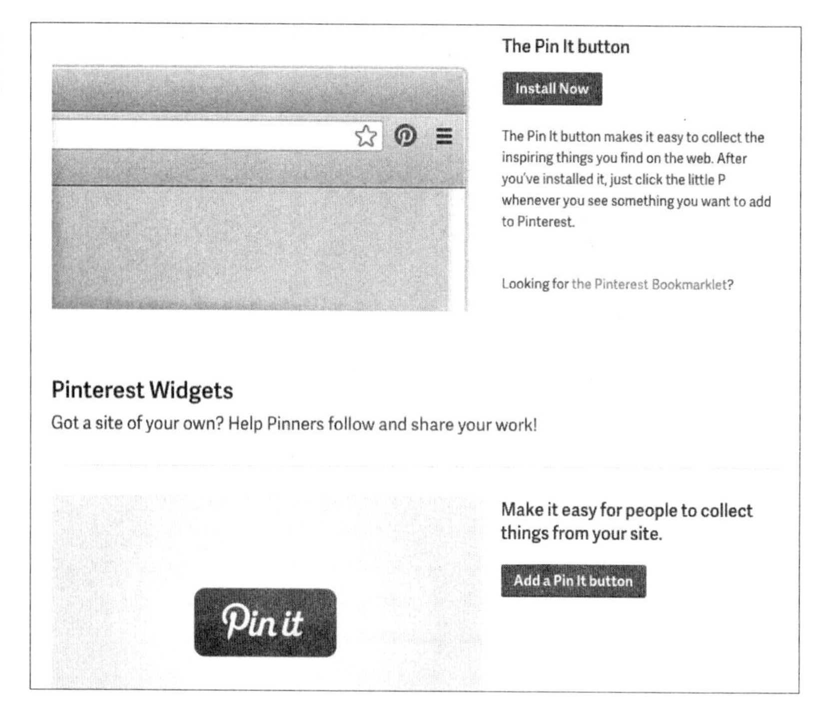

无论是通过书签，还是通过共享组件来调用，社交书签界面都可以引导人们捕获并审查书签的描述和元数据。

上传到云

照片、文件、视频、文件和很多其他类型的社交对象被上传、发布以及被社交应用托管到“云里”。我们不会涉及网格计算技术或服务水平、正常运行时间、冗余、安全和备份，我们只会用较直观的意识讨论云，将它作为存放电子邮件收件箱、照片、财务信息等内容的地方。

虽然社交书签处理的是共享指向对象的指针，但上传到云意味着通过将数字复制到产品的资料库来共享对象本身。从用户的角度来看，这个术语可能是共享、发布、添加、上传，甚至是书签或发送。Flickr 讨论的是上传照片，现在是上传视频。Facebook 已经有了一个添加照片按钮和标记为“+ 创建新相册”的照片标签按钮。

当在浏览器或应用程序界面显示时，上传程序通常会挂钩到用户的系统接口进行浏览和选择文件（用起来和普通的“打开”对话框一样）。它们也可以是你开发的或者鼓励第三方开发人员通过发行和使用你的应用程序接口创建的独立客户端应用程序。

嵌入

是什么

用户想要收集和显示媒体对象（如视频、图片，甚至是幻灯片），也希望收集可在他们个人资料、博客和活动流上显示的徽章和应用程序，如图 8-16 所示。

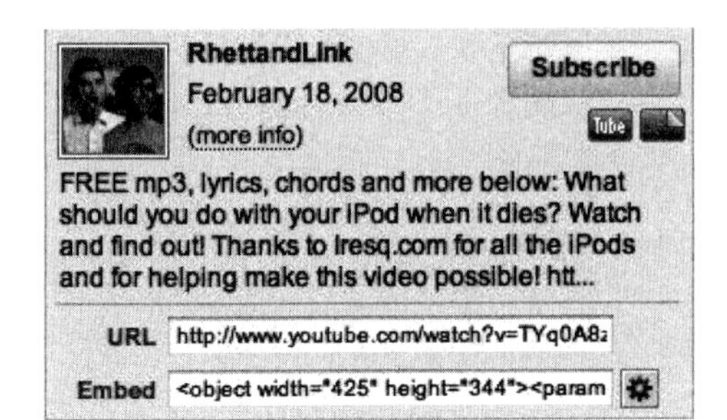

图 8-16：支持在富媒体和应用程序中使用嵌入式代码，可以让你的分享更快速并像病毒似地传播

何时使用

当你想给用户提供一种显示媒体或者其他可以自由发布的对象时，使用该模式。

如何使用

生成嵌入式代码。一段嵌入式代码是一段标记，用户可以直接将其复制粘贴到博客输入模板、个人资料页面，或者用户控制的其他社交空间，如图 8-17 所示。

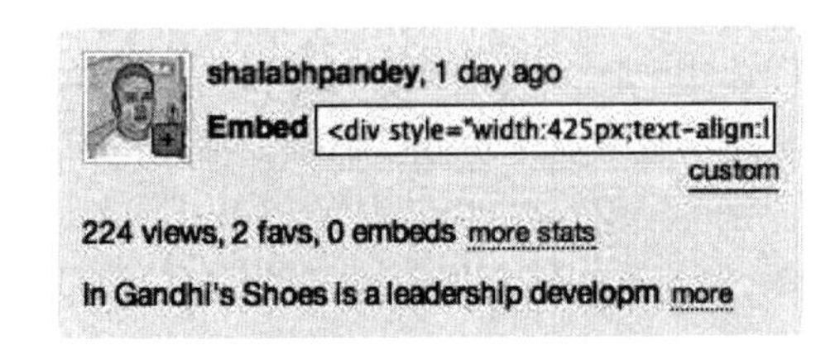

图 8-17：复制粘贴文本字符串肯定是一种可以改进的交互流程，但它现在已经是一种灵活的嵌入艺术

你可能需要在代码中提供唯一的变量，来支持不同的托管环境或者简化这个过程。例如，SlideShare 提供了一段适用于大多数情况的通用嵌入式代码，并为 WordPress 中的嵌入式幻灯片提供了不同的代码。

考虑让你的用户自定义大小、调色板和嵌入式对象的显示。例如，

SlideShare 和 YouTube 都让用户可以选择相关对象的显示方式——分别为幻灯片和视频。

如果可能的话，收集有关对象被嵌入的次数、位置，以及它多长时间会通过嵌入被查看或访问（参见图 8-18）。

More Info

Visible to everyone
Embedding is allowed
Secret URL is disabled
Edit privacy settings

© All Rights Reserved.

Total Views 6842
6341 on SlideShare
501 from embeds
Comments 4
Favorites 9
Downloads 109

Most viewed embeds
289 views on http://radar.oreilly.com
95 views on http://developer.yahoo.net
86 views on http://xianlandia.com
7 views on http://x-pollen.com
7 views on http://developer.yahoo.com
more

Also on LinkedIn
Uploaded via SlideShare

图 8-18：可能的话，要在对象的原始位置共享粘贴嵌入统计数据，就像 SlideShare 所做的那样

为何使用

用户喜欢共享和显示内容。你让用户的共享操作变得简单，他们就越愿意分享。嵌入对扩大共享范围也有很大影响，因为它能快速复制和再分配。人们普遍认为，YouTube 早期的快速成长是由于它的视频很容易就可以嵌入到 MySpace 网页中（用户当时称其为“我的 MySpace”）。

相关模式

- 徽章
- 显示

参见

- Google Docs (*http://docs.google.com*)
- Scribd (*http://www.scribd.com*)
- SlideShare (*http://www.slideshare.net*)
- Vimeo (http://vimeo.com)
- YouTube (*http://www.youtube.com*)

被动共享

被动共享也可以被称为正在进行的共享。它是指通过参与者最初的选择，来让他们的活动被跟踪和作为更新发布到活动流中的任何过程。

每当我登录到 Flickr、Vimeo 或者 SlideShare，我立马能看到我的联系人最新上传的东西，如图 8-19 所示。

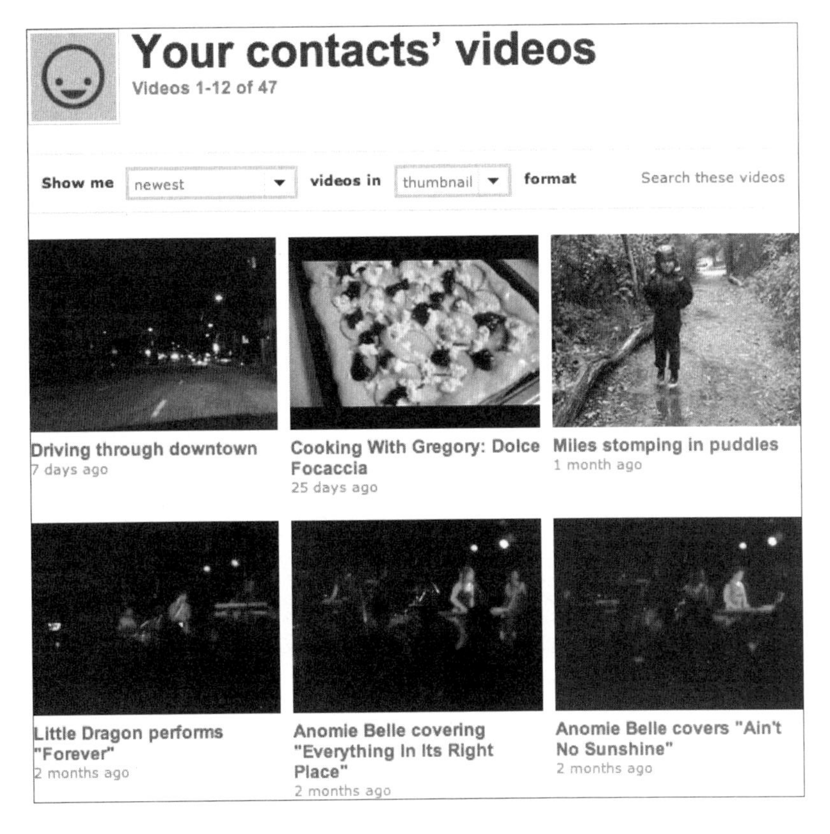

图 8-19：我在 Vimeo 上的联系人最近上传的视频

与个人直接共享内容，甚至也与不同人数的用户主动共享内容不同，“正在进行的共享”是一个不自觉的，但更普遍的共享形式。

偶尔提醒人们他们正在以一种持续的方式被动地共享信息，这是一个好主意，可以保护他们不会在无意中失言。

延伸阅读

Kellan Elliott-McCrea's “Casual Privacy” talk at Web 2.0 Expo SF 2008, *http://bit.ly/1LOjboO*.

Kellan Elliott-McCrea's “Casual Privacy” slides from Ignite Web 2.0 Expo, *http://bit ly/1LOjekm*.

Tip a Friend, *http://ui-patterns.com/pattern/TipAFriend* (see neg- ative comments and suggestions that it's an anti-pattern).

第 9 章

全球化的肥皂箱[译注1]

人不可能满足于安宁 。人得有行动；即使没有行动，也要创造行动。

——夏洛特·布朗特（Charlotte Brontë）

因为可以维系朋友间的联系，社交网络得以持续发展。但围绕某个话题展开热烈活动的应用才是吸引人的关键，这些活动是网站的核心，有了它才能吸引用户持续地访问网站。

人们撰写和谈论某事的场所往往难以界定和设计，因为其结构和内容都是用户自己定义和创建的。这是人们站在他们的“肥皂箱”上发起对话和讨论的地方，也是人们围绕热点主题开展私人会话、商讨机密和激烈辩论的地方。

关键是要为人们设计灵活的框架和空间，然后让他们来定义自己想要的东西。这么多年来博客之所以成功是因为博客所提供的工具允许用户定制所有的内容，包括外观、发布频率、博文长短、博主人数或文章类别等，同时博客也显示了一组标准的元信息。几乎一切都是开放的，正因为如此，博客种类和博客软件就和使用博客的人数一样——非常多。

译注 1：意指演讲台。来源于 19 世纪末 20 世纪初时人们发表公开演讲时会站在用来长途货运的装肥皂（或者其他干货）的木头箱子上面，以便更好地传达演讲内容。

博客、论坛、邮件、聊天和即时信息等工具产生了新的展现模式。遵循这些模式有助于用户理解不同类型的内容和与之相关的约定俗成的行为。

为了更好地阐释这些工具，我们将一个或更多个广播模式与诸如“注册”（见第3章）、“身份”（见第4章）、“用户名片或联系人卡片”（见第4章）、“声誉影响行为”（见第6章）、“评定等级（星级或1～5级）”（见第10章），“评论”（见第10章）和“添加好友”（见第14章）等联合起来说明。

广播

本节的模式会讲到诸如博客和微博这种一对多形式的广播工具。发布照片、视频、播客（podcast）同样属于这一范畴，通常与微博和活动流（见第5章）相关。此外，这里也详细介绍了发布工具，如：许可、权利和服务条款（包括网站和传播信息的用户之间、用户和他读者之间的合约）。

博客

每年，都有人宣布博客“已死”或者博客“归来”。无论如何，博客作为一种便利的自我发表形式持续存在，并不断产生新的变体和革命性的后代。

是什么

作者想要定期撰写评论，或者发布事件、图片和视频。用户想要拜读某个特定博主撰写的评论，浏览事件、图片和视频（见图9-1）。

何时使用

用这个模式去创建用户可以经常发布文字、链接、图片或视频的框架。

- 用这个模式去为读者创造随意的评论性内容，与正式的编辑过的内容互补。
- 结合模式：评论（见第7章）和Tag标签（见第10章）鼓励读者参与进来并进行交流。
- 结合模式：托管模块（见第7章）鼓励读者进行交流。

图 9-1：Mediajunkie 的一篇博文——多年来他一直坚持写博客

如何使用

博客存在了这么久，已经针对单篇博文和博文集合形成了一个通用格式。虽然常见的博客软件有很高级的功能，但是读者往往是通过特定的呈现形式来认知博客的。

博文

单篇的博文应该包含如下要素：

- 博文标题。
- 内容（博文的主要内容）。
- 摘要。摘要可以直接从博文内容提取，或者可以给作者提供另写摘要的区域。

- 日期。

- 时间。

- 作者署名。如果网站有多位博客作者，署名就尤其重要。

- Tag 标签或者关键字。允许作者自己为博文预先添加 Tag 标签。

- 评论。大部分博客都有允许读者留言的机制。当允许评论时，应该显示评论的数量并与评论相关联。点击留言链接就会跳转到相应的评论区域。

  当允许评论时，也应该有个管理“垃圾”评论的工具。审核评论是其中的一个常用选项，允许管理员或博主在发布评论之前删除垃圾评论。近年来，反垃圾评论的技术也发展起来，如 Akismet[译注2]，它给开发者提供了一个预过滤垃圾邮件的应用程序接口（API）。

- 固定链接。这是博文的永久链接，允许读者加入收藏夹，或者让其他人在自己的博客中引用。

博文的呈现形式

- 博文按时间倒序呈现。

- 在索引页面上提供每篇博文的标题和摘要，同时可以链接到完整的博文页面。

- 每篇文章都在单独的页面上显示。

- 用户能够使用导航查看后一篇和前一篇文章，并清楚显示用户是否在倒序浏览。

- 将以往文章归档。可以按照日期、Tag 标签、关键字或者类别存档（见图 9-2）。

- 提供基于标题、内容和 Tag 标签的搜索功能。

译注 2：Akismet 或 Automattic Kismet 是一个垃圾信息过滤服务。它试图过滤博客评论中的垃圾链接及垃圾 TrackBack。结合对所有参与的博客垃圾信息的捕获，然后利用这些垃圾信息的规划来阻止未来的垃圾信息。

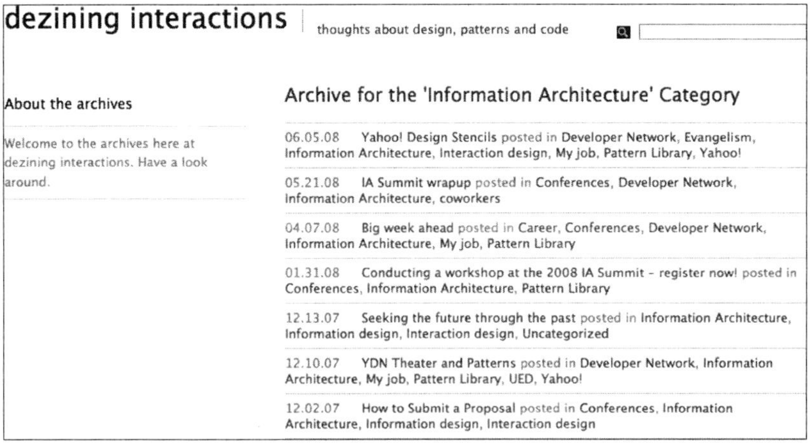

dezining interactions | thoughts about design, patterns and code

About the archives

Welcome to the archives here at dezining interactions. Have a look around.

Archive for the 'Information Architecture' Category

06.05.08 Yahoo! Design Stencils posted in Developer Network, Evangelism, Information Architecture, Interaction design, My job, Pattern Library, Yahoo!

05.21.08 IA Summit wrapup posted in Conferences, Developer Network, Information Architecture, coworkers

04.07.08 Big week ahead posted in Career, Conferences, Developer Network, Information Architecture, My job, Pattern Library

01.31.08 Conducting a workshop at the 2008 IA Summit - register now! posted in Conferences, Information Architecture, Pattern Library

12.13.07 Seeking the future through the past posted in Information Architecture, Information design, Interaction design, Uncategorized

12.10.07 YDN Theater and Patterns posted in Developer Network, Information Architecture, My job, Pattern Library, UED, Yahoo!

12.02.07 How to Submit a Proposal posted in Conferences, Information Architecture, Information design, Interaction design

图 9-2：按类别存档，文章按时间倒序排列

- 允许用户通过 RSS 源订阅博客。同时考虑到允许用户订阅某些类别或 Tag 标签下的博客文章。
- 提供一个“关于”页面，用来显示作者信息。作者的相关信息会增加博客的可信度。
- 博客上的文章应该能被搜索引擎抓取，除非博客进行了私密设置。
- 让作者能够记录他的想法、评论、有趣的链接、照片和其他材料。
- 允许用户自定义博客的外观模板。
- 提供一个标题区域 。
- 博客正文支持大篇幅的文本输入。提供富文本格式编辑工具，允许作者在不了解 HTML 的情况下也能对文章排版。
- 允许作者在发布前预览。
- 允许作者在发布前添加 Tag 标签或类别。
- 应允许作者制定未来文章发布的时间表。这样，作者可以在同一时间写下多篇文章，这些文章就能按照事先制定好的时间表自动发布。
- 提供让作者可以从其他地方引入相关内容和材料的工具。 这可能是照片、产品链接，或者相关的网络。

- 除文章外，用户也能够上传和发布照片和视频。

给作者提供一个可以浏览以往所有文章的管理面板，并清晰展现其编辑功能（见图 9-3）。

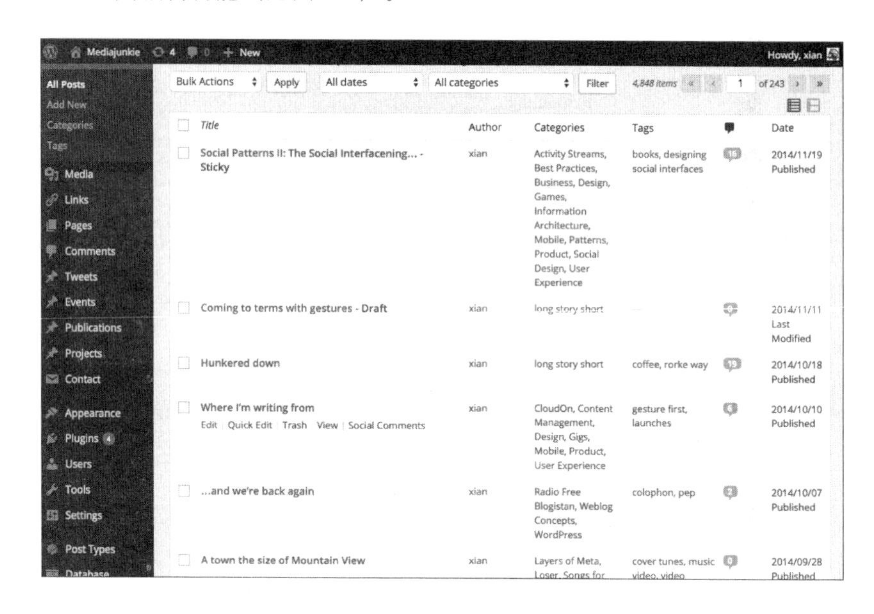

图 9-3：WordPress 提供功能丰富的控制面板，以便管理博文和博客架构

- 允许作者编辑或更新旧文章。考虑在博客主页、索引和归档列表采用一种自动更新机制，在不改变文章发表时间的情况下通知读者该文章已经更新。

- 允许作者删除文章。

- 作者有权打开和关闭针对每篇文章的评论功能。

- 给作者提供处理评论和垃圾评论的工具。

- 允许博客的主人添加新的博客作者。

为何使用

迄今为止，博客已经存在很多年了，并且是个人网站和公司网站的核心部分。博客让作者就感兴趣的话题发表非正式的公告和声明。具有评论和 Tag 标签功能的博客允许网站和读者建立双向关系。

轻量级博客工具比较容易使用。功能更复杂、更强大的博客工具会赋予作者系统管理（以及输出）的功能。人们倾向于选择适合自己的工具——不管它是托管服务，还是嵌入在社交网络中的工具，抑或是安装在用户服务器上的独立软件。无论怎样，目前的博客工具都已经具备了一套约定俗成的基本功能。

给人们提供多个分享观点和看法的工具会产生强有力的影响 。即使只有 5 个人阅读，每个人都会有见解，而对于这些见解，又有更多的人会倾听或回应。

相关模式

- 状态播报
- 关注

参见

- WordPress (*http://www.wordpress.com/*)
- Blogger (*http://www.blogger.com/*)
- Medium (*http://www.medium.com/*)

播客

播客（podcasting）是博客（blogging）的一个变种，以适应音频内容。播客已经成为一种可点播的广播形式，并和 iTunes 或其他渠道和平台相结合，以发布音频内容。播客一般通过 RSS 源来传播，从原则上来说，任何附带音频内容的博文都可以被当成播客。不过，对播客这个媒介的特定需求催生了用来制作和分享它的专门工具。

同样，围绕音频建立的社交网络工具也可以通过系统内专门的信息流，达到和播客相同的效果（见图 9-4）。

视频博客

与播客一样，传播系列视频也变得越来越容易。视频博客（video blogging）可以是有视频内容的传统博客，没有音频而只有视频内容的播客，或者是诸如 YouTube 之类视频网站上的一个频道 （见图 9-5）。除了表面上制作和传播视频的方式有细微的不同，底层的博客性质都如出一辙。

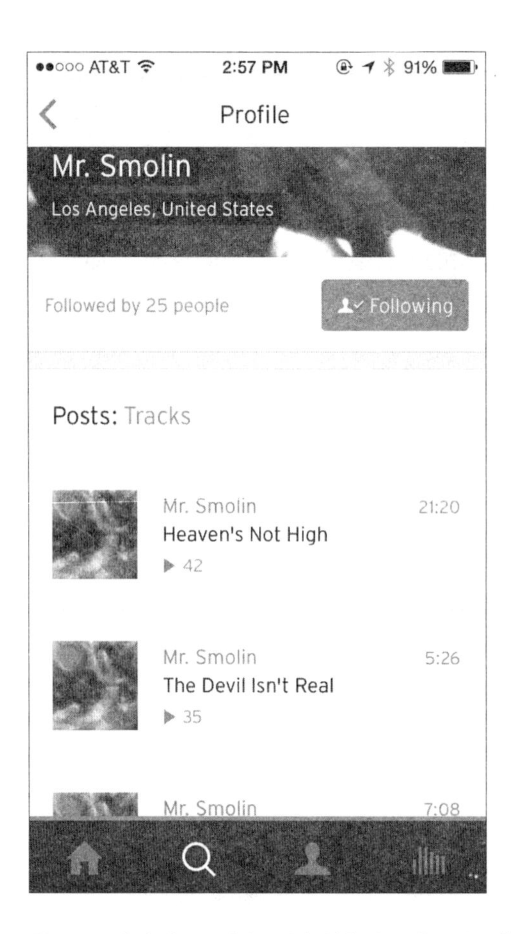

图 9-4：我在 Soundcloud 上访问 Mr. Smolin 的账户时，他发布的所有曲目都按顺序呈现，同播客或者音频博客一模一样

微博

微博（microblogging）允许用户创建简短的博文，这种类型的博客已经在 Twitter、Yammer，甚至 Facebook 的主页上出现了。微博的内容通常会整合成一个信息流，可以包含文字、图片或视频。

发布

在人们成为内容创建者和发布者之前，网站应该确保他们了解可能约束他们发布行为的权利和许可范围，这一点很重要。下面讲到的模式会包含这些方面，例如：针对人们在某些网站上贡献和参与行为的服务条款、版权以及内容创建者在知识共享许可协议下的授权行为。

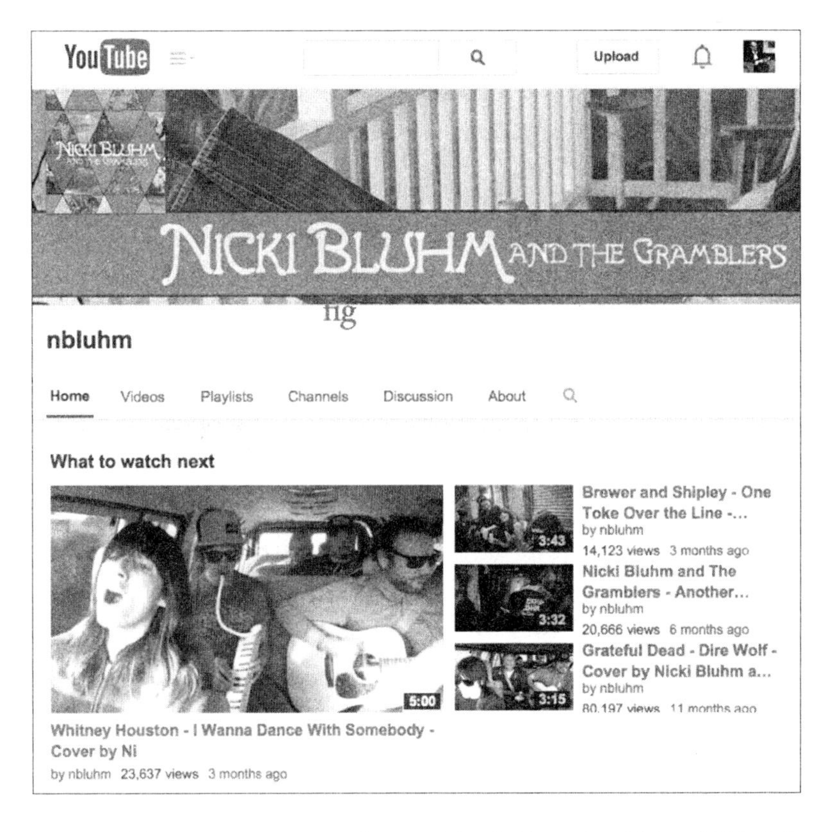

图 9-5：我订阅了 Nicki Bluhm 和 Grambler 的 YouTube 频道。他们每次发布新的视频，我都能马上知道

跨平台发布

近来，为了实现传播最大化，博客和其他发布的内容越来越多地出现于多个平台。这不仅仅局限于用转发链接，也包括将整篇文章或者大部分文章发布到另一个博客或出版物，以聚集更多的读者。

这可以自动完成，例如，在发表每篇博文时，同时自动发布到 Facebook 上；也可以有选择性地完成转发，例如有些博文会被重新发布到曝光率比较高的网站（比如 Medium）上，还有被其他平台邀请转发的时候。

电子杂志

出版业与时间脱节已经差不多一个世纪了，充满可乘之机。自其诞生之初，无论好坏，互联网就对传统出版模式带来了极大扰乱。最近的一个出版潮流是界限模糊、期次不定的新潮杂志，例如 Medium 上面的一些自定义频道（见图 9-6），或者是连续更新的 Café.com 。

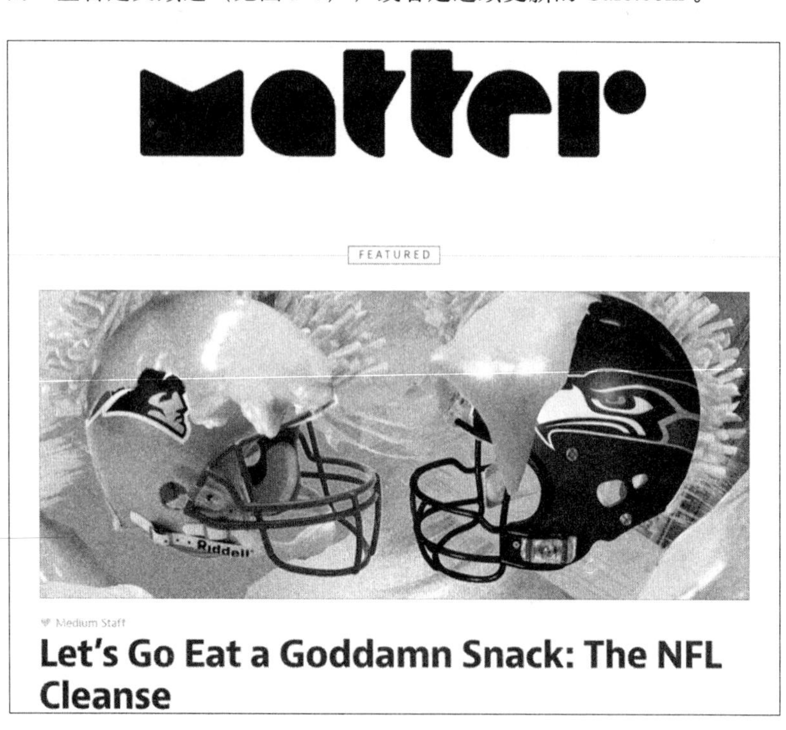

图 9-6：Matter 是一个完全在 Medium 博客网络上发布的杂志

发布时间

又称为发布日期或新鲜度。

是什么

某人想知道某事是什么时候发生的。

何时使用

- 用来告诉用户一个条目、一个想法或一段会话在网站上的添加时间。
- 用来区分两个人信息流的先后顺序。
- 用来显示某个内容的新鲜程度，尤其是重要内容。

如何使用

- 将时间作为内容的元数据项来显示，这些内容包括图片、博文、论坛帖子或者会话环境（如即时通信工具或者Twitter）中的消息（见图 9-7）。

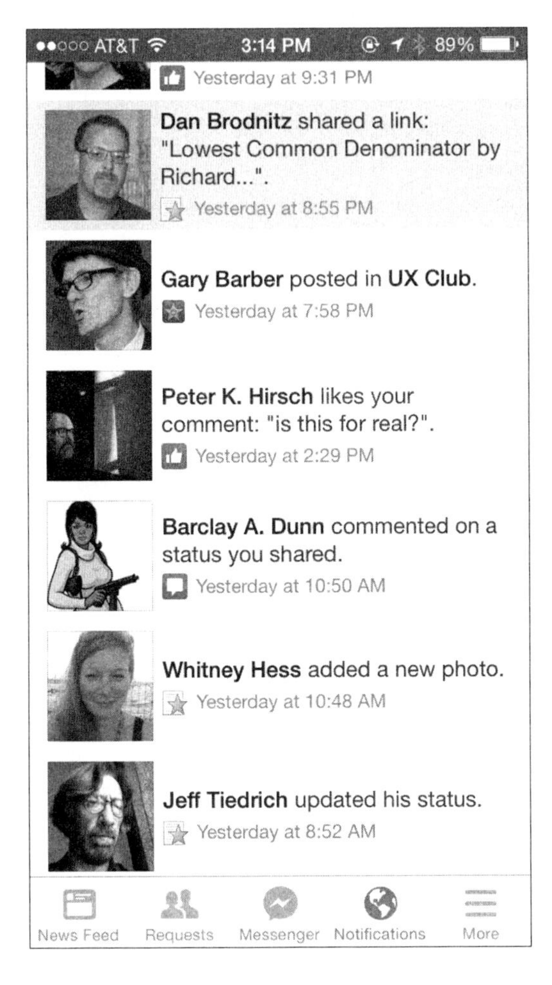

图 9-7：Facebook 消息推送中，发布时间包括活动的发生时间及方式

- 允许用户按日期过滤内容。
- 允许用户按日期搜索或浏览。除了按类别或标签存档外，博客文章也能按月和年存档。

新鲜度

默认情况下首先显示最新内容（见图 9-8）。

图 9-8：Twitter 首先显示最新内容，其顺序并非依据最初的推文，而是最近的推文、转发或者收藏

某些网站，如 Twitter，按照用户关注时间显示追随者。这并不一定是该类型数据的最佳结构。这种呈现方式可能会显示有趣的内容，但很难轻松地找到某个具体的人。这里没有按字母表查找追随者的过滤功能，也就不能方便地找到特定的人并进行通信。

应考虑默认情况下按日期对信息进行分类是否合理。

注意，这并不是一个硬性规定。按照相关度排序有时更加合理，特别是需要筛选庞大信息的时候。

相关模式

- 活动流

参见

- Facebook (*http://www.facebook.com*)
- Instagram
- Twitter (*http://www.twitter.com*)
- Pinterest
- Google Plus

权利

在要求人们一起工作、为你工作或彼此分配工作前，最好给“如何处理权利”选个模式。这是一个界定和维护人们个人权利的事情，它关乎道德，并且它所确定的权利框架会影响到能否形成创造性、合作性的氛围。在绝大部分法律辖区，如非特别说明，例行权利是普遍存在的。例如，在美国，人们自动享有其著作的版权，除非另外注明。

教育参与人也同样重要，要让他们充分了解他们所持有的权利、所放弃的权利，以及他们埋头苦干前必须尊重的权利（见图 9-9）。

Please note that all contributions to Social Patterns are considered to be released under the Attribution-Noncommercial-Share Alike 3.0 Unported (see Social_Patterns:Copyrights for details). If you do not want your writing to be edited mercilessly and redistributed at will, then do not submit it here.
You are also promising us that you wrote this yourself, or copied it from a public domain or similar free resource.
DO NOT SUBMIT COPYRIGHTED WORK WITHOUT PERMISSION!

图 9-9：该声明告知了向本书配套的 wiki 投稿的人他们所贡献的内容会被如何处置，但只要有人成为活跃参与者，我们也会直接通知他，以确保其知道这项规则

邀请他人在你的网站上发表内容时，在他们成为活跃的贡献者之前，就要让他们确认一下自己的相关权利。

参见下一节“服务条款”，了解如何通知参与者，并学习针对投稿内容的不同授权模式。

服务条款

是什么

服务条款协议（Term of Service Agreement）为“信息服务”和网站知识产权资产的使用和传播提供了一个法律框架（见图 9-10）。

不管是游客还是会员，每个网站都可以看作为消费者提供“信息服务”的供应商。尽管服务条款在网站上并不是必需的，但是当你遇到知识创造、使用和再分配，以及传播方面的知识产权纠纷时，它可以为你提供法律保障。

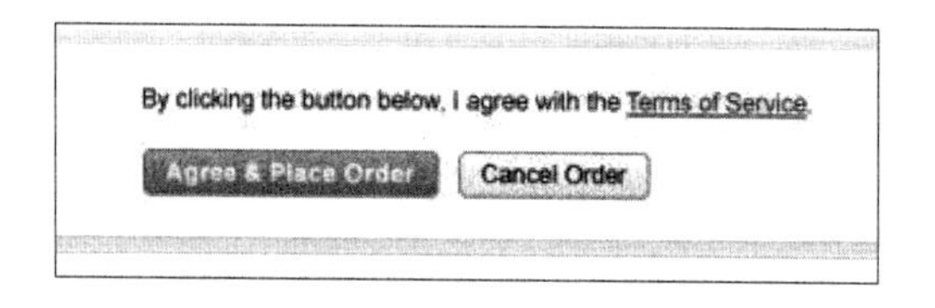

图 9-10：按下主按钮表明同意法律条款

为了让用户同意服务条款，其表单中含有一个复选框，但用户往往不会注意此复选框，在用户提交表格时页面会出现出错信息，并要求用户阅读和同意服务条款。我们没有理由让用户仅仅因为没有注意到复选框而感到受了冒犯。

何时使用

- 在付款和注册的时候使用该模式（见图 9-11）。

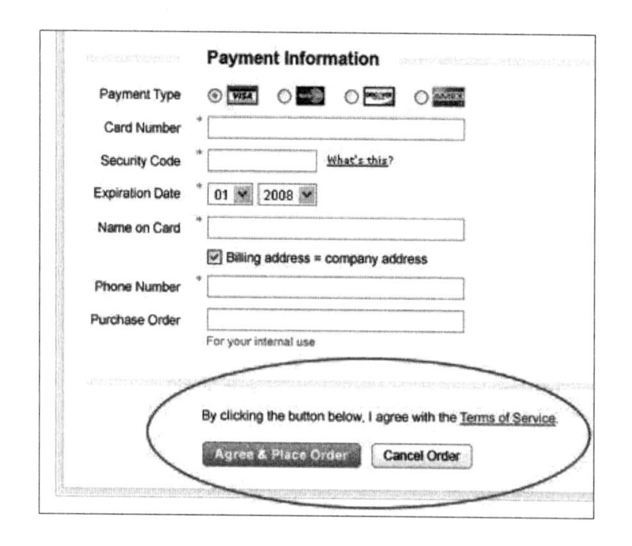

图 9-11：最好在注册（或付款）时提示用户同意服务条款

- 当网站支持用户创建可公开的原创性内容时使用此模式。

如何使用

- 用采取行动按钮（如“同意并继续”）表示同意协议。
- 提供不同意直接退出的选项（如“取消”或“不同意 / 取消订单”）。
- 清楚地声明：提交表单相当于同意服务条款（如“按下按钮您将同意……”）。

- 通过标识清晰的超文本链接（如“服务条款”）可以访问服务条款文本。
- 提供打印格式的服务条款副本。

国际化

在不同的国际区域，法律上可能会要求一个单独的复选框或弹出框强迫用户在继续操作前阅读服务条款。

为何使用

该模式的目标是为了让用户拥有更好的填表体验，避免打断用户或者让用户感觉到自己好像出错了。

将协议与行为请求按钮结合起来使用，同时清楚地显示出选项，为用户填写表单提供一个自然流畅的体验。这种体验和签署一份文件有些相似。

提供一个不同意并退出（取消）选项也很重要，给用户一个逃生舱，让他有个不同的选项，使他的同意条款行为变得有意义。

服务条款链接可直接获取法律副本，又同时避免了大篇幅文本、嵌入型文本框或内联文本框。

按钮上的文字明确地表示单击就意味着同意协议，以此明确显示该协议的法律效力。

让服务条款能够打印是个最佳实践，因为用户可以保留一份他所同意协议的副本（或者在同意前有机会拿着它去咨询法律专家）。

该模式的这 5 个要素并驾齐驱，缺一不可。移除任何一个都有损该模式的主旨。

最后，该模式代表了行业的最佳实践，常用于核心体验是付款流程的公司（如 PayPal）。

资料来源

- 雅虎模式库的“服务条款”，*http://yhoo it/1gni6Zy*。

参见

- eBay (*http://ebay.com*)

- PayPal (*http://paypal.com*)
- Yahoo! HotJobs advertiser interface (*http://hotjobs.yahoo.com/*)

许可协议

你提供给用户的许可权（不管它是单一类型的许可还是有一定选择范围）， 都可能会对随之而来的各种合作产生深远的影响。如果人们不太确定他们的合法权利，担心失去他们的权利，或者（更糟糕的是）害怕被控告侵犯他人的权利，用户最常见的风险预防做法就是减少参与。

任何许可制度都有它的道德影响力，但是相关考虑会很繁杂。我们并不提倡你一定要遵循任何特定的制度，但网上常用的有这几种：

公有领域
: 公有领域是最自由的。即使最初被赋予了更严格的许可权，某些内容终将会进入公有领域。

知识共享
: 旨在鼓励作品被再次使用的一系列有细微差别的许可。

著佐权（Copyleft）
: 黑客发明的一个非版权制度。

版权
: 它是传统的政府强制版权，对原创作者有利，与公有领域相对。

公有领域

公有领域许可协议是最自由的（见图 9-12）。

图 9-12：公有领域许可协议是最自由的

来自维基百科的说明：

> 公有领域是一个抽象的概念，通常与知识产权相关，表示任何人

都不具有所有权益。这项协议指出这些材料是“公有财产”，任何人都可以为任何目的使用。公有领域可以由多种知识版权相对定义；公有领域与版权的相对定义和其与商标和专利的相对定义是不同的。此外，各国法律界定的公有领域范围也是不同的，因此，明确说明哪种管辖范围是公有领域很有必要。

维基百科上关于自身的公有领域许可协议的文章如下：

出于维基百科的实际目的，公有领域的作品是不具有版权的：任何人可以以任何目的、任何方式使用它们。即使在公有领域，也要给作者或作品来源进行适当保护，以此避免抄袭。

一般可以将公有领域定义为所有无版权作品的总和（例如，美国版权署的定义），也就是说，作品本身就不具有版权资格，或者其版权已经过期。

然而，互联网上不存在公有领域这样的东西。国际条约，如《伯尔尼公约》，不是自动生效的，也不能替代本地法律。在全球范围也不存在高于本地法律的“国际版权法”。与之相对，《伯尔尼公约》的签署国修订了它们自己的法律以达到公约最低标准，但有时也会有更严格的要求。某国的作品是否无版权取决于各国的法律。

维基百科和维基媒体基金会的法律机构设在美国的福罗里达州。虽然有时候哪些法律适用于互联网是不明确的，但是维基百科遵守的主要法律是美国的法律。用户使用维基百科的内容时应遵守其所在国家的法律。

在美国，1923 年 1 月 1 号以前发表的世界各地的任何作品都属于公有领域。但是其他国家不必以 1923 年为界限。

如果你能得到所有利益相关者（从网站的拥有者到参与者）的同意并将尽可能多的内容放入公有领域，或将协作内容默认设为公有领域许可协议，那么你将能最大限度地重用和混用社区内容，结果是你要放弃对他人使用内容和修改内容的控制权。

知识共享有一个公有领域的选项。

资料来源

- 创作共有公有领域贡献参见 *http://bit.ly/1gnifMF*
- Ethical Public Domain
- Public Domain Information Project (royalty-free music), *http://bit.ly/1gnirM1*
- 美国作品共享到公有领域参见 *http://bit.ly/1gniyqO*
- 维基百科：公有领域（*http://bit.ly/1gniBmr*）

创作共有

创作共有许可协议的建立是为了促进共同创作，鼓励人们采用尽可能少的限制，但同时又与他们绝对不能放弃的权利之间达到平衡（见图9-13）。创作共有许可协议提出了 4 种条款：

署名

只要其他人按你的要求标明作品出处，他们就可以在你原有内容的基础上复制、散布、展示、使用你的作品和衍生作品。例如，雅虎的设计模式库仅仅只要求署名。

相同方式共享

其他人可以以你的作品为基础进行创作和传播，但前提是他们遵守了同源许可条款。

非商业性用途

其他人可以复制、散布、展示、使用你的作品和衍生作品，但前提是只能用于非商业目的。

禁止改作

其他人可以复制、散布、展示、使用你的作品，但前提是不能对其修改。

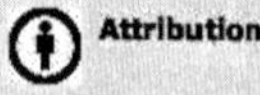

图 9-13：创作共有许可协议由 4 种不同的基本协议组成

创作共有许可协议

基于以上 4 种协议以及 6 种非公有领域的创作共有协议供你或你的用户选择。

署名

该项许可协议规定，只要他人标明该作品是由你原创的，他人就可以发行、重新编排、节选或以你的作品为基础进行创作，甚至可以用于商业目的。就他人对你的作品的利用程度而言，该项许可协议是最为宽松的许可协议。

署名 - 相同方式共享

该项许可协议规定，只要他人标明该作品是由你原创的，并且他们的新作品采用和你作品相同的许可协议，他人就可以基于商业目的对你的作品重新编排、节选或以你的作品为基础进行创作。该项许可协议与开源软件许可协议相类似。以你的作品为基础创作的所有新作品都要使用相同类型的许可协议，因此对所有以你的原作为基础创作的演绎作品都可以用于商业目的。

署名 - 禁止改作

该许可协议规定，只要在传播的过程中不改变作品、保持作品的完整性并且署上你的姓名，他人就可以基于商业和非商业用途对你的作品进行再传播。

署名 - 非商业性使用

该许可协议规定，他人可以基于非商业目的对你的作品进行重新编排、节选或以你的作品为基础进行创作。尽管他们的新作品必须注明你的姓名并不得进行商业性使用，但是他们无须在以你的原作为基础重新创作的演绎作品上使用相同类型的许可条款。

署名 - 非商业性使用 - 相同方式共享

该许可协议规定，只要他人用你的名字进行署名并且他们的新作品使用与你的作品相同的许可条款，他人就可以基于非商业目的对你的作品进行重新编排、节选或以你的作品为基础进行创作。同非商业用途禁止改作的署名协议一样，他人可以下载和传播你的作品，但是他们也可以翻译、重新编排或者以你的作品为基础创作出新作品。所有基于你的作品的新作品都会使用相同的许可协议，所以任何衍生作品都不允许用于商业目的。

署名 - 非商业性使用 - 禁止改作

该许可协议是六条主要协议中最苛刻的，它只允许他人对你的作品进行再传播。该条款常被称为“免费广告”许可协议，因为只要他人标注了你的姓名并和你建立链接，就能下载和分享你的作品，但他们不能对作品做出任何形式的修改或者进行商业性使用。

资料来源

- 部分内容改编自 Creative Commons 网站 (*http://creativecommons org*)，是创作共有署名许可协议下的内容。

著佐权

著佐权只是在“著作权”的用词上做了点变化，它除去了版权法中对版本传播和修改的限制，并要求修改的版本具有相同的自由权（见图 9-14）。

图 9-14：著佐权对占主导地位的著作权产生了强有力的对抗

著佐权是一种许可协议形式，可被用作修改作品的版权，如电脑软件、文件、音乐和艺术。一般来说，版权法允许作者禁止他人再版、改编或者散布该作者作品的副本。与之相对，作者可以通过著佐权模式，允许收到其作品副本的所有人对其作品进行再版、改编或散布，只要最终成品或改版仍然使用是相同的著佐权许可协议。著佐权中使用广泛比较原始的是 GNU 通用公共许可协议。知识共享下的“以相同方式共享协议”提供了与著佐权类似的许可协议。

有时，著佐权许可协议会被称为是病毒的版权许可协议，因为任何从著佐权作品衍生出的作品在散布时必须遵守著佐权许可协议。

当著佐权条款被强加到从著佐权作品衍生出来的作品中时，著佐权被认为是强势的；当并非所有从著佐权作品衍生出来的作品都继承著佐权协议时，著佐权又被认为是羸弱的。

资料来源

- Gratis 与 Libre, *http://en.wikipedia.org/wiki/Gratis_versus_libre*
- 著佐权是什么请参考 Free Software Foundation, *http://bitly/1I2tNO9*

著作权

著作权是指在一定期限内创作者享有作品的独占权，是知识产权的一种。超过这个期限，作品将会属于公有领域(参见本章“公有领域”一节)。这些权利包括发表权、发行权、改编权。著作权涉及已发表和还未发表的文学、科学和艺术作品。不管以何种方式表达的作品都可享有著作权，只要其处于固定明确的形式。

“著作权”（Copyright）拆开来理解就是复制（copy）的权利（right）。

在国际上，著作权已经有所规范，个人著作权可持续到个人死后的50 ~ 100年，机构或佚名作者的著作权也会有一个固定的时限，但目前还没有可在世界范围内保护你的作品的“国际著作权”（见图9-15）。

图9-15：著作权法因国家而异，但为了保护文化遗产，各国的著作权法都有试图平衡作者和公众之间的权利的历史

大多数国家都是《伯尔尼公约》和《世界著作权公约》（Universal Copyright Convention，UCC）的签署国，当你不是某个国家的公民或不具备该国的国籍时，公约依然可以保护你的作品在该国的权益。1886年《伯尔尼公约》初次建立，它承认在主权独立国家间存在著作权，而不仅仅在两国间存在著作权。根据《伯尔尼公约》，作品的著作权不需要声明，因为创建时它们就自动生效了。

“合理使用”是美国著作权法的一种主义，允许不经版权持有人同意有限地使用具有著作权的材料，如在学术研究和对作品点评时可以使用。

资料来源

- 维基百科上的版权条目，*http://en.wikipedia.org/wiki/Copyright*
- U.S. Copyright Office, *http://www.copyright.gov/*
- 什么是版权保护，*http://www.whatiscopyright.org/*

延伸阅读

Powers, David et al. *Blog Design Solutions* friends of ED, 2006.

Copyright FAQ, *http://www.copyright.gov/help/faq/*.

More about Creative Commons, *http://creativecommons.org*

"My 140conf Talk: Twitter as Publishing," by Tim O'Reilly, O'Reilly Radar.

第10章

长时间倾听，第一次反馈

奉承我，我可能不会信任你。

批评我，我可能不会喜欢你。

忽视我，我可能不会原谅你。

鼓励我，我不会忘记你。

爱我，我可能不得不爱你。

——威廉·亚瑟·伍德（WILLIAM ARTHUR WARD）

征求反馈

无论以什么形式从人们那里征求意见，都是使用户参与到交流当中最简单的方式之一。毕竟，每个人都有自己的观点。给予反馈也被认为是使用户参与进来的最低门槛之一，也常常是用户参与进来的第一步。

用户打分机制可以很容易加载到网站当中，用来收集用户意见，让用户开始参与进来。此外，当你逐渐建立起评分引擎时，可以从产生的信息中了解用户，并通过推荐和其他的社交功能为他们创造更多的价值。在这方面，亚马逊已经做得相当成功。它通过用户的购买行为和打分机制来推荐用户可能会感兴趣的新产品。

最后，留言（这是建立用户之间对话的第一步）、反馈和评论都是长期留住用户的方法。它们鼓励用户注册和重复访问网站。这些模式可以同打分机制及 Tag 标签相结合，通过用户意见来创建一个强大的信誉体制。

基本考虑

用户评价有好几种方式，不同方式适用于不同使用环境，但它们共有一些普遍原则和价值。

评价功能应该尽可能减轻用户的负担。评价机制应该与被评价内容绑定，处于用户操作过程中的最佳位置，例如在阅读文章或购买商品之后。不应该在用户可能有偏见的时候提供评论功能，例如他们准备删除一个应用的时候（见图 10-1）。

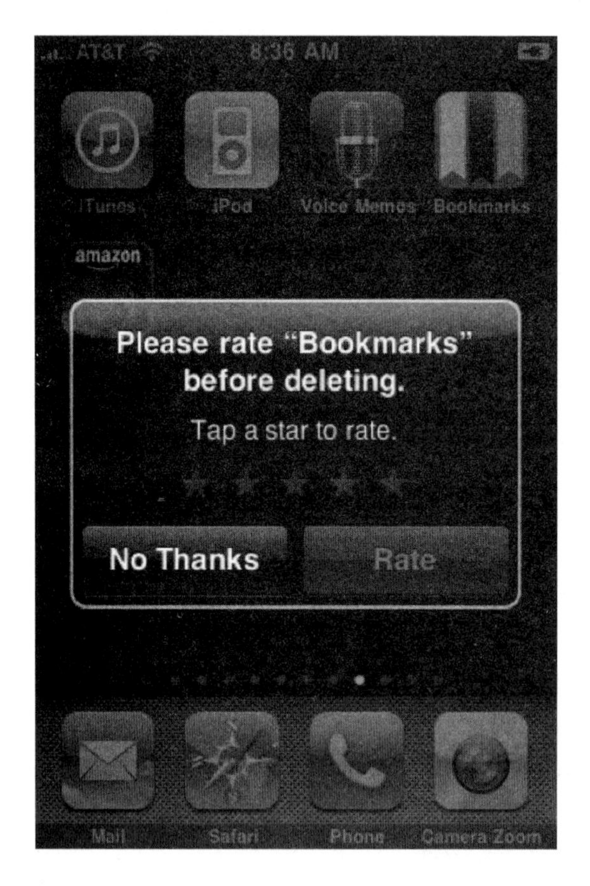

图 10-1：在早期的智能手机应用中，请求评论呈现在用户将要删除应用时，这显然不是获取正面评论的好时机

用户应该为他们的评论和留言负责。他们应该有与其文字和想法相对应的身份——在保证他们诚实的同时也为该身份建立声誉。他们只能被赋予一次投票权，防止对系统的滥用。

用户发表看法或评价的内容应该明确以下这点：他们是对一个服务、体验，或是物体留言，而不是针对一个人——虽然例如地产经纪人之类的服务业，对经纪人专业知识的评论对他人有所帮助。用户应该明确评论标准。评论机制越简单，标准往往越模糊。

你应该到处呈现评级。例如，在搜索结果、浏览页面，以及详情页面中。无论是哪一种评级模式，都可以用来辨别筛选搜索结果（见图 10-2 至图 10-5）。

图 10-2：Google Play 商店在概览页面显示评级来突出和推广内容（安卓商店的 Google Play 应用）

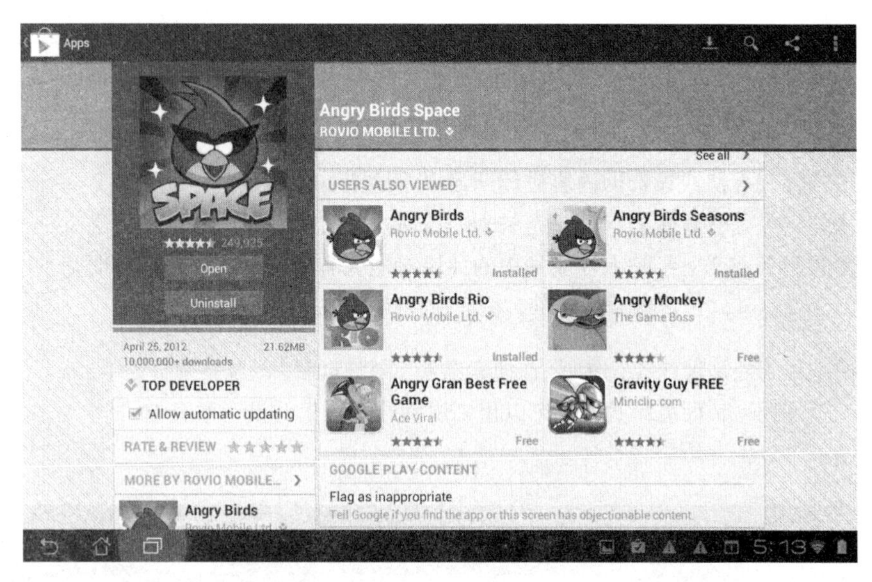

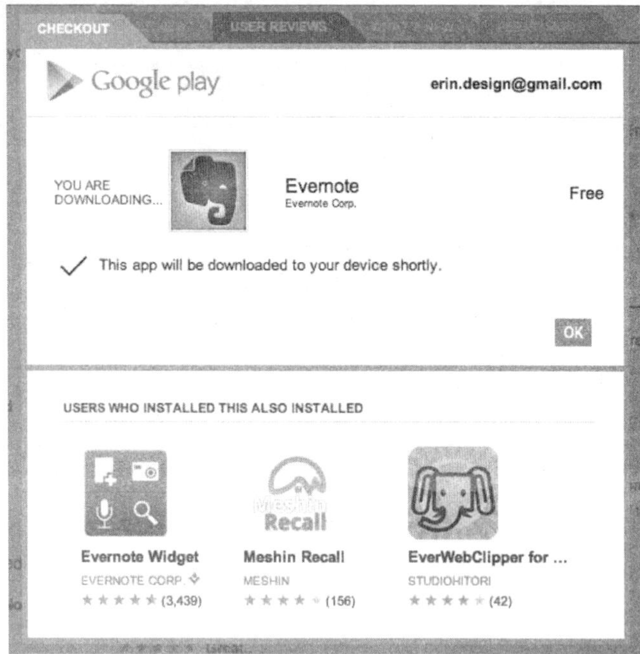

图 10-3：Google Play 商店在详细商品页面显示评级，并提供人们浏览过的相似应用的评级

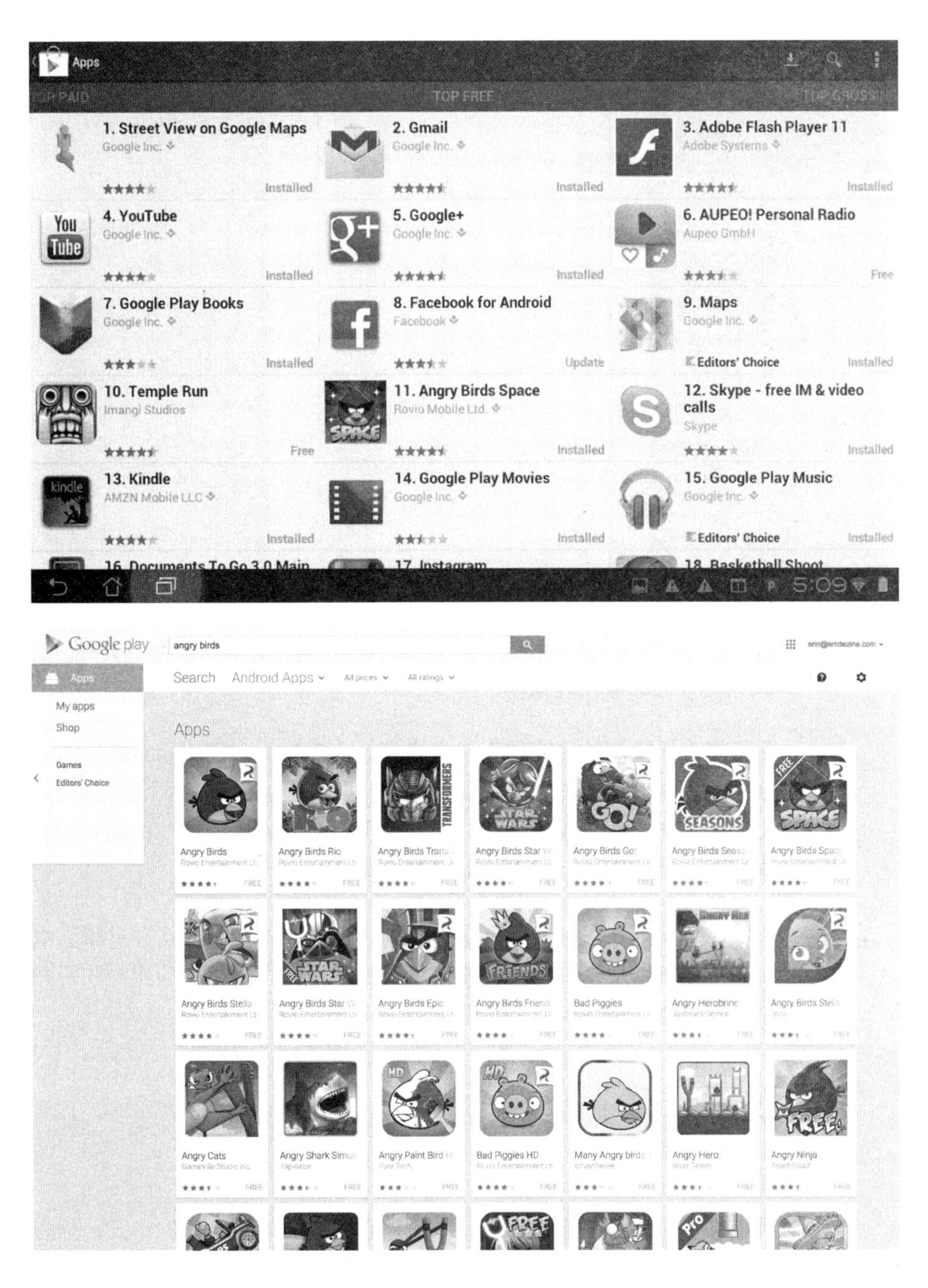

图 10-4：Google Play 商店在搜索结果、浏览页面上都显示评级，移动端和网页端都可以看到安卓商店的 (Google Play 应用和 http://play.google.com).

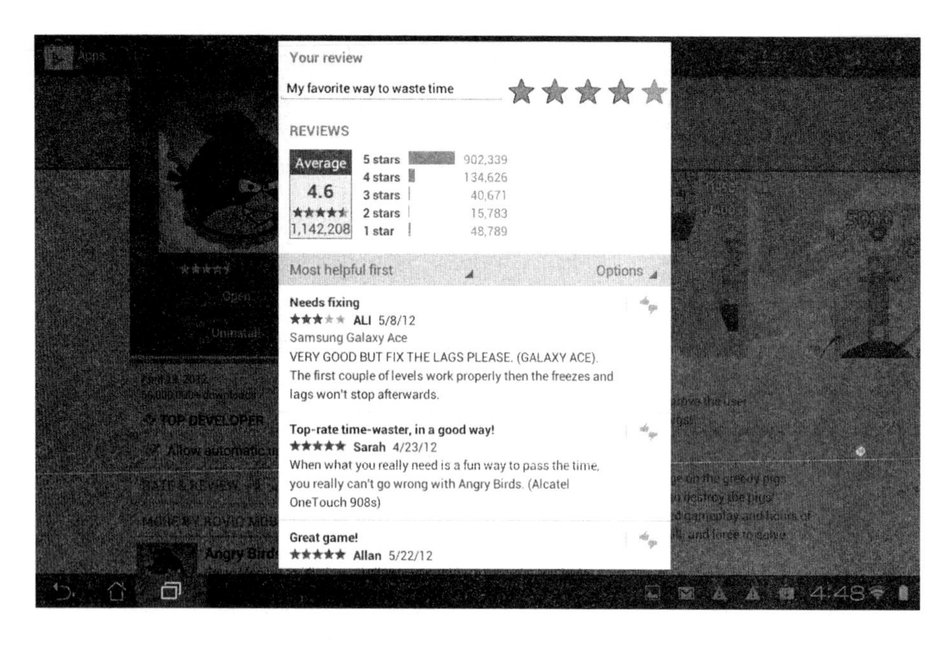

图 10-5：Google Play 商店在用户评级过程中，也会显示其他用户的评论（安卓商店的 Google Play 应用）

因为用户评级和评论有助于建立声誉，应该对用户的优质贡献进行认可——这些贡献应该被反映到他们自身和社区上去。比起评论员评论，人们更倾向于相信用户评论，特别是那个用户有资历、与他们相似，并以真实和诚恳的方式呈现其评论的时候。

最后，不要只是单纯地建立评论机制。应该对评级、评论和反馈的数据进行分析，用来改变和调整你给用户呈现的内容。作为用户注册和评论的交换，你的职责是改进内容与用户体验的质量和相关性。

投票推动

是什么

用户想要在社区中推动一个特殊的内容。可以采用投票的形式，拥有投票数目多的内容会排在一个比较突出的位置（见图 10-6）。

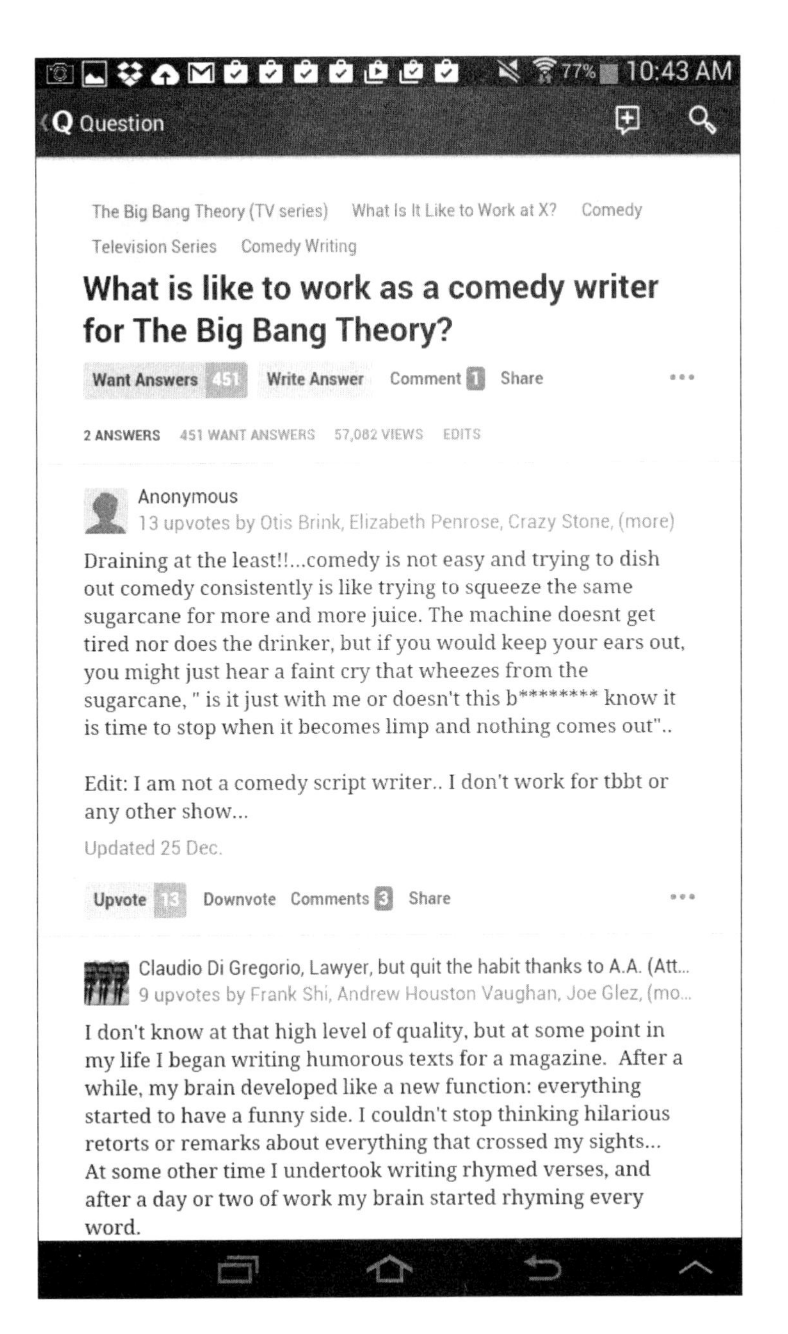

图 10-6：问答网站 Quora 用高亮的“Upvote”按钮来鼓励用户参与对赞同的回答进行投票。“踩”的功能被弱化了（Quora 安卓应用）

何时使用

- 社区中的用户有权提交内容到“资源池”。

- 社区允许对提交的内容质量进行主观比较时，需要某些民主形式的判断。
- 一个拥有足够规模的社区是必要的。理论上，为了使对比更有意义，资源池中受欢迎的提交内容的投票应该比其他不受欢迎内容的投票明显多得多（几十个或几百个投票）。

如何使用

投票机制与社区中的每个候选内容直接绑定。按下投票器就能给内容投上一张赞成票。

- 用户只能对每个内容投一次票。
- 投完票后把结果显示给用户，那样用户就知道刚才他给什么内容投了一票。
- 投完票后用户还可以更改投票。

突出热门内容：

- 在主页中显示热门内容。
- 在搜索结果中优先显示热门内容。
- 突出显示每个内容的投票数。

确保用户投票的内容就是他们消化（读、看、听）的内容：

- 在文章页面每篇文章的后面设置投票机制。
- 在概览页面不要提供投票机制，以促使读者在投票前能点击到文章页面。
- 提供第三方发布者可以在目标网站内使用的独立的投票机制。

得票较少的内容不会因为它们缺少人气而受到惩罚；它们只是关注度较低，并悄悄地消失在了排行榜的末端。

你可能需要适度控制一下是否让社区来决定完全删除某个内容，但是这种控制不能太明显。此模式的重点是推动优秀的内容，而不是惩罚不佳的内容。因此，应该适当淡化或完全摈除投票否决行为。

注意，投票或推广往往被当作是“收藏”的替代功能，所以每隔一段时间就需要分析社区行为，用以确认网站是否需要两种功能（见图 10-7）。

Digg Save Facebook Twitter

图 10-7：Digg 同时使用赞同（挖一下）和保存按钮这两种功能将文章保存到私人列表 (http://www.digg.com)

为何使用

该模式近几年来已经非常流行了（在 Digg、Reddit 和 Newsvine 等依靠链接广度生存的网站，以及 Quora 之类的问答网站上尤为流行）。该套集体决策的系统是鼓励社区参与的很好方式，它可以用一种代价非常低的方法找出最受欢迎的内容。但是要注意，人气最高的内容并不一定是质量最好的内容，所以不要指望这种方式能找出质量最好的内容。

特殊考虑

社区投票体系确实存在一些挑战，但社区成员也很有可能出于某种目的而不认真对待该投票体系，其动机包括：

恶意破坏
: 可能是冲着其他的社区成员或者是他们的成果来的。

从中获益
: 通过影响某内容在排行榜中的位置，从而得到一些奖赏、金钱或其他形式的回报。

全局谋划
: 总是推动某些观点或是政治言论，很少顾及赞成内容的真实含金量。

有很多方法可以防止这种滥用行为，但是没有哪个可以完全阻止。下列方式可以减少或预防此类行为的发生：

- 针对内容投票，而不针对个人投票。不能让用户直接对他人的外表、受欢迎程度、智力或其他任何方面进行投票。在社区中对某个人的贡献值进行投票是没有问题的，也绝不能对人的品格进行投票。

- 考虑投票限制：
    - 允许用户在特定时间内只有一定数量的投票权利。
    - 限制用户对某个特定内容的投票次数（或速率），以防止人身攻击的发生。
- 衡量除了票数以外的其他因素。比如，计算方法中还应该涉及故事的来源（是博客转帖还是原创故事）、用户资历、故事类别的访问量，以及用户评论 。考虑不向社区中的用户公开具体的算法，或者只在社区中笼统地讨论有哪些影响因素。
- 如果能够知道用户之间的关系，那么就应该根据用户间的关系来权衡他们的投票。也许应该禁止那些有着正式关系的用户进行互相投票。

这是目前网络上正在流行的模式，但重要的是还要考虑一下我们使用这种模式的上下文环境。非常活跃和受欢迎的、能够进行投票的社区（Reddit 就是一个很好的例子）也会产生一定的消极影响（恶意留言、武断带有偏见的小帮派、对“局外人”观点的群攻击）。

相关模式

- 评定等级（星级或 1 ～ 5 级）
- 评论
- 赞成 / 反对评级法

参见

- Quora (*http://www.quora.com*)
- Reddit (http://www.reddit.com)
- Digg (*http://www.digg.com*)

赞成 / 反对评级法

是什么

用户想要对正在购买、阅读或经历的事物（人、地点或其他事物）表达喜欢 / 不喜欢（喜爱 / 讨厌）的观点（见图 10-8）。

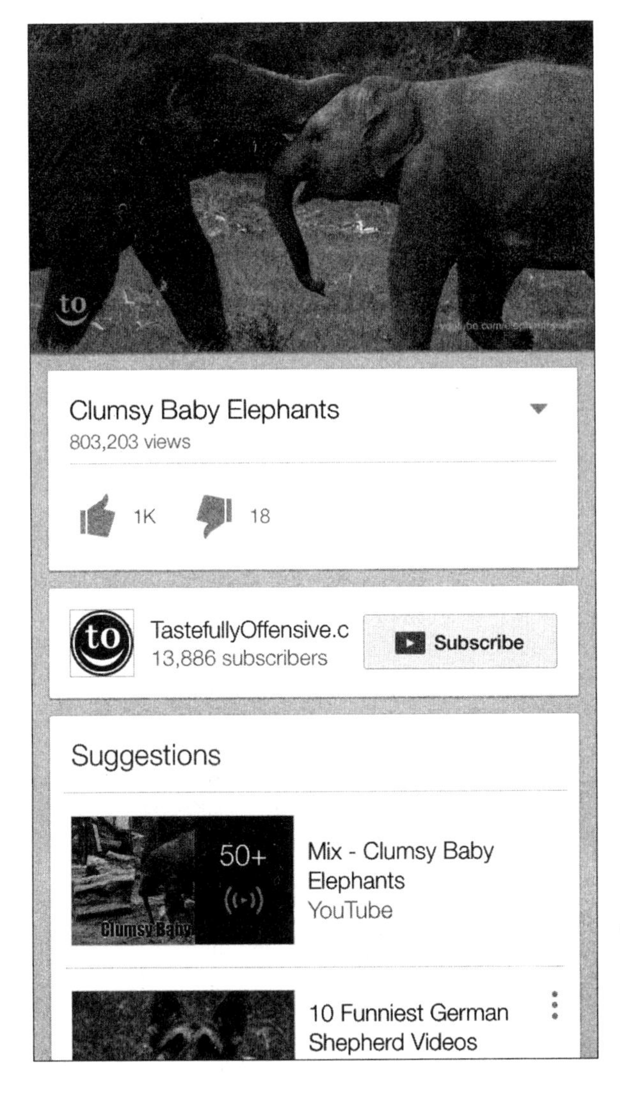

图 10-8：在 YouTube 上，用户可以用赞或者踩来评价视频，评价机制在移动和网络端都被放在离视频很近的位置（YouTube iOS 应用）

何时使用

- 当你想要快速地获取用户对某个事物的看法时使用。
- 使用这种方式让用户简单、轻松地进入社区。
- 两极化的观点比程度化的观点更合适的时候使用。
- 你想依据用户的喜好来调整呈现的内容（见图 10-9）。

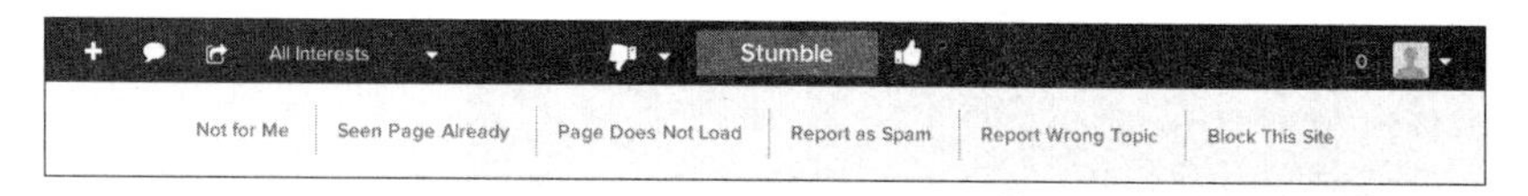

图 10-9：StumbleUpon (http://www.stumbleupon.com) 反对列表中包含一个二级下拉菜单，用户可以在此提供更多反馈，可以是偏好上的或者技术上的，比如页面无法加载等

如何使用

当评定结果倾向于极端的时候，要考虑使用赞成反对的评级方法。例如，如果你可以将这个问题简单地描述为“你喜欢不喜欢它？”，那么赞成反对法是非常合适的。如果一个问题描述为“你有多喜欢它？”更加自然，那么星级评分法是更合适的方法。

发展个性化推荐体系时可以考虑使用赞成反对评级法。

例如，Pandora 会对用户公开的音乐爱好创建风格类似的个性化播放列表。每首歌曲都具有赞成反对机制。用户选择“赞成”就可以添加更多与这首歌同类型的歌曲到播放列表中，用户选择“反对”即将歌曲从播放列表中移除（见图 10-10）。

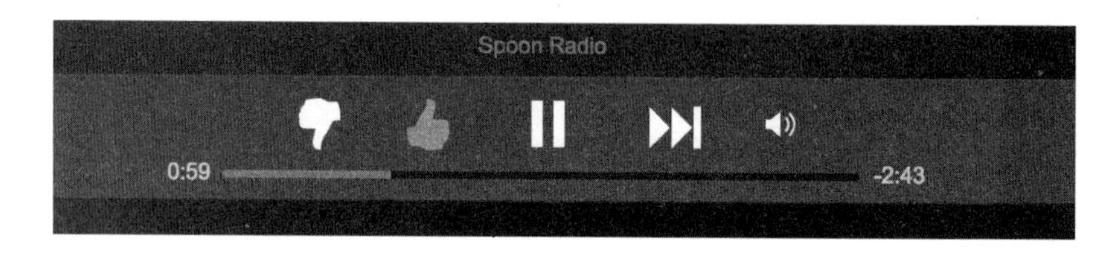

图 10-10：Pandora 的“赞成”和“反对”操作

该评级为用户带来的好处是，在接收到“反对”指令后，Pandora 立刻停止播放这首歌曲。

在移动应用中，不管是 Tinder 和 Grinder 之类的约会软件，甚至是宠物交友的 BarkBuddy 应用，乃至 Thumb 之类的投票应用，你都会看见一个简单的“是 / 不是”、“喜欢 / 讨厌”或者“赞 / 踩”操作，用来给系统提供及时反馈，以此提供个性化用户内容（见图 10-11 和图 10-12）。

图 10-11：BarkBuddy 用红心（赞）和 x（踩）来让用户快速表达喜好。喜欢的内容（红心内容）生成最爱列表，数据模块计算你倾向的宠物品种（BarkBuddy iOS 应用）

在移动体验中，如果喜欢和讨厌的反馈是与图片相关联的，也可以考虑用对应的滑动手势——左滑表示否定，右滑表示赞同。

图 10-12：在 BarkBuddy 和 Tinder 上，手势都是主要交互，右滑表示正面意图，而左滑表示负面意图。在 Tinder 里，只有对方也有正面表示时系统才会有反馈（Tinder iOS 应用）

不要指望用赞成反对法从多个角度评价某个事物。例如，不能采用多个“拇指”控件来获得用户对产品价格、质量、设计和功能的满意度。一般来说，一个“赞成”或“反对”的选项只与产品一个方面的评论相对应。（毕竟，尼禄[译注1]绝不会让一个斗士的胳膊生存下来却让他的腿死亡。可以把赞成反对法的结果看作全盘肯定或否定。）

译注 1：古罗马的暴君之一。

当需要一个容易的、轻量级的评分机制时，请使用赞成反对法。评定过程应该是轻松有趣的。

当你想要一个定性数据以便于比较时，请不要使用赞成反对法。例如，在一个长长的DVD租用列表中，你可能想按照等级来对列表进行排序。如果使用赞成反对法来排序，排序结果对用户而言就没有实用价值。相反，你应该考虑使用5星量表评级方法。

建议

- 将“赞成”和“反对”控件放在被评论内容的旁边。
- 除非评级是首要任务，否则将首要任务放在醒目位置，确保评级组件处于次要位置（见图10-11）。例如，网上购物时，“放入购物车”作为首要的行为请求显得更合适些，而“我要评论”就不那么重要了。
- 在整个网站中（或者如果使用一组网站），赞成反对图标要保持一致。
- 提示用户是否曾评价过该内容。
- 如果可能，即时刷新用户的投票结果，并明确显示出用户投的是什么票。
- 允许用户随时更改他的投票。
- 如果用手势来表示意图，提供一个另外的触屏方式来表示投票（例如+或者-，×或者红心）
- 为了让用户理解起来简单容易，请在社区中显示具体的投票数字，不要显示百分比。
- 历经了长时间的选举、大批用户的投票，选票结果达到一定程度的内容可以重点突出。
- 推广最低评价和最受青睐的内容时要稍加留心，因为这两种类型的内容可能会引起不太友好或强烈的消极反应。

注意

投票数：为什么不是百分比

两个或两个以上评级内容间进行百分比比较是有问题的，因为结果的流动性非常大：当评分较少（一开始任何评分项的评分都会很少）时，意见上的一点不同就能产生完全不同的评分结果。例如，如果三人中的两人给电影 A 投“反对”票，那么，社区达成的共识就是 66% 的人持消极态度，这在技术上面是精确的，但是却不能代表更大的社区中用户的真正态度。事实上，三票中的两票并不能说明什么。

然而，如果 1000 人当中有 666 人反对电影 B（如果以百分数来描述，仍然是 66%），那么这也许是一个重要指标，因为它反映了大多数人的观点。

当电影 A 与电影 B 同样以“本周热播的电影”推广时，那么以百分比来表示它们的支持率完全是误导用户。还不如给用户提供直接的数字（支持人数、反对人数以及所有的投票人数），让用户自己算一算比较好。

注意这不是一种理想情况，这也是为什么在依赖大量数据进行比较的情况下（例如，排序、筛选或以评定等级推广内容）不适合使用赞成反对法的原因。

也要注意这个“流动性问题”不局限于“赞成反对法”。事实上，这是经济学领域众所周知的一个因素（*http://en.wikipedia.org/wiki/Liquidity*）。

只投赞成票

只有当你觉得消极评分不太合适的时候，例如给人打分，可使用只投赞成票的评级方式。

依据情况而定，有时只投赞成票带来的结果对于你想让用户评定的内容会比较合适。如果你认为评估意见会一致地集中到意见的积极一方，那么就只提供给他们那个观点吧。

只投赞成票方法可以让用户很容易地发表“我也是”或“我同意”的观点。

只投赞成票方法可能也更适合从文化差异的角度反映问题。在某些文化中，人们似乎不愿意对事物发表强烈的负面看法。（请记住，赞成反对评定法适合意见极端化的情况下使用。）在这些场合中，采取只投赞成票看上去可能更适合些，因为不投票就意味着反对。

国际因素

赞成反对概念在某些国家或地区会存在问题。

第一，伸出并竖起大拇指的象征意义存在问题：在某些国家或地区它被认为是一种侮辱；在其他地区，身体任何部分的表现会被认为是一种对人的冒犯；最后，有些地区的人完全就搞不懂这是什么意思。

第二，这种特殊的二元概念，非白即黑、非爱即恨的投票机制似乎不太符合一些国家的文化背景，因为许多国家都倾向于中立。（请注意，这与星级评定有微妙的不同，星级评定可以表现出"我喜欢它的程度"。）

第三，在一些地区，公开地批判事物在某种程度上被认为是不礼貌的。在这种情况下，应该考虑只投赞成票方法。

为何使用

"赞成 / 反对评定方式"对于其他用户的益处在于它可以很快地反映出社区对于评定目标的意见。他们也有助于快速定性地绘制内容之间的比较结果（这条比那条好），但是这种评定比起其主要用处来说是次要的。

相关模式

- 评定等级（星级或 1 ~ 5 级）
- 投票推广

参见

- YouTube (*http://www.youtube.com*)
- Pandora (*http://www.pandora.com*)
- StumbleUpon (*http://www.stumbleupon.com*)
- BarkBuddy (移动应用)
- Tinder (移动应用)

评定等级（星级或 1 ～ 5 级）

是什么

让用户快速表达他对某个事物的观点，同时要将他正在进行其他任务时受到的干扰降到最低（见图 10-13）。

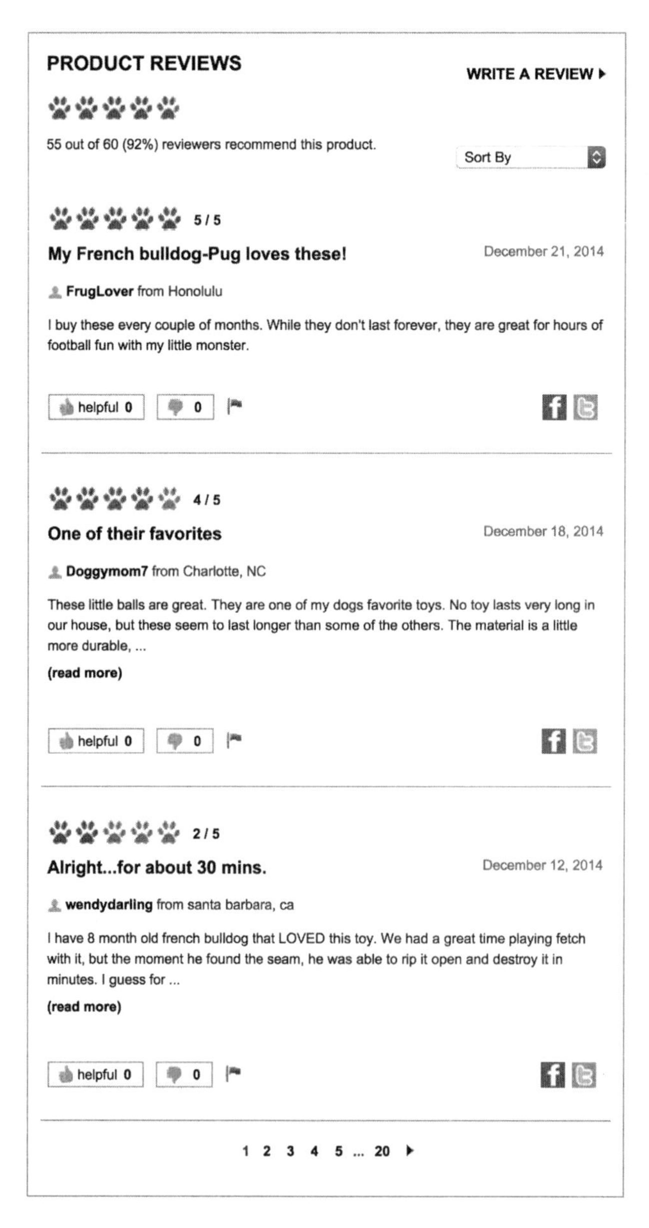

图 10-13：Petco.com 上面的评级与评论

何时使用

- 当用户想要快速地表达观点的时候。
- 与评论一起使用让用户享有更丰富的体验。
- 用它来快速探索现有的社区产品。
- 用收集评定结果来显示内容的平均打分结果的时候。

如何使用

- 让内容看上去可点击（星级评价方法最常用），鼠标滑过的时候星星被点亮暗示用户可点击。
- 初始状态应该是空值，同时显示邀请信息来请用户给内容评分（例如："投票"）。
- 随着鼠标滑过图标，通过颜色变化来显示内容的评分结果，同时显示每个评分对应的文字描述（例如："完美"）。
- 一旦用户点击了评定机制（第五颗星，第三颗星等），那么所评定的等级就应该被保存下来并且加载到单独显示的平均评定结果里面。
- 已保存的评定等级应该在内容的最终颜色指示中表现出变化，同时提供文字反馈表明评分已被保存。
- 综合或平均等级评定结果也显示给用户。
- 如果稍后改变决定，用户应该可以更改他们的打分。

注意

如果用户没有登录，给用户评分提示时应当考虑一下。

标签很重要，因为它们帮助用户决定评哪个等级，同时也会帮助用户在这个等级与平均结果间进行比较。

不要混淆评论员和用户评论，要清楚标明。

为何使用

内容评级为用户在社区中的参与情况提供了一个轻量级模型。评级通常与用户评论结合以鼓励用户参与更多活动。

可达性

使用 JavaScript 和 CSS 来显示滚动区域和即时收集的评价等级信息。如果情况不允许，可以增加一个保存评价等级的按钮来确认用户的最终选择。

相关模式

- 评论
- 投票推动

参见

- Amazon com (*http://www.amazon.com*)
- Petco (*http://www.petco.com*)
- Zappos (*http://www.zappos.com*)
- Yelp (*http://www.yelp.com*)
- Netflix (*http:www.netfix.com*)

多项评定

是什么

多项评定让用户可以对产品和服务提供有差别的反馈，即使他们不想写一篇长评（见图 10-14）。

图 10-14：Trulia 上对一位地产经纪人的多项评定 (http://www.trulia. com)

何时使用

- 用户想要比较相互矛盾的特征时，例如汽车的性能和舒适性。
- 你想给用户提供选择对他们来说最重要特征的自主权的时候。

- 当体验、服务或产品有很多方面，一个单项评价不能概括其深度的时候。

如何使用

- 确保用户明白他们是在针对什么特性进行评价。
- 将所有的项综合成一个整体评价，注意要清晰阐释每一项评价是如何被纳入整体评价的（见图 10-15）。

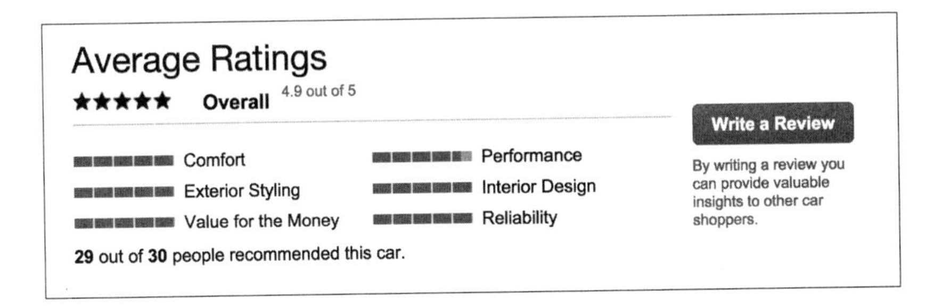

图 10-15：Cars.com 上面的整体评价清楚表明了这辆车的平均分，以及有多少人推荐这辆车

- 确保你的数学计算正确。
- 与评论联系起来，增加上下文。
- 不要把多项评定和 Tag 标签混淆，即使用户可以给评价中的某一项添加标签。

为何使用

对于准备做出购买决定的用户来说，多项评定是一个强大的搜索工具。相比非常长的评论，它们短小精悍，又提供了很多有用的信息。

相关模式

- 评论和评级（星级或 1-5 级）

参见

- Cars com (*http://www.cars.com*)
- Trulia (*http://www.trulia.com*)

内容的寿命和可评价的内容

什么内容是可评价的

在社区中拥有相同特征的内容是可评价的。

可评价内容应该具备内在价值

对于那些价值明显很低的内容，我们不应该要求用户提供元数据（让内容增值的数据）。或者，更具体地说，我们只要求用户以认可其本身存在价值的方式参与。也许要求某人对他人的博客留言给个是否赞同的意见是没问题的（因为这样做不用花很大的成本，基本点击一下就可以完成），但是要求一篇完整的对博客留言的点评却是不合适的。写这篇点评比最初的观点要花费更多的精力和脑力！

可评价的内容应该持续一定的时间

可评价的内容应该在“社区资源池”驻留足够的时间，以让社区中的所有成员都来投上一票。如果其他人不能跟帖或享受元数据的好处，那么拥有一堆元数据也没有多大用处（见图 10-16）。

"How long will this item be relevant?"
news article
message board post
tv episode
restaurant
Ephemeral
"LIFESPAN" OF CONTENT
Permanent

图 10-16：内容寿命跨度

可评价内容的寿命

生命周期短的内容，比如新闻文章，48 小时或 72 小时后就消失了，它作为评定对象就不合适。

TiVo 是个典型的例子，它采用“赞成 / 反对评定等级方法”来推荐电视秀。被评级的节目拥有很高的价值（例如，他们花钱制作了，而我们从中获得了娱乐价值），而且具有很长的周期（下周同一时间还会播出或循环播放等；综合来说，电视节目长生不死）。TiVo 的整体用户体验（包括产品附带的用户教程 、打印手册，甚至是遥控器上硬件设置）都是面向“赞成 / 反对评定等级方法”设计的。

我斗胆说，赞成反对评定机制与推荐系统是促使许多人购买 TiVo 的主要原因（哦，还要加上现场直播暂停功能）。

持续性较长的事物（极端情况下就是指物理存在的机构，如餐厅或商业）是非常值得评价的。此外，我们可以要求更深入的评价。因为这些企业将会是持久的，我们有理由确信其他用户总会再度拜访它们，并从前人的社区贡献中受益。

当涉及需要明确输入的推荐系统，我们应该认识到人对于“机器供养”的兴趣是有限的。如果他们理解它的好处，认为他们这样做最终会有所收益，那么人们就会跟随效仿。

——布莱斯·格拉斯（Bryce Glass），《Building Web Reputation Systems》合著者之一 (http://buildingreputation.com)

留言

是什么

用户在网站上浏览时对某个内容持有自己的观点或看法，并且想分享自己的观点或看法（见图 10-17）。

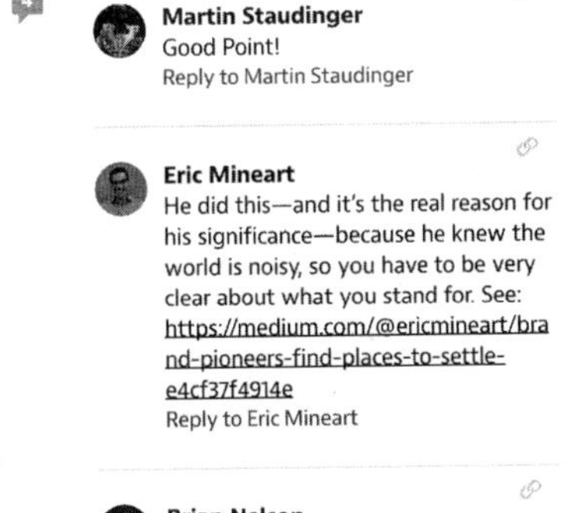

图 10-17：Medium (http://medium.com) 将评论整合到文章中显示。评论通过一个数字泡泡显示（比起文章末尾的评论更像是注释），当用户滑过相关短语、句子，或者段落时会高亮显示，给评论提供上下文

何时使用

- 当你想在自己的网站中让留言与对象相关（地点、人物、事件）的时候。
- 当你想要允许用户对一篇文章或博客帖发表看法或意见，或者允许用户进行公开对话的时候。

如何使用

- 为评论提供一个足够输入几行内容的文本输入框。
- 将评论区放在正在被关注的内容（图片、文章、博客帖子）旁（见图 10-18）。

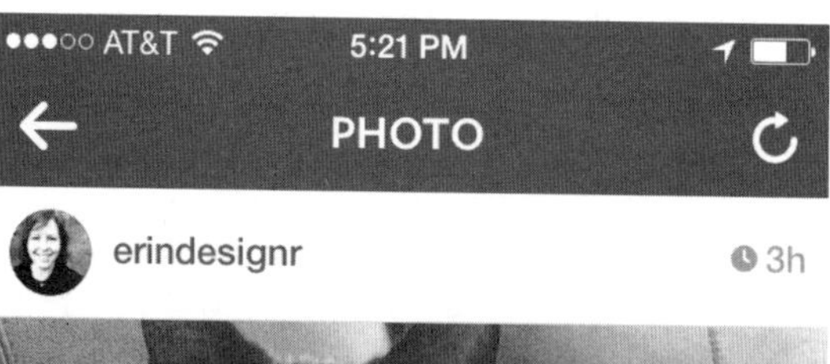

图 10-18：在 Instagram 上，评论请求直接位于图片下方，并和“喜欢”处于同等重要的位置

- 向用户索要身份标识来给评论署名（用户名或昵称）。
- 提供匿名评论方式，让用户从下拉菜单中选择或允许用户不填写任何身份信息，然后由系统自动标记为匿名。
- 如果用户已经在系统中注册过，那么系统应该自动为用户署名。
- 将用户署名与用户在网站上留下的资料联系到一起。如果网站没有用户资料系统，允许用户选择将名字和外部网站联系在一起。
- 为了减少垃圾邮件，采用一些只有人才能回答的验证方案（文字验证码、图片验证码等）。
- 为了进一步减少垃圾邮件，要求用户在评论之前注册。以此为契机来鼓励逐步注册。
- 考虑使用社区审核机制过滤掉恶意评论、垃圾评论及其他发表垃圾留言或非法、有害评论的参与者（参见第 15 章）。
    - 预先确保用户了解社区服务条款和产品准则。
    - 删除留言时说清楚原因，并确保评论在该网站中的引导作用下降。
    - 不要仅仅因为不同意某条留言而将其删除。异议与反对意见是活跃讨论中不可分割的一部分。
    - 如果用户不断发布一些不好的言论，考虑封掉他的账户。但是这种做法只能发生在给出一个警告之后。
    - 考虑使用去元音化技术（*http://en.wikipedia.org/wiki/Disemvoweling*）来审查不想要的留言或垃圾留言，而不必真正手动删除帖子或评论。通过公开使用方法，在网站上发表消息表示这种评论是不可接受的，而且会让这种做法看起来很愚蠢。

其他考虑

给网站增加评论系统时，考虑是否需要一切从头开始：强大的身份系统、垃圾评论过滤系统甚至调控系统，或者考虑采用第三方的解决方案。

第三方的解决方案（例如 Disqus、CommentLuv、LiveFyre 或者

Wordpress 的评论插件）让用户可以对你的内容留言，但通过其他系统进行验证，而用户在这些系统上已经有自己的身份了。这可以降低社区讨论的门槛，另外，在理想情况下，应减轻内容所有者需要做的技术性工作。

但是，作为交换，这些第三方的公司可以用你的数据来建立自己的社交图表、搜集人口学资料，并为他们自己的商业目标服务，这可能与你的目标相背离。

为何使用

留言是让网站上的用户参与进来的一种简单的方法，并且可以成为多个用户对话的渠道。与内容相关的评论会赋予谈话和参与的更多信息。

相关模式

- 评论

参见

- Medium (*http://www.medium.com*)
- Instagram (Instagram.app)
- 《纽约时报》 (*http://nyti.ms/1gnj2gG*)
- 大多数博客，包括 WordPress (*http://wordpress.com/*)，以及其他的博客工具

评论

是什么

用户想采用一种详细描述而非简单评分的方式与其他人分享他对某个事物（地方、人、事情）的想法（见图 10-19）。

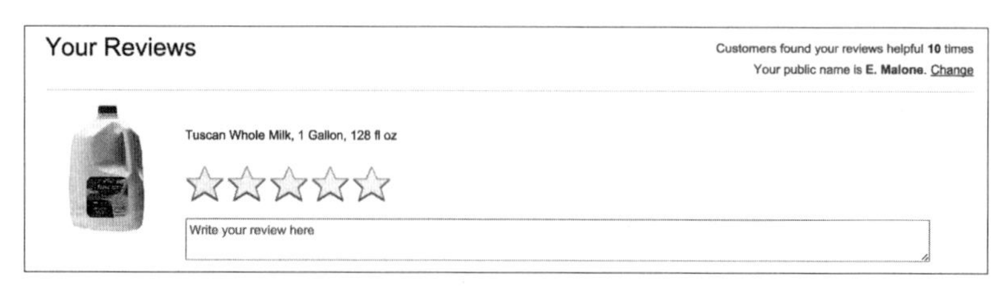

图 10-19：Amazon 上的一篇评论 (http://www.amazon.com)

何时使用

- 当用户想要就某一对象进行评论的时候。
- 当你想要采用用户撰写的评论来补充产品 / 网站的信息时。
- 当你还使用了“等级评定”模式的时候，将两者结合在一起，能更好地获得用户反馈。
- 当你也使用了声誉排名法（鼓励用户撰写高质量的评论）的时候。

如何使用

- 提供与内容相关的链接，允许用户自己开始撰写评论。
- 在你的文本内容中提供一个清楚的行为请求操作，如“写评论”（见图 10-20 与图 10-21）。

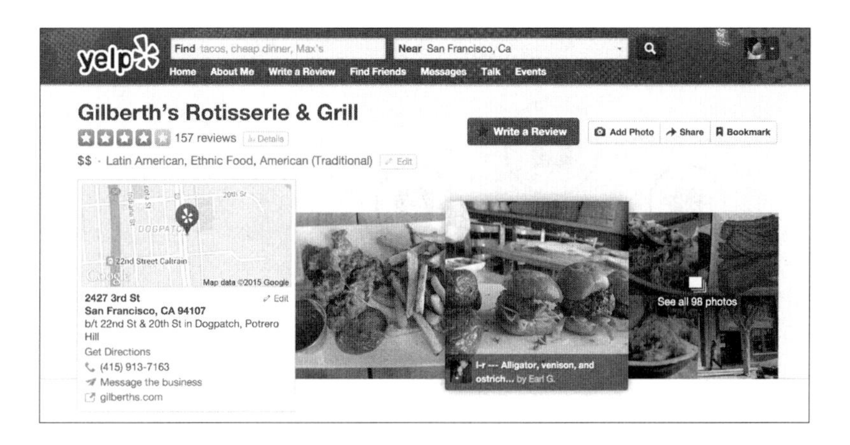

图 10-20：Yelp 使用了一个更加鲜艳的颜色（红色）、尺寸上稍大的按钮来邀请用户“写评论”

- 评论的形式包括以下五个基本要素：
  - 用户能够进行定量评估（等级评定）。
  - 用户能够进行定性评估（撰写评论）。
  - 具有帮助用户撰写评论的指南。
  - 不承担任何法律责任。
  - 用户拥有身份标识，如果用户登录了，通常必填字段或预填充内容将会设为默认。

图 10-21：Yelp 在移动应用上，将“评论”按钮放入了主工具栏，所以随时可以抵达这个按钮 (Yelp iOS 应用)

- 明确说明哪些内容是必填的。
- 以最有利于完成评论的方式组织区域，而不是将精力放在发布时的呈现方式上。
- 在评论区域内限制内容的长度从而鼓励用户简明扼要地描述自己的想法。
- 写完评论后，允许用户选择提交（主要的请求行为）、预览或取消评论。
- 如果用户提交了评论并且填好了必填信息，考虑给用户反馈一个确认页面或确认信息。

- 设置评论发布时间的期望值。
- 提供一个清晰的路径让用户返回评论的初始位置。
- 如果需要，可以提供一个相关内容让用户继续评论。
- 如果必填信息没有填满，提供适当的错误提示信息。
- 如果用户选择预览评论，那么显示评论真正发布后的样子，并且允许用户对评论进行编辑或提交。
- 如果用户将评论删除，系统直接将页面返回到评论的引发位置。

其他考虑

考虑提供对评论进行评价的机制。Amazon 上面“这个评论有用吗”功能帮助评定有用的评论。在有上百个评论时这尤其有用。

考虑对长期贡献高质量评论的用户发放“优质评论员”头衔（依据“有用评论”评定功能授予）。

将评论和评分结合使用，允许快速输入同时告知用户评论的上下文。

可达性

- 允许用户使用制表定位键（Tab）在区域中移动。
- 允许用户按回车键（Enter）来提交评论。

为何使用

“优点”和“缺点”一类的定性区域，看上去比长篇叙述更容易。用户不需要思考完整的句子，他们对于要写的内容有更多明确的方向（肯定和否定）。此外，读者发现浏览比叙述更容易。

相关模式

- 评定等级（星级或 1~5 级）

参见

- Amazon (*http://www amazon com*)
- Yelp (*http://www yelp com* 和 Yelp 移动应用)

征求反馈

是什么

网站所有者想要收集用户对网站的反馈（见图 10-22）。

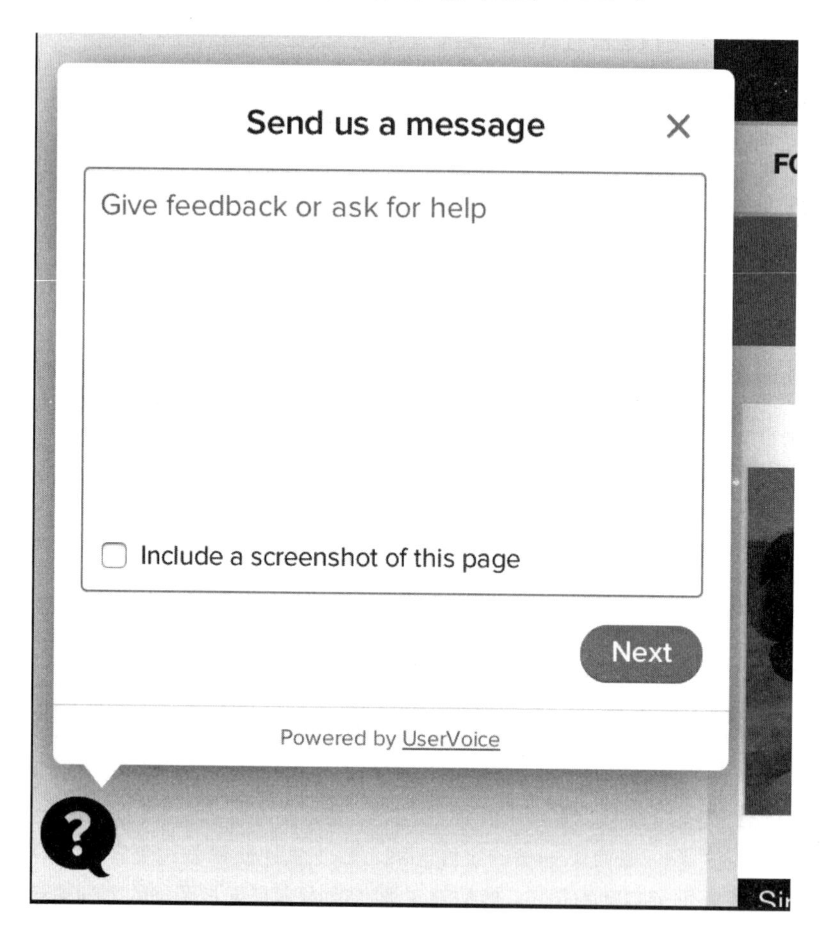

图 10-22：Hunt 的网页版用一个问号图标快速发起请求反馈的输入框。在勾选框打钩自动添加截图，让后台人员了解用户在寻求帮助和提供反馈时所处的页面位置

何时使用

- 你需要一个机制来收集用户对你的网站或服务反馈的时候。
- 你想要获得有关功能改进或新功能的想法的时候。

- 你想要更加了解你的用户以及他们如何与你的网站进行交互的时候。

如何使用

- 提供一个清晰的诸如“给出反馈”或“留下反馈”的提示来号召用户进行反馈（见图 10-23）。

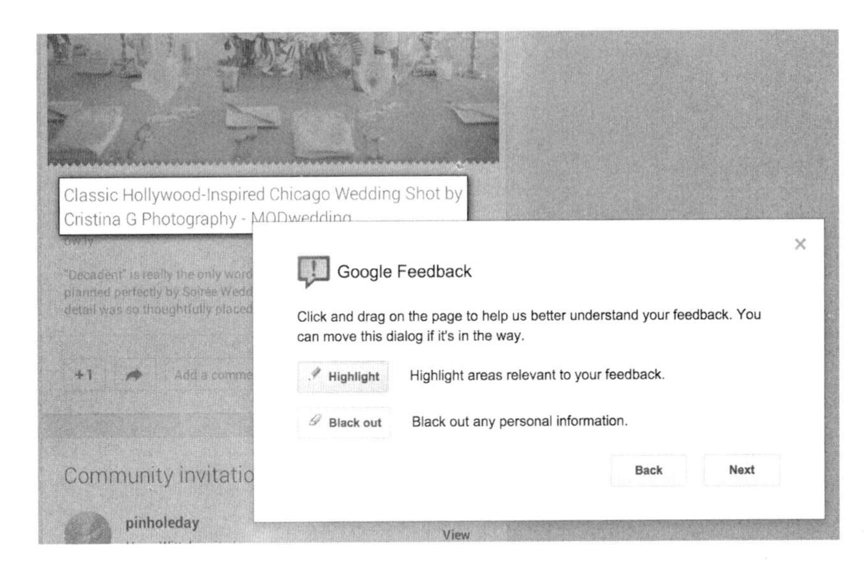

图 10-23：给用户提供一个圈定反馈范围的方式。在 Google 的 Google+ 上面的反馈模式中，用户可以主动以高亮显示有问题的区域，并可以遮盖个人信息 (http://plus.google.com)

- 在许多网站中，反馈链接放在网页的页脚。这意味着只有那些喜欢将页面全部看完的人才能找到链接。如果你正在积极征集更多的意见，可以考虑将它放置在其他位置。
- 在用户访问过多次或者完成了购买行为后再请求反馈。
- 别忘了直接和清晰地请求反馈（见图 10-24）。
- 为用户提供一个自由格式的区域来填写和解释他们的反馈。
- 明确反馈的意图。如果客户支持或客户帮助部门完全不会看到这些反馈，明确告知用户，并给客户提供寻求客服支持的通道。

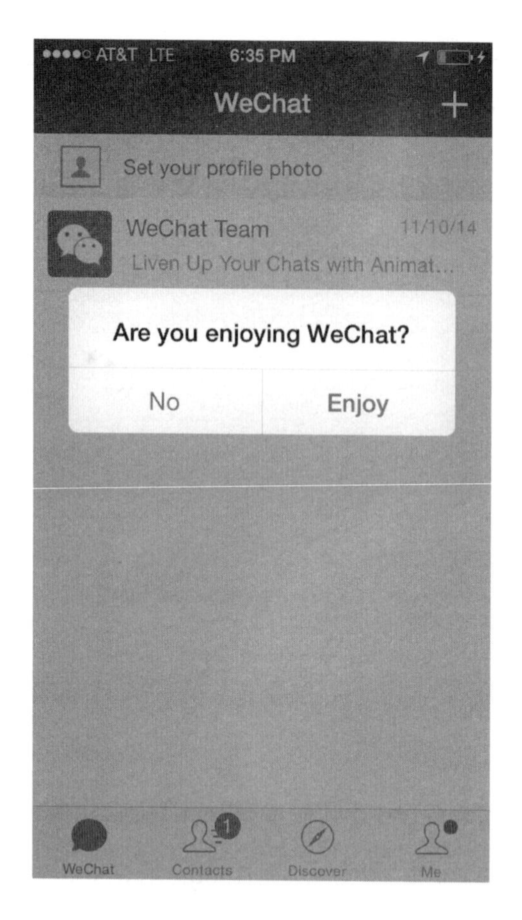

图 10-24：在用户使用过几次以后，微信直接弹出对话框，询问用户是否喜欢这个应用（微信 iOS 应用）

- 给用户一个自我展现的机会。如果反馈内容显示在公众论坛，这就尤为重要。
- 允许用户选择一种方法让公司代表与其取得联系。请记住，一定要将联系信息保密。
- 考虑将所有用户的建议汇总起来，让用户可以浏览这些针对社区的留言、反馈与建议。
- 考虑允许用户评论其他人的建议。最热门的反馈可以用来宣传新功能，或者对产品改进建议进行排序（见图 10-25）。

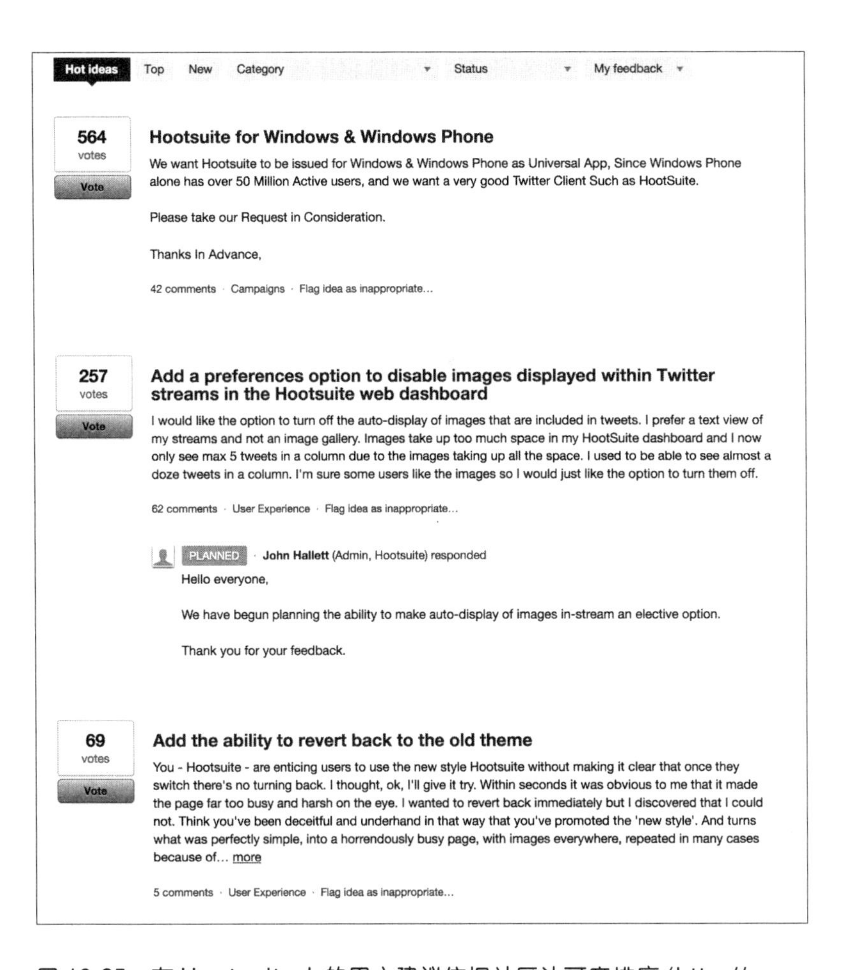

图 10-25：在 Hootsuite 上的用户建议依据社区认可度排序（http://www.hootsuite.com）

- 如果反馈或建议确切来说是关于系统错误或寻求帮助的，那么允许用户在界面中筛选范围，然后在后台给组织中合适的人发送请求、帮助或者错误。如果用户知道某个频道中有人在线，那么他会把所有的问题放到那个频道中，无论你的最初意图或标签是什么。

注意

为你的网站提供一个反馈机制，无论是该网站自己创建的还是第三方创建的，都需要你对此进行一定的投入。

如果你自己建造了一个反馈机制，你需要建立一个系统来过滤可以转化为行动的反馈。功能反馈应该与系统错误反馈分开。系统错误需要分类并且与一系列已经存在的系统错误进行比较。承认接纳了用户反馈就应该以某种形式表达出来，以便让用户了解到他们不是对着黑洞发言。

当你创建了自己的系统，你拥有所有的东西并且可以在时间和人力允许的情况下调整和管理系统，但是对软件的支持往往会付出很大的努力，却可能达不到预期的效果。

让第三方（例如 Get Satisfaction）来收集反馈，也需要人力来过滤反馈并参与到社区当中，但对系统运作的管理就不用你操心了。反过来说，系统的任何变化都不在你的控制之内，而且反馈端与你的服务也不是一个整体。

无论哪种方式都存在利弊，都需要你对人力、运营成本和长期目标进行权衡。

为何使用

允许你的用户提供反馈和建议，让他们在网站上有主人翁意识。如果该网站社会化程度很深且获取了用户的身份信息（见第 4 章），那么用户已经有了网站的主人翁意识。他们正在频繁、以你通常预计不到的方式满腔热情地使用该网站。

利用社区是收集改进方法和未来功能新想法的一种方式。通过社区，你可以深入了解你的用户是如何看待你的网站和你的品牌的。

参见

- Get Satisfaction (*http://www.getsatisfaction.com*)
- UserVoice (*http://www uservoice com*)
- Hootsuite (*http://bit.ly/1Ns78MW*)
- 微信 (移动应用)

延伸阅读

Farmer, F. Randall and Bryce Glass. *Building Web Reputation Systems*. O'Reilly Media, 2010

"The Digg Effect." ReadWriteWeb, December 6, 2007. *http://bit ly/1LOoGDM.*

Frauenfelder, Mark. "Revenge of the Know-It-Alls: Inside the Web's free-advice revolution." *Wired Magazine*, July 2000. *http://wrd. cm/1LOoNPV.*

"*Reviews are Good.*" Revenue Magazine, July/August 2007:104.

Blackshaw, Pete. *Satisfied Customers Tell Three Friends, Angry Customers Tell 3,000: Running a Business in Today's Consumer-Driven World.* Broadway Business, 2008.

第 11 章

Watson，快来

对话成功的最大秘诀就在于少夸奖，多倾听；
要常常怀疑我们自己的想法，并且不时怀疑我们朋友的想法；
不要装得很聪明，但是尽我们所能让别人显得很聪明；
倾听别人在说什么，要做出切合要领的回应。

——Benjamin Franklin（本杰明·富兰克林）

有很多不同类型的通信方式可供用户使用，当我们创建社交网站时，应该考虑共同使用这些工具。每个工具都有它自己的长处和特定类型的行为方式。

一对多的交流，又称为广播（如博客、播客、微博）使得用户有机会创作并发表文章。作者会公布他对某件事（阅读过的文章、新听到的歌或其他某个特定的主题）的看法，或者最近的生活状况。在这种情况下人们并没有期望对话，但添加评论和工具后，如 Twitter 的回复，就创建了一个间接对话的机会。

多对多的沟通（例如：留言板、论坛、邮件讨论组和在线交谈等）允许多个人就多个主题进行讨论，但通常都受主要主题的约束。任何人都可以发起一个对话，并且每个人都可以阅读并参与其中。这些对话通常都是公共的，但邮件讨论组通常只有会员才能参与。

一对一的沟通（短信、Twitter 私密消息、Skype）可以为两个人（或一个小组）之间的通信提供方便，通常是实时的并且是私密的。

制造“意义”的机器

我的奶奶波娃哲科曾经告诉我她为什么不再做黄瓜沙拉。当她切黄瓜时，她的胳膊就会疼。她认为是黄瓜引起了疼痛。

当然，这是合理的想法。当她在切黄瓜时她的胳膊就会疼，并且在不切时，就会感觉好一些。但同时，这种想法也是完全错误的。她的胳膊疼是因为她患有关节炎。但我父亲的任何说辞都改变不了她的想法。

在意第绪语[译注1]中，这叫 bubbe maisse，字面意思是“母亲的故事”，但这种事不仅仅只会在“母亲”身上发生，在我们身上也会发生类似的事情。

我们的大脑获得大量的信息，并把这些信息转换为叙事性故事来帮助我们认识这个世界。你可以将此想象成你的大脑坐在电影院里看着闪烁的屏幕。大脑会吸收那些独立的图像并且围绕着它们创建一个故事，就像你把一些独立的词组成句子一样。

有趣的是如果你挪走部分信息，我们的大脑会倍加努力地填补这些空缺。在 Radiolab（NPR 的播客）上有一段我特别喜欢的节目，是节目主持人与有跳伞逃生经历的战斗机驾驶员 (*http://bit.ly/1Ns8sPX*) 的谈话，该飞行员谈道：当大脑被剥夺信息时，它会自己创建一个精细的虚拟现实。

对网络世界来说这是相关的，因为我们拥有的信息远远少于现实社交场合所需要的信息。虚拟通信，如邮件、博客评论、即时消息等，都没有我们社交时大脑所需的相关数据。在背景缺失的情况下，我们的大脑会填充剩余的部分。我们所填充的东西正是我们自身不安全感的副产品。

在《Science》杂志 2008 年 10 月的期刊上，一位叫詹尼佛·惠特森（Jennifer Whitson）的研究者发表了一篇名为“操控感缺乏，虚幻的理解模式就会增加”（*http://www.sciencemag.org/cgi/cont ent/abstract /sci;322/5898/115*）的论文。她分别对两个实验组进行了实验。不管他们说什么，“缺乏控制能力”小组的成员，都会被告知他们

译注 1：在大屠杀前欧洲东部和中部犹太人使用的语言。

的回答一半正确一半错误。而“有控制能力”小组的成员则被告知他们的回答是正确的。

随后，给两个小组展示了一系列随机的静态图片。有趣的是：“缺乏控制能力”小组的成员比“有控制能力”小组的成员会更认真地观察静态图片，他们是为了在混乱的图片显示中找到有意义的东西。所以，这个实验的结果表明，虽然我们的大脑都是制造“意义”的机器，但处于压力状态下的大脑会更努力地工作，它们能真正看到隐含的意义。

我对这一研究结果很感兴趣，因为它可以解释这个老生常谈的问题：为什么正常人在网上会变得古怪？的确，当人们认为他们不被注视时，他们会更容易将头脑中的一些想法付诸行动，而显示器正好对此提供了帮助。但是，为什么会这样呢？可能是因为他们的大脑在混乱的网络中更加努力地运作，并且他们超压的大脑看到的是：他们乱发脾气是合理的。毕竟，每个孩子打架的第一个借口都是说其他小孩先动手。

以上谈及的都只是生物学方面的内容。你不能告诉别人他所看到或感觉到的都不是真实的，并且希望他相信你。那么，我们能怎么办呢？惠特森论文中的 NPR 故事在结尾的时候谈到了这个生动的情节。

> 在另一个试验中，她要求感觉缺乏控制能力的志愿者说出一个他们认为重要的个人价值。然后再给这些人看一些模糊的、无意义的图片时，他们没有看到虚幻的东西。惠特森说：这也许会对现实生活有所帮助。当你感觉到无能为力时，也许你应该停下来考虑一下什么才是你真正在乎的，什么才是你真正能控制的。

该项研究除了对个人很有参考价值外，它也是社区设计者应该参考的。我们创建的界面要想对社区的用户真正有吸引力，我们应该考虑如何才能给用户以一种“尽在掌控”的感觉？如果我们的界面做到了这一点，我相信用户会更积极地参与到网站的社区中。

生活中所发生的一切都是我们讲给自己的故事。作为一个在线社区的创建者或参与者，要记住：你对你自己的故事的控制程度，在实际中要比你所预想中得更大。

——**德雷克·波瓦哲科**（Derek Powazek），Community Media Maven

（这篇短文最初于 2008 年 10 月 4 日在 *http://powazek.com/posts/1263* 上发表。）

同步沟通与异步沟通

当你决定在你的社交框架中添加哪种类型的通信工具时，应考虑将时间作为通信系统设计的一个关键因素。论坛和对话流（例如 Twitter）上的公共对话通常是异步的，并且可以存在很长一段时间。用户上网的时间不同，他们会在适当的时机参与到对话中。在博客上，对一个单一主题评论很容易跟进，并且在很长一段时间内都可以参与。这通常得益于话题追踪工具。尽管这增加了系统和用户操作的复杂性，但这些工具使跟踪多个用户的谈话变得容易。这些类型的对话大多都是公共的。实时通信工具的实时对话是同步的，并且要依靠所有参与者同时在线才能使用。这种类型的对话要想延续下去很容易，因为对话是实时发生的，并且通常发生在少数参与者之间。这些对话通常是私密的。

登录并参与沟通

大部分社交背景下的沟通和活动工具在参与前都需要注册。这么做有多种目的。用户用一些有价值的东西换得了参与沟通 / 活动的权利。注册信息被网站用来赚钱和做广告。此外，只有登录后，网站才能为用户保存他们所贡献的内容。如果没有与用户相关联的注册信息，这个用户的参与情况就会在会话结束时丢失。最后，一个与特定用户名相关联的账户可以帮助用户在参与过程中建立声望，并且允许其他人对那个用户和他所贡献的内容形成自己的看法。

元对话

是什么

用户想讨论偏离主题的内容。

何时使用

当你想分隔网站主题讨论和不可避免的跑题讨论时使用。

如何使用

- 对于跑题的讨论，单独创建一个版块或者讨论地点
- 清楚告知用户偏题的讨论应该在另一版块而不是主版块中进行

- 如果用户自己不主动迁移，管理员应该将讨论移动到另一版块

为何使用

任何为用户提供讨论场所的网站都会有离题的讨论。如果对其放任不管，时间长了这些讨论就会淹没网站主题。用这个模式来分隔网站主题讨论和关于网站本身或者其他话题的讨论。

参见

- *metafilter* 和其讨论网站 *metatalk*
- *stackoverflow* 和其讨论网站 *meta stackoverflow*

贡献者

由 *Sam Dwyer* (steerpike) 向维基贡献。

论坛

是什么

用户想就某个话题和他人一起讨论（见图 11-1）。这可以是在独立的讨论板中，在一系列临时但相关的论坛中，或者以特定内容（例如新闻文章或博客帖子）上的评论跟帖的形式。

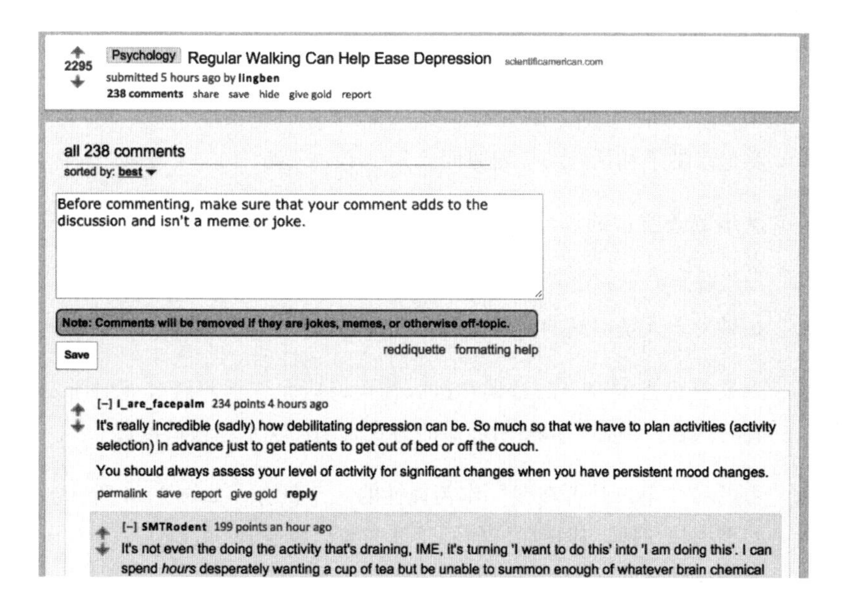

图 11-1：Reddit 已经成为网络上讨论一切的场所

何时使用

在如下情况中使用该模式：

- 你想让用户创建讨论话题。
- 你想让用户回应某个话题。
- 你想让用户对其他用户的留言做出回应。

如何使用

- 事先在网站上创建一些特定背景下的讨论主题。
- 允许用户创建新的讨论话题。
- 要有明确的提示，以便让用户为某个主题发表留言。
- 要有明确的提示，以便让用户回复别人的留言（见图 11-2）。

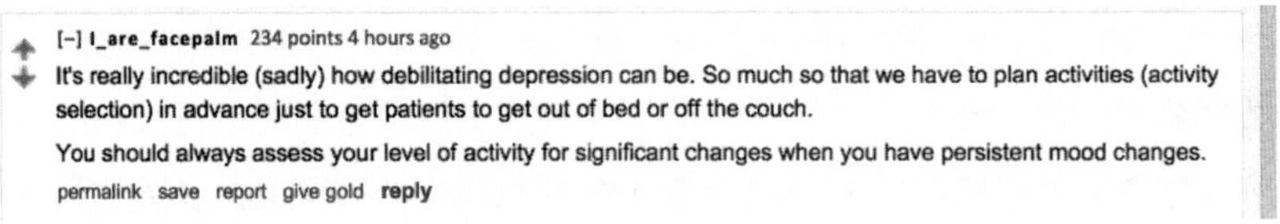

[–] I_are_facepalm 234 points 4 hours ago
It's really incredible (sadly) how debilitating depression can be. So much so that we have to plan activities (activity selection) in advance just to get patients to get out of bed or off the couch.
You should always assess your level of activity for significant changes when you have persistent mood changes.
permalink save report give gold reply

图 11-2：为直接回复留言或消息，应该提供一个清楚的按钮或者链接

- 如果回复或发表主题的区域有字数限制，则应清楚地标识出来。
- 允许用户在发布之前预览。
- 要记录帖子和话题的创建时间。
- 显示每条留言的属性，并将用户名与该人公开的个人信息联系起来。
- 如果发布人是网站的“官方”代表，那么就要显示出来。
- 如果有留言内容上的错误和排版错误，应允许用户修改他们所发表的内容。用显示编辑时间戳的方式表明该文章已被修改过。
- 考虑将“用户是否在线”作为属性的一个部分，如图 11-4 所示。如果用户在线，应该允许他们通过在线交谈或 IM 机制实时和创作者取得联系。

- 显示新话题。
- 显示热点话题。
- 允许开放论坛上的话题和文章能被主流搜索引擎抓取并搜索到。
- 允许用户通过 RSS 追踪对话（见图 11-5）。
- 以线性格式显示消息，以便用户能够通过对话的生命周期来追踪对话。

审核

- 要巧妙但坚决地审核讨论列表。审核得太严，人们会移步其他地方去讨论；审核得太松，社区可能会因为有“不和谐”的发言而最终垮塌，或者会在网络社区中引发口水战并违反法律和道德规范。
- 如图 11-3 所示，允许用户向审核者或者网站所有者揭发滥用或不当发表。

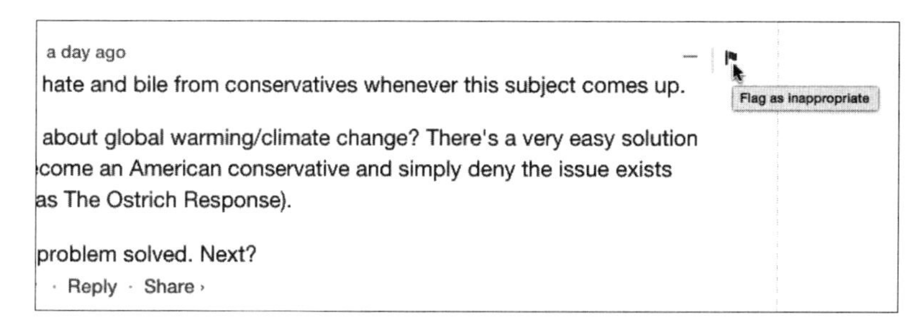

图 11-3：Disqus 在每个信息旁都提供一个旗标，便于用户揭发滥用或不当发表

- 允许关闭一个讨论话题，并且清楚地显示不允许任何人回帖。

为何使用

对于围绕某个有趣话题展开对话来说，论坛和留言板是一种比回帖评论更可控的方法。留言板允许用户在一个较大话题下创建多个不同话题，并且可以在网站上创建一个丰富的社区。

相关模式

- 署名
- 留言
- 社区管理
- 群组

参见

- Flickr (*http://www.flickr.com*)
- vBulletin (*http://www.vbulletin.com*)
- Yahoo！ Developer Network（*http://developer.yahoo.com*）
- Yahoo! Finance (*http://finance.yahoo.com*)

公共对话

是什么

人们希望在公共环境中交谈，并且不介意别人看到或听到（见图 11-4）。注意，有时候过于公共和开放的环境可能会导致不良后果，对于参与者免受骚扰和侮辱的保护会有所不足。Twitter 就因为滋长不安环境和排除边缘人群而备受诟病。

图 11-4：在 Twitter 上的谈话主要是人们之间公开的多方交谈，就像是一个鸡尾酒会

何时使用

- 使用该模式创建一个公共的对话框架。
- 使用该模式区别公共对话和私密对话。

如何使用

- 允许用户之间建立对话。创建一个足够灵活的框架来支持两个人或者更多人交谈。通过界面清楚地显示对话是公共的且能被其他人看到。
- 允许人们评论一段话、一个条目或者其他评论。这将以异步的方式创建一个对话（见图 11-5）。

图 11-5：对分享或活动的评论会有局部的异步对话，就像 Facebook 上围绕 Timeline 的讨论

- 提供输入文字的留言框。清楚地显示交谈的字符数。博客或留言板后的评论通常都有一个最大字数限制。微博创建了短字符数的趋势。例如，Twitter 将它的字符输入限制到 140。

- 考虑允许无内容限制的沟通方式。如被 Facebook 普及的交际戳（Poke），给在线社交平台带来了娱乐和新奇的感觉，虽然我并不记得上次我戳别人或者被戳是什么时候了。

- 如果公共对话是围绕一个条目（如一张照片或新闻文章）展开的或是由网站论坛指定话题发起的，那么要对这些网络言论进行周期性审核，用以警示不良行为或者删除垃圾邮件。

- 如果公共对话发生在个人环境或是某个专门对话框架中，就应该允许用户通过删除或编辑他们自己的言论来自我审核。此外，允许用户屏蔽一些他们不想见到的用户，但不能影响其他参与者的对话跟帖。

为何使用

- 有时，用户希望在他们所处的社交环境中交谈，并且不希望将对话转移到电子邮件或者脱机状况。

- 为公共对话提供选择，这样就可以将对话变为一种公共的内容和一种众人参与的活动。

- 经常会有潜水者，但是，开放、公众的对话可能会诱惑那些原本不愿意发言的人参与到对话中。

相关模式

- 留言
- 论坛
- 私密对话

参见

- Facebook (*http://www.facebook.com*)
- Twitter (*http://www.twitter.com*)

私密对话

是什么

人们想在一个社交环境中或者感兴趣的网络环境中进行私密对话（见图 11-6）。

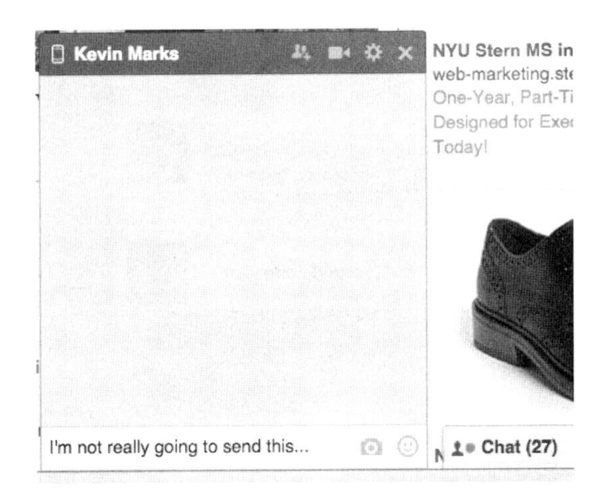

图 11-6：在 Facebook 上，你可以查看一下谁在线，并且可以通过即时信息聊天，给某人发一些私人的消息

何时使用

用来为人们创建一个私密的交流环境。

如何使用

允许人们以同步、异步的通信方式互相发送私密信息。

为私人消息提供一个临时收件箱可能会加剧网上身份碎片化的问题。可以考虑让用户使用他们先前注册时的邮箱来通信。但是不要打断电子邮件——要让用户能够直接从电子邮件中回复消息，这样就不会打断用户的对话。

年轻用户不太愿意用电子邮件进行交流，所以对年轻人来说，临时收件箱可能更合适。

许多时候，用户需要能够在公共场合中有一个秘密通道，而不需要一套完备的通信系统。Twitter 可以让用户在系统内相互发送消息（见图 11-7）。

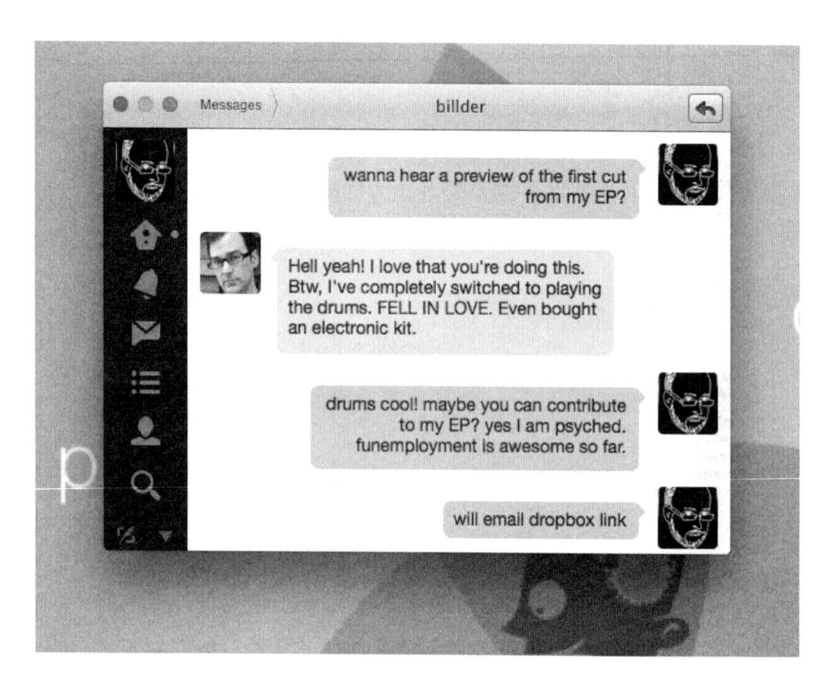

图 11-7：Twitter 允许用户相互间发送私人信息，功能和 IM 与 SMS 差不多

当显示用户的在线状态时可以考虑提供内线聊天的功能。

碰瓷

给一个用户提供一些联系其他人的简单的工具能使对话持续进行，尤其是当他害羞或者不像其他人那样自信时非常适用，如图 11-8 所示。

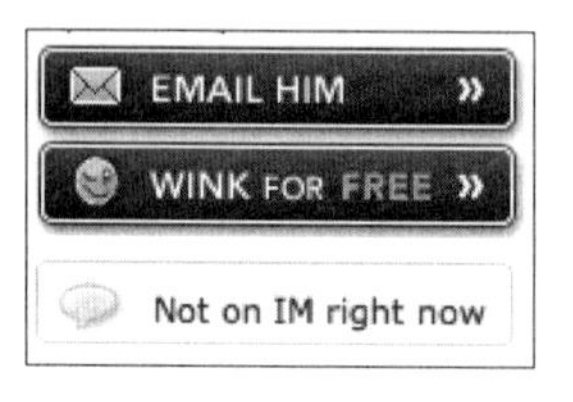

图 11-8：Match.com 给用户提供了向别人“眉目传情”（wink）的功能。这样，就给压力较大的在线约会场所提供了一种不费力、低风险的交际方式

秘密通道

在公开的对话工具中为用户提供一种用于私密谈话的秘密通道，这样会吸引用户在你的社交网站上待更长的时间。

Twitter 的“直达消息”功能可以让用户在相同的界面内就能相互通信，

只要用户在他人的用户名前加上字母 D（Direct message 的首字母）即可。

为何使用

有时人们希望远离公众场合进行一次“离线”对话。给人们提供私人对话的工具——不管是异步（如邮件、直达消息或短信）还是同步的（如即时消息）——都有助于加强联系，并且用户在网络社会环境中就会表现得更加积极。

相关模式

- 到场的动作以及到场的不同方面
- 公共对话

参见

- Facebook (*http://www.facebook.com*)
- Match.com (*http://www.match.com*)
- Twitter (*http://www.twitter.com*)

群组对话

是什么

很多人希望一起讨论他们感兴趣的主题。

何时使用

- 让多个用户实时交谈。
- 在沟通工具内部使用，这样可以扩大对话的机会。

如何使用

- 向用户提供一个足够大的窗口，这样用户就可以看到正在进行的群组对话了。
- 给用户提供一个可以输入他自己想法的区域。
- 信息显示区和信息录入区都要有灵活性，这样用户就可以改变它们的大小了。

- 提供文字快捷键，如可以形象地表示出体现情绪的表情符号：大笑、讽刺、悲伤等。若有可能，可以显示文字符号的图形化表情。
- 清楚地显示谁说了什么。显示发言人的名字并且考虑显示每部分对话发生的时间。

私人群组对话

- 允许一个人实时发起对话，并且邀请其他人参与（见图 11-9）。

图 11-9：任何人都可以从他的好友列表中邀请其他人在 iMessage (Messages) 中创建一个群组对话

- 给群创建人提供一个 URL 以便他能轻松地邀请其他人参与到对话中。
- 提供创建群组对话的人员列表。
- 用户可以将聊天记录保存为文本文件。

公众群组对话

- 允许用户实时创建公众对话空间。

- 提供一个搜索机制，以便用户能轻松地发现公众对话。
- 允许创建者为聊天室命名，以便其他人能通过搜索或者浏览的方式发现它。
- 允许聊天空间永久保存或者重复使用。
- 考虑向所有用户推荐一些有趣的群组讨论。

相关模式

- 群组
- 私密对话
- 公共对话

参见

- Acrobat Connect (*http://www.adobe.com/products/acrobatconnect/*)
- AIM (*http://www.aim.com*)
- Skype (*http://www.skype.com/*)
- WebEx (*http://www.webex.com/*)
- Yahoo! Instant Messenger (*http://messenger.yahoo.com*)
- Yuuguu (*http://www.yuuguu.com/*)

设计迥然不同的网络信息世界

社交界面设计和部署，是以支持由共同兴趣被吸引到一起，但常常地理位置上非常分散的人群间不断互动为目的。他们进行严肃的讨论、轻松的谈话，在整个互联网上交换信息和娱乐资源。在这个过程中，一些复杂的现象是显而易见的：问题被提出和解答，信息被寻求和提供，人们聊既琐碎又深刻的问题。随着时间的推移，参与者增进对彼此的了解，他们会渐渐觉得交互场所产生了自己独特的特征和功能，一套规则、价值观和特定做法——可称为“信息世界”（见贾格和布鲁特（Jaeger & Burnett） 2010 年 Routledge 著作：《信息世界：在互联网时代的社会背景、信息技术和信息行为》（Information Worlds: Social Context, Technology, and Information Behavior in the Age of the Internet））。

与在现实世界中一样，网络中的每个设置都有其独特的意义；界面和设计风格对一个世界中的行为和参与的模式产生了巨大影响，无论是直接的还是间接的。比如，Twitter 的 140 个字符的限制，既是一个用户交流的限制，又催生了新的用户行为，例如 # 标签（hashtag，既丰富又俏皮）和语义创新（对语言规范不可避免地重新定义使其简洁化和碎片化）。

Facebook 将个人资料和封面照片整合到用户的时间表，对用户如何才能在朋友圈中自我表达产生显著的影响。它提供了比 Twitter 这样的文本世界丰富得多的视觉上的自我界定和身份构建（尽管 Twitter 可以链接到其他媒体）。

界面和设计风格同样会对网络信息世界平台和其支撑的社交形态与结构产生影响——它是如何呈现，如何被参与者感知，如何构建自己的意义与价值。其中的某些行为准则通过常见问题（FAQ）、用户协议和服务条款的形式由平台运营方决定；这些规定和指导方针界定了某个信息世界里可分享内容的范畴，例如 Facebook 臭名昭著的关于正在哺乳的妈妈的照片的审核。

但是，另一部分取决于设计决策以及用户特性。例如，Twitter 的信息容量对于任何一个单个的用户来说都过于庞大，所以将交流设置为单向的这个设计决定（换句话说，一个用户关注另一用户并不保证对方会回馈同样的关注），使用户可以从近乎无尽的可能中创造自己的小型信息世界，而不用依赖朋友圈或私人关系。

同样，像 Facebook 这样占主导的社交世界和不那么受欢迎的 Google+，也将用户置于他们“朋友”圈子的核心，用户有权选择他们的朋友和信息来源，而不用在乎其他。总之，这些系统的所有用户分享一个相同的入口界面，通往他们各自的信息世界。

Facebook 的所有用户，也就是说，分享总体上共同体验形态的用户们（不管这是好是坏），他们每个人的“时间表”，在基本的外观和功能上是没有区别的。每个人都受限于同样一套功能，例如 Facebook 对于信息呈现方式的两种选择：要么通过 Facebook 的算法将“最佳故事”排在最前面，要么将“最新状态”排在最前面（这个选择还不太容易找到）。但另一方面，每个 Facebook 用户的体验又是唯一的，因为每个人的“时间表”（其中的大部分）都是由其独有的朋友、熟人和组织所构成的。这意味着每个用户的信息世界都和他人不同，每个人所看到的，除了某些特例外，都是他所期待看到的——通过他自己对朋友的选择以及“赞”的内容。

将社交空间变为信息世界的设计，同早期例如 Usenet 与 WELL 这些的设置大不相同。例如，WELL 很大程度上依然是纯文字的，没有多媒体功能。它被分割成多个“会议”，每个会议又被分割成多个“主题”。每个主题下的发布都通过简单的时间顺序呈现。每个用户除了极少的个性化选择之外，看到的都是一样的形态和顺序。换句话说，这种设计暗含了将信息流变成共享的社交资源的思想，而不仅仅是个人选择的结果。

这些对于社交行为和信息共享的不同选择对于信息世界形成的用户准则和价值有重要影响。但是，尽管有设计决策的界定和影响，所有在线空间的用户们都会自己定义一套准则和价值，用以界定对于他们所分享的世界里适当行为、活动和态度的共同感知。一段时间以后，这些准则和价值变成了这些世界中交互与期望的基石。它们成为一种指导方针，尽管很多时候都没有明文规定，它们帮助用户理解可接受与不可接受的行为的界限在哪里。

结果就是，通过群体的长期存在，每个世界都会形成它自己的一套准则和价值。每个世界都通过用户活动呈现自己的独特“口味”。这些准则和价值也会影响用户在共享空间中建立自己和群体身份的方式——他们如何称呼彼此，什么是“和主题相关”的发布，甚至关系到某种类型的信息（通常是意识形态或者政治上的）会被讨论还是被忽略。

——加里·贝内特（Gary Burnett），佛罗里达州立大学信息学院教授

网战

口水战

口水战是由于有人以粗暴的方式回应他人（这人通常被称为挑衅者）对他的负面的、敌对的或者是人身攻击时而引发的。这些通常发生在论坛或者消息列表中，也发生在在线交谈、IM 和对一个事物的评论中。

挑衅者通常将某种言论奉为唯一正解，以挑起事端。当别人对这言论不赞同的时候，挑衅者就开始煽风点火发起人身攻击了。

在大多数的社交环境中，口水战是不受欢迎的，并且违背了网站的服务条款。口水战将对话从多数人手里抢了过来。在多数案例中，社区将会自己平息激烈争论，并且清楚地说明那种行为是不提倡的、不容许的。在更极端的案例中，社区版主、网站所有者或者那些遵循公司服务条款的人会来处理这种情况。社区版主可以通过审核参与者或者将参与者禁言的方式来平息激烈争论。

复仇

当一个人或者一群人对其他人或者一群人采取敌对性的回应行为时，网络社区中的报复就发生了。报复行为应该通过社区版主和注销“罪犯”账号的方式处理。如果不能及时而坚决地处理掉报复和口水战，就有可能毁掉整个社区。

马甲

马甲是指在一个网络社区中，假冒者出于欺骗目的而使用假网络身份的现象。这些假冒的身份或马甲，经常是为了褒奖一个产品或者褒奖他人或者褒奖其他某个主题而创建的。该马甲通常是由支持者创建的。《纽约时报》的一篇文章主张将“马甲”定义为“炮制一个虚假的网络身份为自己或盟友在网络社区中制造一种受到褒奖、保护或支持的假象”。

网站所有者如果发现马甲，就可以通过黑名单或者其他社区管理机制来处理。

回复通知

我们看到这样的一种趋势：应用之外的通知层面已逐渐成为争夺注意力的战场，一个促发谈话或者回应的契机，甚至有时候通知本身就是一个小型的用户体验（用户甚至无须访问应用本身）。

很多产品都提供通知功能，这样每次有人提到你，赞了你的留言或者给你留言的时候，你都可以立即知晓。讨论界面上的消息提醒和图标是吸引用户注意力的另一个渠道，随时提醒你又有新东西可看了（见图 11-10）

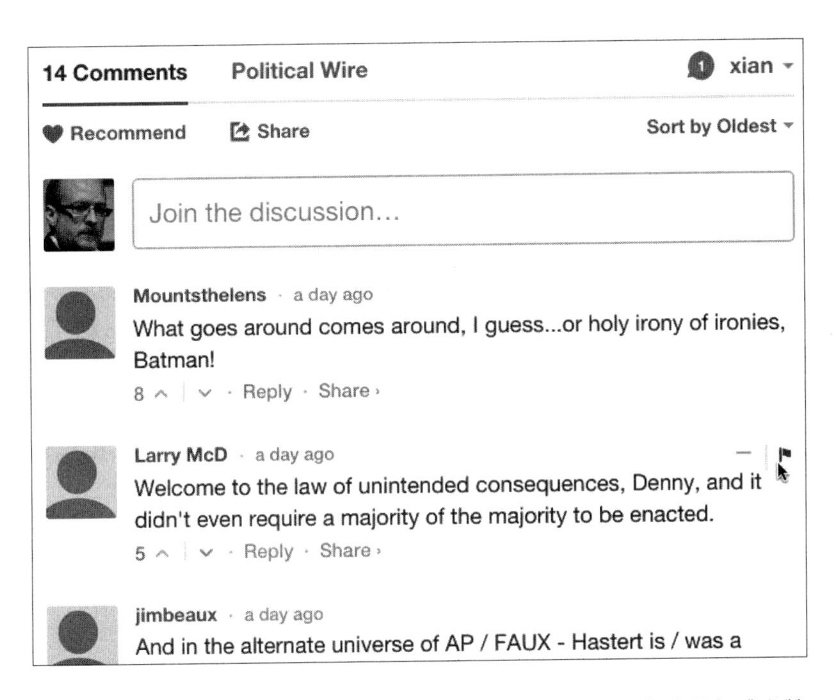

图 11-10：当我每天早上例行查看政治消息的时候，我发现有人回复或者赞了我昨天的评论

延伸阅读

Reed, Mike. “Flame Warriors.” *http://bit ly/1N4jVER*.

Stone, Brad and Matt Richtel. “The Hand That Controls the Sock Puppet Could Get Slapped.” The *New York Times*, July 16, 2007. *http://nytims/1NsbIe6*.

第四部分

社区里美好的一天

目前为止，我们讨论了如何在应用中代表人（或许，更重要的是，如何让人们代表自己）；我们也涵盖了系统中的社交对象，研究了人们可以通过其完成的活动。现在，我们来到了关系的领域。

没有人与人之间的关系，就没有社交。共享活动，像我们在第三部分中提到的那些，自然而然地就会在现实世界中发展出关系：人们通过共同的熟人认识，一起参加活动，与彼此约会，向彼此许诺，最终发现他们处于一段持续的关系里。

在这个部分，我们将会讨论标示和宣布关系的机制；产生于重叠关系的社区动态（特别是如何鼓励健康行为并组织寄生虫和破坏行为）；以及如何通过本地交流和共同活动的创建，为人们提供将虚拟联系带入真实世界的方法。

第 12 章

齐心协力盖房子

那个让我看到前途一片光明的时刻，我始终记忆犹新。当时是 1999 年，戴夫 · 维纳（Dave Winer）打电话给我说有样东西我必须得看看。他向我展示了一个网页。那个网页包括什么内容我已无法记清，唯一让我记得的是一个按钮。它上面写着：编辑此页。对我来说，正是这件事情让我的人生发生了翻天覆地的变化。

我点了这个按钮，弹出一个包含纯文本和少量 HTML 的文本框，HTML 代码能控制浏览器如何呈现指定页面。在这个文本框内我看到了页面上显示的文字。我做了一点小小的改动，按下另一个写着“保存该页面”的按钮。瞧，页面已经保存了刚才的改动……戴夫作为运动领导人之一，让万维网的创始人蒂姆 · 伯纳斯 - 李（Tim Berners-Lee）未能实现的承诺重获生机。蒂姆 · 伯纳斯 - 李设想了一个可读写的网络（Web）。但是在 20 世纪 90 年代出现的只是可读的网络。人们需要在互联网服务供应商注册账号，还需要特殊工具和 HTML 的专业知识才能制作一个过得去的网站。戴夫和其他博客先驱们所做的是一个突破。他们认为，网站必须可写，而非仅仅可读，他们也决心要让这一切操作起来非常简单。于是，可读 / 可写网站才真正重生了。

——丹 · 吉尔默（Dan Gillmor），《戴夫 · 维纳：祝福》（*Dave Winer: A Toast*），http://bit.ly/1gnjETA

协作

我最早在网络上发布的东西非常私人化，那是一个故事（*http://ezone.org/no/bird.html*）。接下来我发布的是协作性的东西——一本杂志（*http://ezone.org*）。那是在 1994 年。我们想以一种更深入的方式与新加入的人互动，而不仅仅像传统出版业的读者来信那样只是单方面的联络。来自世界各地的人想和我们合作，我们也同样如此。在没有任何体系的情况下，仅仅依靠彼此的理解，我们坚持运作了四年，但是，毕竟任何形式的协作都是需要某些形式的规章的，因此这种随意的方式没能撑到最后。

在在线社交网络应用的初期（想想 SixDegrees 和 Friendster），最终都会遇到"接下该怎么办？"的问题：你可以创建账户，登记你的名字、找人、与他们联系，然后呢？缺乏最终目的。你可以成立小组讨论一些事情，但这早已可以通过大量其他应用（如电子邮件列表和 Usenet）来实现，即使没有将它们明确地定义为社交网络。

所以，只有当你开始让人们能在一起"做事"的时候，在线社交网络的力量才可以真正发挥出来。

现在，通过使用那些经过时间考验并被证明优秀的设计模式，可以使指挥团队协作变为可能。它给大家提供一个共享空间，一个邀请其他人的渠道，一个管理任务的平台，同时可以使用版本控制并保护个人的权利。

维基项目，如无处不在的维基百科；使用如 Sourceforge、CollabNet 和 Github 开发的开源软件；雅虎的群组；基于对某个人的崇拜而组建的群，如泽·弗兰克（Ze Frank）（*http://zefrank.com*）的粉丝团；都表明如果你为那些有共同关注点的人提供一个交流的平台，它爆发出来的力量将会是无穷的（见图 12-1）。

管理项目

是什么

当人们聚在一起形成群体，他们常常会有共同的愿望，一起做一些具体或复杂的事情，通常这些目标都会影响到现实世界（离线活动），见图 12-2。

"管理项目"也被称作"工作空间"模式。

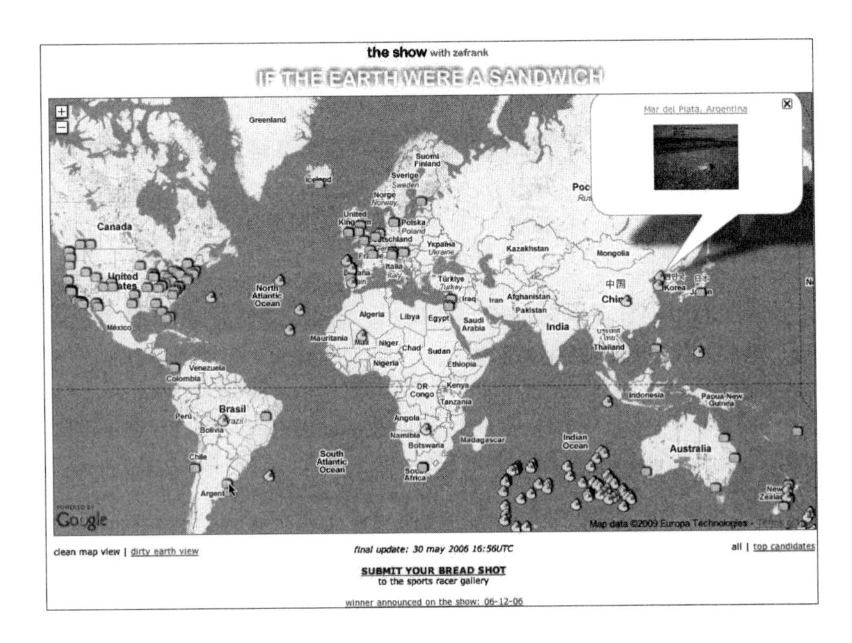

图 12-1：泽·弗兰克“如果地球是一个三明治”挑战，吸引了许多参与者把面包片放在对应点，试图把地球变成三明治

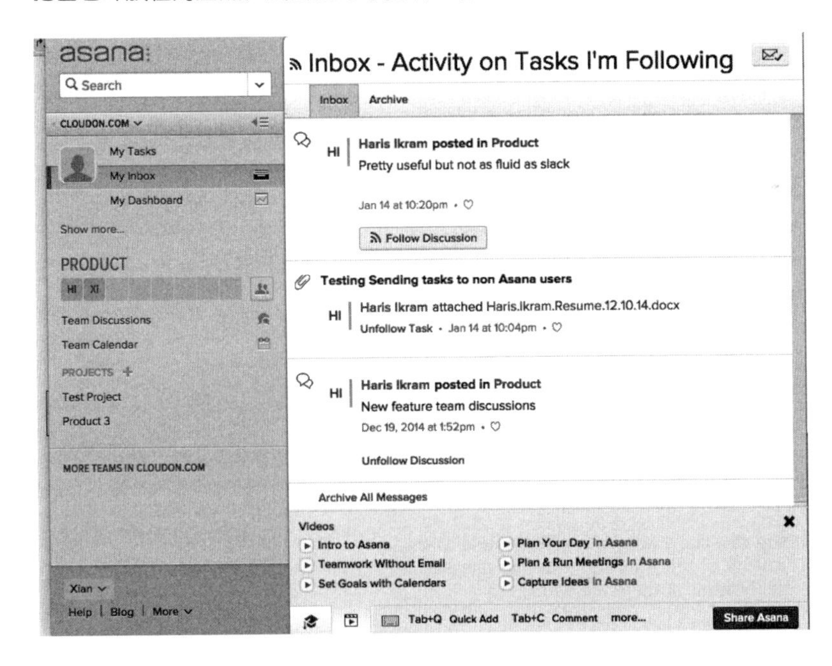

图 12-2：你可以通过蛮干或者努力用大部分社交界面来管理某个项目；但即使只有项目管理的基础组件，如任务、排期、文件上传、协同编辑等，项目管理就会变得容易得多

何时使用

当你提供建立群组的权限，并想给整个团体的项目活动提供支持时，可以使用此模式。如果你没有带宽（字面或象征性地）来支持这项活动，那么可以考虑使用第三方服务。

如何使用

- 让具有不同任务及时间安排的成员，通过调整目标、任务和时间等来协作完成项目成为可能。
- 提供工作空间将所有与项目相关的（人、任务、日期、相关方）链接起来，如果可能，还提供一个全貌图可以链接到各方面的详细页面。这样可以实现不同地域的异步通信。
- 让项目创始人或者成员能够通过“发送邀请函”引入协作者，并且可以给不同的个人或群体赋予不同的权利（见图 12-3）。

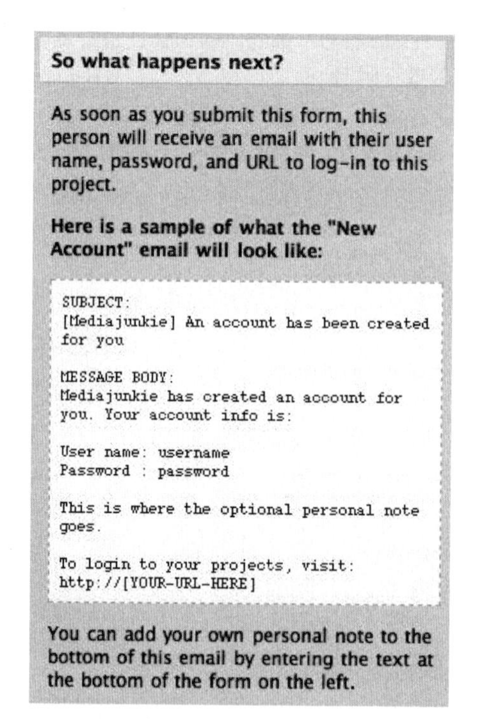

图 12-3：有了 Basecamp，你可以添加整个公司（团队）的人员到你的项目或通过添加他们到现有的公司来邀请个人

- 可以通过分配任务、接受任务以及把任务拆分为多个子任务，并分配到这个过程中的每个参与者来支持任务管理。你还可以（视情况而定）选择性地使用这项功能——标记某些任务，它可能是完成其他任务的基础，或者对于完成最终目标来说，它是必要环节。
- 提供日历功能，可以在日历里设置和确认最后期限及里程碑等时间。
- 提供消息提醒功能，可以发通知和提醒给项目的所有参与者。
- 为文本和源代码提供“协作编辑”的途径，提供版本控制功能（见图 12-4）。

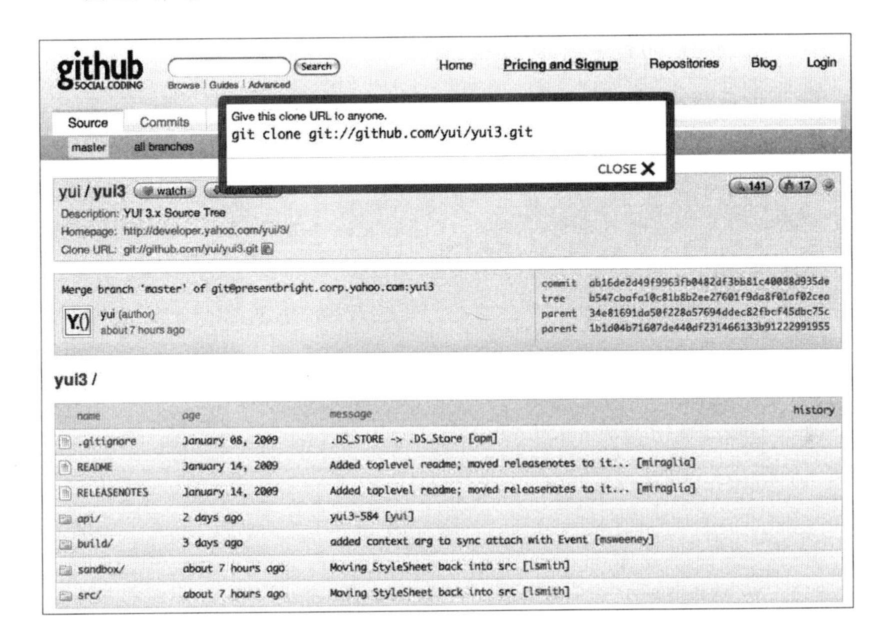

图 12-4：在 GitHub 上，我可以自己复制 YUI3.0 代码，把它拆分，然后把它合并回主干

- 使项目参与者能制定决策并随时跟进决策。
- 选择性地为项目博客提供一个交流的平台或状态汇报的平台，这样项目的参与者可以报告各自的工作进展，任何人都可以一眼就看到项目上最近发生了什么。或者，在状态显示板上提供时间表来顺序显示最近发生的所有事件。

为何使用

它可以让你的社区（团队）成员共同工作，或朝着共同的方向努力，这样能增加服务的效用和社交环境的文明。但是，同时也要考虑，你的用户通常通过电子邮件、电话或文件共享系统来达到上述目标。你要提供更多的功能吗？你需要吗？

相关模式

- 日程安排
- 会面
- 群组会话
- 开放的应用程序接口（API）
- 发送邀请
- 活动流

参见

- Asana
- Confluence
- Basecamp (*http://basecamphq.com*)
- Bugzilla (*http://bugzilla.org*)
- GitHub (*http://github.com*)
- Groove (*http://office.microsoft.com/groove/*)
- SharePoint (*http://www.microsoft.com/sharepoint/*)
- Traction (*http://tractionsoftware.com*)

投票

是什么

为了制定决策，团队的成员或利益相关方需要一种方式来表达意见，而项目负责人需要了解哪些意见是最受参与者支持的（见图 12-5）。

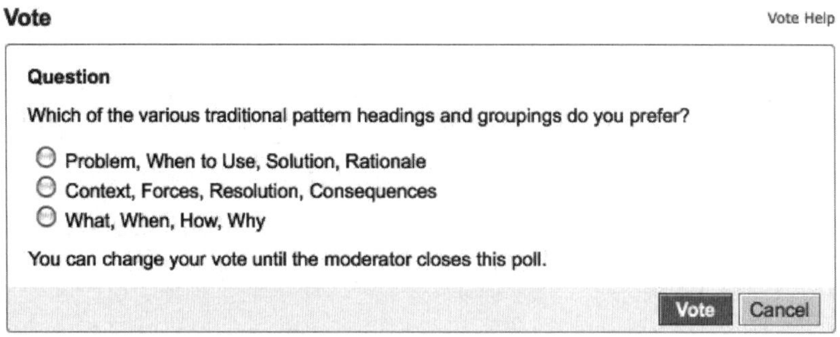

Vote　　Vote Help

Question

Which of the various traditional pattern headings and groupings do you prefer?

- Problem, When to Use, Solution, Rationale
- Context, Forces, Resolution, Consequences
- What, When, How, Why

You can change your vote until the moderator closes this poll.

Vote　Cancel

图 12-5：民意调查是一种从协作者那里收集直接输入的方式

这种模式也称为“民意调查”或“问卷调查”。

何时使用

使用这种模式来收集一群人对某个主题的意见（包含不同的观点）。

当被调查的群体足够大，而且只有该群体的核心成员参与了大部分的调查活动时，效果是最佳的。他们代表了那些未能参与进来的成员的声音。

这项调查同样适用于对企业或者工作团队的调查，它也适用于消费群体，针对这个群体，我们需要找到方法，发现毫无关联的个体之间共同的偏好并最终达成一致。

如何使用

提供一个表格，一组主持人或参与人员可以通过这个表格就某个问题或议题进行投票，并可能展开后续一系列投票（可以对任何事情进行投票：对某事情“赞成”或“反对”，也可以进行多项选择）。

它也可以有选择性地提供配置选择管理这类问题，如投票活动将持续开展多久，已投出的票是否可以更改，投票是匿名的，还是公开的，一个人是只能投某个选项还是可以投多个选项，或是否要进行排序选择（见图 12-6）。

图 12-6：雅虎的群组功能让这一切变得很简单。你可以创建一个即时调查，并邀请该群组的成员去投票，在活动结束前，所有成员均可更改自己的投票

* Enter question

2000 characters left, 2000 characters max

Enter choices

* Choice 1:

* Choice 2:

Choice 3:

Choice 4:

Choice 5:

Add 5 more choices

Select additional options

Number of choices: Vote for one choice / Vote for one or more choices

Poll results: Display results during polling / Display results when poll is closed

Voter identity: Do not display voter identity / Display voter identity with each vote

Close poll: Manually / On March 22 2009

Poll Results: Send results to the entire group via email

Create Poll Cancel

为何使用

投票和调查为某个特定问题从更广泛的人群 / 团体获取反馈提供了一种途径（见第 10 章）。

请注意，投票系统可能会被“欺骗”，特别是在投票前没有要求对投票者的身份进行确认的情况下；有很多恶意诱因——类似于排行榜那样，都会对最终的投票结果产生影响；也有许多不相上下的投票算法，每种算法都各有利弊。

相关模式

- 评定等级（星级或 1 ~ 5 级）
- 声誉会影响到行为
- 赞成 / 反对评级法
- 投票推动

参见

- Evite (*http://evite.com/*)
- SurveyMonkey (*http://surveymonkey.com/*)
- Yahoo! Groups (*http://groups.yahoo.com/*)

协作编辑

是什么

人们希望能够对文档、百科全书、软件代码库共同编辑（见图 12-7）。

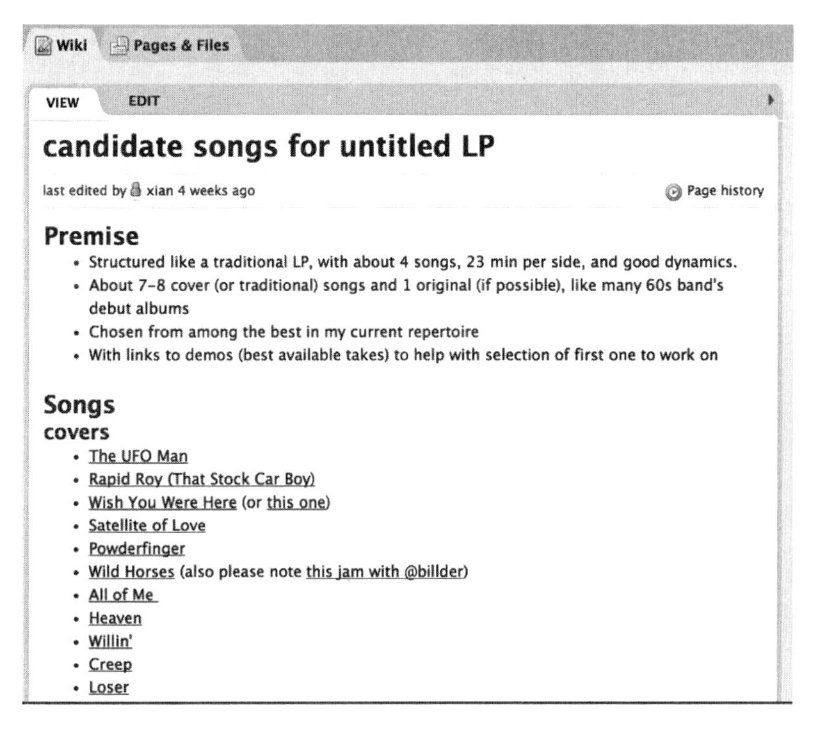

图 12-7：异步编辑允许多个人对同一文档进行编辑

何时使用

当你想让你的网站成员共同努力，以便管理他们的集体智慧或共享知识文件时使用这种模式。

如何使用

- 为文件集中存储库提供空间，并提供版本控制。给用户提供一种发送邀请其他人参与进来的途径，如图 12-8 所示。

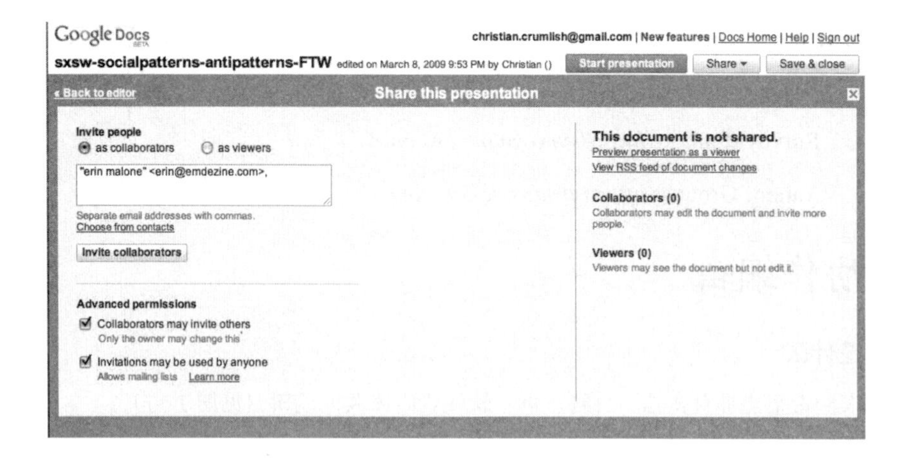

图 12-8：“邀请参与”模式可以邀请协作者对同一个文档进行编辑

- 直接在需要编辑的文档上提供一个“编辑此页”的链接，或者对已保存的文档支持上传更新的版本。
- 对于直接编辑，可以提供一个编辑框，就像是在博客或发表评论页面那样（见图 12-9）。

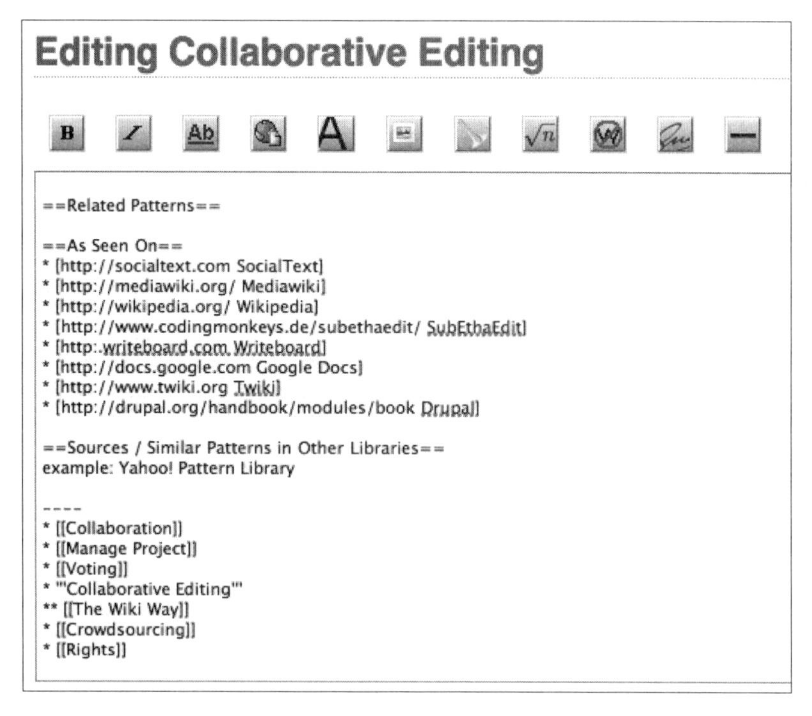

图 12-9：再巧不过了：此时我刚好在维基百科上协助编辑这一模式，这是我在本书之外谈模式的方式

- 通过发通知或使用RSS源为每一位协作者提供版本变更跟踪机制。

为何使用

协同编辑比邮件更适合网络媒体平台：因为发邮件时需要将邮件发给不同的参与者，然后需要统筹多人不断地对这个文档进行编辑、更新，从而衍生出各种以“最终版”命名的文档（见图 12-10）。

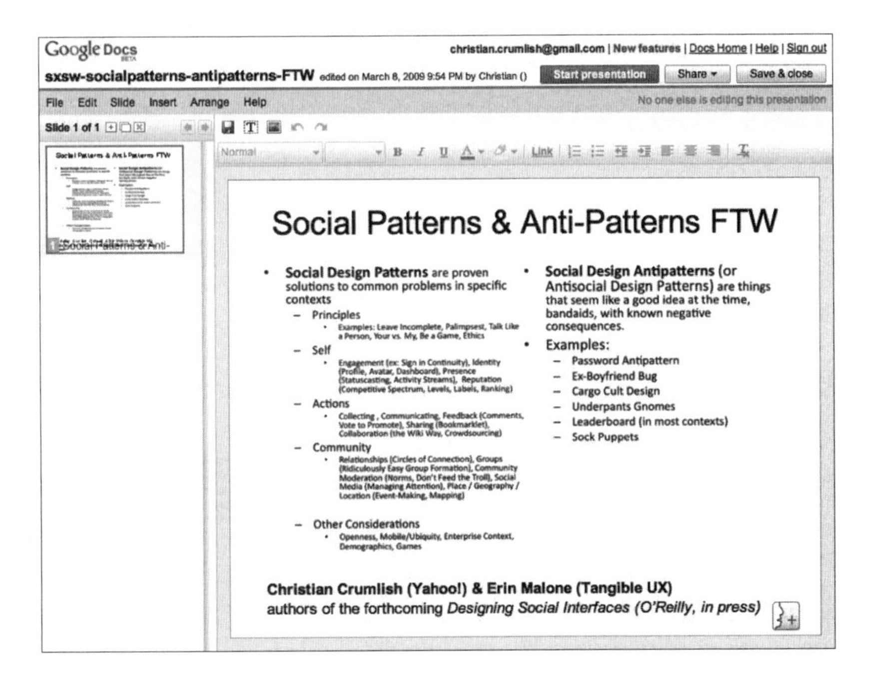

图 12-10：协同编辑可以摒弃文件的多个副本、未经证实的改变，以及超负荷的电子邮件

相关模式

- 评论

参见

- Drupal (*http://drupal.org/handbook/modules/book*)
- Google Docs (*http://docs google.com*)
- Mediawiki (*http://mediawiki.org/*)
- SocialText (*http://socialtext.com*)
- SubEthaEdit (*http://www.codingmonkeys.de/subethaedit/*)

- Twiki (*http://www.twiki.org*)
- Wikipedia (*http://wikipedia.org/*)
- Writeboard (*http://writeboard.com*)
- 活跃的 Usenet 新闻组通常有许多常见问题文件

建议

建议也被称为“建议编辑”“提议改编”“改编记录”“修改批注”或“合并请求”。

是什么

人们需要在不交出对文件直接编辑权的情况下寻求帮助。有些人认为相比直接修改文档，只给改编提供建议，然后让文件所有者决定要不要接受建议会更加自在（见图 12-11）。

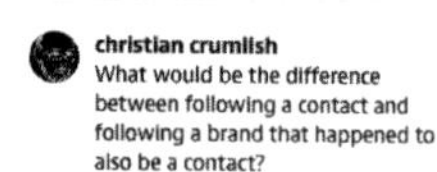

Move to contacts
If I'm really enjoying a brand's channel, allow me to subscribe and move it into the same space as that occupied by my contacts/friends. It's important that this is user controlled though, instead of inserted as paid-for "suggested posts." That's an area in which I think that Facebook content feels intrusive, and content within Snapchat feels more naturally integrated as a choice.
News alerts as Snapchat alerts
Right now, Discover content is changed daily. That will soon change as newsrooms get better at making stories faster, and are served by better tools to do so, at which point it'll be tempting to create a separate alert notification system. I think that would be a mistake. To maintain the integrity of this system, news updates need to live within the user's standard feed, just as they do in email, Twitter, etc. Alerts should reflect this, and respect the user's existing Snapchat notification settings.
christian crumlish
What would be the difference between following a contact and following a brand that happened to also be a contact?
Save · Cancel
This note is only visible to the author, anyone @ mentioned, and publication editors (if any). The author or editors can choose to make it public.

图 12-11：Medium 让读者（及发布前邀请的审核者）可以在任何段落的边栏添加评论。这些评论在作者审核确认接受或删除之前是不会被发表的

这个模式也同样适用于文档之外的媒介。举例来说，Git 用户会发起“合并请求”，为核心仓库的修改提出建议。

何时使用

当更细化的编辑权限和审核流程可以使人们变得更高效时使用此模式。

如何使用

界定一个角色或者模式，在此模式下修改和评论会停留在一个待审核阶段，不会被公开，直到文档所有者决定接受并应用或者拒绝又或者忽略这项建议的时候。

这个模式有两种形态，可以单独或者合并使用。

- 待审核修改（例如微软 Word 里面的修改批注和 Google Docs 里面的建议功能），修改建议直接录入文档，然后被应用或者被拒绝。
- 待审核评论（例如 Medium），建议呈现在文档边栏，而不是在文档之中。建议随后被公开或者保持隐藏或者被删除。

为何使用

与文档相关的待审核的提议可以提升讨论与完善的空间，并让文档所有者对最终产品有更清晰的认知。

参见

- Medium
- Google Docs
- Git

编辑此页

是什么

编辑共享文档越是困难，这样做的人越少。甚至仅仅是迫使人们切换环境（到“编辑模式”）对潜在的参与者都将是一个很大的障碍（见图 12-12）。

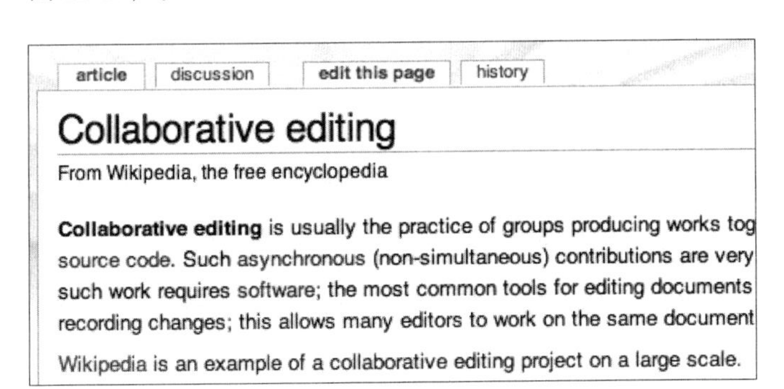

图 12-12：邀请读者编辑此页的按钮或链接可以促进协作（同时可以通过减少提供编辑涉及的摩擦来降低改进的门槛）

“编辑此页”模式也被称为“编辑此”“通用编辑按钮”“内联编辑”“读写网络”或“双向网络”。

何时使用

在共享或个人的文件编辑界面可用此模式。在这种情形下可以采用通用编辑、匿名编辑或注册编辑、认证后编辑和特权编辑。

如何使用

在任何可编辑的内容上提供一个按钮或链接，直接链接到一个编辑框来编辑这部分内容，最好无须加载新的页面（见图 12-13）。

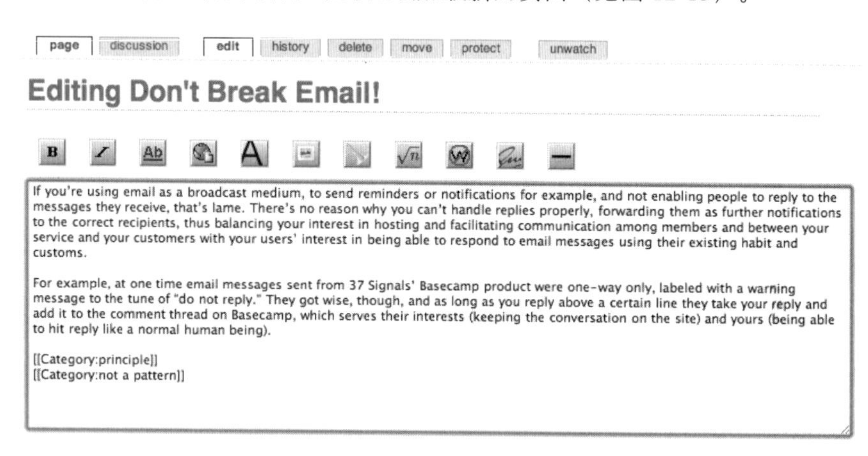

图 12-13：如果一个编辑框直接放置在读者正在阅读的页面中，这样保存并提交对这篇文章的编辑会比将编辑框放在另一个页面，操作起来更流畅

- 或者限制编辑的权限（只对某些人开放），对于那些无法证明自己是该文档的贡献者的用户可以对他们隐藏编辑按钮。
- 或者可以考虑提供所见即所得的编辑环境，以降低参与的门槛，毕竟对于多数人来说，他们并不太会用简洁的标记语言编排及设计文本。

特例

当试图培养协作编辑的文化时，社区版主可能需要付出额外的努力来招募，发起活动，并鼓励大家积极贡献。默认情况下，很多人是被动的，即使被邀请编辑内容，他们也因为害怕破坏一些东西或冒犯到前面的编辑。该界面应该尽可能富有吸引力，但要准备挑战现有的行为模式。

为初学者提供一个“沙盒”区，他们可以安全地练习编辑，而不用担心破坏任何东西或使自己遭到批评（见图 12-14）。

project page | discussion | edit this page | history

Wikipedia:Sandbox

From Wikipedia, the free encyclopedia

*Welcome to the **Wikipedia Sandbox**! This page allows you to carry out experiments. To edit, click here or the tab **edit this page** above (or the views section for obscure browsers), make your changes and click the **Save page** button when finished. Content will **not** stay permanently; this page is **automatically cleaned** every 12 hours, although it tends to be overwritten by other testing users much faster than that.*

Please do not place copyrighted, offensive, or libelous content in the sandbox(es). If you have any questions regarding Wikipedia, please see Wikipedia:Questions. Thanks!

This page is a virtual sandbox on Wikipedia. For uses of sandboxes, see the article sandbox.

图 12-14：给你的协作者一个沙箱，这样他们可以练习编辑技巧，使学习难度的坡度变得平缓，并不再惧怕内联编辑

为何使用

网络的巨大前途源于它为双向交流，并为跨地域和跨其他界限的协作提供了便利。邀请读者成为作者的界面元素远非如提供反馈和评价等这些“变相”的参与形式。当编辑内容变得越容易，人们越有意愿这么做，也可以促进彼此建立知识库和其他项目，否则这些可能都不会诞生。

参见

- 维基百科 (*http://www.wikipedia.org*)
- 几乎任何地方的维基。

wiki 之道

是什么

协作编辑可能陷入对话模式的泥沼，当贡献者过于重视自己的个人贡献时，可能阻碍协作文件的发展（见图 12-15）。

WikiWikiSandbox
Type the code word, 567, here then press Save to finish editing. Read MoreAboutCodes.
'''Note to all wiki spammers:''' As of "January 02, 2005", all changes to this wiki, either by editing or AddingNewPages, will not be picked up by SearchEngine''''''s until '''10''' hours have passed (a page must remain unchanged during that time). All spam on this site is usually deleted in minutes, an hour at the most, so it is pointless to try to add spam of any type to this wiki. See DelayedIndexing.

This is a WikiWiki Sandbox page, a place to try editing a WikiPage created by others.
If you're new to the wiki concept you might like to start by reading WelcomeVisitors. Then have a look at the pages listed on NewUserPages and StartingPoints. When you've read a bit and feel you are ready to contribute, TextFormattingRules shows how to format your text. Please experiment here in the sandbox before editing other pages. GoodStyle has many hints and tips on making sure your edits fit with the wiki ethos.
Please don't delete the above text. Instead, make your tests and contributions below.
Thank you.
I can not type tabs. Please ConvertSpacesToTabs for me when I save.
GoodStyle tips for editing.
EditPage using a smaller text area.
EditCopy from previous author.

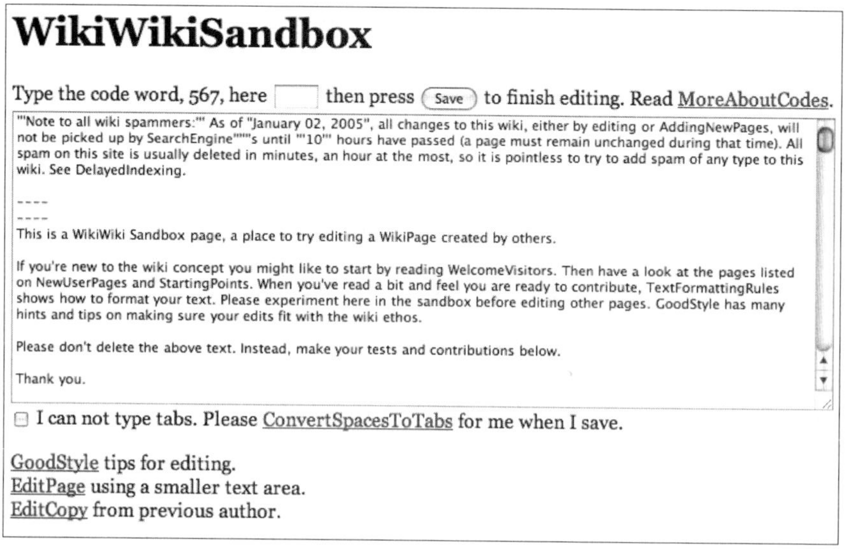

图 12-15：当你试图在社区中促进大家更有效地协作编辑时，你应当牢记许多以沃德·康宁汉（Ward Cunningham）的原 wiki 为基础的准则（为了波特兰模式知识库而创建）

何时使用

提供协作编辑界面时使用此模式。

如何使用

鼓励匿名编辑，使用版本控制，并可以按照不同的编译者对内容进行分类。

下面是沃德·康宁汉（Ward Cunningham）引用的原始 wiki 准则：

开放

如果认为页面不完整或结构混乱，任何一位读者都可以在他认为适当的时候对其进行编辑。

增量

网页可以引用其他网页，包括那些还没有被写入的网页。

有机

网站的结构和文字内容对编辑和进化是开放的。

单调

依靠少数（不规则）文本协议就可以访问大多数有用的页面标记。

通用

编辑和组织的机制与写作是相同的，所以任何作者都自动成为了编辑和组织者。

公开的

格式化的（和打印的）输出会建议产生它所必需的输入。

统一

各页面的名称都产生于初始空间，无须使用额外的文字解释它们。

精确

网页将以足够精确的名称命名，以避免最常见的名字冲突，网页名通常由名词短语构成。

容错

可解读的（即使是不受欢迎的）行为优先于错误信息。

可观察

网站本身的活动可以被任何到达此网站的其他访客查看和评论。

聚类

通过查阅和引用类似或相关内容来避免或消除重复的内容。

世界上有许多维基的作者和实施者。以下是指导他们的其他原则，但不是我最关心的：

信任

这是维基中最重要的准则。信任人，信任过程，并且能够建立信任。每个人都能控制和检查内容。维基假设大多数读者有良好动机（但假定真诚是有局限的）。

娱乐

每个人都可以做出贡献，但没有人必须这么做。

共享

关于信息、知识、经验、想法、意见等的传播是至关重要的。

为何使用

维基的做法引发了网络上创造的浪潮，而其准则契合了数码、电子和网络合作的基础。

相关模式

- 向游戏学习
- 被动分享
- 第 17 章

参见

- WikiWikiWeb (*http://c2.com/cgi/wiki*)

众包

是什么

有些工作对于协作者直接参与自主管理的群组来说太大了。如果界面提供了一种方法来将一个大项目分解成小的部分，并吸引和积极鼓励更多的人群（或“群众”）来处理每一个小部分，这对社区是有利的（见图 12-16）。

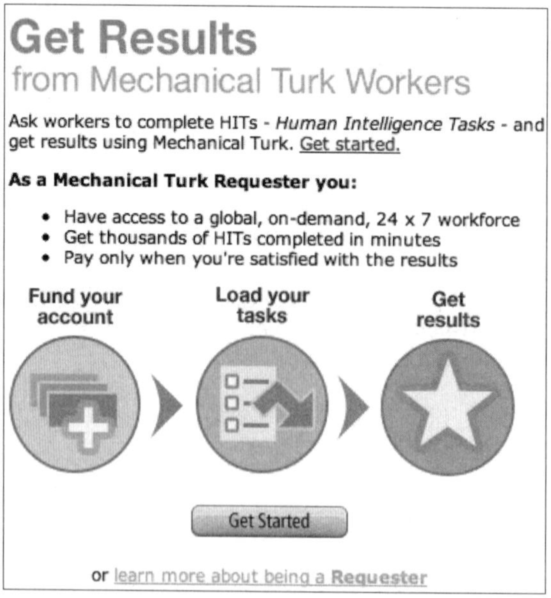

Get Results
from Mechanical Turk Workers
Ask workers to complete HITs - *Human Intelligence Tasks* - and get results using Mechanical Turk. Get started.
As a Mechanical Turk Requester you:
- Have access to a global, on-demand, 24 x 7 workforce
- Get thousands of HITs completed in minutes
- Pay only when you're satisfied with the results

Fund your account
Load your tasks
Get results
Get Started
or learn more about being a Requester

图 12-16：亚马逊的土耳其机器人（Mechanical Turk）为那些四处寻求并帮助解答问题者以及其他愿意有偿做该工作者提供中介服务

何时使用

当你希望活跃的核心社区成员与社交环境中更多用户有更深交流，并在他们的帮助下来实现(并非只要少量人就能完成的)宏大工程的时候，请使用此模式。

如何使用

- 它提供将一个项目拆分为多个单独的任务的方式，使得每项任务都可分别展示。此外，还为显示项目众包提供场地。
- 给社区成员一种方法来“选购”，审查并认领项目的个别任务。
- 提供一个上传接口或提交表格，使参与者能够贡献他们完成的工作（假设这项工作不能直接在你的页面中完成）。
- 跟踪已被认领，但到最后期限还没有完成任务，这样他们可能会被返回到一般的任务中，并重新分配。
- 理想情况下，提供一个项目管理显示面板图。
- 如果有需要，可以为参与者提供奖励机制。

为何使用

众包可将大的工作分解成低投入小块工作，在社交网络中运用有松散的优势。

参见

- Amazon Mechanical Turk (*http://www.mturk.com/mturk/welcome*)
- Assignment Zero (*http://zero.newassignment.net/*)
- The ESP Game (*http://www.cs.cmu.edu/~biglou/ESP.pdf*)
- iStockphoto (*http://istockphoto.com*)
- ReCAPTCHA (*http://recaptcha.net/*)
- SETI@home (*http://setiathome.ssl.berkeley.edu/*)
- Threadless (*http://threadless.com*)

延伸阅读

"Berners-Lee on the read/write web." BBC News, August 9, 2005. *http://bbc.in/1gnkIGQ.*

Cross Cultural Collaboration. *http://bit.ly/1gnkQWS.*

Marjanovic, Olivera, Hala Skaf-Molli, Pascal Molli, and Claude Godart. "Deriving Process-driven Collaborative Editing Pattern from Collaborative Learning Flow Patterns." *http://www.ifets. info/journals/10_1/12.pdf.*

Winer, Dave. "Edit This Page." *http://bit.ly/1gnlJ1F.*

Edit This Page PHP. *http://bit.ly/1gnlO5F.*

Paylancers blog. *http://paylancers.blogspot.com/.*

The Power of Many. *http://thepowerofmany.com.*

Regulating Prominence: A Design Pattern for Co-Located Collaboration. *http://bit.ly/1gnlQub.*

Howe, Jeff. "The Rise of Crowdsourcing." Wired, 14.06. *http://wrd.cm/1I2vKdB.*

Venners, Bill. "The Simplest Thing That Could Possibly Work." *http://www.artima.com/intv/simplest.html.*

Universal Edit Button. *http://bit.ly/1I2vM5c.*

Wiki Design Principles. *http://bit.ly/1I2vMlN.*

Udell, Jon "The Wiki Way." *http://bit.ly/1N4lsuI.*

Wired Crowdsourcing blog. *http://crowdsourcing.typepad.com.*

第 13 章

从小道消息中得知的

一些有公众基础的创作需要的用户自我意识很少，其更像是分散的协作行为。如 del.icio.us 和 Flickr 网站。这些“企业”的关键特征是他们主要依靠社交信息流动、动机和彼此联系来组织他们的群体。用户个人的自我标识，多数情况下是通过他们所做的任务实现的。通过同行评审机制可以让用户贡献的内容在群组内得到认可，同时也就形成了协作创造的集体成果。

——约查·贲克乐（Yochai Benkler）接受 OpenBusiness 的采访（谈及他的书《网络的财富》（The Wealth of Networks））

持续上升

就像“Web 2.0”和“加成作用”一样，流行热词“社交媒体”已经开始自己的人生，并产生了自己的突变产物：“社交媒体营销”。与其他术语和大多数网络隐语类似，对不同的人而言，“社交媒体”代表着不同的内容。就像本书开始时提到的，我们用“社交媒体”指代以媒体为对象的社交生产和消费，而不仅仅是社交网络的同义词。本章将讨论社交对象的收集、分享和创造。休·麦克里奥德（Hugh MacLeod）在他的博客上发表了“新手的社交对象”一文（*http://www.gapingvoid.com/Moveable_Type/archives/004390.html*）：

> 社交对象，简而言之，是两个人彼此对话（而不是和其他人对话）的关键。人类是社会性的动物。我们喜欢社交。但仔细想想，首

先要有个促使对话的诱因。这个诱因，这个社交网络中的节点，我们把它称为社交对象。

那么，如何让这些活跃在我们身边的社交媒体对象形成一个生态系统甚或一个市场呢？人们又怎样通过网络去了解、订阅和分享它们呢（见图 13-1）？

图 13-1：对任何传统的或者交互的媒体增加一些社交互动，不管它是否能够真正运作起来，你都已经开始和社交媒体打交道了

社交元数据和未来用途

当前的社交元数据

今天的许多数字交互都源于各种各样的社交平台。我们可以用这些平台进行快速的即时会话、长时间的异步讨论，或者添加评论和附注。我们的生活被越来越多的平台、服务、渠道和数字信息所填满。这些服务涵盖了不同种类的终端设备，错综复杂。但是，在这一团乱麻中，我们拥有的服务中总有其内在结构和元数据，这些可以在初始服务之外得到运用。

这些服务如果是网页版的，大多有良好的 HTML 结构（多半是基于 HTML5 的），并大多拥有包括微格式、宏观数据和 schema.org 的 RDF 轻量语义。这些多种多样的元数据帮助人们拓展理解并排除歧义。不使用网页版的服务通常会提供一个应用程序端口（API），用以和原服务进行交互。很多网络服务也会提供API，包括相关的元数据封装，作为另一种分享信息的方式。

这种元数据为服务中分享的信息提供了体系，最少也提供了轻量结构。而大多数情况下，它们提供了一个强有力的方式去理解信息和与信息相关的结构。在社交层面上，知道是谁分享了什么信息是非常重要的，这样服务和分享人才具有身份。其他的基础元数据，包括时间和日期，也提供了获得相关结构的基础，特别是当信息是一条回复的时候（如果是这样，元数据必须包含一个链接至先前信息的导向，并包含当前讨论的群组的信息）。

这些元数据给我们提供了一种方法，用以在服务中理解对象、讨论、版本，以及有附注的修改历史。还可以用来改变信息的原始用途，或者将信息分享到不同的服务。我们从来都不是生活在只有单一社交平台的世界中，今天尤其如此，元数据是让不同服务间的信息变得明朗的关键。

今天的元数据和未来用途

在千禧年前夕，社交平台从个人可运营的枢纽（例如一个被用来分享、收集和发散信息的博客枢纽）转变成为一个更碎片化和分散的大杂烩模式。但正是因为有结构的元数据，以及开放的API认证系统，让我们有了能力去辨别信息的身份，并将不同的社交平台联系起来。

目前元数据的使用方法让例如IFTTT（if This Then That——如果这样，就那样）和Zapier之类的工具可以通过开放的元数据去识别服务中的新活动，并以此作为重新诠释的契机。IFTTT和Zapier可以从一个服务获取信息，然后将信息导入另一个服务，赋予新的语境，将信息集结起来形成信息面板，给终端设备发送提醒，还有其他很多的可能性。

信息聚合和跨平台发布是元数据的另一种可能性。因为社交圈的碎片性，将发布于一个平台的内容推送到其他平台，使所发布的内容触及不同的社区和使用环境，对很多人来说是极为有用的。某人在Foursquare（一个发掘和登入地理位置的服务）上的照片和评论可以轻易地推送到Twitter和Facebook。Instagram（一个照片分享服务）也可以将照片、描述和地理位置分享到Facebook、Twitter、Flickr、Tumblr、Foursquare和Mixi。这些服务利用元数据将可分享的对象从一个平台带入另一个平台，并使分享的信息在新平台的新环境中很好地融入。

元数据的另一个重要作用是，在错综复杂的社交网络中，让不同服务的相关元数据对接起来。这样做的好处是可以分享一个服务的信息和对象到另一服务，并让不同服务之间围绕信息对象的评论和讨论集中呈现于中心的讨论空间。这让线性讨论成为可能，并使其在不同服务平台上可见，信息是本土化的，又同时显示了它们被创生的源头。

了解语境

进行这种交互分享的关键是在不同服务中保持语境联系。对于保持语境清晰，更好地理解现在及未来的语境，达成跨平台的协作来说，有很多重要的元数据。

保证元数据包含源服务中内容和对象的信息非常重要。不仅仅是服务本身，链接到对象和其使用框架也很有价值。大多数时候，此类对源服务的链接是在服务外分享内容的许可条款的必须要求。每个服务都有自己的交互模式和外联的元数据，这些可能会随着内容或对象转移，也可能不会；而与内容和对象关联起来的元数据有助于理解其本来的使用框架。

被分享的内容与对象中关于“谁”和“什么”的元数据含义是非常重要的。这就是诸如 schema.org 这类的服务很有用的原因，其标注了被分享的是谁和所分享的内容，并指向一个讨论的中心，以避免歧义。对于“谁”，链接到分享人验证过的身份非常有用。如果这个验证过的身份可以指向同一人在不同验证过的服务上的相关身份，就更好了。

当元数据包含身份的时候，围绕着内容与对象讨论本身的时间也需要被包含进去。因为讨论是在不同的平台和服务中交织起来的，线性的讨论就需要身份和时间的元数据来构建（评论产生的源服务的元数据也同等重要，不仅仅是为了服务的语境，也是为了清楚地标明身份）。

历史和可追溯性

通过元数据挖掘信息并了解其语境非常有用。好的结构和元数据对于搜索来说也至关重要。在不同的社交平台上，围绕着内容和对象发现和追溯信息变得越来越困难。分享内容的庞大让这项任务变得十分艰难，所以用元数据来赋予语境和进行过滤是有必要的。

目前，可发现性（第一次发现某信息）似乎变得令人却步，但元数据让追溯信息变得容易了。个人可以标记和收藏内容，给他们自己感兴趣的东西添加元数据。这一层自我赋予的元数据语义让再次找到感兴趣信息的过程变得简单。因为信息的繁杂，追溯起来时常十分困难，这也和存储信息的服务本身有关。

可追溯性的另一要素在于服务和服务中对象的转瞬即逝。找到一个在语境里合适的引用可能与被引用的主体同等重要。但是，要留住事物是很难的。有了元数据的保护层和把事物分散存储在不同地方的能力，再次找到内容和对象本身就变得容易多了，其原始的语境也可以被保存下来。

聚合与代理

社交元数据的益处之一就是用算法去发现相关信息、提供智能过滤，并给予能够发掘聚合相关信息的服务。这种聚合可以利用元数据催生智能，并反过来使用人工智能来聚合更多信息。多数时候，这些信息对于发现相关信息和有趣（有价值）的用户十分有用。同时，通过使用代理可以毫不费力地提供聚合的信息，只需要说“对，给我那条信息”就可以了。服务会采集与用户、即将发生的讨论和会议，以及其他活动相关的信息。有了元数据，被搜索的信息就经过了分析和过滤，变得高度相关。

总结

通过提供元数据这一必要组成部分，我们的工具和服务使更流畅和联系更紧密的数字环境成为可能。作为人类，我们对于通过科技制造信息泛滥十分在行，不过我们对于创造新方法去优化我们所需要的信息也十分在行。在这个信息爆炸的世界，不被信息淹没的办法就是确保元数据可以满足现在和未来的信息需求。

——托马斯·凡德·沃尔（Thomas Vander Wal），InfoCloud Solutions 公司总裁兼高级顾问（*http://infocloudsolutions.com*）

参见第 18 章对微格式化和语义构建的进一步讨论。

收听

社交媒体是读写双向的。除了给用户提供共享和发布媒体的工具，你还可以集中了解用户感兴趣的信息流，然后筛选最有趣和相关的对象，并呈现在用户界面上（见图 13-2）。

图 13-2：Twitter 推荐了一些我可能想关注的账号，但要不要关注由我自己决定（或者我可以要求更多推荐，或者忽略，又或者我可能根本没注意到这个）

关注

是什么

关注也称为非对称关注（在第 14 章作更深入的探讨），它是一个表达对别人的活动和对象感兴趣并订阅它们的方式。它不需要有相互关系，虽然可能伴随一些相识和友谊，但这并不一定意味着是相互关注的关系（见图 13-3）。

相关模式

- 添加 / 订阅
- 单向关注（又称非对称关注）
- 更新

图 13-3：我可以选择跟进 Tumblr 上的 Lost in Urbanism 而不需要经过他的批准、确认或回报。因此，跟踪是订阅或标识感兴趣的人们活动的一种方式

过滤

是什么

作为人类，我们依赖语境获得感知输入的意义。而在越来越普遍的分享中出现的一个遗憾的副作用是，我们从多样的社交面的联系中获得的这些更新和对象的信息流（有时甚至是洪流），通常（大部分或全部）去除了原始概念上的语境。

语境的流失让多数人感觉很疏远和迷失。就连我们这些有能力在这样无限制的信息网络上冲浪的人最终都会对这样的冲击感到厌倦。

大多数人的第一手段便是“社交过滤”，这意味着要依赖于我们的朋友和关注的人决定什么是该关心的（见图 13-4）。一般的关注和订阅界面足以使用户能够对别人的建议进行“收听”，但是你可以使用这个模式，让人们能更多地对语境过滤。

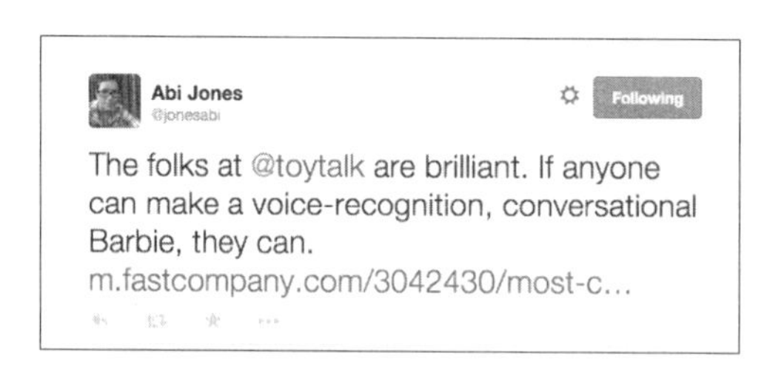

图 13-4：一个随意的博客帖子或评论链接可能不会引起我的注意，但如果是 Abi Jones 有意说的，我就愿意点击并查看它

何时使用

当潜在的信息过多并且与语境无关的内容混杂在一起使你无法容忍时，你可以使用此模式。

如何使用

为在数据流上重建语境过滤器提供支持，（有必要时可以强制实施）使得它们以更易处理的群组进行归类（见图 13-5 ）。

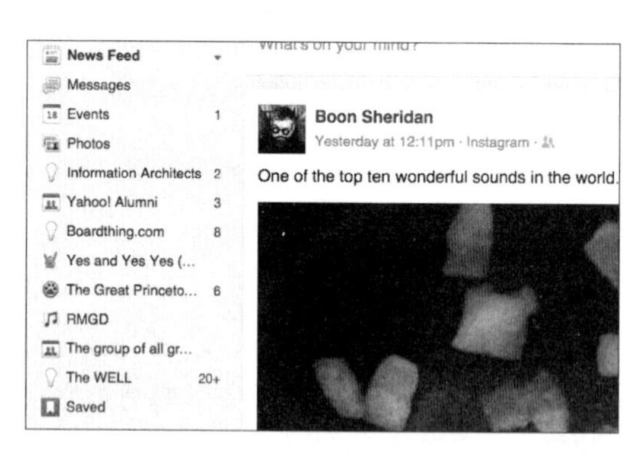

图 13-5：如果你不想看到全部，Facebook 能让你专注于一个单独的信息源（例如一个群组）

过滤也可以通过用户隐藏人或特定类型的对象来实现，而不仅仅是挑选出一个语境并在这个语境中显示一些条目（这往往只是一个临时的选择），隐藏需要挑出一个语境并对这个语境中的观点进行屏蔽（见图 13-6）。

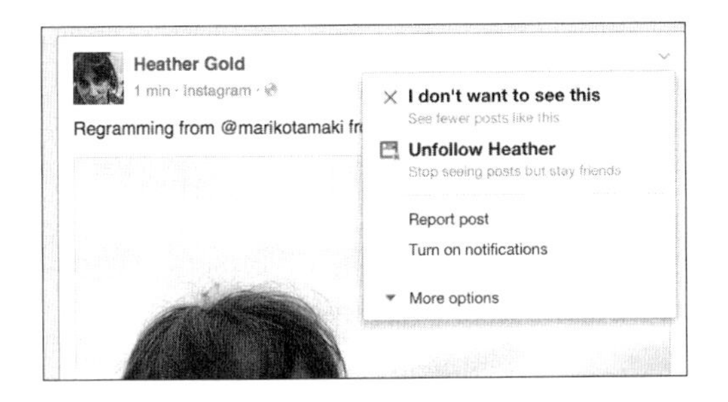

图 13-6：Facebook 也可以让你更少看到一些人或一些类别的对象的更新，或者完全不看某些人的更新，而不用对他们取消关注（Heather，不要担心，我还关注着你！）

人们还可以使用排行榜、收藏夹、热门话题，以及其他一些推荐工具，以期望得到高质量的过滤（见图 13-9）。

为何使用

给予人们基于各种不同语境(包括内容的类型、与说话人关系亲密程度、时限）中的新信息的过滤能力，使他们在对丰富且永无止境的新对象和信息的流动与探索中树立一个稳定的立足点。

参见

- Facebook (*http://www.facebook.com*)
- Twitter (*http://friendfeed.com*)

推荐

是什么

在搜寻相关的、高质量的内容时，人们总是很难一下聚焦到令他们满意的内容上。推荐是提供人们可能感兴趣内容的建议。推荐可以基于关联、亲和度、社交图等，推荐内容可以由算法推导得出；也可以让用户自主选择，推荐基于他们的社交关系和追随者的内容（见图 13-7）。

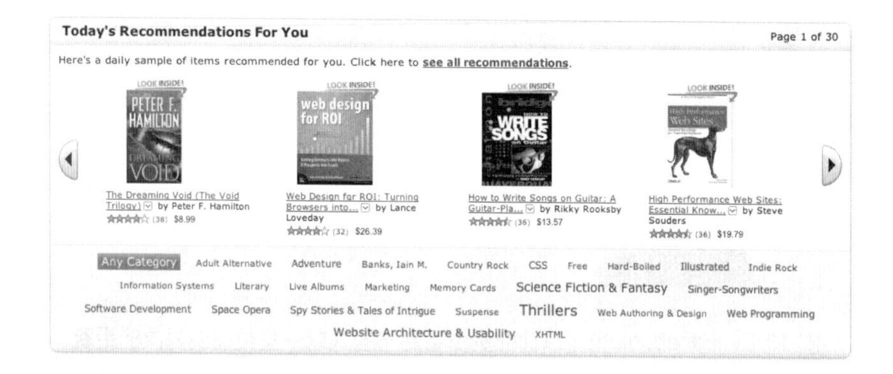

图 13-7：Amazon 的推荐是基于我过去的购买习惯，以及我与其他客户的行为的相似性给出的

何时使用

当你拥有足够多关于用户自己公开和隐含的数据，及丰富的社交图表，并能识别相似的内容且能对用户可能感兴趣的内容作有帮助的猜测时，可以提供基于算法的推荐功能。

推荐和“喜欢”是不同的，它对被推荐的内容有着高得多的要求。用户自己喜欢某个内容并允许其他人对这个喜好知情或做出评价是一回事；对某个内容全面拥护，声称“如果你不喜欢这个，那么可能我们的口味不太合拍”则是另外一回事。

当用户之间是朋友关系，或者用户关注他人的时候，手动推荐可以派上用场。它们可以被集中起来形成摘要（见图 13-8）。

如何使用

- 对于手动推荐，在内容旁边提供一个触发链接（见图 13-9）。
- 提供一个邀请用户去使用推荐的链接。指导用户获得更好的推荐（例如，通过评价内容）。
- 用列表显示推荐，如果数量很大可以使用幻灯片或滚动窗口。

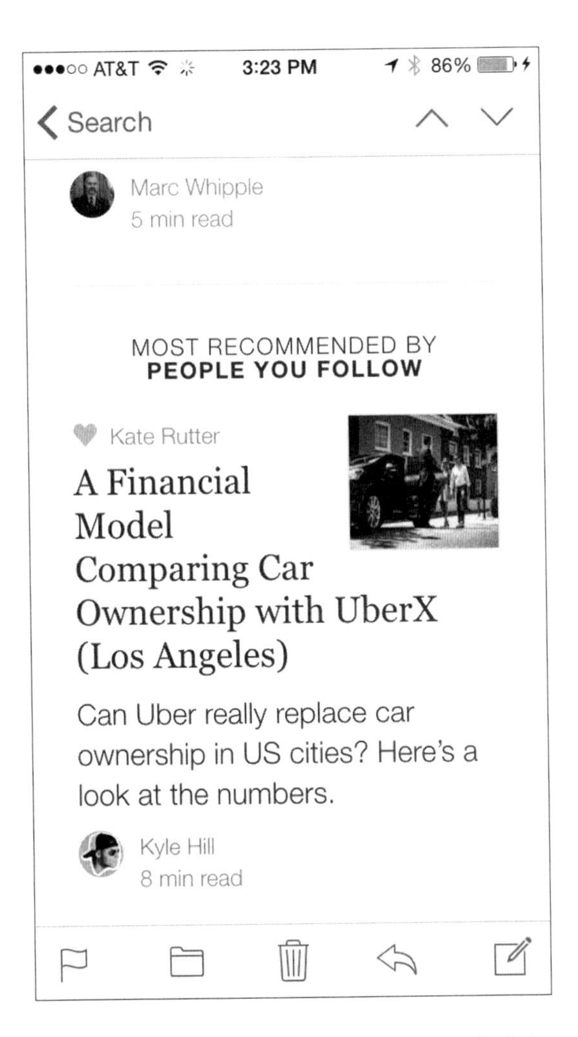

图 13-8：Medium 每天都给我发邮件推荐新文章。一些是编辑挑选的，一些是我关注的人推荐的

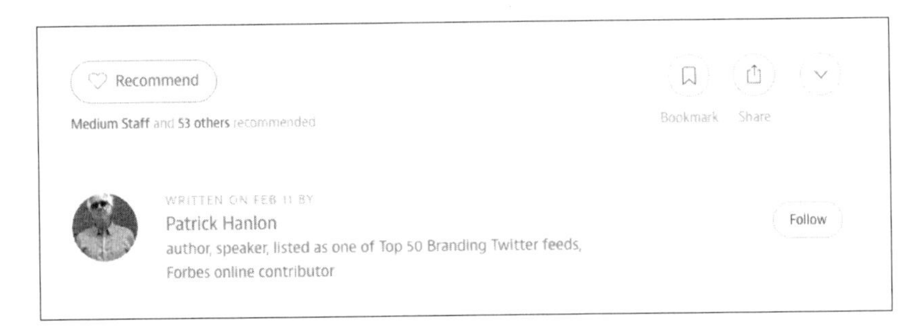

图 13-9：Medium 在每篇文章末尾提供了一个“推荐”按钮（当然还有其他许多功能）

为何使用

推荐将对象推向人们，而不是依赖被动发现。如果你可以通过对用户感兴趣的对象类型做出有把握的推测而提供给他们有价值的信息，那么你就可以得到用户的信任。对用户来说可以更容易地找到所需信息和媒体内容，而不需要很费劲地四处搜寻。

相关模式

- 好友评论（或个人推荐）

参见

- Amazon (*http://www.amazon.com*)
- Netflix (*http://www.netflix.com*)
- Medium (http://www.medium.com)
- Twitter (*http://twitter.com*)

社交搜索

社交搜索是一个新兴的现象，它与平时的搜索有许多不同，它可以通过社交维度得到增强。（你是在寻找人？你的搜索依赖于社交行为吗？你在搜寻社交对象吗？）通过用户添加的标签去搜寻内容，这个现象也许是如今在网络上我们最熟悉的社交搜索之一。

我见过的两个最有趣的社交搜索形式是实时搜索和会话搜索。

实时搜索

是什么

人们通过普通关键字对网络资源进行搜索时，并不总是能找到爆炸性新闻和当前流行的公共话题；而他们早已习惯了电子版的口口相传（见图 13-10）。

图 13-10：我在 Twitter 上对于奥斯卡颁奖的搜索在语境中呈现，显示了我关注的人当中有多少人也关注了搜索结果中的发布者

这种模式同时被称为“通知者”模式（*http://bit.ly/1IKyHNm*）。

何时使用

使用这种模式要有一个活动流服务，可以促使人们找到最新的状态更新和活动概念。

如何使用

- 提供搜索界面中熟悉的元素（一个文本框和一个搜索按钮），并将搜索结果清楚地呈现给用户，搜索结果按新近顺序（即反向时间顺序）排列，而不是按相关性排列。

- 或者给用户一些关于实时搜索类别的提示，例如“热门话题”，让用户在搜索时获得更多价值 。
- 也可以允许用户订阅搜索结果，最常见的有 RSS 订阅形式。让人们能够跟踪一个词语或短语，当它出现时能及时得到通知（见图 13-11）。

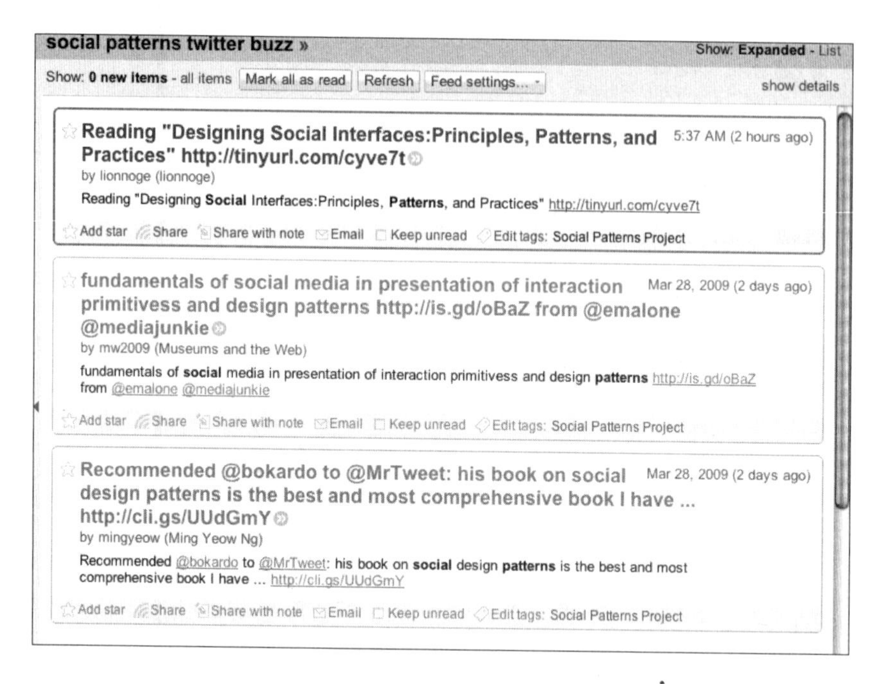

图 13-11：在编写本书时，我在 RSS 上订阅了关于短语“设计模式”在 Twitter 上的搜索，作为对这一文化基因传播方式的跟踪

为何使用

世界发展太快，所以旧的搜索引擎要跟上时代的潮流。从社交网络中捕捉信号的实时搜索工具为找到及时的信息和新闻提供了一个方法。

相关模式

- 监控声誉的工具

参见

- Google Alerts (*http://www.google.com/alerts*)
- Twitter Search (*http://search.twitter.com/*)

会话搜索

是什么

人们有时需要得到一些信息或意见，这些信息在中立的、客观的参考指南上无法找到。如果他们能找到对他们的问题的主题感兴趣或了解的人，便可以直接询问这些人（见图 13-12）。

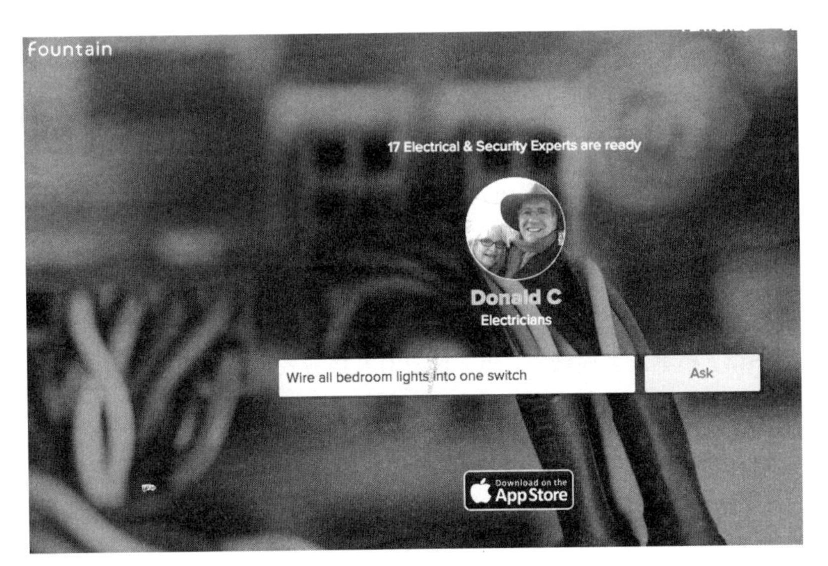

图 13-12：咨询参考资料往往是最好的信息沟通方式，但有时直接询问他人会更好

这个模式又称为“主观搜索”。

何时使用

当你希望在人们使用你的社交应用程序可以促进交流和合作时，使用此模式。

如何使用

- 提供一个较大的、吸引人的文本输入框，以鼓励提问者写出完整的句子（就像正常人提问一样），而不是提供简单的查询字符串或布尔运算符，还要提供像“提问”这样的单词标签。

  同时向人们公开问题来吸引他们回答（或将问题固定提供给那些有可能，并愿意解答的人们，这要基于从你的社交图的元数据中派生出来的亲缘关系）。

- 或者，提供一个声望机制，用以突出最佳贡献者和最有用的答案（见图 13-13）。

What is the most valuable skill a person can have for their entire life?
Anubha Saxena
13.4k upvotes by Seb Paquet, Doni Mbaga, Roshan Chaudhari, (more)
Learn to be happy alone. If you master this skill, trust me, nobody can take away your happiness from you. Be your own best friend, enjoy your own company, and be happy. If you master this skill, e... (more)
Upvote 13.4k
Downvote
Comments 112+
Share 26

图 13-13：Quora 显示有多少人赞了发布者的回答，用以表明其信誉度

为何使用

直接查询数据索引是一个很好的信息搜索方法，它可以追溯到最早的图书馆、档案馆和储藏室，但人们总有其他方式去收集信息。事实上，在现实世界中大多数人都以向他人求助作为出发点。

参见

- LinkedIn (*http://www.linkedin.com*)
- Yahoo! Answers (*http://answers.yahoo.com*)
- Quora (*http://www.quora.com*)
- Fountain (*http://fountain.com*)
- 大部分的邮件列表

确定主轴

有的人喜欢浏览，有的人喜欢搜索，但大多数是两者的结合。从来没有人对自己说："今天我只是浏览而没有搜索。"反之亦然。一个人刚开始可能是搜索信息，当他找到一些有趣的内容时，便从那里开始浏览相关的内容。同样，浏览也可能导致搜索，然后再返回浏览。

通过给你的用户提供不同发现方式之间的"链接轴"，可以为他们提供最大的可能性。

为此，要在同一位置总提供一个一直可见的搜索框（最常放置在屏幕

的右上角或左上角），当显示搜索结果时，要提供像“更多”这样的相关链接和其他一些横向搜索的机会。

与其说这是一个完善的模式，倒不如说这是一个松散的原则。因为这不仅仅是单一的内容发掘策略，还关系到各种界面元素的相互作用。

预测内容

另一个在网络上开始出现的模式原型是当用户搜索个人或社交内容时，不等用户浏览、搜索或要求就进行推送（有时和随处可见的移动端“可滑动忽略”的卡片协同出现）。这可能是告诉用户因为有交通堵塞应该立即出门以免误了牙医预约的提醒，或者是一个碧昂斯的演唱会门票在你附近开售了的通知。

延伸阅读

Borthwick, John. “Creative destruction... Google slayed by the Notificator?” *http://bit.ly/1IKyHNm.*

Evans, Brynn M. “Do your friends make you smarter? Exploring social interactions in search.” *http://bit.ly/1U2KdeV.*

MacLeod, Hugh. “Social Objects for Beginners.” *http://bit.ly/1N-4myXe*; TweetNews, *http://tweetnews.appspot.com.*

Evans, Brynn M. “Why social search won't topple Google (anytime soon).” *http://bit.ly/1N4mDue.*

第 14 章

我们中的一员

过去我常常想，世界上有千千万万的人，在茫茫人海中，我怎样才能遇到对的人呢？遇到能与我为友的人，遇到我的那个“他”。现在我只是相信：注定相遇的人总会相遇。

——**戴安 · 弗洛洛夫**，《**北国风云**》，“**寻找**”，1995（Diane Frolov,《Northern Exposure》，“The Quest” 1995）

唯一的一个。

——C. S. 刘易斯（C.S. Lewis）

人际关系

融入一群人中，与他们一起玩耍、聊天，是拥有成功社交体验的关键因素。最可怕的情况就是：你身处某地，却发现自己孤身一人。在建立社交网络时，重要的是建立互动机制，寻找朋友并让他们成为参与圈的一部分。以前，常见做法就是干脆将用户一大堆地址簿中的所有联系方式通通拿来。而这个过程就像把一张渔网投入太平洋中以求钓到大鱼一样，对筛选有价值的人际关系毫无帮助。不是所有的联系人都有相同的价值。我可能会将姑妈和会计师的联系方式都存到地址簿中，但是我不一定非让他们都成为我 Facebook 中的好友。

为用户提供创建关系网的途径时，需要考虑人际关系的强度，以及网站类型——是轻松地交往、职业联络，或是为了约会。另外，在发展朋友圈或者一对一联系时，还要考虑这些人际关系的背景信息。共同的朋友是会增强还是损害人际关系？联系应该像约会网站 OkCupid 那样是私密的吗？还是像 Tinder 那样显示你们 Facebook 上共同的朋友？

朋友的朋友可能会比我直接结识某人更有帮助吗？就像 LinkedIn 一样，在那里二度关联或三度关联有可能就是成就你下一份工作的关键。

社交网站是像 Twitter 那样的广播类网站吗？在 Twitter 网站中，关注追踪一个人要比在现实世界中真正认识这个人更重要。

在现实中认识此人很重要吗？例如拥有一些可靠的朋友，与他们在 Shutterfly 网站上分享家庭照片。或是，在 Hangouts 和 Blobix 这样的网站上计划一次夜晚出行活动。

本章所讲的模式会告诉我们一些寻找朋友并将其加入到用户好友圈的方法，以及在创建关系网框架时必须考虑的事情。该框架必须对薄弱的和牢固的人际关系一视同仁；必须允许用户在关注他人或与人交友方面来回改变主意；当用户关注或不关注某人时，系统要如何提示该用户和被关注者，这方面也必须做到礼貌得体。归根结底一句话，当这个系统可能在为用户搭建关系桥梁的时候，它不能造成过度的困扰或是有失社交体面。

接下来，我们来看看“群”环境中的关系。在这些情况下，问题的关键往往是人们加入群的驱动因素和随着时间增长的人际关系。

最后，我们会审视一对一的人际关系，以及社交工具如何影响约会网站上的行为。约会网站上展示的社交元素应该与意图的强度和严肃程度相匹配。越想找到成功配对的人，越有可能忍受收费墙和账户限制、冗长的个人资料表，以及其他功能。更随性的约会者耐心有限，很容易就会移步其他服务。

人际关系术语表

群（Cohort）：聚集在一起或是被看成一组的一群人（《牛津英语词典》中的定义）。

伙伴（Associate）：分享共同活动的人，例如骑单车或者摄影。

同事（Colleague）：一起工作的人（《牛津英语词典》中的定义）。

密友（Confidant）：可以分享个人和隐私信息的人。

关联（Connection）：一种联系或关系；联系行为；（复数）与某人有联系或是有关系的人（《牛津英语词典》中的定义）。在社交网站（例如：Flickr）中与用户有联系的人。这种关联可能未必是双向的。

联系人（Contact）：你会向其寻求帮助或信息的人（《牛津英语词典》中的定义）。

家庭（Family）：由父母亲和他们的孩子组成的一个群体，他们作为一个整体共同生活；有血缘或婚姻关系的一群人；一个人或一对夫妻的子女；同一个祖先的后代；被一个显著的共同特点联系在一起的一群人（《牛津英语词典》中的定义）。

迷、粉丝（Fan）：对某项运动、艺术形式或某个名人有浓厚兴趣或尤为赞赏的人。

跟随、关注（Follow）：在社交网站（例如：Twitter）中将某人或某人的内容标记并纳入你的体验中的行为。在 Facebook 网站中，你所关注的东西都会记入到 NewsFeed 中，而在 Twitter 网站中，则会记入到活动流中。

跟随者、关注者（Follower）：跟随的人；支持者，迷或信徒（《牛津英语词典》中的定义）。

好友（Friend）：与某人相互影响、紧密相连的人，通常是家庭成员以外的人（《牛津英语词典》中的定义）。在社交网站（例如：Facebook）中，好友就是与用户有联系的人，而且这种联系是双向的，是基于双方同意的。伴侣 / 情人 / 男友 / 女友：一位有性关系或浪漫关系的人。

找人

是什么

用户想在一个网站或社交类网络服务（见图 14-1）上找到他认识的人，以便能够与他们进行联系和互动。

图 14-1：Facebook（上图）和 Flickr 网站提供了多种添加联系人的方法

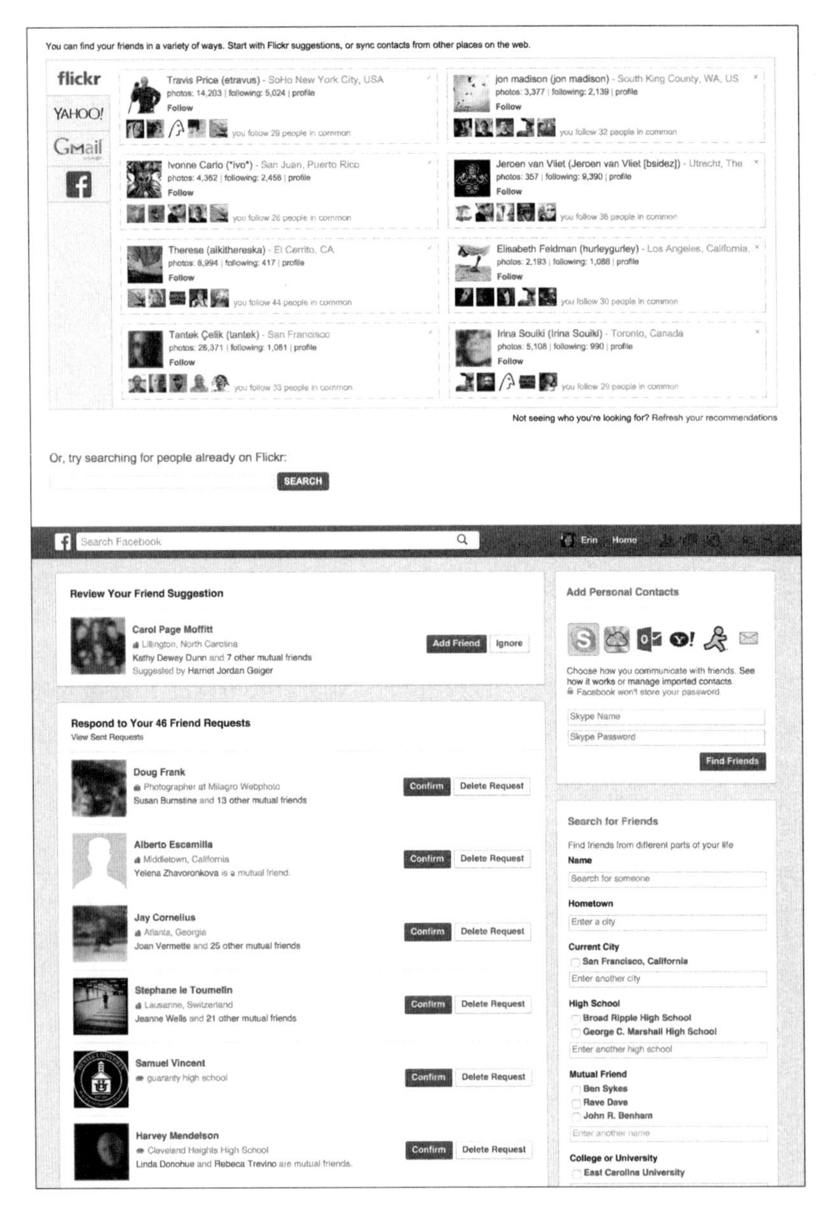

何时使用

- 当你想帮助用户找到他们关心的人，而这些人可能已经在使用这个网站时，可以使用此功能。
- 用来扩大用户在朋友和家庭以外的人际关系网。
- 在用户初次创建关系网后，用来鼓励其添加联系人。

- 帮助用户和他人建立私密联络来进行约会。

如何使用

为用户提供多种扩展关系网的方法。

浏览好友

允许用户浏览好友的好友。

允许用户通过共同的兴趣浏览他人。

考虑将用户的好友和关系网中的头像逐行排列，而且允许其他人通过头像直接访问那些人的个人信息。提供代表联系人身份（通过头像）的视觉线索，以帮助用户确定他们的身份（见图 14-2、图 14-3、图 14-4 和图 14-5）。

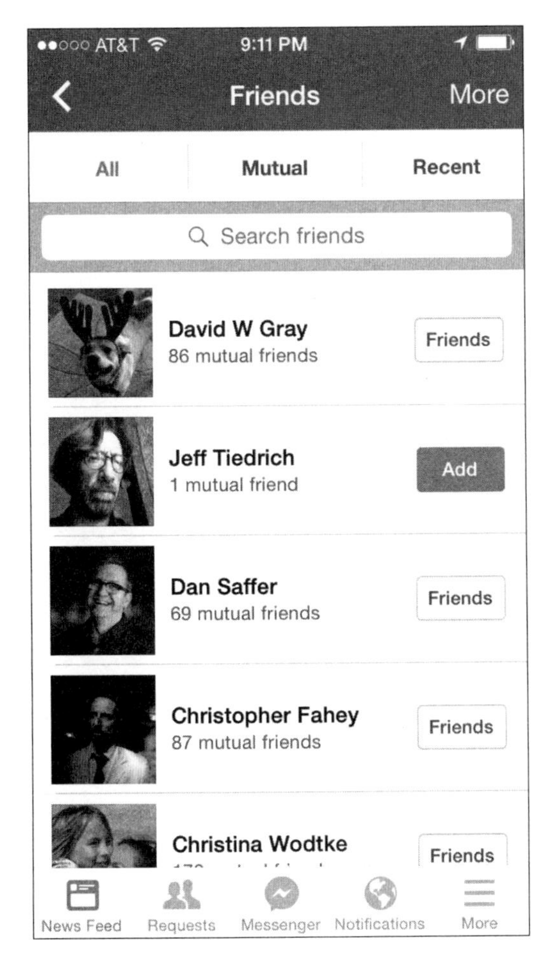

图 14-2：Facebook 移动端中的好友列表

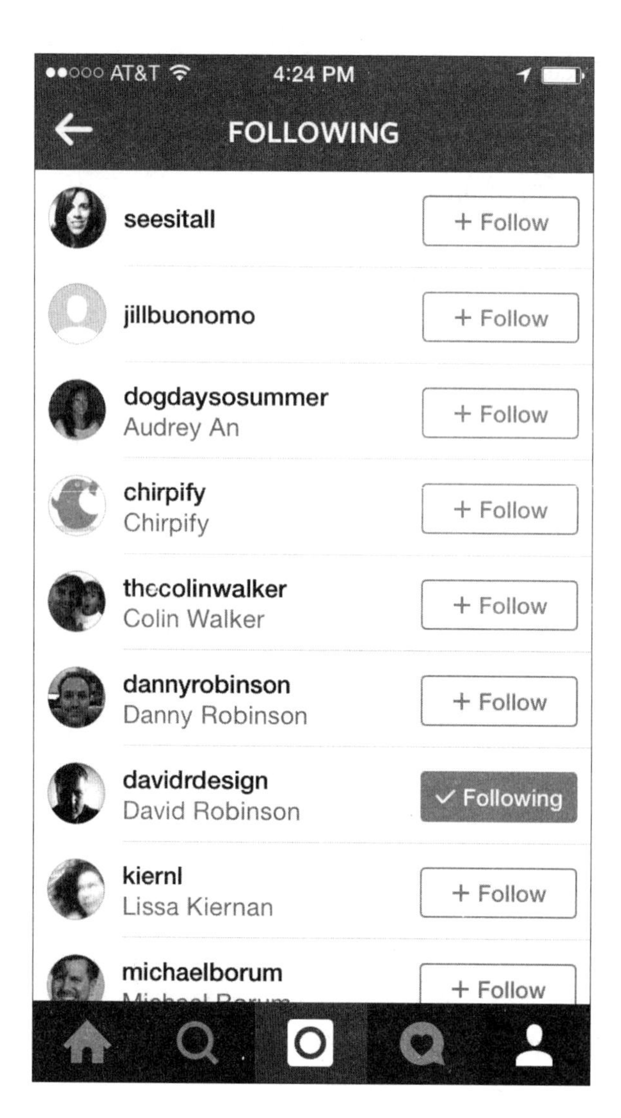

图 14-3：Instagram 上的关注列表

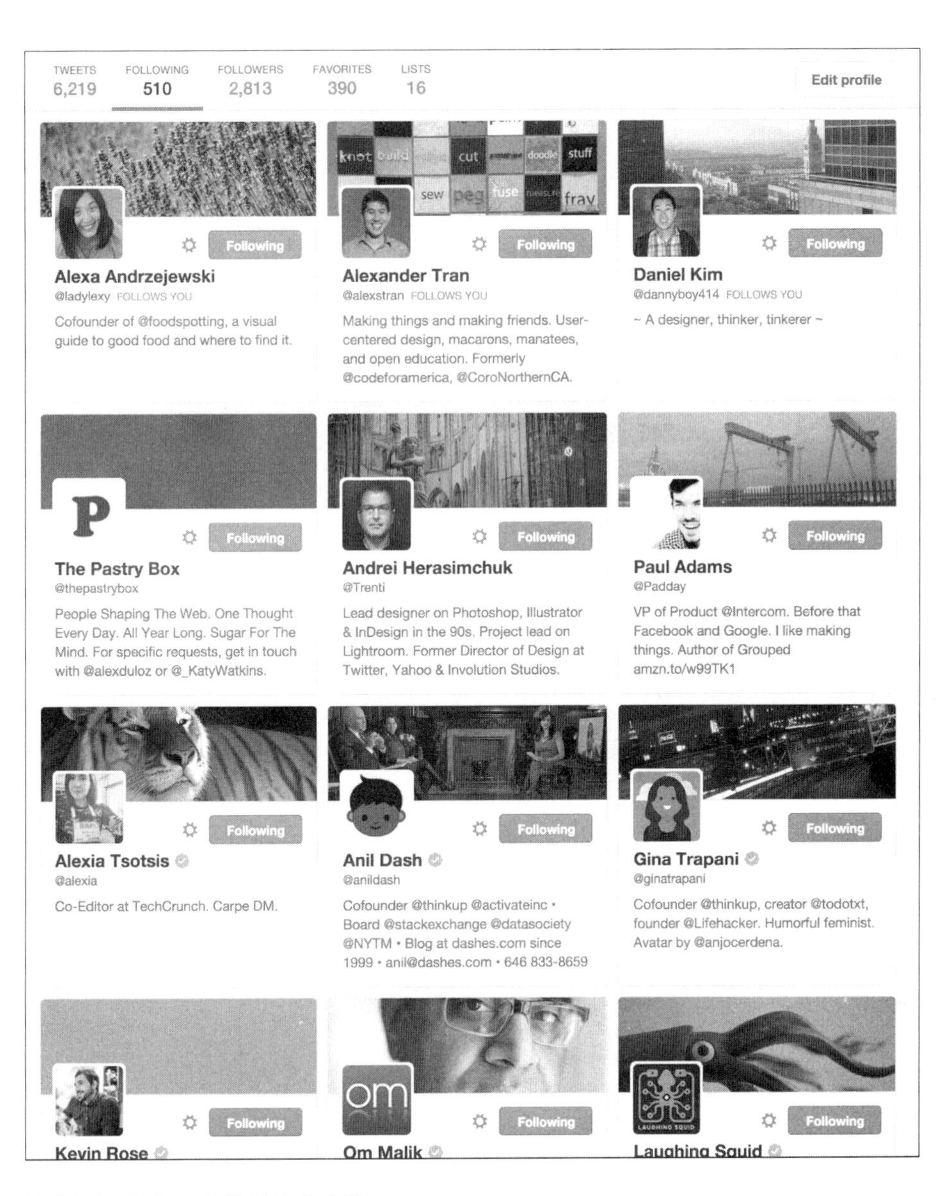

图 14-4：Twitter 上的关注人网格

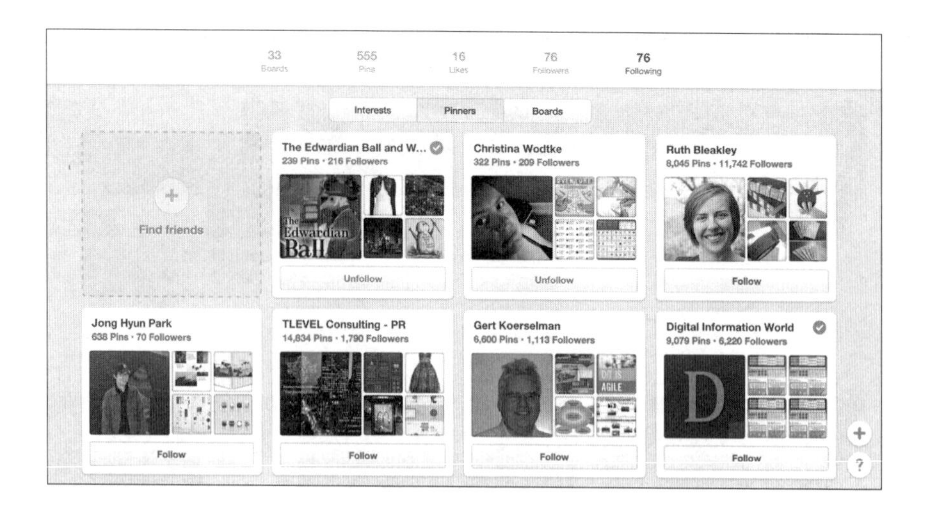

图 14-5：Pinterest 网站上的关注人

查询好友

- 允许用户在你的网站的关系网中查找好友。
- 提供一个关键字输入框。明确标明该搜索能够接受的搜索条件——姓名、电子邮箱或其他标识身份的属性。

Facebook 网站允许用户通过已知的用户信息来限制搜索。例如：用户可以在他们高中或大学的同届毕业生中搜索好友，也可以从他们最近工作过的公司中进行搜索（见图 14-6）。用这种方式来限制搜索可以提高用户查找熟人的可能性。

图 14-6：Facebook 网站提供了根据用户的学校和工作地点等特定条件进行搜索的功能

College or University

☐ East Carolina University

Enter another college or unive...

Employer

☐ Tangible UX

☐ Yahoo!

☐ Yahoo

Enter another employer

Graduate School

☐ Rochester Institute of Technology

Enter another college or unive...

从邮箱通讯录、即时通信的好友 / 联系人列表以及其他关系网中查找好友

- 允许用户导入他的地址簿或即时通信联系人列表，并从中查找已经在使用这个服务的人。
- 允许用户使用授权模式导入其他服务中的关系。
- 参照已知的数据项——姓名、邮件地址或其他可靠的信息进行过滤，然后向用户展示一个已经使用该服务的相关人员列表（用图像来使其更易辨别）。
- 允许用户选择一个或多个姓名并与他们建立好友关系。
- 如果双向关联是必需的，那么要展示出将要发送给对方的信息以及发送好友请求或拒绝请求的选项。
- 从地址簿或地址簿服务中导入联系人列表以便用户添加好友，不要自动给用户联系人发送好友请求这种垃圾邮件。
- 不要自动给该用户的联系人列表中没有使用该服务的人发送邀请加入的垃圾邮件。

发现 / 推荐

- 考虑将用户可能认识的人作为潜在联系人展示出来（见图14-7）。
- 使用已知关系网和好友的好友为用户预测潜在关系网（见图14-8）。
- 显示用户可能与另一个用户共同认识的人（见图14-9和图14-10）。

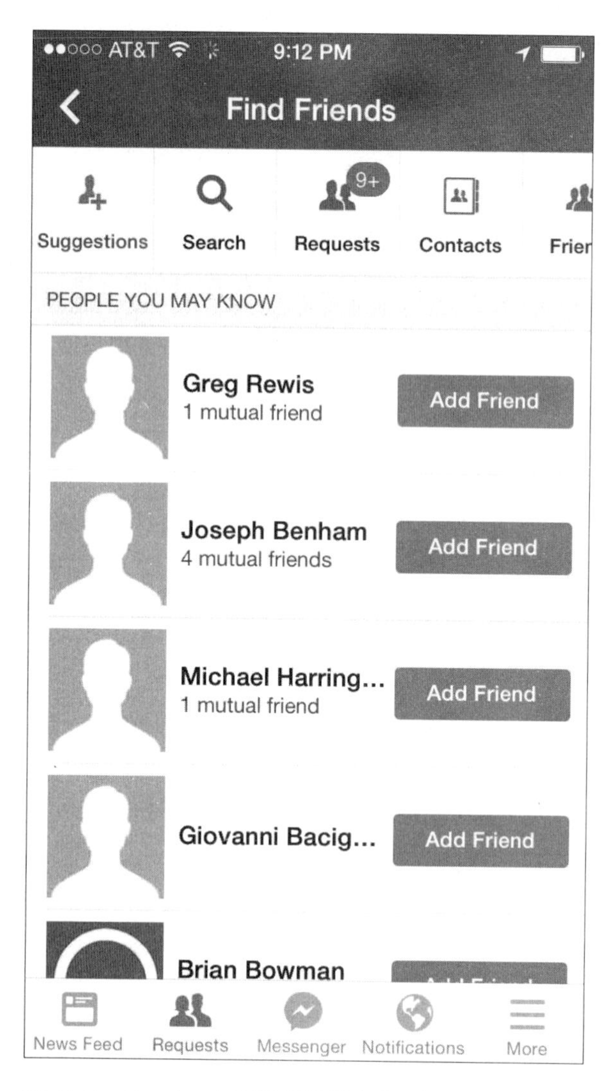

图 14-7：Facebook 移动端经常会进行好友推荐以鼓励用户扩展关系网

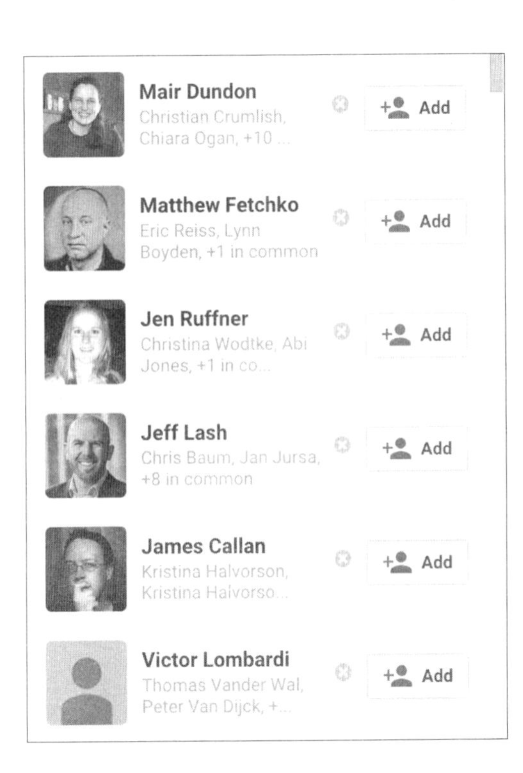

图 14-8：Google+ 通过共同点推荐用户，并将这些用户在语境中呈现出来

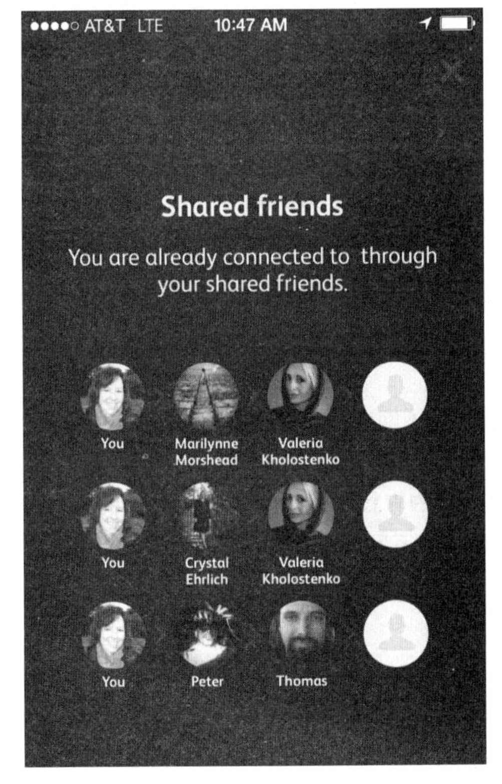

图 14-9：移动约会应用 Blendr 通过共同认识的人显示分隔度

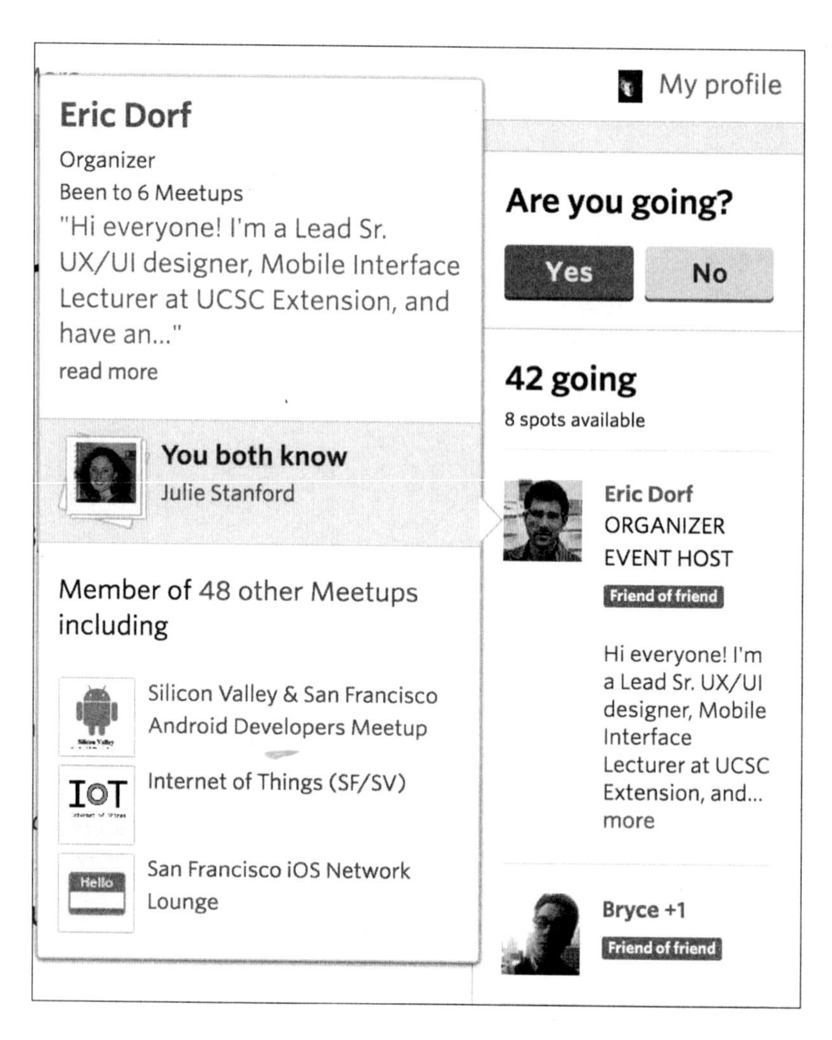

图 14-10：MeetUp 显示朋友的朋友，并指出你们共同认识的人

为何使用

正是由于有关系网和好友圈，才有了网络社交。建立一个关系网很困难，而且随着时间流逝，当一个用户从一个网站转向使用另一个网站时，关系网就变得很多余。提供简便的查找好友及建立关系网的机制将促使人们反复使用网站，防止社交关系网作废。

相关模式

- 添加好友
- 注册

参见

- Facebook (*http://www.facebook.com* 和 Facebook 移动应用)
- Flickr (*http://www.flickr.com*)
- LinkedIn (*http://www.linkedin.com*)
- Pinterest (*http://www.pinterest.com*)
- Instagram 移动应用
- Blendr 移动应用

添加好友

是什么

用户在一个社交网站中找到了他认识的人（见图 14-11），并想把他们添加到自己的关系网中。

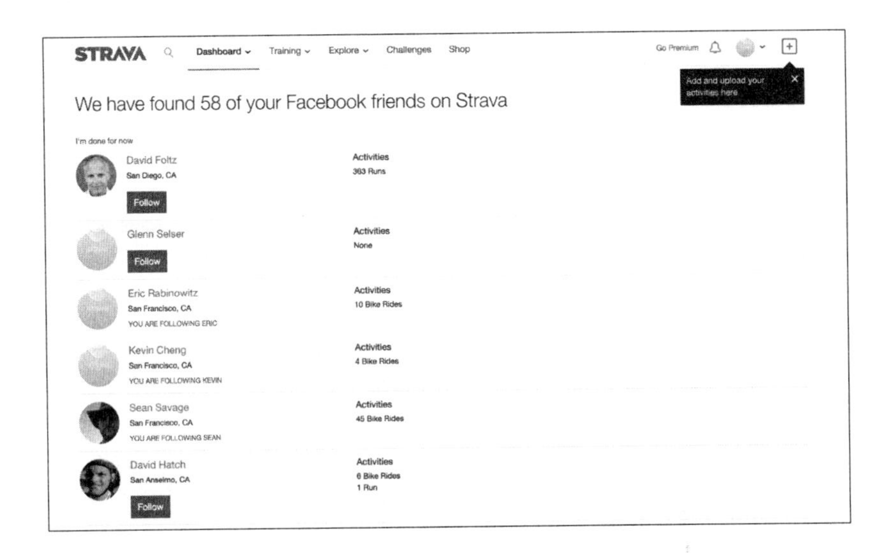

图 14-11：Strava 推荐的关系网，基于作者 Facebook 关系网中同样使用此服务的人

何时使用

- 用户关系网是网站体验的一个核心部分。
- 好友请求要进行确认，提供一种双向的相互都承认的好友关系。

- 允许用户关注但未与其建立双向关系的另一个用户。
- 可用于忽略好友请求。

如何使用

一旦用户在你的网站中找到了他在意的人，你就要提供一种简便的方式让其将那些人加入到关系网中。

- 提供一个明显的链接（一个按钮或是文本与图标的结合）作为“将其添加为好友”的入口（见图 14-12）。

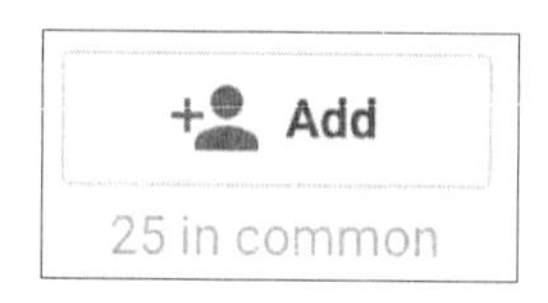

图 14-12：Google+ 网站中的“添加好友”入口

- 一旦用户将某人添加为好友，网站应该清楚地告知该用户“那个人现在已经是你的好友了”（见图 14-13）。

图 14-13：Twitter 的 Follow 按钮在你关注对方后就变成了 Following 按钮。Unfollow 按钮现在的作用是取消关注

确认友好 / 双向关联关系

这种双向关联关系的需求促使网络人际关系更贴近于现实世界中的人际关系。

- 当选择“添加为好友”按钮时，网站要清楚地显示出：必须经另一方确认，网站才会识别这种关联关系（见图 14-14 和图 14-15）。

图 14-14：Facebook 将“添加为好友”的按钮替换为“好友请求已发送”，告知用户消息接收者需要先确认这个关系

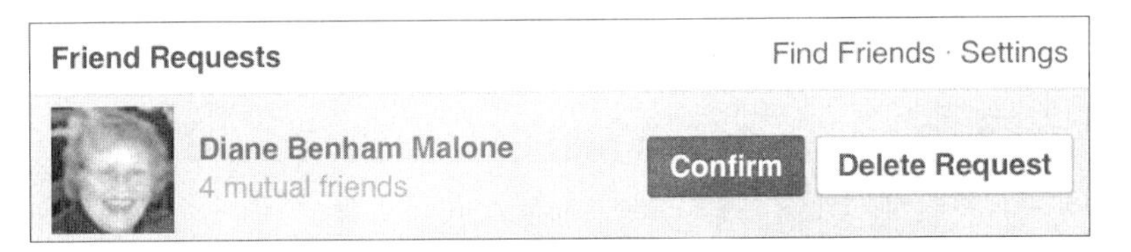

图 14-15：Facebook 显示发送出的好友请求，对方必须先确认用户才能将此人添加进好友列表

- 同样，当用户收到好友请求时网站也要给出提醒（见图 14-16）。

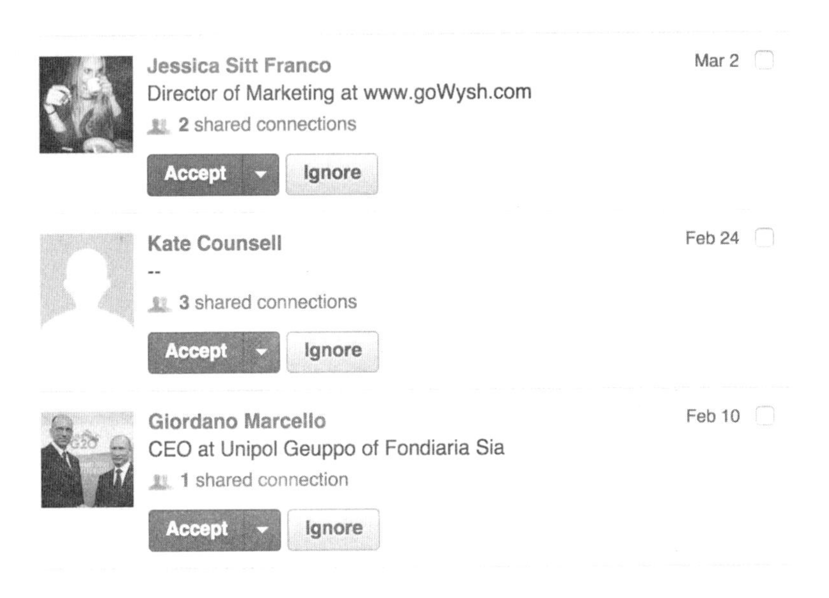

图 14-16：LinkedIn 在用户的收件箱中显示收到的好友请求

- 允许用户随时都可以取消好友请求。

单向关注（又称非同步关注）

除了双向关联外，还有单向关联。这种关联方式最好是在内容重要于个人关系的时候使用。它实质上是订阅某人在系统中的活动和发表的内容（见图 14-17）。

Brad Frost @brad_frost
Follow

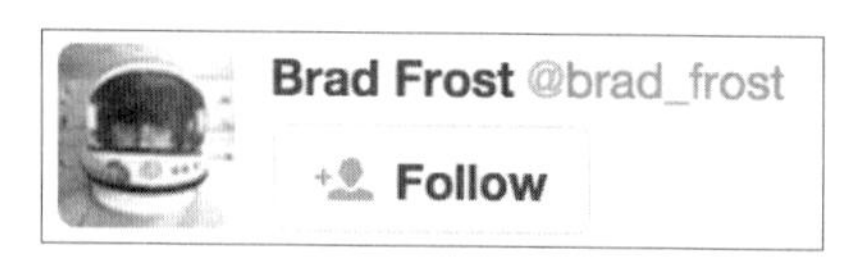

图 14-17：Twitter 网站提供了一个与你所关注的人的身份相关的简单大方的“关注”按钮

- 以一种不会显示亲密关系或现实关系的方式来标记这种追踪行为，如好友、家人。也可以使用“联系人”“粉丝”“跟随者”这样的术语。
- 当为用户建立好友关联时，要提醒他这种关联已建立（见图 14-18）。

Graeme Green and 6 others followed you

图 14-18：Twitter 在界面中显示有人关注了你

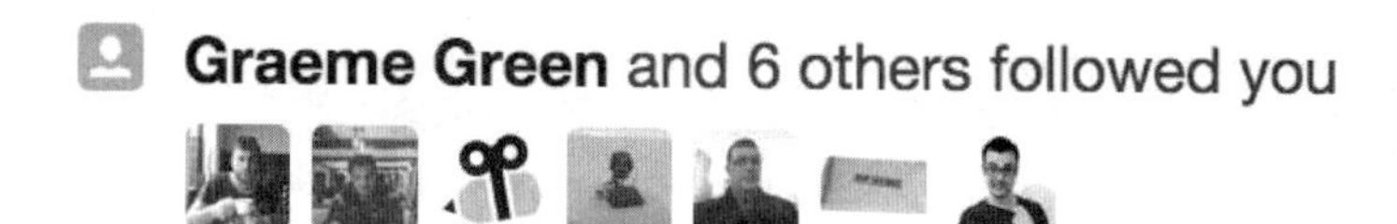

- 如果双方都将对方加为好友，也就是相互都建立了单向的关联，那么要告知他们这种关联（见图 14-19）。

From: Flickr HQ
Subject: You are kears10's newest contact!
Hi emalone,
Yay! kears10 has marked you as a contact too.

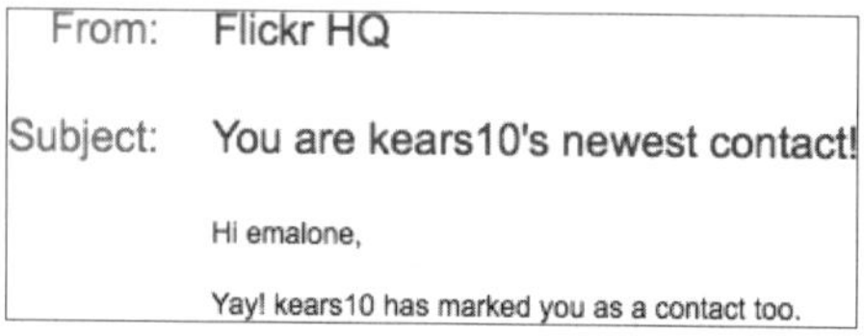

图 14-19：当关注被回应时，Flickr 网站会发送一条消息

隐性关系与显性关系

大部分社交关系网都需要用户创建显性的关系网，并声称这些关系的公开性。但是有些情况下是需要隐性关系的。订阅某人的博客或是加入一个感兴趣的群组时，在用户与博客作者或用户与群成员之间就存在隐性关系。属于某个群在本质上就暗指了一种或强或弱的关系。

在界面上显示出隐性关系可以帮助用户建立显性关系，也可以让他看到自己所加入的群。

用户加入群后，允许他不明确声明这种关联，可以让这种关联随时间逐渐形成。

粉丝与名气（又称非同步关注）

在博客、微博（例如Twitter网站）这种公共网站以及Flickr这类网站中，张贴的照片默认是公开的，它允许用户向全世界发布信息。它在界面中包含互动，让用户可以追踪或订阅某作者或是其发表的内容。这种单向关联通常就是由这些单纯的追踪某作者或其内容的“粉丝”发起的。“粉丝”（fan）一词所暗指的含义与“好友”不同，它所代表的关系通常是单向的，除了发布一些充满感情的信息之外，“粉丝”与他所痴迷的对象之间很少或是根本没有直接的交互（见图14-20）。

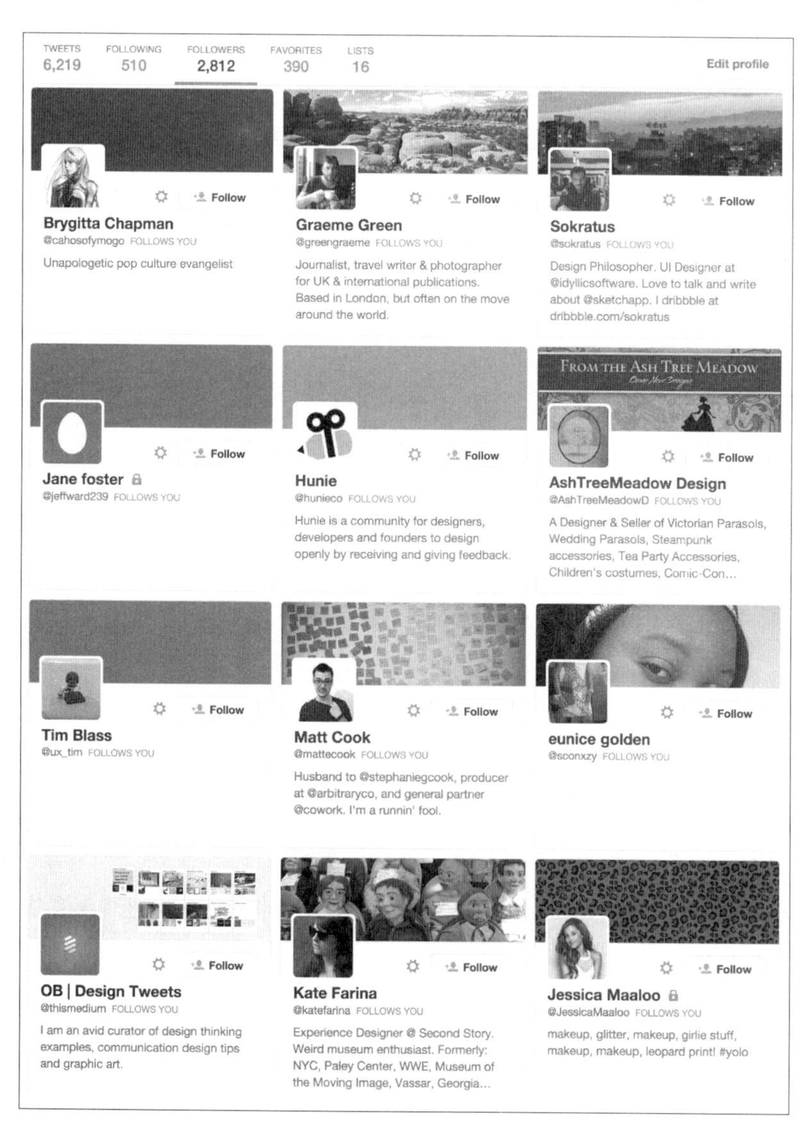

图14-20：Twitter网站的来访者表格从本质上讲就是某人或其博文的关注者列表。对一些网站来说，收集关注者已经变成了一种游戏或人气竞赛

暂时关系

- 允许用户便利地收藏或者私密创建关于他人的列表。
- 允许用户可以简单地把别人从此列表移除。
- 如果列表中的某人向用户“暗送秋波”，可及时提醒用户。
- 考虑当列表中的人在线时告知用户（见图 14-21）。

图 14-21：在 Okcupid 上，用户可以收藏他人，网页版的导航栏会显示此人是否在线

- 考虑当用户列表中的人在附近的时候通知用户，并允许用户事先界定“附近”的半径范围。

忽略我

允许用户忽略好友请求（见图 14-22）。

图 14-22：在 Facebook 上，用户可以选择添加好友或者忽略好友请求。然而，点击“忽略”按钮会发生什么并不确定

清楚地说明“忽略”会产生什么样的结果；否则，结果将是被忽视后的好友请求堆积如山，这在某种形式上来说是用户永久的痛苦。很多人不会主动“忽略”某人，因为他们不清楚选择“忽略”后会是什么样子。即使这个发出好友请求的人并不是他们的好友人选，但是他们害怕冒犯他人。

Facebook 网站的界面提供了一些不错的选项，但是当用户选择某项操作时，在为其设置期望方面还是有所欠缺的。

- 请求方会收到被忽略的通知吗？如果不通知请求方，那么进行“忽略”这一操作和不“忽略”具有一样的效果。

- “忽略”某人会阻止这个人再次发出好友请求吗？还是只有“阻止”链接才有那样的效果？

给用户提供可以忽略他们关注者或者好友内容的机制。

Facebook 的界面明确指出，你只会不再见到此人的帖子，但你们仍然是好友。这是与“删除好友”不同的操作（见图 14-23）。

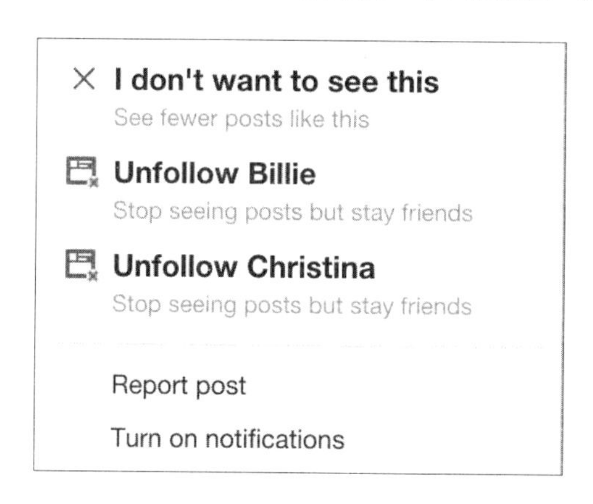

图 14-23：在 Facebook 上，每一个帖子都让用户可以选择依据内容进行过滤，或者完全不看此人的内容，从而避免了删除好友的社交焦虑

Tumblr 提供忽略其他用户内容的选项，你依然关注他们，只是你不会见到此人的帖子。但是你不花点时间去研究这种机制并不能完全搞清（见图 14-24 和图 14-25）。

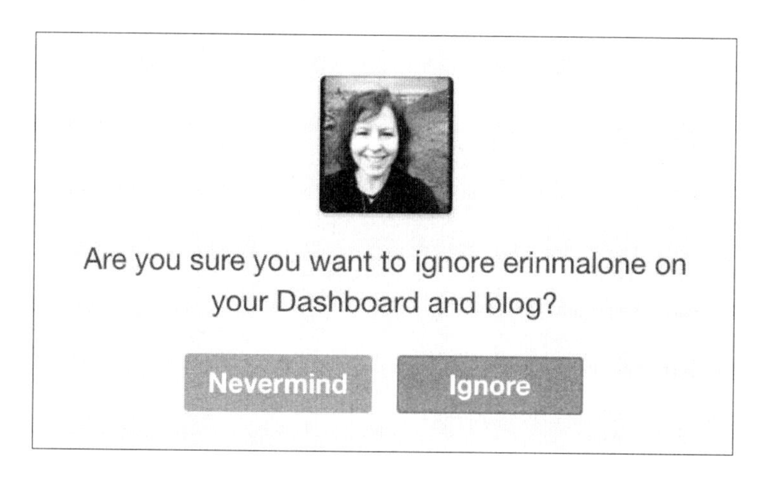

图 14-24：Tumblr 在界面上允许用户忽略他人。这个操作可撤销，并不会取消对此人的关注，只是把他们发布的内容从主面板的信息流中移除

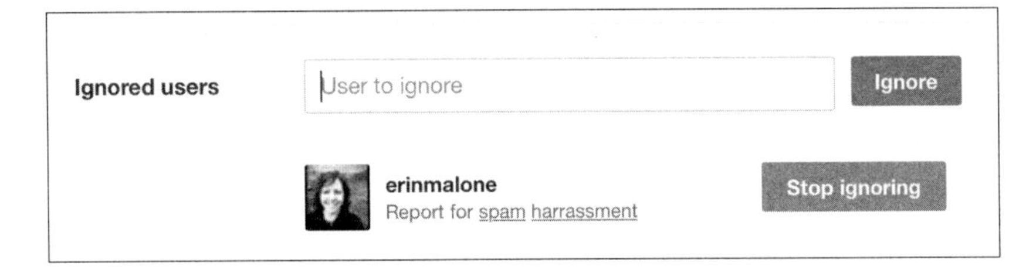

图 14-25：在 Tumblr 上，用户可以轻易撤销忽略操作，只要点击“停止忽略”按钮即可。这个操作会让他人的更新重新出现在主面板的信息流中

如果忽略一个好友请求或者忽略好友的内容，其社交后果具有很大的模糊性，因为人们恐惧做错事会造成对他人的冒犯。

关于每个按钮的含义都要为用户清晰地设置期望。可以用浮动提示信息告知用户这些操作的结果。

不设置明确的期望，你就是在漠视设计开发所付出的努力，你创建的这一功能会让用户有恐惧心理而不敢使用，他们害怕在社交方面产生消极的影响。

为何使用

允许用户与另一个用户建立关联，这样能促进网民之间的交流和共享行为，结果就是该网站的名气以病毒漫延的速度疯狂增长。人们想与朋友或是兴趣相投的人一起做些什么，因此要让他们能够建立并加强这些关系。

相关模式

- 查找好友
- 删除好友

参见

- Facebook (*http://www.facebook.com*)
- LinkedIn (*http://www.linkedin.com*)
- Tumblr (*http://www.tumblr.com*)

交际圈

是什么

用户想要体现出与他人关系之间的细微差别（见图 14-26）。

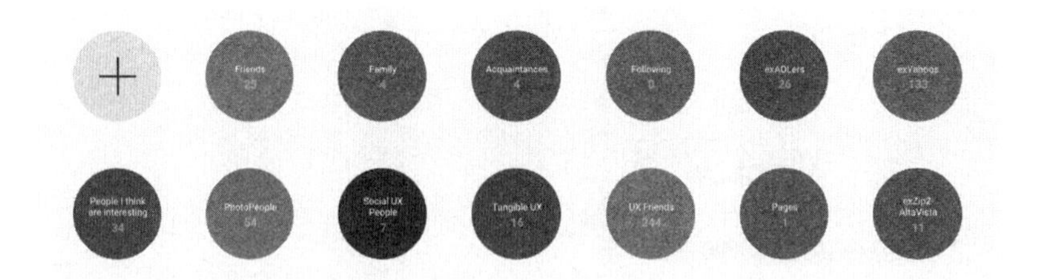

图 14-26：Google+ 网站允许用户建立不同群组，并给它们提供唯一的名称

何时使用

- 用来区别某人关系网中各联系人的不同级别。
- 用来设定分享活动及内容的权限。
- 用来清晰地界定现实与网络、“铁杆好友”关系与“萍水相逢”的关系。
- 用来帮助用户筛选可以查看的内容范围。

如何使用

- 根据用户体验环境的不同，分级别描述关系或许很重要，又或许不重要。
- 考虑让用户根据影响大小或关系亲密程度来划分关系级别。
- 清楚地说明各关系级别的含义（见图 14-27）。
- 不要添加太多级别，否则可能会导致用户对每一级别的范围含义产生困惑。用户应能够轻易地区分各个级别的范围，以及各级别的联系人在查看自己的行为和内容时的权限如何不同。

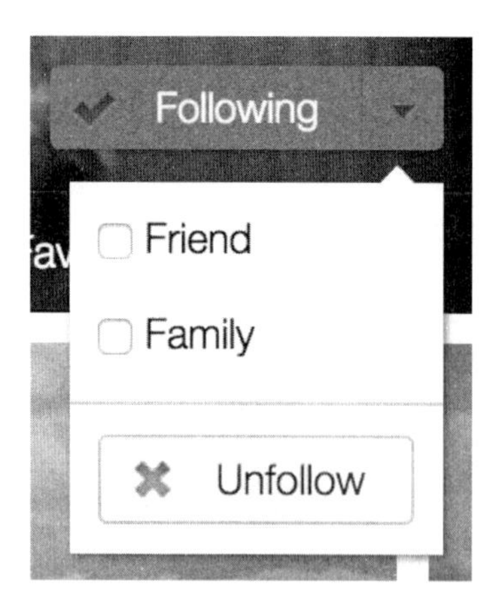

图 14-27：Flickr 网站允许将关系划分为“好友”“家人”，或两者都不是。在上传图片时，可以根据所显示的关系来限制哪些人可以看到图片

为何使用

现实生活中的关系很复杂，而不同的情景通常会改变两个人可能的交互方式。在网络上，关系应该以一种尽可能简单的方式来展现，这样有助于用户的理解并提升网站的易用性。

为用户提供创建关系组的机制，这样可以避免发生尴尬的社交状况，让用户能够掌控他人是如何查看其行为和内容的。

不过，如果选择过多，或者不限制选择，时间一长社交关系就会变得杂乱无章。所以要慎重平衡个性化和易用性。

相关模式

- 添加好友
- 排斥

参见

- Flickr (*http://www.flickr.com*)
- Google+ (*http://plus.google.com*)

从 Google+ 可以学到的产品课

虽然我在最初的 Google+ 团队工作过，也是发明“圈子”这个概念的人，但我早就离开了这个团队，也没有什么内部消息。这篇文章也不包含任何机密信息。我只是分享我认为的关于产品显而易见的经验教训，让我们可以创造更好的东西。所有的内容都来自公开的信息。

1. 关注人的问题，而不是公司的问题

关于 Google+ 到底怎么了的讨论，其中核心主题是 Google 在 Facebook 崛起之际到底面临哪些问题，还有那些问题现在是否依然存在。在我写这篇文章的时候，所有围绕这个问题的讨论都是以公司作为出发点的。对于 Google+ 可以或者应该解决的人的问题的讨论则所见甚少。如果 Google+ 想要有和 Facebook 一样的用户参与度，它需要考虑如何使人们的生活得到本质的提升。大多数人毫不关心 Google 所面对的问题。同样，他们也不用 Facebook 去搜集和他们自身相关的数据来进行更精准的广告投放。他们仅仅是希望有更好的工具来帮助他们过上更快乐和更满足的生活，而且他们往往不会看到工具在未来的长远价值。

关键点是，社交软件并未完成。人们想要更好的方式来构建、维系并发展关系吗？当然，人们想要更好地和他人分享体验，不管身在何处？这些问题一个都没有解决。人们甚至不知道他们在未来如何分享体验，这也是 Facebook 对于 Oculus Rift 的收购会如此有趣的原因。Google+ 的绝大部分提供的都是别处已经存在的服务。

互联网依然在其婴儿期。还有如此多发明创造的空间，如此多的机遇可以让人们的生活变得更好。完全没有必要担忧来自竞争的威胁。互联网并不是一个零和的游戏，也没有一个关于产品结局的定论。

2. 感知到的价值应大于感知到的付出

我的通讯录里有很多我认不出的人。这基本上是我人生中所有的人，但是我管理得很烂。我最私人的设备中最私人的一部分却充斥着陌生人。其他人的情况也差不多，原因很简单：并不值得让通讯录时时更新。这也是 Google 圈子的问题。

对每个人来说，感知到的价值是明显的。圈子更清楚地划分了线下人生的样子，人们与不同的人分享生活的不同部分。这也是当时Facebook的阿基里斯之踵——Facebook的设计模式是和所有的人分享所有的东西。这限制了人们愿意分享的内容范围。

但这是一个困难的设计问题，而确认单一的用户价值是不够的。执行和最初的见解以及独特卖点同样重要。像绝大多数移动通讯录那样，人们并不会手动将朋友添加进圈子里，而且更重要的是，他们也不会保持更新。圈子需要持续的用户操作，尽管有其价值，并不值得为之付出。用户界面再好看也不管用（见图14-28），交互再流畅也是徒劳，体验再好玩也没有意义。人们并不会使用这个服务，因为感知到的付出大于感知到的价值。

图14-28：Google+上面的圈子分类

个人认为， 这没有办法解决。用圈子去映射现实交际圈，受限于其字面释义，需要的手动操作却违反直觉，所以这个概念不能成功。是时候重新想想了，这个以后再谈。

3. 义无反顾地专注于缩小范围，耐心等待，互联网还年轻

除了像Instagram这样极少数的应用之外，社交网络需要很多时间来建立和巩固，就像现实关系一样。这需要耐心和特别的专注。太容易就会朝三暮四。

Google+ 想一家独大。在 Facebook 崛起的同时，Twitter 也在发展，Google+ 尝试与两者同时竞争。Facebook 和 Twitter 是非常不同的产品，常常满足人们不一样的需求。Google+ 的产品复杂度及其未能砍掉多余功能表明这依然是一个问题。

这种不专注使产品变得无比复杂，给用户增加了很多认知上的负担，使产品变得需要更多付出。在过去的几年里，所有极为成功的社交产品都是从做好一件事开始的，然后再发展壮大。

4. 拥抱生活的杂乱

在我们人生中需要处理的所有事情中，人际关系是最复杂最混乱的，不管是初识还是结婚。它们包含了最深刻的人类情感，从我们对自我的认识，面对他人的自我形象的投射，我们的欲求，我们想成为的人，我们的归属感，爱谁以及如何去爱，到我们如何思考死亡。

难怪社交设计很难！

在现实的混乱与软件制造者对于有序数据的追求之间，横着一条鸿沟。或许有一天我们会认识到我们的大脑全是节点和链接，是物体间深深浅浅的路径，这样就可以在大脑上绘制软件。但在我们有生之年这不太可能发生。

我认为 WhatsApp 的崛起原因之一是其拥抱了生活的混乱，从而解决了"圈子"问题。虽然圈子、Facebook 列表和 Facebook 群组全都默认组是一个有明确界限的对象，但 WhatsApp 不这么认为。WhatsApp 的大多数使用模式是群组对话，但其细微的、决定性的差别在于，这些群组并非永久或持续的。并不是一群不变的人在长时间里按照顺序讨论话题。常常是人们围绕某个暂时的东西进行一次性的讨论，例如一个活动、音乐会、聚会，或是周末旅行。然后群组会得体地解散。如有必要，群组又从零组建。通常有一个特定事件让人们聚集起来，新人陆续加入，他们交谈、分享内容，讨论变得混乱，然后消亡。

从这种意义上讲，电子邮件和 WhatsApp 的工作原理是一样的。我们向同一群体不断发送邮件，每次都手动重新创建同样的列表。对很多工程师来说这是疯狂的，导致数据处理和存储异常缓慢。到处都有重复。但这就是混乱的现实。添加别人邮件地址的认知负担很小。所以，一遍遍重复这个行为就说得通了。通过常见模式推荐联系人（例如 Gmail），让这件事耗时更少，减少用户的付出，从而创造更好的体验。

我不免会想这是不是圈子应该有的交互模式。或者说，更重要的是，这是不是它未来应该具有的交互模式。圈子应该是暂时的，而不是永久的。

5. 一味模仿的产品战略在需要规模效应时是行不通的

我们的办公室旁边有个夜总会。陈旧，播放有问题的音乐，提供有问题的啤酒。但每个晚上都爆满。人们爱死它了。它旁边新开过许多夜总会，几个月后总是关门大吉。新夜总会有更好的装潢、更好的音乐、更好的啤酒。但是，它们没有成功最至关重要的一点：人们的朋友。人们喜欢和他们的朋友待在一起，而这比什么都重要。

Google+ 采取了一种模仿战略。模仿战略就是照抄竞争对手的功能，模仿其核心服务；然后在某一方面比其做得更好，超越现存的产品。从客观上讲，更优的产品会获得最后的胜利。这种战略有很多成功的实例，包括安卓、Windows 和 Google 搜索。对 Google+ 来说，很多地方明显是模仿 Facebook 如信息流、照片、用户资料和消息推送。但是，人们的朋友不能被模仿。

规模效应需要时间来建立。这需要一个和模仿完全不同的产品战略，还需要耐心和专注。

6. 人们需要生活中实际存在的概念模型

我们的很多朋友都是不守时的。我记得在手机时代以前，我们常常需要在碰面地点不断想他们到底会迟到多久。手机的最大优点之一就是消除了这些不愉快的体验。但是 Hangouts 又把这个体验带回来了。我该等一会儿吗？还是打开一个新的标签页，干点别的（见图 14-29）？

使用另一个渠道时常让人有断裂感。例如用邮件或即时聊天工具和一个本应该加入了 Hangout 的人交谈。从 Google Chat 到 Hangout 的切换挺有趣的。我非常想看看 Google Chat 和 Hangout 分别的活跃用户数量。还有 Google Chat 的讨论量与 Gmail 内以 Hangout 为主的聊天应用的流量对比。我想知道 Hangout 到底算不算成功？它在 Play 商店的评分是 3.8. 我个人认为 Hangout 的概念很让人迷惑，Google Chat 则要好得多。我知道很多人也有和我一样的想法。

图 14-29：在 Hangout 等其他人加入

回顾通讯的历史，很多成功的社交软件都有类似的线下体验。甚至像新闻流这样的应用也可以与中心市集作比——它们同是新闻和八卦的来源。每产生一个新工具，人们都需要建立一个思维模型，以减轻使用的负担。我只能在现实中联想到一个与 Hangout 类似的体验（某人在未经事先安排的情况下在某个地方等着别人出现）和这种体验相关的情景在大多数国家都是非法的。似乎为了使用 Hangout，你得事先做好别的功课，例如问问对方是不是在线，或者在日历里创建个事件，或者干脆就像这个名字所暗示的那样，与一种尴尬的社交隐喻打交道——干等着。

而呼叫某人这个概念相对来说就要简单得多了。Hangout 用来工作和开会可能还不错，用来呼叫家人和朋友就不行了。

所以，该干吗呢？

如果我们从这些经验教训里面学习，并应用到未来的设计中去，应该怎么做呢？我认为 Google+ 其实境况不坏。它只是需要回归根本，并且做到绝对专注。记住，产品战略意味着说“不”。为了更好地理解 Google+ 需要解决的人际问题，应该从极少数的问题着手，甚至只关注一个问题，就像 Instagram、Snapchat、WhatsApp，或者 Secret 所做的那样。

Google+ 极为复杂，非常难懂。应该除掉一些功能，减少界面中的选择，降低使用难度。

最后，也是最重要的，它需要建立在真实世界中已经存在的社交规范和概念模型上。我们在社交软件上的探索才刚刚开始。虽然社会科学的模式已经被界定得很清楚了，但社交产品的形态并没有固定。抄袭竞争对手是没必要的。如果我们仔细而慎重地观察世界，还有很多事情可以去做，通过我们的努力可以让世人的生活变得更好。

——保罗·亚当斯 (@PADDAY), 产品副总裁 @INTERCOM

推介人际关系

是什么

为了促进网站的病毒式营销，系统会推介人们之间的关系（见图 14-30）。

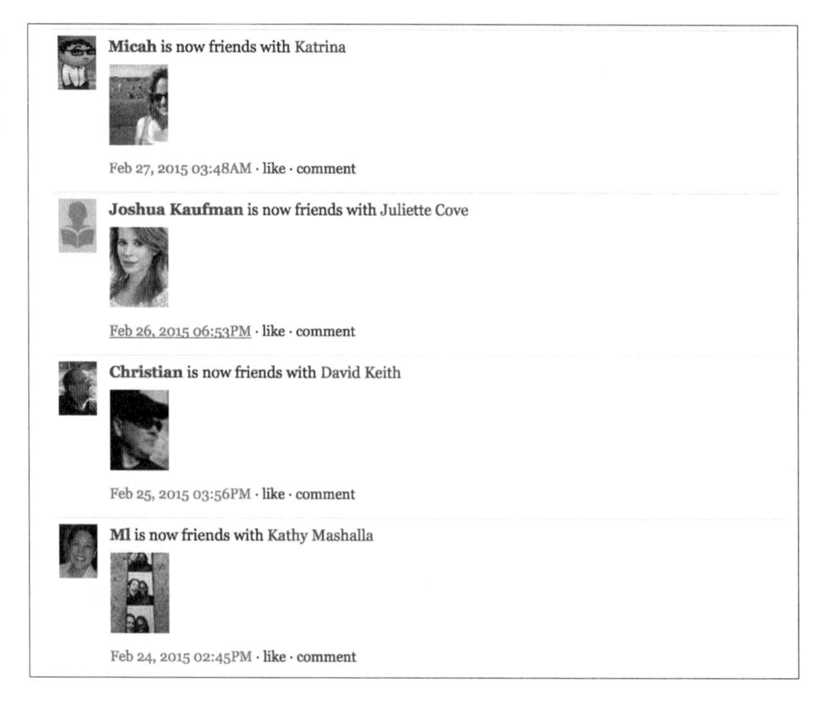

图 14-30：GoodReads (http://www.goodreads.com) 会在用户的交际圈中宣告新关系的建立

何时使用

- 用来通知用户关系网中的人该用户关联了新的好友。
- 用来向来访者展示该用户有哪些联系人。
- 用来通过与他人分享新建立的关系来提升大家的交友率，诱使其他用户也将其加为好友。

如何使用

就像“添加好友”一节中讨论的那样，可以考虑公开展示某用户的联系人群体（见图 14-31）。

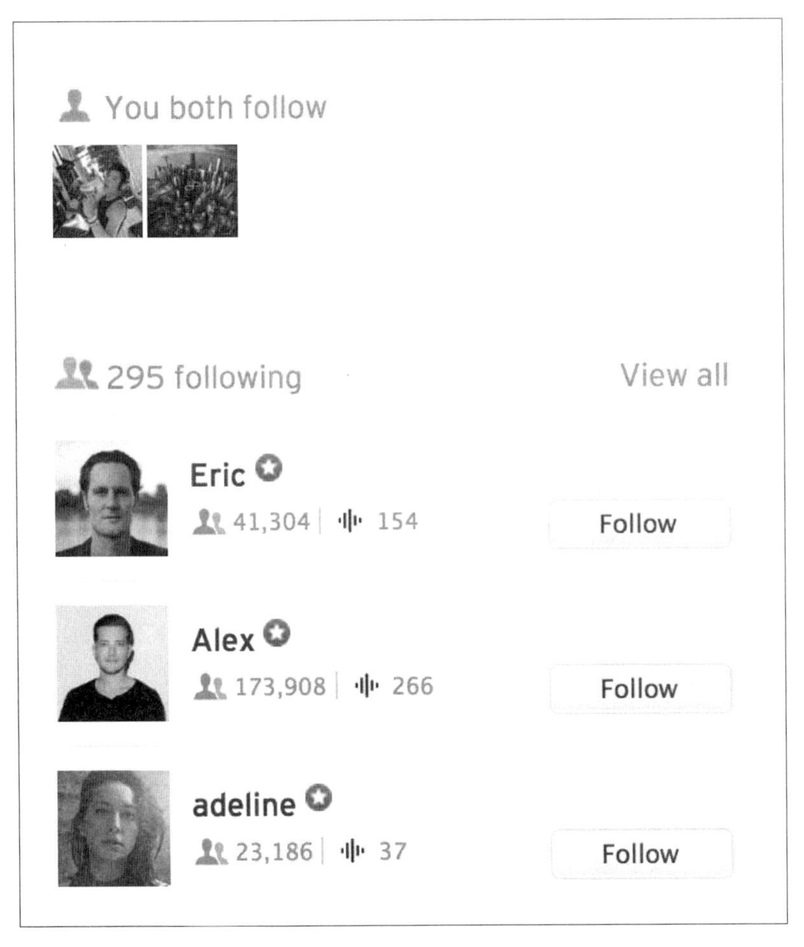

图 14-31：SoundCloud (http://www.soundcloud.com) 会显示用户与他人的共同关注，并推介一些他人关系网中的用户。点击用户名字旁边的“关注”按钮就可以采取行动

- 当新添加一位联系人时，可以考虑通过以“行为动态”的方式向所有联系人宣布这一新建关系（见图 14-32）。

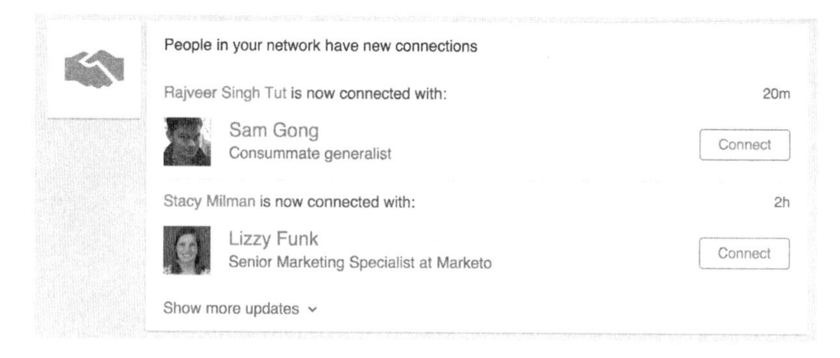

图 14-32：LinkedIn (http://www.linkdedin.com) 网站在“行为动态”中展示某一联系人最近的新建关系

- 当访问某人的个人资料时，系统要向该用户表明他是否已与那个人建立了关联。

为何使用

推介人际关系有助于一个关系网通过“好友的好友”的浏览和关联而不断壮大。

向用户群宣布新增关联可以让每个人都知道网站中有谁及他们认识谁。当用户群中的其他人认识这个新加入的用户或是也想与其建立关系时，机会就来了。当一个人新加入一个网站服务时，这一点就更重要了，它可以帮助用户缓解因刚加入网站而没有关系网的冷场情况。

相关模式

- 添加好友
- 用户名片或联系人卡片

参见

- Goodreads (*http://www.goodreads.com*)
- SoundCloud (*http://www.soundcloud.com*)
- LinkedIn (*http://www.linkedin.com*)

删除好友

网络中的人际关系要比现实中的短暂得多，就像人类复杂多变一样，添加与删除好友、结交与断交、追踪某人和不再追踪这类的意愿也会变幻不定。

是什么

一个用户会有一圈好友，然后他可以决定是否将某人从他的好友圈或是联系人列表中移除（见图 14-33）。

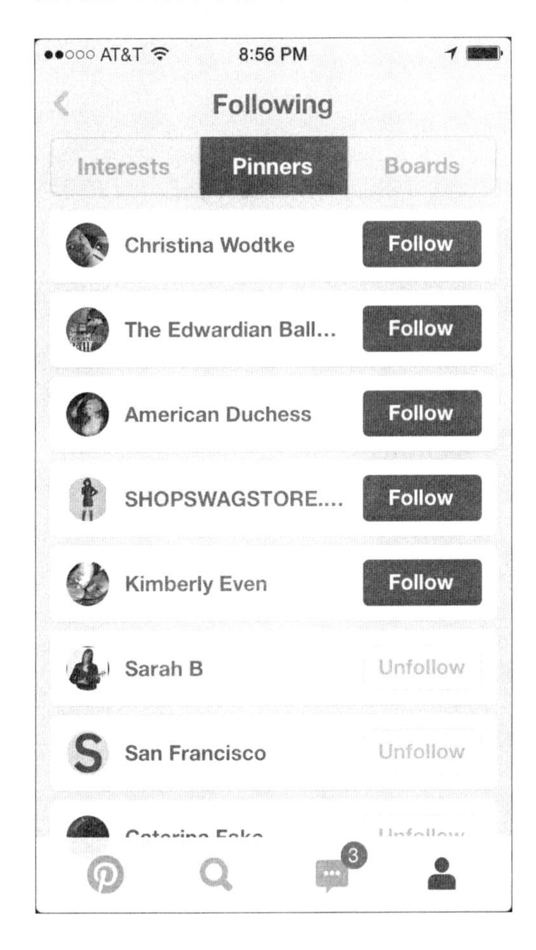

图 14-33：对于你追踪的每个人和每个版块，Pinterest 网站都提供了“取消关注”功能

何时使用

- 使用该模式可以让用户解除好友关系。
- 使用该模式可以管理不再想要的好友关联。

如何使用

- 提供一种方便且不会让用户尴尬的“解除关系”的方式。

- 在关系名称或关系状态旁边提供一个“删除”或“不再关注”的操作按钮或链接。
- 清楚地标识出每个操作的结果。

阻止

- 向用户提供“阻止其他用户”的选项。
- 考虑在所有页面提供阻止功能（OkCupid 在搜索结果、短信交谈和配对中都提供阻止功能，见图 14-34）。

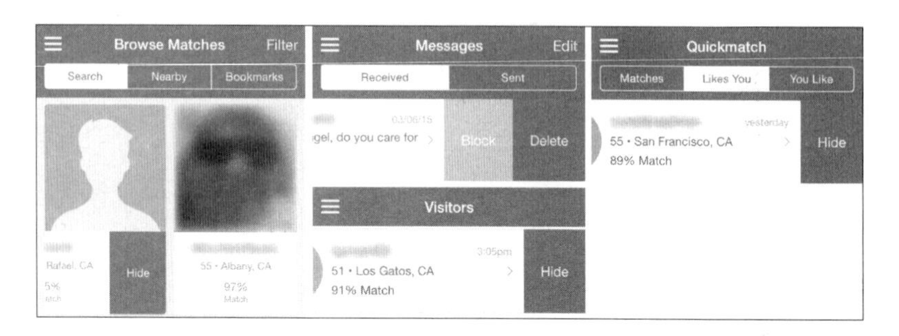

图 14-34：在 OkCupid 上，用户可以在所有页面隐藏和阻止他人。你可以在浏览和搜索结果中使用“隐藏”来避免看到某人。“阻止”也会过滤掉不想收到的信息（OkCupid iOS 应用）

- 清楚地表明阻止一个用户的结果（见图 14-35 ）。

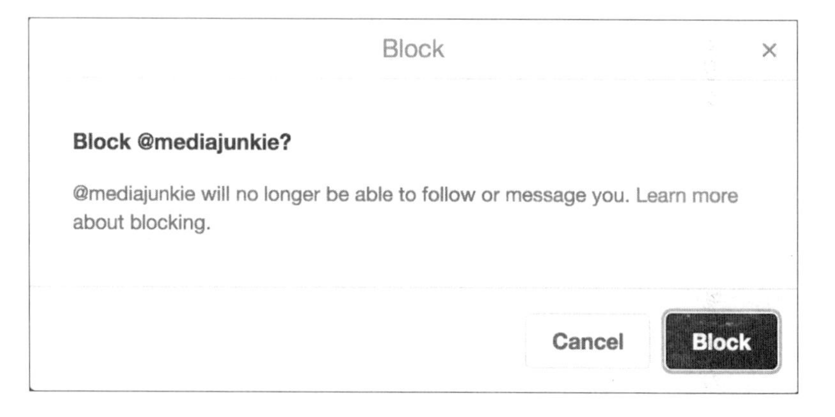

图 14-35：在 Twitter 网站中，当选择“阻止”选项时将会出现一个页面清楚地定义该操作的结果，然后让用户可以礼貌得体地取消阻止或是继续进行阻止操作

排斥

维基词典中是这样定义“排斥” （ostracize）一词的：通过不与某人交流或者甚至直接通知他，将其排除在社交圈或团体之外，与“屏蔽”

（shunning）类似。

Danah Boyd 曾经提到了 MySpace 网站中的前 8 项文化以及现实的高中里当某人被排斥在某个特定的朋友圈之外时所产生的社交影响，这与“屏蔽”和“排斥”行为效果相同。（请登录 *http://bit.ly/1HsFApZ* 查阅“朋友，分享和前 8 项：关于存在与社交网络上的写作”（Friends, Friendsters and Top 8: Writing community into being on social network sites）。）

年龄在确定网站场景时起关键作用，因此当思考在网站中放置或不放置这些类型的工具时要考虑到你的目标用户群。

一些用户会不可避免地排斥他人。“忽略”和“阻止”功能就是明显的排斥方式，然而简单地忽略好友请求是一种更为被动的行为。人类行为表明这是团体互动的一部分，而我们建立的系统在提供这些功能时就需要足够灵活。

怪人过滤器

“怪人过滤器”是一个过滤功能，它可以让用户阻止某些人的邮件和消息。

为用户提供过滤功能，让其可以根据发件人或发送者来筛选邮件和消息。在阻止论坛和群中用侮辱性言语挑起口水战并从中获取某种不知名快感的人和阻止垃圾邮件发送者方面，这一功能尤为有效。

让那些“变态的家伙”（bozo）仍然在相关语境中看到一些其他人不会看的消息，这或许有助于防止那些人创建新的账户。

为何使用

关系来了又去，所以我们在创造支撑这些关系的工具时，我们也需要解除这些关系的工具。这些工具需要给用户提供一种得体的退出友谊、斩断关系的方式，或是隐藏不受欢迎的内容，同时又不冒犯到对方。

相关模式

- 添加好友

参见

- Facebook (*http://www.facebook.com*)

- Pinterest 移动应用
- OkCupid (*http://www.okcupid.com* 和 OkC 移动应用)
- Twitter (*http://www.twitter.com*)

“前男友”反模式

社交系统基于朋友的朋友进行推断，并会向用户推荐其并不想要的好友（如前男友或前女友），这时就存在前男友这种反模式（也称为“前女友 Bug”模式）。

一些系统没有联系人分类或过滤功能，它依靠定位信息向某用户的所有联系人报告该用户所处的位置，或是向他们公布该用户的活动，却不考虑该用户是否愿意（见图 14-36）。

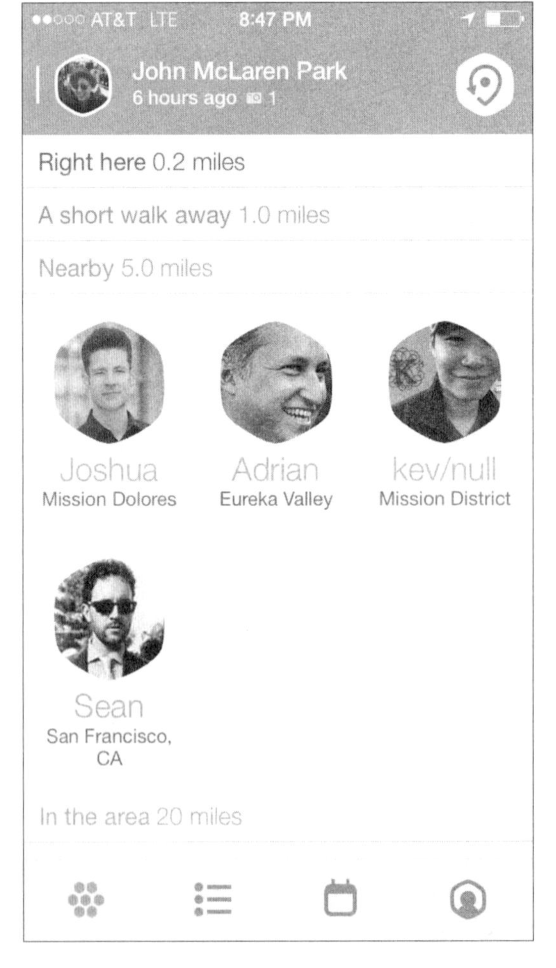

图 14-36：没有过滤功能，Swarm 向所有人宣布用户的所在位置，与用户之间相隔多远。它还提供谁可以看到地点通告的选项（Swarm iOS 应用）

考虑一下这个事实：2005 年，手机社交网络软件 Dodgeball 允许人们通过短信向联系人公布自己的位置，以鼓励人们即兴地组织一些社交聚会。最初只有整组好友，但是随着结交、约会、分离的进程，人们开始强烈需要通过“删除好友”或“阻止”功能将某人过滤为“前好友”，而不与其彻底断绝关系。Dodgeball 软件的开发者把这种现象称为“前女友”，并创建了一个名为“管理好友”的功能来解决这一问题。它提供了过滤功能和一些权限，这样就可以只让一组特定的好友收到用户具体的发布内容及更新。被过滤掉的好友列表中的“前好友们”就再也无法知道你们还在同一个网络中，同时你也因为不用把他们“删除”而避免了社交方面的尴尬。

为了避免“用户将信息公布给所有人”这一问题，就要在控制隐私和消息公开方面给用户更大的自由，为他们提供基于联系人群组进行过滤的功能。允许用户通过创建交际圈或联系人群组的方式来控制自己与他人的沟通和信息流。这也相应地避免了（在线的和现实生活中的）将自己的位置或行为信息呈现给不该知道的人，这种可能发生的社交尴尬也就不会发生了。

群组

是什么

用户通常会围绕自己感兴趣的话题选择加入相关的群组（见图 14-37）。

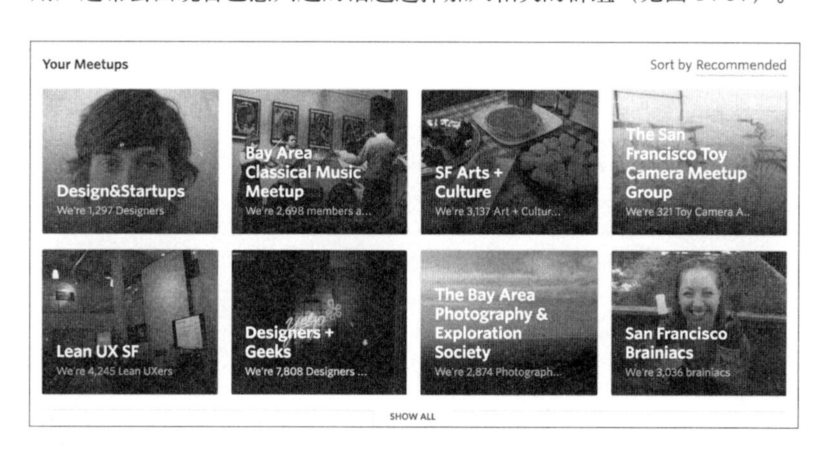

图 14-37：MeetUp (http://www.meetup.com) 提供让用户围绕感兴趣话题创建群组的功能。其焦点是用这项服务来支持线下聚会

何时使用

- 你想让用户围绕兴趣话题创建群组。

- 你想在一组用户列表中即时地创建群组。

如何使用

群组和俱乐部通常都是私人的、密闭的关系网。在许多情况下，他们是因相同的兴趣或话题而聚集到一起的，例如，摄像或学校。

异常简单的群组建

- 提供这个功能，可以很快将一组用户创建为一个群（见图 14-38）。

图 14-38：在 Facebook (http://www.facebook.com) 上，用户可以通过添加一组人并给群命名的方式轻松地建立群组

- 允许一个用户将一些用户组织成群，并提醒他们已被邀请加入，或是把他们自动加到群组中来。
- 自动将各联系人呈网状关联起来，并且通知所有成员该群组已建立，他们现在和组内的其他成员都已建立关系。
- 表明加入该群组有什么好处，以及在该群内能进行哪些活动（例如：群聊、成员间进行私人联系、共享内容等）。

创建群组

- 允许用户创建公共群和私人群。公共群会在搜索结果中出现，而且至少要包含一些大众都可以浏览到的信息，以鼓励人们加入。
- 考虑将留言板这种线性的讨论区作为群工具箱的一部分。
- 考虑在讨论区中提供邮件列表或 RSS 订阅功能。
- 提供存储空间，这是群的重要组成部分，主要用来存储图片和文档。
- 允许用户对群组进行一定程度的定制。可以考虑提供一些模板让用户从中选择，或是让他们选择皮肤，创建一个符合该群的主题或特色的环境。
- 允许群的创建者为该群配备所需的工具。
- 考虑根据群的需要定制一些工具，可以包括相册、日历、事务、地址簿、地图、书签、RSS 订阅、讨论列表和投票等。

查找群组

- 允许用户浏览或搜索公共群。
- 在搜索结果和群详细信息首页提供一个“加入该群”的功能。
- 每个群都应该有一个主页（详情页面）来描述该群的内容。用户可以看到足够多的信息，然后理性地决定是否加入该群。
- 考虑将群的活动热度展示出来（见图 14-39）。

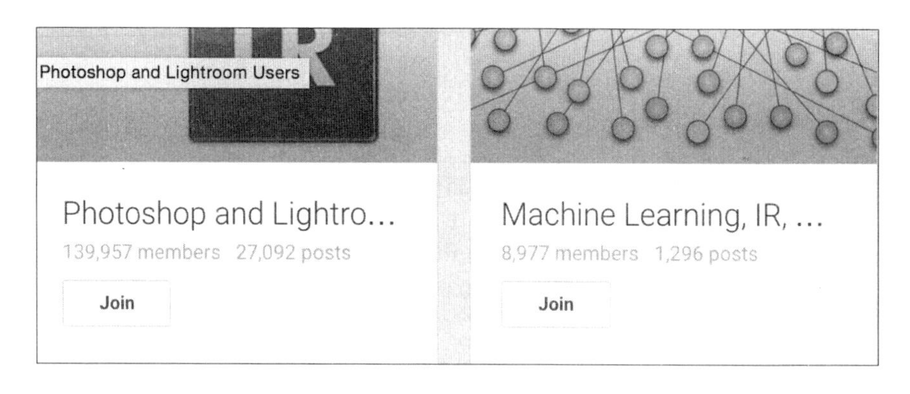

图 14-39：Google+ (http://plus.google.com/communities) 的群会显示成员数量及该群的活跃程度

- 显示群的成员数量。
- 提供一份成员列表或名单。
- 允许用户浏览其好友资料中显示的群列表。

加入群组

- 允许用户上传图片或文档供群成员分享。
- 考虑让成员邀请其他潜在的成员加入该群。
- 允许用户将群的成员及活动信息制成一份该群的背景资料，并提供自定义功能，甚至提供一个管理平台（见图 14-40）。
- 在用户的主页或面板中显示该用户已加入的群的列表。
- 在用户的面板中显示群中的近期活动（见图 14-41）。

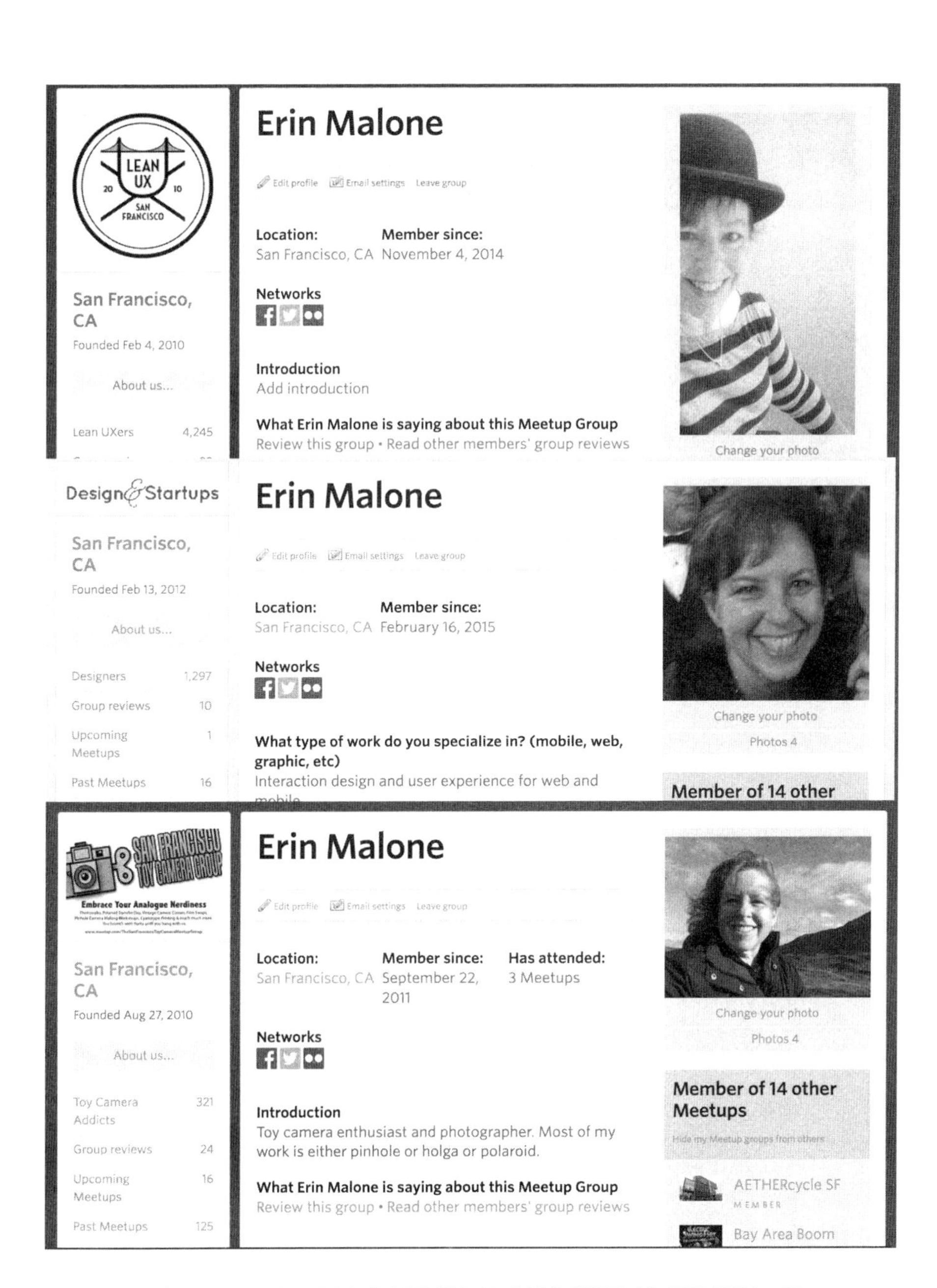

图 14-40：在 MeetUp 上，用户的不同群组的背景资料可以有细微差别，即使平台是一样的

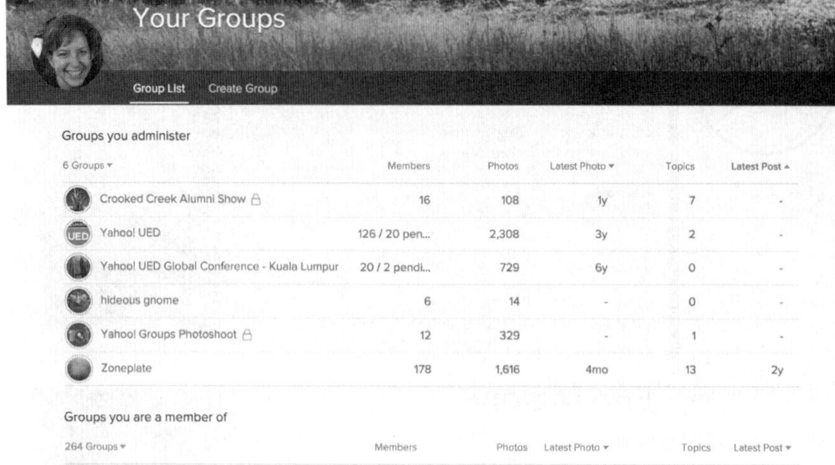

图 14-41：Flickr (http://www.flickr.com) 网站的群会根据管理员 / 创建者和成员的身份来划分区域。这个列表是按照最近活动排序的

管理群组

- 允许群的创建者将管理员权限分配给其他成员。
- 允许群的创建者将版主权限分配给其他成员。
- 允许群的创建者将群的所有权分配给其他成员。当群的原所有人想要离开该服务，但又想让该群在他离开后继续保留下去时，这一功能会特别有用。
- 提供管理与删除垃圾信息的功能。
- 允许管理员、版主和群的所有者将违反群规则的成员踢出该群。

- 公共群要允许管理员、版主和群的所有者阻止用户上传内容。
- 提供“成员批准”选项。
- 允许管理员、版主和群的所有者邀请他人加入该群。

为何使用

通过创建群组的方式，给兴趣相似的用户提供一个共同的场所，是建立社交体验的基础。应该给用户提供工具来创建和管理空间，以推动自然的产品发展，并利用用户群的热情和能量。给人们提供工具，他们就会创造出用来玩耍、交谈和持续沟通的空间。

相关模式

- 论坛
- 个人资料

参见

- Facebook (*http://www.facebook.com*)
- Google+ (*plus.google.com*)
- Flickr (*http://www.flickr.com*)
- MeetUp (*http://www.meetup.com*)

年龄和这有什么关系

当我们展望连接软件的未来时，设计人员需要考虑和理解年龄谱两端正在发生什么。使用互联网、手机和其他数字设备的青年市场已经成熟。而他们的大部分使用模式我们没有直接参与，甚至完全无法理解。对于我们可能考虑到的每一种服务设计方式，青年市场都会将其混杂在一起，并结合其他我们可能做梦都想不到的内容。

对于青年人在线或离线如何使用技术，以及如何塑造他们的生活，有很多东西要学习。由政府麦克阿瑟（MacArthur）基金会提供资金支持的数字青年项目（2008 年 11 月）在几年内研究了不同社会、经济和兴趣组的数百名青年。研究发现，青少年往往从我们设计的界面另辟蹊径，从而满足他们的社交需求。（摘自数码青年项目白皮书第 37 页。）

> 例如，如何显示社交网站上的社交关系和社交层次结构是社交戏剧性和张力的来源，技术设计在这个空间当前的发展使之成为青年人发展共同的社交规范的挑战。这些系统的设计师是定义这些社交规范的中心参与者，他们的干预并非总是适合面向支持习惯行为和价值观的共享设置。

年轻人更加了解“添加好友”过程中所涉及的细微之处，以及这些好友和他们发送给他人的消息显示如何同他们在离线社交等级中的位置相联系。他们把在线时间花在使用通信工具上，例如短信和视频聊天，在SnapChat和智能手机内置SMS工具中与显示世界的朋友交换信息。他们利用这些工具来加强他们现有的关系，并像最新添加的好友显示他们所在的同类圈子。这对于成年人来讲并不太重要，但“忽略”和“解除好友关系”的后果是所有年龄段的人都烦恼的事情。

设计师需要知道，在执行某些行为时，什么类型的消息将发送到用户社区（即这种信息如何以及是否会公开展示）。他们还应该清楚如何为关系和交际圈建立规则，这对用户个人在其圈内的形象会产生影响。

此外，设计师应关注隐私级别，通过过滤需求和反映真实世界的群体关系来平衡对开放性和易用性的要求。

青少年交友的策略

对于选择将谁标记为好友，青少年有不同的策略。大体上，我采访过的年轻人只把认识的人（朋友、家人、同龄人等）加为好友。然而，即使是在这个大前提下，实际情况还是有很大的变化。青少年或许会选择接受他们认识但是不亲近的同龄人的请求，只是为了避免得罪他们。他们也可能选择排除他们很熟悉但是不想在Facebook或MySpace上联系的人。这种情况很少包括同龄人，而往往是父母、兄弟姐妹和老师。MySpace和Facebook都提供很多促使人们添加熟人以外的人的鼓励。许多在我的研究过程中引入的隐私功能限制个人资料的预览、留言，以及在某些情况下，还会限制邮件的发送。想与同龄人或朋友的朋友谈话的青少年被鼓励接受来自同龄组的请求，以打开沟通渠道。

青少年必须确定接受和拒绝的界线。对一些人来说这并不容易。一般来说，有一种常见的潜在朋友范畴，大部分青少年致力于决定如何构建自己的界线。首先考虑陌生人。许多早期使用 MySpace 的爱交际的人欢迎任何人作为朋友。社交规范变化迅速，对于大多数青少年来说，拒绝这种请求是目前最常见的做法。虽然接受陌生人好友请求的青少年很少与这些人在线互动，更不用说线下了，同样，阻止青少年与陌生人在线互动的担忧，也会阻止他们将陌生人添加进好友列表。像许多青少年一样，洛杉矶 15 岁的危地马拉 - 巴基斯坦裔的安娜·加西亚只加认识的人为好友。她不想陌生人在她的好友列表中，她坚持主张她的妹妹也不要把陌生人添加进她的好友名单中。她的办法是与 MySpace 的主张“结交新朋友的地方”相悖的。

虽然大多数青少年注重添加他们认识的人为好友，但是一些青少年则积极与陌生人联系。青少年一般向乐队和名人发送好友请求。他们不相信这样的联系表象征着实际或潜在的友谊，但他们仍然可以在这些朋友们中找到价值。其他青少年寻求分享他们兴趣（主要是音乐）的陌生人。例如，来自洛杉矶 17 岁的西班牙裔爱德华多，利用 MySpace 的音乐服务以使更多的观众能听到他的说唱音乐。他喜欢与他的朋友分享音乐，但他更期望遇到其他音乐家或可能有助于他创作音乐的人。另一位音乐家，来自美国华盛顿的 16 岁的多姆积极使用 MySpace 联系其他音乐家。通过 MySpace，他发现了另一个和他有共同音乐兴趣的人，他们一起录制音乐。有强烈兴趣的青少年可以加入并使用社交网站结识有共同兴趣的人。

与陌生人联系是有争议的，但拒绝来自陌生人的好友请求几乎没有社交成本，因为你并不认识这些人，青少年不担心会得罪他们。另一方面，拒绝认识的人要复杂得多。因此，尽管青少年就是否与陌生人建立联系所持观点有所不同，但他们普遍接受来自认识的人的好友请求，包括所有的朋友、熟人和同学，无论关系怎么样。詹尼佛是一名来自堪萨斯州某个小镇的 17 岁白人，她坚持一个社会惯例——“如果我不加他们为好友，好像我挺小气似的”。她视好友请求为友善的举措和潜在的友谊开幕的标志。她还认为友善很重要，因为如果有人拒绝了她友善的尝试，她会“疯掉”。

社交网站将此提升到更高层次，因为加为好友是展示人气和了解他人说了些什么的最有效方法。

虽然加同学为好友可以为建设一个熟人以上的友谊奠定基础，但并非所有的好友请求都企图加深关系。通常青少年发送请求到每个他们认识或者认得出的人，但好友请求得到批准后却没有其他联系。这只是增加了对好友请求的尴尬。正如来自堪萨斯州的16岁的莉莉，她解释收到同学的好友请求并不意味着他们知道她在学校里是谁，这难以弥补在线与离线的差距："只是在Facebook上你们是朋友。在学校里如果你不乐意你就不必和他说话……感觉真好。但同时，不是因为你知道他们是你的朋友……你不在大厅里和他们打招呼，也许是因为他们加我为好友仅仅是因为别人加了我，他们好像在说'嗨。我不认识你。'"

莉莉接受了来自所有同学的请求，即使是那些她也不确定到底是谁的人。但她的朋友，15岁的梅勒妮，喜欢嘲弄这样的交互模式。梅勒妮会主动接触发送好友请求的同学，并说"嗨，来自Facebook的好友！"，只是因为她认为这很有趣。梅勒妮对待Facebook的方法是很不寻常的。她不仅想称"在线是朋友，但在学校却不说话"为谬论，还想通过拒绝她不喜欢的人和删去惹恼了她的人来反对准则。梅勒妮指出"Facebook比现实生活更美好"，因为没有简单的机制正式在学校里表示对某人不感兴趣，但在Facebook上说"不"来拒绝好友请求是有可能的。同样，当人们在Facebook上惹恼她时，她也毫不介意删除他们。虽然梅勒妮和莉莉都发现在线交友实践起来"很假"，但是梅勒妮更加愤慨。这两名女孩都是高年级学生并且参与了许多活动，但都不是特别受欢迎。我感觉梅勒妮的不满源于她社交地位的挫折和学校里来自同龄人的压力。梅勒妮坚决指出，她不喝酒，不开派对，她认为十几岁的青少年更应该将精力集中于那些"重要"的事情上。

大多数青年人都认为删除人不舒服也不合适。来自内布拉斯加州的15岁的佩内洛普说删除好友很"粗鲁……除非他们很古怪"，然而，尽管她偶尔也要这样做，但是删除好友的过程对于佩内洛普来说非常"可怕"，她担心会冒犯别人。一般来说，删除认识的人是不为社会所接受的。这主要是一场争吵之后或者绝交之后才这样做。在这些情况下，删除的行为是怀恨的和故意设计用来伤害其他人的。青少年知道恶意删除加强了删除这一行为的社交不当性。因此，青少年偶然删除了他们认识的人就会造成问题。来自洛杉矶的15岁的安娜·加西亚，在她哥哥决定登录她的账号删除两页有价值的好友时遇到了这个问题。幸运的是，当她解释了发生什么之后，她认识的人都理解了她。删除认识的人可以被视为是恶意的，删除陌生人却是为社会所接受的。事实上，这样做常常也源于社会压力。来自洛杉矶的 15 岁的洛洛说：“在开始的时候，我只是为了交朋友才加人为好友，并且只随机地加在纽约或德州生活的男孩。然后，我以前的男朋友认为，‘你不认识他们……’所以我删除了他们，然后我有了 300 个我真正认识的人。”

通过迫使他们清楚地表达关系，朋友的特征迫使青少年引领新方式的社交生活。而青少年正在为交友建立一系列共同的社会实践，对这些实践的规范仍然处于连续改变和解释的弹性状态。添加和删除好友的过程是参与社交网站的核心要素。它允许青少年确认能够访问他们内容的人，但这也意味着，青少年必须管理由他们的决策产生的社交影响。由于青少年在社交网上联系的同龄群体与日常社交生活中的群体都是一样的，在线接受和拒绝谁的决定直接影响他们的离线联系。通过正视如何限定他们的好友清单的决定，青少年不得不考虑他们之间的关系、同龄人群的布局，以及他们的决定可能会以什么方式影响其他人。

——丹娜·博依得（Danah Boyd），微软研究院的研究负责人，纽约大学媒体、文化和沟通专业的助理研究教授，哈佛大学 Berkman 网络与社会学中心的学者

虽然青少年可能改变界面和工具，以适应和增强离线的社交行为，但当涉及消费、创造、对社区做出贡献时，他们仍然落入和成年人类似的使用模式。

在整个互联网的兴趣社区和各种体验中，各个年龄组的人都有。当人们被鼓励做出贡献并分享，并且具备有意义的工具可用来促进讨论、提供反馈、分享思想，用户之间的年龄差异的影响并不大。

针对老化的年龄层，适应技术和社交空间意味着更多的连通性和保持独立的能力，即使人们的身体本身已变得迟钝了。

老年人和逐渐变老的婴儿潮一代是增长最快的网民群体之一。因为他们的孩子和孙子正在使用社交工具分享他们的生活，这些用户不得不学习这些工具以持续积极地参与到家庭圈。这种适应在他们的社交圈内传播，我们意识到了婴儿潮一代接管了 Facebook。我的母亲在 Facebook 上的婴儿潮一代的前沿，有比我更多的联系人，范围涉及多代。

有一些可满足老年人界面设计的最佳实践。在设计中可牢记以下经验以便为所有年龄组创造更容易使用的界面：

- 创建更大的目标区。
- 在对象 / 背景（文字或图解）方面提供更好的对比度。
- 创建清晰的界面（考虑字体大小和可读性问题）。
- 使选择明确。
- 包括确认消息，以增加用户对自己成功的信心。许多年纪较大的人是最近才使用这类界面的，如果系统出错，他们会认为是自己的错。

为老年人设计非传统的界面，如语音或手势，变得更现实了，特别是家用设备逐渐与社交界面融合。这会带给他们一大堆的其他问题和设计挑战，我们不在这里讨论，但设计者应为所有的用户考虑这些领域的具体难题。

延伸阅读

Slater, Dan. "A Million First Dates." *The Atlantic*, January 2013. *http://theatln.tc/1HsH1oi*.

Khan, Khalid S. and Sameer Chaudry. "An evidence-based approach to an ancient pursuit: systematic review on converting online contact into a first date." Evidence Based Medicine, November 2014.

boyd, danah. "Friends,Friendsters,andTop8:Writingcommunity into being on social network sites." 2006. *http://bit.ly/1HsFApZ*.

Stone, Brad. "Friends May Be the Best Guide Through the Noise." the *New York Times*, May 4, 2008. *http://nyti.ms/1LYfsqa*.

Adams, Paul. *Grouped*. New Riders, 2012.

Dunbar, Robin. *How Many Friends Does One Person Need*. Harvard University Press, 2010.

Ito, Mizuko et al. "Living and Learning with New Media: Summary of

Findings from the Digital Youth Project," The John D. and Catherine T. MacArthur Foundation Reports on Digital Media and Learning, November 2008. *http://bit.ly/1LYhBCf.*

Slater, Dan. *Love in the Time of Algorithms: What Technology Does to Meeting and Mating*. Current, 2013.

Watts, Duncan J. *Six Degrees: The Science of a Connected Age*. W.W. Norton and Co., 2004.

Scott, John P. *Social Network Analysis: A Handbook*. Sage Publications Ltd., 2000.

Botsman, Rachel and Roo Rogers. *What's Mine is Yours, The Rise of Collaborative Consumption*. Harper Business, 2010.

Boyd, danah. "Taken Out of Context: American Teen Sociality in Networked Publics." PhD thesis, 2008. *http://bit.ly/1LYhGGc.*

Lenhart, Amanda, Mary Madden, Aaron Smith, Alexandra Macgill. "Teens and Social Media." Pew Research Report, 2007. *http://bit.ly/1LYhGGc.*

Granovetter, Mark. *The Strength of Weak Ties: A Network Theory Revisited*. State University of New York, Stony Brook, 1983. *http:// bit.ly/1h7tfOk.*

Christakis, Nicholas and James Fowler. *The Surprising Power of Our Social Networks and How They Shape Our Lives*. Little, Brown, 2009.

Leonard, Andrew. "You are who you know." Salon, June 15, 2004. *http://bit.ly/1MUNEQG.*

——. "You are who you know: Part 2." *Salon*, June 16, 2004. *http://bit.ly/1MUNM2z.*

Watts, Andrew. "A Teenager's View on Social Media: Written by an actual teen." *Backchannel*, January 3, 2015. *http://bit.ly/1N4mU0a.*

——. "What Teens Really Think about YouTube, Google+, Reddit and Other Social Media: Written by an actual teen." *Backchannel*, January 12, 2015. *http://bit.ly/1N4mYx1.*

第15章

好警察，坏警察

过去我总是像玩“打地鼠”游戏一样忙于抵制那些恶意破坏者。我花了好几个月研究一些系统的、有规则的方法去应对他们。我努力分析破坏内容、追求尖端的破坏过滤技术以及自动化的用户惩罚机制。但到最后还是败给了那些恶意破坏的团体。当我已经放弃研究并打算做点其他更充实的事情时，恶意破坏团体已经逐渐找出了一种方法避开过滤器：他们创建各种各样的账号，通过垃圾邮件使得恶意言论在留言板和论坛上到处泛滥。

任何一个试图阻止垃圾邮件的人都知道这些垃圾邮件的传播速度是多么难以超越。我们势单力薄，但他们人多势重，而且似乎还会更多。破坏者已经共享了复杂的工具（如破坏验证码），所以事实上新出现的破坏者和少数的“专家级”破坏者根本就没有什么区别了。

唯一的好消息就是一定会有更好的解决办法出现，但我们需要一个全新的方法。

特别是在看到 Yahoo Answers 和 Slashdot 网站的成功方案后，我越来越相信公众的自我调节和协作过滤能力。那么这些成功的网站做了什么呢？实际上就是授权（有道德的）用户去处理恶意留言和提升网站质量。这样就很好地激励了有道德的用户尽力改善和维护网站。那些持续表现出良好判断力和积极性的用户会得到更大的信任，也就会拥有更多的权限去抵制永无止境的恶意破坏行为。

相比之下，恶意破坏者几乎没有了活力。他们破坏得越多，就失去越多的信任。而新的破坏者从零声誉度开始，这就会迫使他们在这个游戏中处于弱势位置。

当有道德用户的积极参与达到一个值时，便会刺激系统良性循环运作。破坏者也许可以绕过过滤器，但他们却不能骗过这一大批勇于奉献的人。

——Yahoo！的一个不愿透露姓名的安全测试专家，Yahoo! 反垃圾邮件组织
发表于内部 wiki（未经同意，不得引用）

社区管理

管理员也是人！他们也应该有属于自己的界面。很久以前，在互联网出现的早期，那些看起来很美的网站上线的时候，只有最基本的内容管理功能和事务管理功能，有时甚至完全没有。同样，在一个社区网站中也要有一个集控室，好让社区管理员培养起最好的内容贡献者并尽量减少一些负面事情的发生。

但是如果我们根本不知道什么才是好的行为，又怎么能期待大家会有好的行为表现呢？所以在社区中制定明确的社区交流行为规范并树立最佳行为的榜样就显得非常重要，特别是在社区刚起步时影响最大。

行为规范

在进行社交网络和公共领域信息的管理时，与法律法规相比，系统运作过程中的行为规范更偏重于将行为模式化，并倡导大家所期望的行为。

虽然行为规范不如法律法规那样有约束力，但其依靠社交环境施行。在许多情况中，行为规范在指导人们行为方面却表现出比法律法规更大的效力，这是因为在广阔的社区中，人们的行为将更加显而易见。这种把广阔社区的基本观察和参与管理相结合的方法要比依靠少部分群体进行管理的效果好得多。

任何一个网络社区界面的关键都是要有一套便于查找和易于理解的公开向导（见图 15-1）。

Things to do

Be courteous. We're a global community of many types of people, who all have the right to feel comfortable and who may not think what you think, believe what you believe or see what you see. So, be polite and respectful in your interactions with other members.

Be a good citizen. You have the opportunity to be a stakeholder in creating a positive community. Contribute positive content and report abusive content if you see it.

Moderate your content. You need to take responsibility for ensuring that what you post or upload is appropriate for the community where you're participating. If you're unsure whether content is appropriate or consistent with the Community Guidelines or the Yahoo Terms of Service, please err on the side of caution.

Participate. Interacting and connecting with others helps foster strong communities. Chances are, someone could benefit from your knowledge, opinions, or personal experiences.

Use your tools. We offer many tools to help personalize Yahoo services. Know what tools are available in the products you use, and use them to tailor your experience.

Things *not* to do

Don't use hate speech. Hate speech is speech that attacks a person or group on the basis of race, ethnicity, religion, disability, gender, age or sexual orientation/gender identity. We are a community of people with diverse beliefs, opinions, and backgrounds, so please be respectful and keep hateful and incendiary comments off of Yahoo. Please read tips for confronting hate speech from the Anti-Defamation League.

Don't bully or harass members of the community. Yahoo communities aren't a place to harass, bully, abuse, impersonate, or intimidate others. Being

图 15-1：Yahoo! 发布和链接了一套清晰、直接的社区指南，并应用到整个 Yahoo! 网络中。Yahoo! 的各个网站也许会有自己特有的社区指南

角色模型

如果你把某个社交网站的创建者想象成一个有着铜头铁臂的神圣人物，那么你就会对这个群体产生某种幻想；相反，如果你把创建者具象化为系统的一个普通用户，那么他们就会成为普通大众中的一员，并且能够说明在这个微观世界中他们是如何生存的（见图 15-2）。这种做法并不妨碍我们从用户身上发掘创新概念并发现错误，从一开始就可以建立一些行为模式和规范，这是一个行之有效的办法。

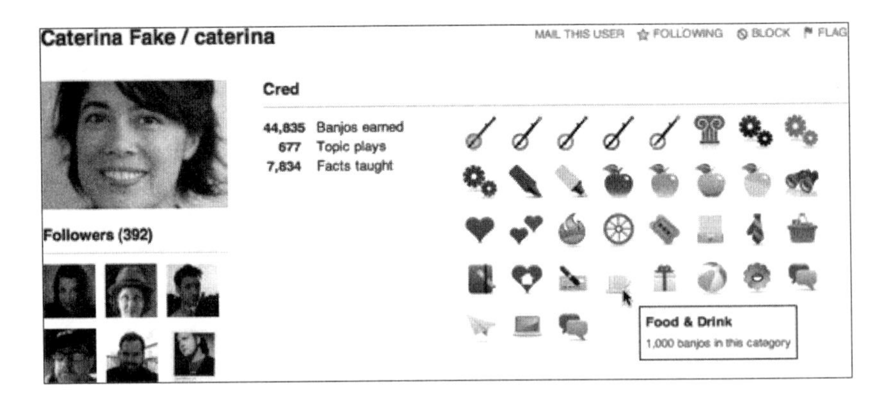

图 15-2：通过将自己塑造为一个完全参与者，创建者可以给社区提供初期的优质内容，并积极塑造预期的行为模式，加强新社区中的行为规范

面子工程（反模式）

用户需要单独的区域去讨论不同的主题，网站创建者也会根据不同话题和群体的各种组合精心制作一套复杂的网站版本。但是与其创建一个复杂的空框架去期待产生一个吸引人的社区（即“如果你建了，他们就会来”的谬论），倒不如从小而精开始，然后准备有机地发展（见图 15-3）。

创建一个主要话题，一个锁定的（永久在顶部显示）受欢迎话题，也许是一个独立的帮助主题，也可能是其他主题。不要试图对谈话和群体的概况做预测。等到人们要求一个副主题时，就可以把原有的主题和群体进行分离，如此往复。

这样，所有创建社区的会员都将在一个独立的共享空间内互动，并且数量上不会减少。等他们想开始分离主题的时候，这个网站已经达到了足够多的会员数。

要抵制分解出新群组的诱惑，除非到了非分解不可的地步。

在网站有任何实质性内容之前，建立一个结构完整的预览讨论组或是论坛，就像是弄了一个面子工程，网站空洞且虚假。这个网站必将打击早期用户的积极性，还会有许多未使用的空栏目。

Me and My Day Job	2	262	My Gainful ... by noonie Mar 28 2009 - 2:31pm
Most Life-Changing Show	4	335	Most Cosmic ... by J T Dutton Mar 25 2009 - 5:43am
News and Talk Deadhead History lives here! along with everyday talk topics.	35	7691	spinnin' ... by johnman 3 hours 3 min ago
Tapers	5	646	The Vindex by Sunshine-daydre... 19 hours 23 min ago
The Vineyard This is where all the vines grow, along with related technical and other discussion. New to vining? See the New Vines 2009 topic for details on how to get started.	219	13543	Dylan-Dead ... by Phatmove 49 min 8 sec ago
The Scene WharfRats live here, along with free-topic discussions and our own Shakedown Street. Talk too, of the best and worst scenes, and the Unbroken Chain symposium.	6	119	The Summer of ... by lamagonzo Mar 27 2009 - 3:23pm
Dancin' In The Street Topic-free discussion.	19	1044	Meet Me at ... by braygun 1 hour 55 min ago
Shakedown Street The virtual parking lot to hawk your (legal, please) wares.	2	164	Your own ... by ccs tryin real ... Mar 28 2009 - 5:06pm
Strangers Stopping Strangers Did you meet a fellow traveller in an offbeat kinda way?	5	111	As I was ... by Richard Vigeant Mar 27 2009 - 6:40pm
Wharf Rats The folks, not just the song.	1	312	WharfRats Meet ... by Sparkling Clean Mar 27 2009 - 4:08am

图 15-3：在重新发布 dead.net(http://dead.net) 的时候，设计师没有做面子工程。相反，他们谨慎地挑选了几个群组，其他的则让网站社区自行发展

共同管理

确定一下你希望有多少事情是让社区成员自治的，然后授予他们做这些事的权限。他们希望自己做出决定，有时候还可能使用投票方法。

同样，在决定网站的目标方向时你需要与你的用户商量一下。并非一定要听从大多数人的意见，有些决定是你在把主导权移交社区时就应该做出的。

Craigslist 网站就在用可持续发展的眼光努力拼搏着，既赚钱又不损害自己社区的形象，其创建者经常让大众帮助决定网站的管理。例如，向一些热门的房地产市场收取费用同时保证其他所有的内容都免费，这个决定就是通过社区里现有用户一致同意而制定的。

组建一个在线社区

你想培养一个健康且充满活力的社区，就需要三个要素：1）一个直观好用的社区平台；2）优秀的社区内容；3）用户（这可能是最难的一点）。然后，你自然还需要强大的社区管理功能，可以快速响应用户需求，并建立智能反馈机制来利用社区数据，帮助社区进化和成长。优秀的社区会提供简单、干净、优雅、一体化的一系列功能，包括编辑和管理，用来使社区的集体智慧最大化。一个优秀社区的建立是创造者目标与用户目标的集合，所以应该在创建社区前就明确这些目标。

好的故事是强大的线上和线下社区的黏合剂。从采猎者到现代物理学家，每一个群组都有一个将他们与历史、使命和目的结合起来的故事。将你的故事编织到界面和交互之中，并让你的用户成为故事中的主角。

为开放的社区吸引流量，就需要优化搜索引擎。创建友好的、可读取的 URL，用简洁的 HTML，在页面标题中包括关键词，给内容加上标签，并确保内部链接可用。讨论流行或大量搜索的话题，或者对某些小众话题使用合适的关键词。另外，发布内容到社交网络以吸引眼球和人流，还可利用相关网站的博客合作吸引目标用户。

当用户来到社区以后，提供一个简单的新手指导。登录和注册页面是品牌和社区的第一印象，它们应该美观易用。它们是和用户建立信任关系的第一步。不要不敢使用幽默或者温暖的文案，用来创造亲密感，并建立情感链接。登录页面越简单越好，要考虑利用社交登录来减少使用门槛。为新用户提供简介，并提供相关语境，让他们立即明白应该怎么做。例如，如果社区的主要功能之一是信息流，但用户必须要先关注一些有趣的人来产生这个信息流，就应该一步一步指导用户关注不同类别的其他用户。确保在他们完成注册过程之前，就对网站的活动有清晰地理解，并完成参与到其中的最初步骤，包括创建初始用户资料。

为多种终端设备设计可响应的社区页面。对于移动终端，社区功能应该只提炼其精华。拥有简洁明了并专注于一到两个关键任务的移动应用是最好的。移动体验帮助整合线上和线下活动，因为用户可以在特定的地点和活动登录。另外，考虑最低限度的通知，既可以吸引用户，又不至于让他们感到厌烦。

与其他应用进行整合。根据社区的使用情况，考虑利用社交网站登录，使用 OpenGraph 元数据去控制在 Facebook 上分享页面，用 Dropbox 来上传图片，用 Google Hangouts 来视频聊天，让开发者可以使用开放的 API 进行研发，并整合例如 Salesforce 之类的企业应用。要意识到，你的社区可以是一个服务网络的中枢，让用户融入其中，要根据这样的原则来分享信息和活动。

当你在设计界面时要考虑不同类别的参与者。当然，你必须弄明白在你的线上社区里谁是有影响力的人（能帮助社区成长的人），并为他们提供露面的机会和工具来扩展他们的影响力。对于有影响力的人，可以授予特别的勋章以彰显其地位；要显示他的粉丝团数量和好友数量；让他们可以异步跟踪并拥有强大的共享工具以及特殊的发布通知的能力；他们有与社区工作人员对话的特殊通道；要在社区管理、协调和社区治安方面扮演重要角色；对他们的内容要高亮显示。

不要只管大鱼。对于特别热情或者创建优秀内容的新晋用户也要给予关注。像对待超级巨星那样帮助他们吸引粉丝眼球。聆听他们的反馈，并快速进行回复。给他们关注、建议和机会。如果你有自动发掘优秀用户内容的机制，确保你的算法不只是局限于已经很有影响力的人。社区博客是拉新晋者一把的好地方。他们的成功会激励其他社区成员增加活跃度。他们当中至少有些人会成为真正的巨星，并会心怀感激，自然就会吸引更多热情的成员加入社区。

如果你想让你的社区有更多优秀内容，就要突出高质量的内容并抵制质量低劣的内容。这样你就会得到更多高质量内容。当设计社交界面时，不要以为所有内容都是高质量的。在设计中，除了要突出好的内容外，也要丢弃不好的内容。一个普遍的错误是在创立论坛之初就设置了过多的组别。这会分散讨论，特别是人流量不够的时候。最好在一开始只设立几个类别，再根据使用情况进行扩充。

不要忽视那些潜水用户，这样的读者会占到社区用户总数的99%。你可以以多种方式体现他们的存在，例如在博客文章中显示点击量，列出最受欢迎的文章或最近点击过的条目等。有些用户从来都不发帖，但他们是很好的“中转站”——在你的社区中是否可以让用户添加到收藏夹或添加Tag标签？要制定一个策略让观望的用户更容易地参与到社区中来。有很多可以采用的手段，比如在文章的最后链接一个“推荐”或“顶”的按钮，或者是“你可能也会对……感兴趣”。考虑将现有的社交应用软件整合起来；如果潜水用户看到他们的朋友在你的网站上非常活跃，那他们也会很乐意就参与到社区活动中来。

专注于图片和视频的社区可以很吸引人，所以如果对你的社区来说合适，考虑建立易用的上传功能，并使内容呈现非常美观，让在台式机和移动端上分享都变得容易。

如果社区的目标是聚集知识，强大的搜索和浏览功能是必要的。建立一个问题搜索模块，显示类似问题以避免重复。另外，使用户可以很容易关注某个问题，并在有答案的时候得到通知。在用户登录或者访问别人页面的时候，显示相关的待回答的问题。考虑把社区里最热问题和最佳答案整合进社区的知识体系。

要持续不断搜集和追踪社区数据，有以下几个用处：1）显示用户数据，例如访问量，来鼓励用户活跃参与，并指导他们的行为；2）通过使用情况改进社区平台（例如，可以根据用户行动对通知和采取行动按钮进行个性化设置）；3）根据流行话题、热门产品反馈、最活跃用户，和常见问题等制定商业决策（例如，将最佳产品创意并入产品研发）；4）测算投资回报率，并通过社区赚钱。要依据社区的目的来测算投资回报率——例如，技术支持电话数量的减少，或者是市场价值。如果你在依靠社区赚钱，用户数据对广告、产品销售等来说很有用。

开发一个提示系统，可以提醒用户有哪些新的内容、其他成员的行为，或需要完成的任务等。考虑创建一个可选择加入的通信邮件，用来传达最好的社区新闻和内容。这些通知和更新需要一个适宜于社区的独特口吻，用来培养亲密感，建立信任——它们不该以研发者的口吻来叙述，除非你是为了一群工程师创立的社区。在所有的交流中都要融入你的社区故事，如创立的故事、催生的文化、独特的成员，以及有用的内容，别忘了讲述社区的远大前程，这些可以鼓励用户成为故事的一部分，让你的社区变得强大。

如果你有问答机制，那么就应该在用户注册或来访的时候让其对相关问题给出答复，并且要让用户很容易就能参与进来。

——**夏拉·卡萨李克（Shara Kasaric），社交策略专家**
http://www.sharakarasic.com

群组自我调节

社区自我调节的目的是促进更丰富的对话、联系、关系和活动。对你希望看到的各种参与方式进行奖励，同时对你认为不能达到预期目标的行为进行适当制止。

当处理激烈的争论和匿名的发言时，“不要理会那些找骂的人。”如果有可能，应弱化问题。中断那些有问题的用户的使用权（剥夺他们发帖的权利），必要时将整个讨论或主题冻结，让他们的情绪得到冷静。

对于屡教不改的用户，可以考虑禁止他们的一切活动（但这么做是有风险的，他们很容易就可以重新注册一个账户），或把他们置于一个“镜厅”中，其中只有他们（也许还有其他垃圾邮件制造者和问题用户）可以看到他们的发言。他们会想，为什么没有人再掉进他们的诡计中呢。

官方版主（支付工资的聘用员工）能做的有限。他们需要找到社区自身的同盟者，然后从中提拔。创建标签，并标记出你最得力的社区成员。将一些特权授予可信任的用户，并利用所有用户的反馈信息，以促进用户提供高质量的内容并将破坏者对社区的影响减到最小。

社区建设三连胜

我最经常被问的一个问题就是：“你是怎样建立一个社区的？”提问者经常这样解释这个问题：他建设一个社区或是因为他的老板要求他这样做，或是他认为这是宣传一个新产品的最快方式。建设社区需要付出大量的努力，并且往往很难办到。我不想给真正想建设社区的人泼冷水，但建立一个社区真的需要大量的工作且困难重重。

为了建立一个社区，你需要激情，全身心投入，并应具备适当的技术。如果缺少这三个组成部分中的任意一个，你的努力都会白费。

激情必须既有来自你自身的又有来自社区的。围绕一个不会引起人们热情的产品或想法来建设社区，这是不可能的。换句话说，如果你的想法或产品令人生厌，那就不要浪费时间了。你是无法制造出激情的。如果你没有激情，你就不会建好一个社区；就这么简单。

投入连续几个月的时间去培养社区也是必需的。这必须从你或你的团队那里做起，而不是从你新兴起的社区做起。时间的消耗是很必要的，所以在发现你每天必须花费好几个小时去创建和回应好多讨论主题时请不要惊讶，你必须这样做。在早期，几乎所有的内容都是由你创作、提供的。你有资源和意愿去做这些事吗？如果没有这么长时间的奋斗，你的“即刻就好的社区”也会快速消亡。

技术是社区建设三连胜的最后一部分。不要让新的社区成员在复杂的注册过程中不知所措或在与你的界面交互时花费过多的时间。首先应考虑声誉。用户如何接收信息应深思熟虑。通知流程应该深入，并鼓励用户重复访问网站，给用户创造价值。数据分析不该事后才考虑，而应该在组建网站时就作为评估成功的一部分。采取的技术应该使用户之间和用户与你的沟通方便快捷。不要创建一些不必要的障碍，因为你还没有对用户体验的重要领域进行适当地规划、创建和测试。

总之，如果你没有足够的时间、金钱、激情和奉献精神去创建社区，就请不要庸人自扰。发现一个成功的社区并参与进去要比另起锅灶创建新社区更加快速、便宜，并容易很多。还有，如果你的产品或创意本来就是不受欢迎的，而你仍然需要去宣传，那么你还是老老实实地把钱花在市场营销上吧。或者更好的方式是，回到草稿纸上重新设计优秀的产品。社区来之不易，一旦运作起来后，它也会威力无边，但它不会从天而降。

——罗宾·提宾斯（Robyn Tippins），Mariposa 交互
http://www.mariposaagency.com

协作筛选

是什么

人们需要找出在线社区里的最佳内容（见图 15-4）。

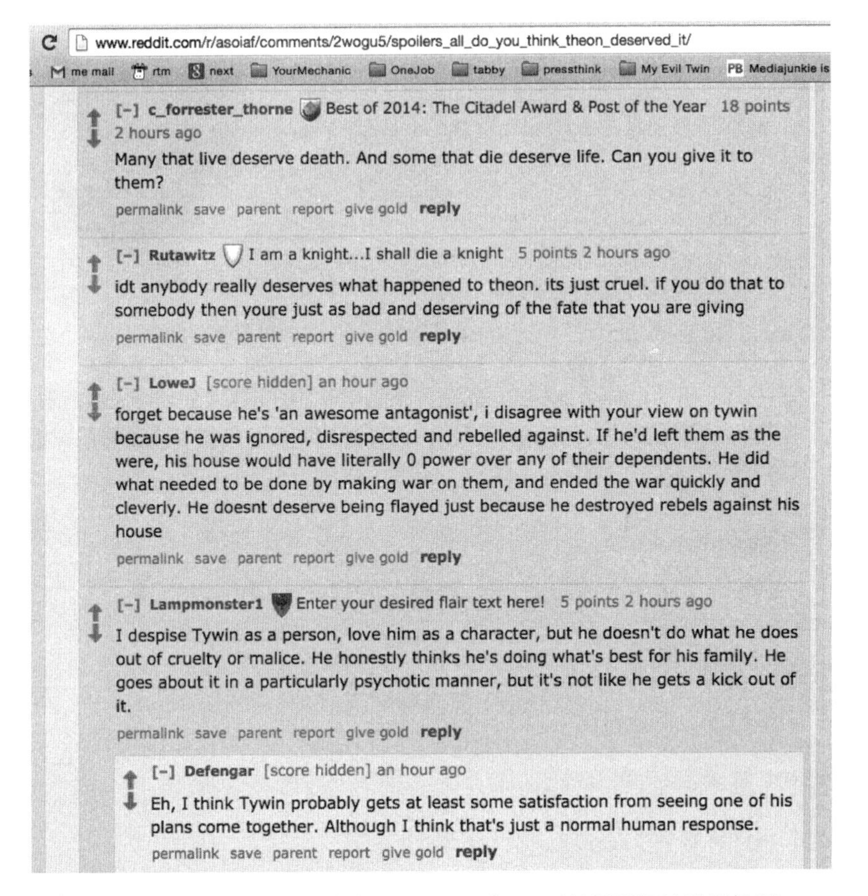

图 15-4：Reddit 上的读者（称为“redditors”） 对帖子和评论进行投票，影响你看到的热门评论，也会隐藏某些评论

何时使用

当你有大量的投稿者且内容质量参差不齐时，可以使用这种模式。

如何使用

要保证是真实有效的用户进行投票或对内容进行评分。可以授权给声誉地位较高的用户，方便他们突出或隐藏内容。统计投票数量，并以此确定分类和显示顺序（见图 15-5）。

Of course they have 'the right'... (Score:5, Insightful)
by Animaether (411575) on Tuesday March 31, @12:04AM (#27397751) Journal

Of course they have 'the right' to protect their secrets - as in this case, their identity. However, do they have a legal leg to stand on in trying to fight somebody who has made that secret public? I'd say they don't.

So, yes, anybody - politician or otherwise - should be perfectly allowed to blow somebody's 'anonymity' if there was no agreement between the two parties to maintain that anonymity (as in some court proceedings, witness protection program, etc. etc.).

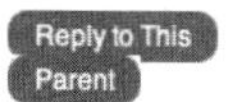

Re: (Score:2) by johnsonav (1098915) No. But if he wanted to put your name online, he could. Because
Re: (Score:2) by johnsonav (1098915) Seems like you didn't read it very carefully.and...I'm
Re: (Score:3, Interesting) by QuantumG (50515) * Can you actually state any *laws* to that affect? Hiring a registered
Re: (Score:3, Informative) by gyrogeerloose (849181) Can you actually state any *laws* to that affect?I can't
Re: (Score:3, Insightful) by QuantumG (50515) * Yup, but the supreme court has never said "you can't
Re: (Score:2) by Vectronic (1221470) As long as the preventative measures are defensive rather than offensive.ie:

图 15-5：在 Slashdot 网站上，只有评论高于一定的等级才会自动显示出来。读者仍然可以阅读一些隐藏的评论，或通过他的喜好来改变自动显示评论的门槛

为何使用

社区的集体智慧会帮助过滤出最佳投稿和对话。

相关模式

- 声誉会影响到行为
- 赞成 / 反对评级法
- 投票推动

参见

- Reddit (*http://reddit.com/*)
- Slashdot (*http://slashdot.org/*)
- Yahoo! Answers (*http://answers.yahoo.com/*)

举报

是什么

任何一个有活力的、成功的在线社交系统都会被滥用。我们知道它会发生，所以需要一个适当的程序去识别并减轻这种破坏。人们需要一个举报的方法，这方法应该比较方便且不需要人们去输入或复述那些我们可以从上下文中收集到的信息。

在一个成长型的社区里，投诉内容的增长速度远远超过了处理速度，所以就需要一个扩展策略来处理这些普遍的问题。

何时使用

认为用户可以对投稿内容进行自我调节时，可以使用这种模式（见图15-6）。

图 15-6：要维护一个兴盛的社区，你一定要注意所有的恶意信号，允许参与者对滥用性的内容作标记有助于社区自身的调节

如何使用

举报的过程应该尽可能简单、透明。不要求用户输入那些可以自动捕获的数据。不要有过分的许诺，只要让用户清楚这个举报将如何处理，然后让用户从举报页面返回之前的情境中即可。如果可能，当用户举报后，就应该在该用户的页面中立即将他举报的内容隐藏：

- 在任何由社区产生的内容上面提供一个举报链接（可以选择标准的小红旗图标）。
- 应该提供给用户一个简单的举报方式。
- 举报内容应该作为一个信号，和与之相关的恶意滥用证据一起被跟踪。

对于用户所产生的非常琐碎的内容（例如用户在某一页面上活动更新的行踪），举报功能就必须针对每一条目来设置，但是，也不能在页面上布满举报链接（或者是小红旗）。

举报垃圾信息的链接

举报链接的标签要用一致的术语标明。有的网站比较喜欢用“举报垃圾信息”，而有的网站则喜欢用“小红旗”。

其他备选图标

当然，你也可以选择其他一致的图标来表示用于举报的链接。（大家将举报行为常常通俗地称为：为垃圾信息插上“小红旗”，因此，举报垃圾信息的图标最常用“小红旗”。）对用户来说，为垃圾信息插上小红旗应该非常简单，并且单击小红旗后就应该启动举报流程：

- 在与应用场景中的已有术语或标识相违背时，我们应该避免使用小红旗。（例如在邮箱中插上小红旗的信息应该是重要信息，而非垃圾信息。）
- 同样，如果采用的图标与整体设计不搭调，那么我们仅采用“举报垃圾信息”的超链接文本来表示即可。
- 不要使用没有文本说明的图标。（而使用没有图标搭配的文本则完全没有问题。）

举报垃圾信息的表单

表单应尽可能简单（但不要简陋）：

- 单击“举报垃圾信息”的链接后，应该弹出一张表单。在此，用户可以选择垃圾信息的类型，也可以填写其他更多的背景信息。
- 不应该让用户手动输入相关的 URL 地址或页面标题以及其他任何元数据。因为这些信息我们都能从源页面上抓取到。
- 如果可能，对已经登录的用户（他们刚刚从攻击性言论或非法言论中做出了选择，可能还写了段评论，这表明他们已经完成选择了）可以采用一组向导式的短表单。
- 未登录的用户则需要一张长表单页面，这样可以收集到他们的联系方式。

确认

表单提交后，应该有相应的提示“举报成功”的信息（该提示信息无须用户做任何的额外操作），然后将用户带回举报之前的初始背景中。

也可以选择在用户举报成功之后，隐藏已举报的信息（虽然垃圾信息的举报还未得到正式确认）。

跟踪恶意留言

在用户提交一份举报后，它一定会被客户服务代理审查（除非具备一个声誉系统可以跟踪攻击信号）。随着一个网站的不断扩大，举报过程还应考虑以下几点：

- 仅为用户提供一个举报攻击性语言的方式并向支持团队发送一个请求回顾的邀请即可。
- 让用户决定这些攻击性语言是否违背了社区指导原则或触犯了法律，并为不同的请求添加优先权。
- 仔细考虑你是否应该通知原发帖者其内容已被举报。
- 仔细考虑是否应该提供一个上诉机制。

为何使用

为用户提供一个标准的方法去举报攻击性内容和行为，这样可以完善收集所有恶意留言信号的算法和行为。

相关模式

- 声誉会影响到行为

参见

- Craigslist (*http://craigslist.org/*)
- Yahoo! (*http://www.yahoo.com/*)
- 大部分的社交网站

资料资源

这种模式来源于 Yahoo！ Micah Alpern 主笔的举报组件模式。

延伸阅读

"Community Lessons from Flickr's Heather Champ," from Brian Oberkirch's Only Connect blog. *http://bit.ly/1IKNw2q*.

Derek Powazek's posts on community, *http://powazek.com/posts/category/community.*

Rheingold, Howard. "The Virtual Community." *http://www.well.com/~hlr/vcbook/.*

"Beyond the FAQ: Implicit and explicit norms in Usenet newsgroups." *Library and Information Science Research*; 25:333-51.

第 16 章

身处何方

在这片街区拥有美好的一天。对街坊四邻来说都是美好的一天。你会是我的邻居吗？你能成为我的邻居吗？

——罗杰斯先生的《街区》

塔布斯：我以前没见过你。你是本地人吗？

马丁：哦，不是，实际上我是来找一个朋友一起远足的。

塔布斯：别碰那些东西！这是一家为本地人开设的本地商店，这里没有为你准备的东西！

塔布斯：爱德华！爱德华！

爱德华：怎么了？怎么了？发生什么事了？大喊大叫些什么？在这里别想惹麻烦！

塔布斯：我抓到他在店里偷东西。

爱德华：他是谁啊？你知道他的身份吗？

塔布斯：他不是这儿的人。

——“这是一家本地商店”，由 BBC 电台“绅士联盟”（League of Gentlemen）打造

本地关系

作为社交型生物，我们人类喜欢做的事情之一就是计划活动、组织聚会。聚餐、集会、相约游玩、联欢、婚礼，甚至是葬礼，这些都是人

世间很普通很平凡的活动，另外，我们还会为了打发周末而组织一些活动，也会聚在一起庆祝一些里程碑式事件和人生重大事件。如今，网络上不断涌现出大量的社交工具，它们比以前具有更强的协作性，利用这些工具，组织策划活动就变得更为简单了。邀请工具和日程表功能是网络中最早拥有的两个应用功能。后来又出现了社交图谱（social graph）和其他丰富的社交工具，这些工具继续保持着紧密的相关性。现在我们看到这些功能已经应用到 Facebook 和 LinkedIn 这些主流的社交网站中了。

越来越多的设备和应用程序中开始拥有 GPS（全球定位系统）功能，移动设备数量的迅猛增加意味着无论我们在任何地方，别人都能得知我们的位置并与我们取得联系。地理位置标记（geo-tagging）、地理数据融合（geo-mashing），甚至是邻近地理位置（neighborhood）这样的定位工具可以围绕我们的线上活动给出所在地点附近的相关环境信息。尽管人们通常可能是因为兴趣或活动而聚集在一起，但是一个团体的自然演进过程最终将在现实生活中把人们聚集到一起。人们的兴趣会发生变化，他们渴望进行面对面的交流，这种愿望很强烈，也确实能有效促进聚会的召集。网站如果不提供一些具体的交互来促使人们将聚会搬到主题网站中来，那么人们仍然会找到召集大家聚会的方法，只是更麻烦而已，或许还需要借助多个网站，或是通过邮件、短信以及母校的通讯录才能完成。因此，内置一些活动创建工具可以让人们更容易地完成聚会。

接下来会介绍一些模式，当这些模式与身份验证、状态显示和类似于论坛、（相册等）收藏夹、群这样的活动相结合时，就可以创造一套丰富的工具。结合使用这些工具，我们就能将人们召集在一起，不管这些人实际上是否相互认识。

应该注意要保护用户隐私，给他们决定权选择谁可以在特定时间查看他们的位置信息。注意只在能提高用户体验的情况下使用位置信息（还记得我们在第 2 章中讨论过的道德问题吗？）

本地活动

是什么

用户想利用在线的社交工具来组织离线的活动和集会（见图 16-1）。

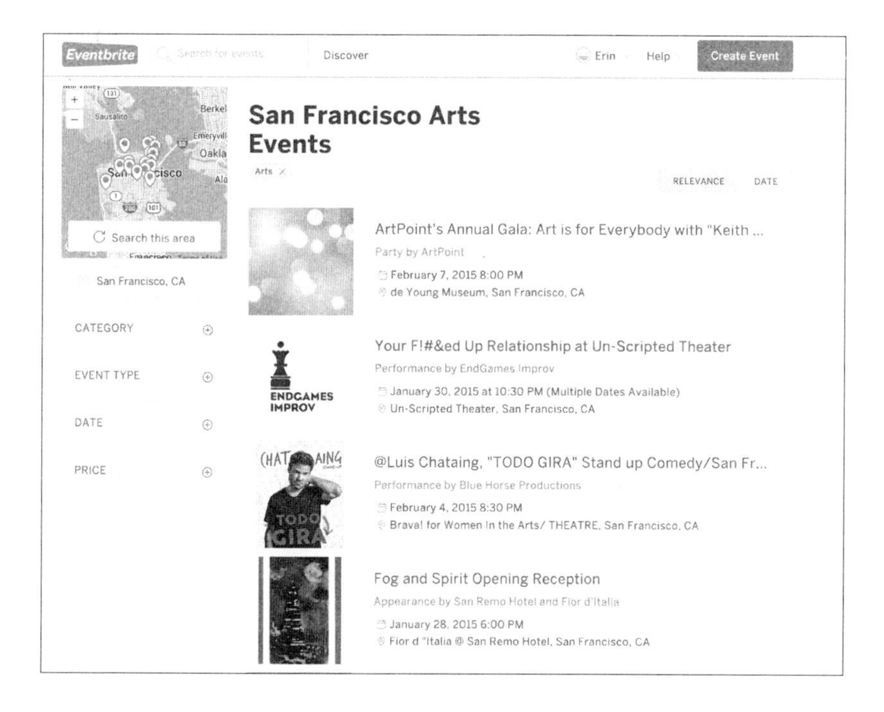

图 16-1：Eventbrite (http:// www.eventbrite.com) 网站很关注本地活动

何时使用

- 使用后继的模式召集人们在现实中（离线的）的某个地点聚会。
- 围绕现实的地点、地址和地图策划活动。
- 即时确认谁或者什么在附近。

会面

是什么

用户想在附近的某个地方与网友见面（见图 16-2）。

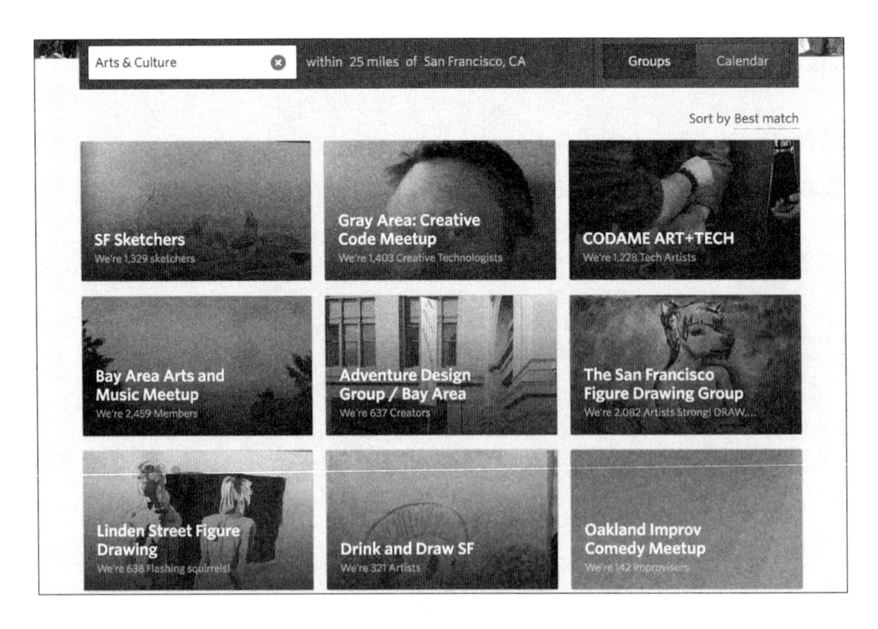

图 16-2：MeetUp 功能可以促进人们为一些事情进行离线见面交流

何时使用

使用该模式帮助人们方便地进行面对面的交流。

如何使用

允许用户发起活动并邀请他人参加。

创建活动的前期工作

- 允许用户输入完整的活动细节，包括地点、时间、日期、详细情况和特殊事项（见图 16-3）。
- 添加一个日历组件以便按时间来安排活动（见图 16-4）。
- 允许活动创建者将活动标记为“公共”或“私人”（见图 16-5 和图 16-6）。

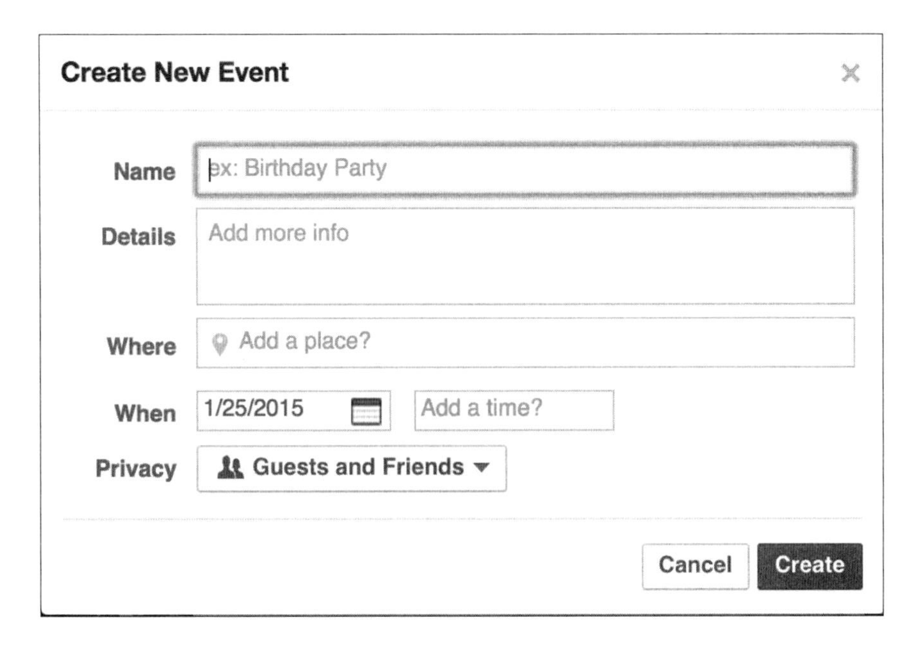

图 16-3：Facebook 网站中的活动创建界面

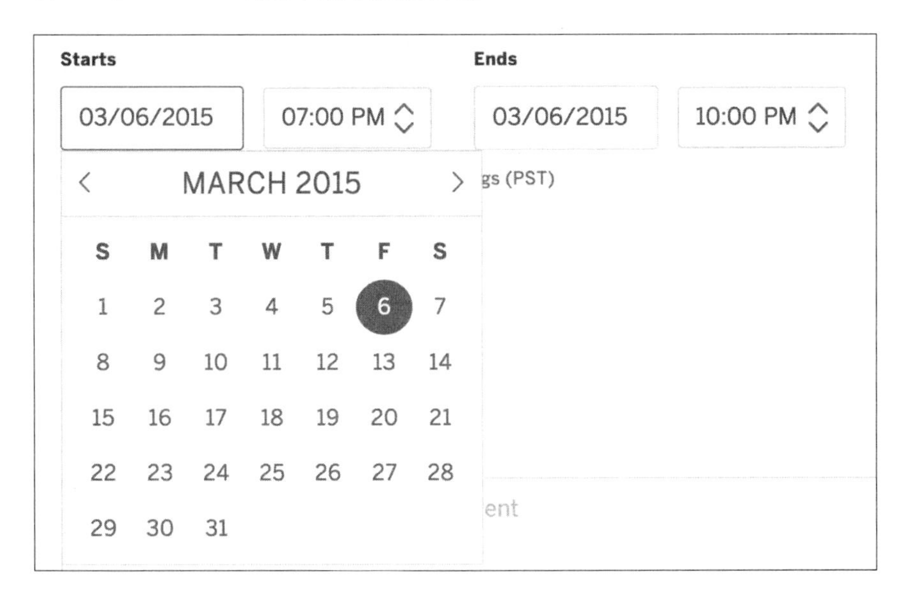

图 16-4：Eventbrite 网站中的日历组件

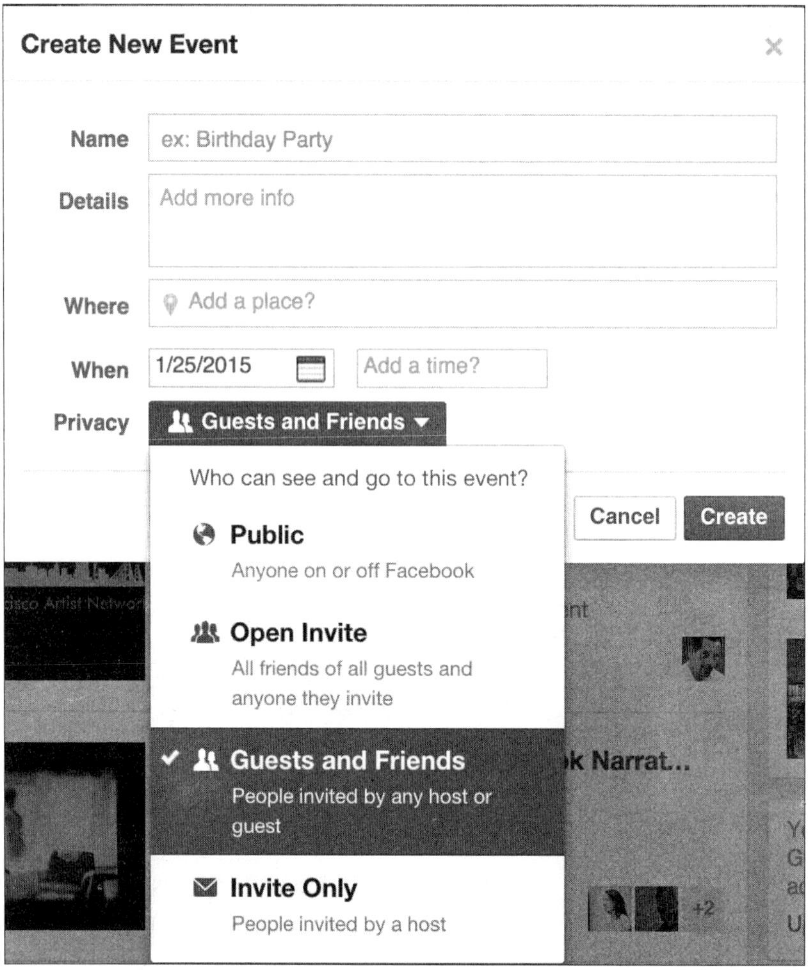

图 16-5：Facebook 网站中的隐私选项。辅助性文字清楚地阐明了每个选项的含义

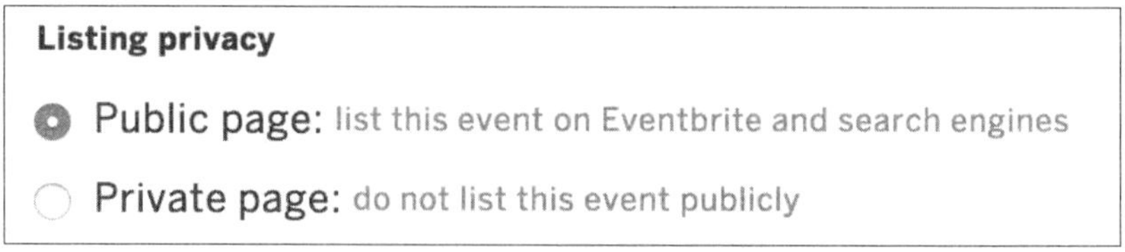

图 16-6：Eventbrite 网站中的隐私选项

- 允许用户从地址列表（城市指南、黄页或其他地址簿）中选择地点。
- 考虑显示周边设施，如：酒店、公园、咖啡厅、ATM 自动取款机或其他相关的商业场所，用户可以利用这些进行综合计划。

- 提供完整的地址、电话号码和其他相关详情，如费用、用时、条件限制、周边环境等。

创建活动前如何处理参与者

- 允许用户回复是否参加活动。考虑向其他用户显示“请回复”字样，并让浏览该活动的用户能够在自己的界面中看到该活动的参与者（见图 16-7、图 16-8 和图 16-9）。

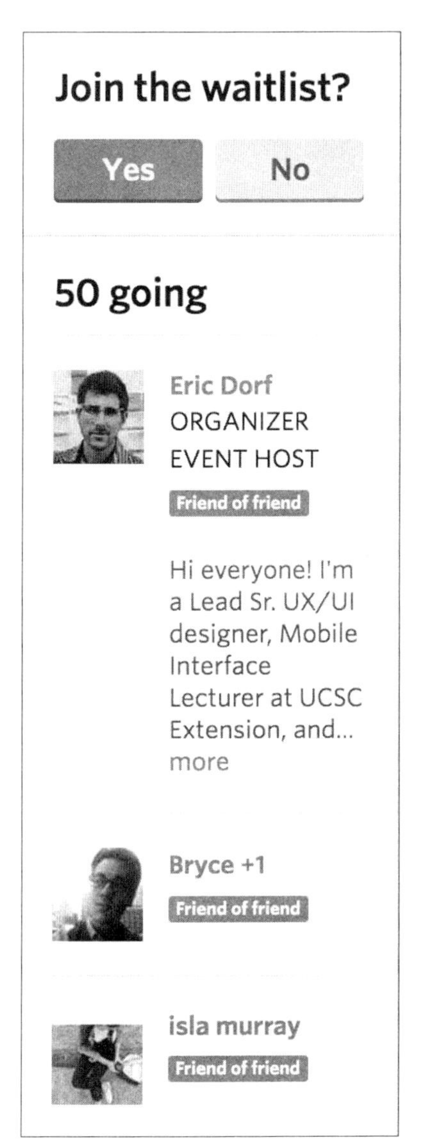

图 16-7：MeetUp 网站会显示出还有谁参加活动，不论他们是你的朋友还是朋友的朋友

图 16-8：Facebook 网站提供了三种回复是否参与活动的选项：参加、拒绝，或者不确定

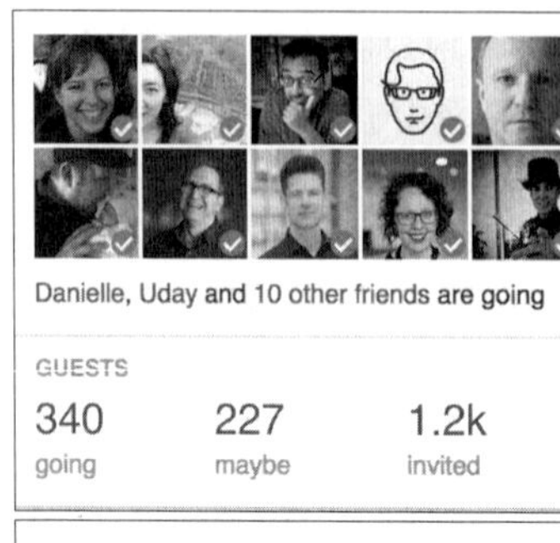

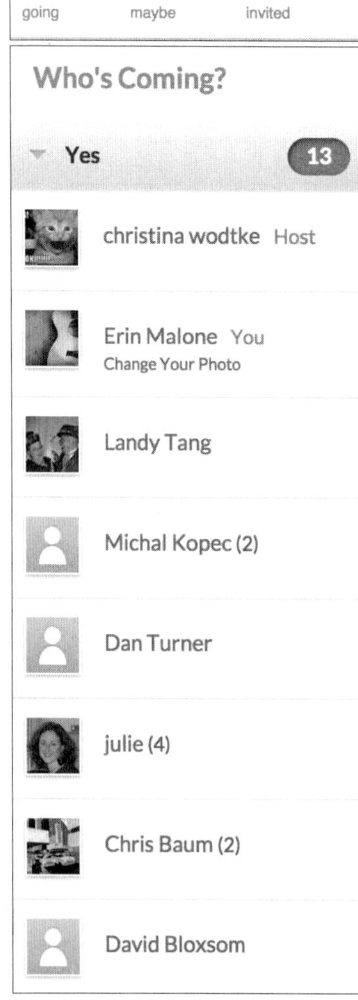

图 16-9：Evite 和 Facebook 都显示活动参与者，其他人就有可能在参与者列表中看到他们认识的人，网站这样做会鼓励这些人也回复“参加”此活动

- 考虑允许用户创建公共活动，在公共活动里，用户可以不请自来，或是追踪关注该活动。
- 考虑增添软件以便多个用户协同创建内容。
- 将地图整合进来，用它来显示地点，供用户选择。
- 允许用户指定接收活动预告或提醒的方式。
- 让用户可以方便地邀请他的好友或是好友圈中的一部分人参加某一活动（见图16-10）。考虑批量邀请的流程，如发送邀请时选择多个收信人。

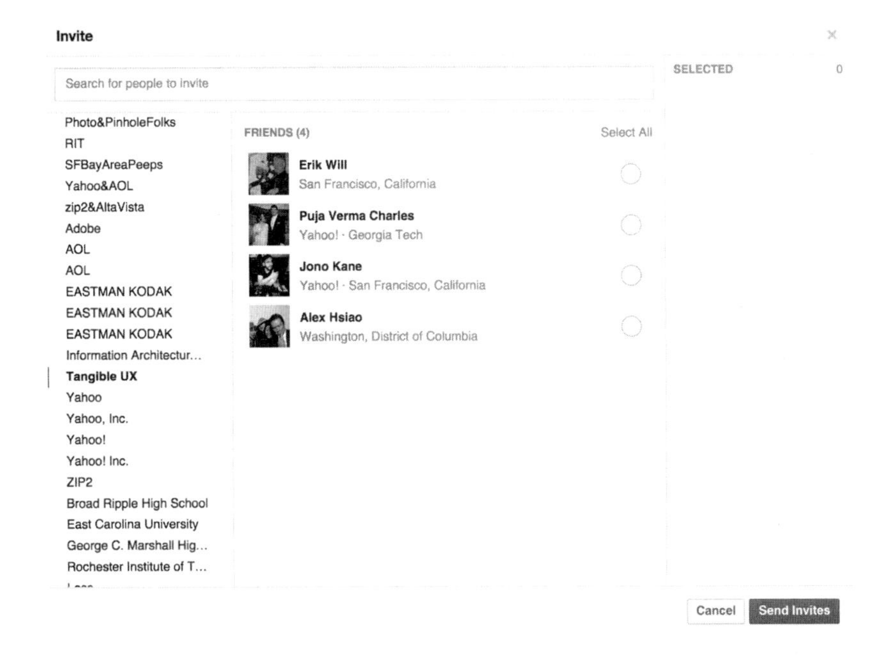

图16-10：Facebook网站会显示一个用户的好友圈，以便其方便地创建一个受邀人员列表

活动结束后如何对待参与者

- 允许用户上传本次活动的照片。
- 如果用户参加（或是回复“参加”）了某个活动，那么要在他的历史活动一览表中显示这些活动（见图16-11）。

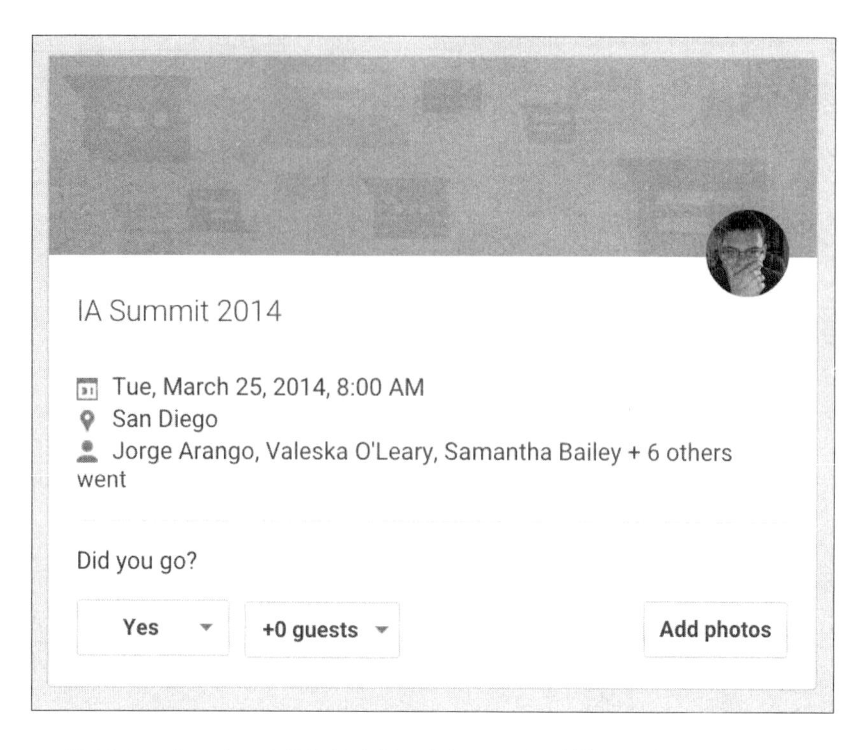

图 16-11：Google+ 会询问用户是否参加了活动，并提供添加活动照片的功能

- 考虑让用户在活动过后对活动进行打分 。

公共活动

- 可以根据关键字 / 类别、标签和日期搜索活动。
- 允许用户浏览活动并根据关键字 / 类别、标签和日期进行筛选（见图 16-12）。
- 向用户展示一份其关系圈中的好友正在参加的活动列表（见图 16-9）。
- 给用户提供一个可以保存他们感兴趣或者要参加的活动的方式（见图 16-13）。

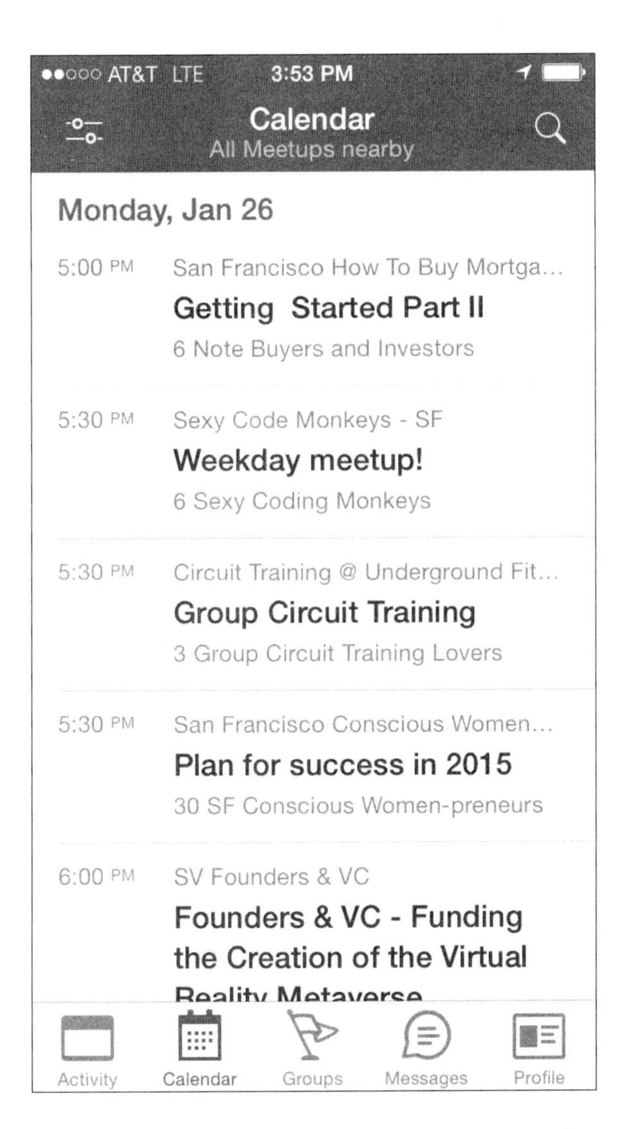

图 16-12：在 MeetUp 网站中，活动群组通过地点和主题分类（MeetUp iOS 应用）

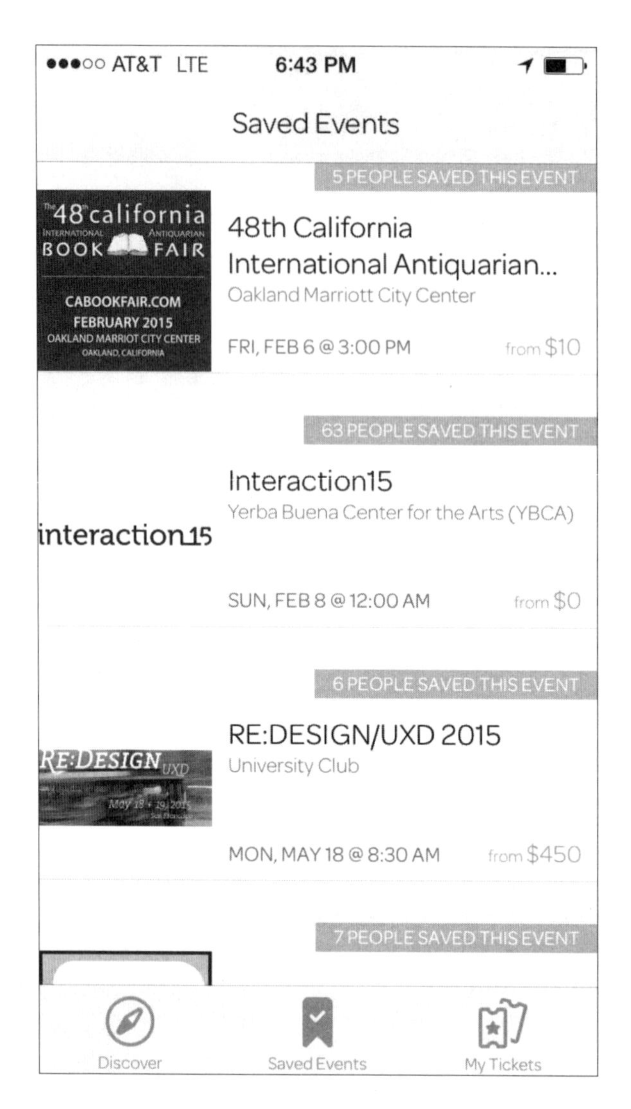

图 16-13：在 Eventbrite 中，用户可以保存他们感兴趣的活动，不管他们参不参加（Eventbrite iOS 应用）

半公开的活动

注明可以回复活动或参加活动的用户是否必须为某关系网络中的一员（见图 16-14）。

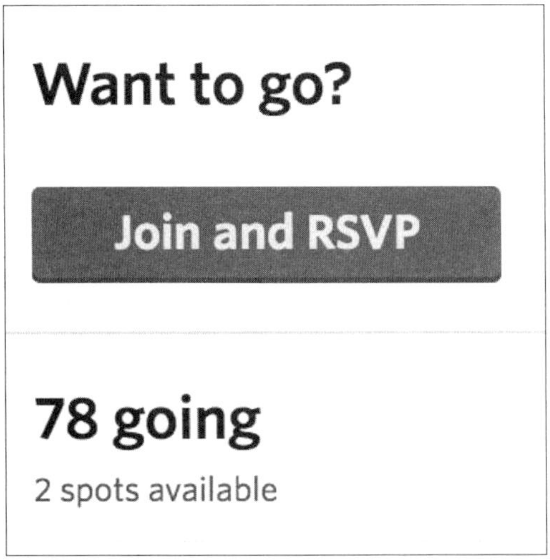

图 16-14：MeetUp 网站将小型的兴趣群组和公共活动结合在一起。用户要想回复参加一个活动，必须先加入该群

相关模式

- 派对

参见

- Facebook (*http://www.facebook.com*)
- Meetup (*http://www.meetup.com*)
- Eventbrite (*http://www.eventbrite.com*)
- Evite (*http://www.evite.com*)
- Google+ (*plus.google.com*)

派对

是什么

用户想要策划一次活动并邀请朋友前来参加（见图 16-15）。

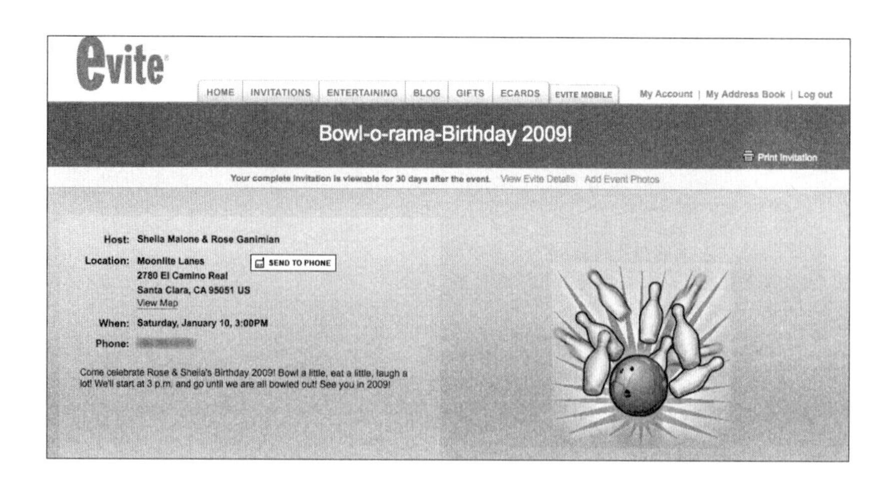

图 16-15：Evite 网站中的派对邀请

何时使用

- 使用该模式可以让用户为派对这样的活动订制一些私人化的邀请。
- 使用该模式来替换常规的派对策划邮件。

如何使用

派对前如何策划

允许用户输入完整的活动详情，包括：地点、时间、日期、详细情况和条件限制（见图 16-16）。

- 使用日期选择组件可以轻松地选择日期，同时也将日期输入错误的概率降到最低。
- 提供将活动添加到用户日程表（如 Yahoo!、iCal、Google 等）的功能。
- 允许活动策划者使用简单的调查投票工具在受邀者中进行民意调查。
- 提供活动邀请模板。允许活动发起人选择一个与活动主题相符的模板主题（见图 16-17）。

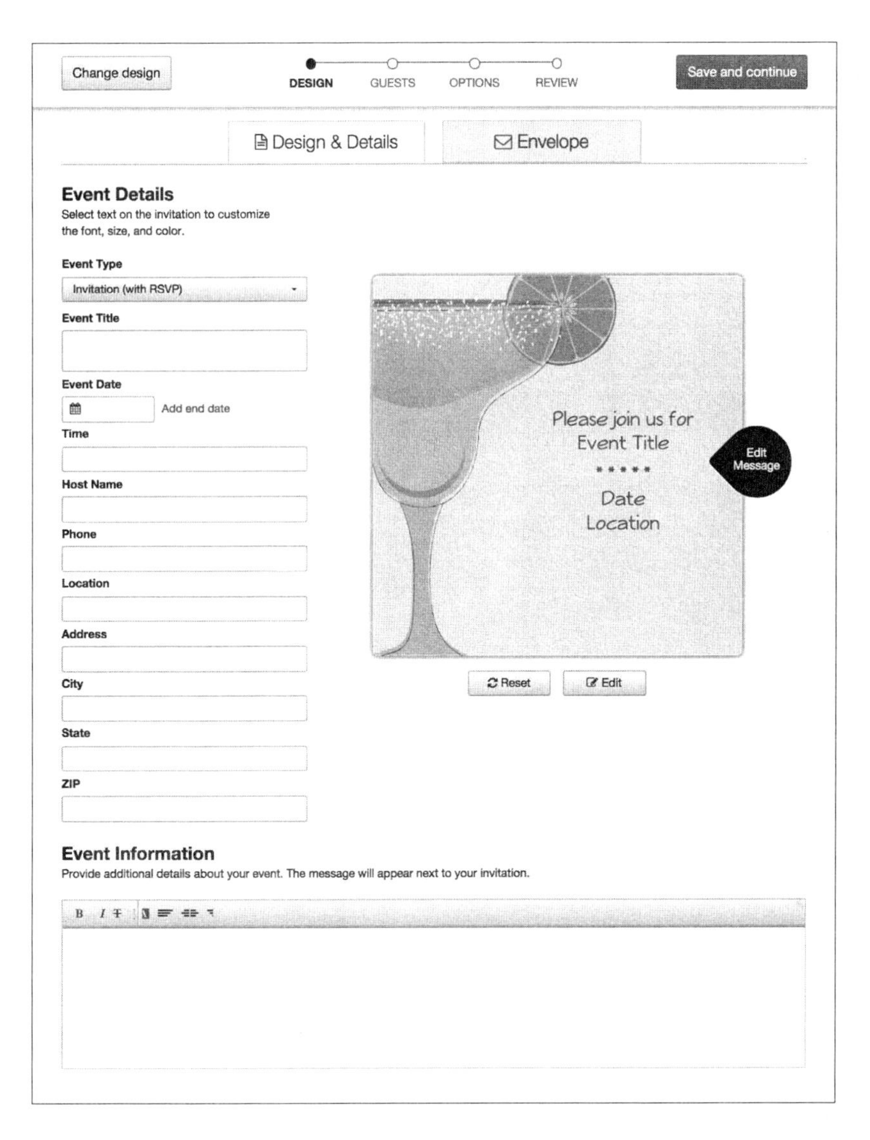

图 16-16：MyPunchbowl 网站中的活动详情 (http://www.punchbowl.com)

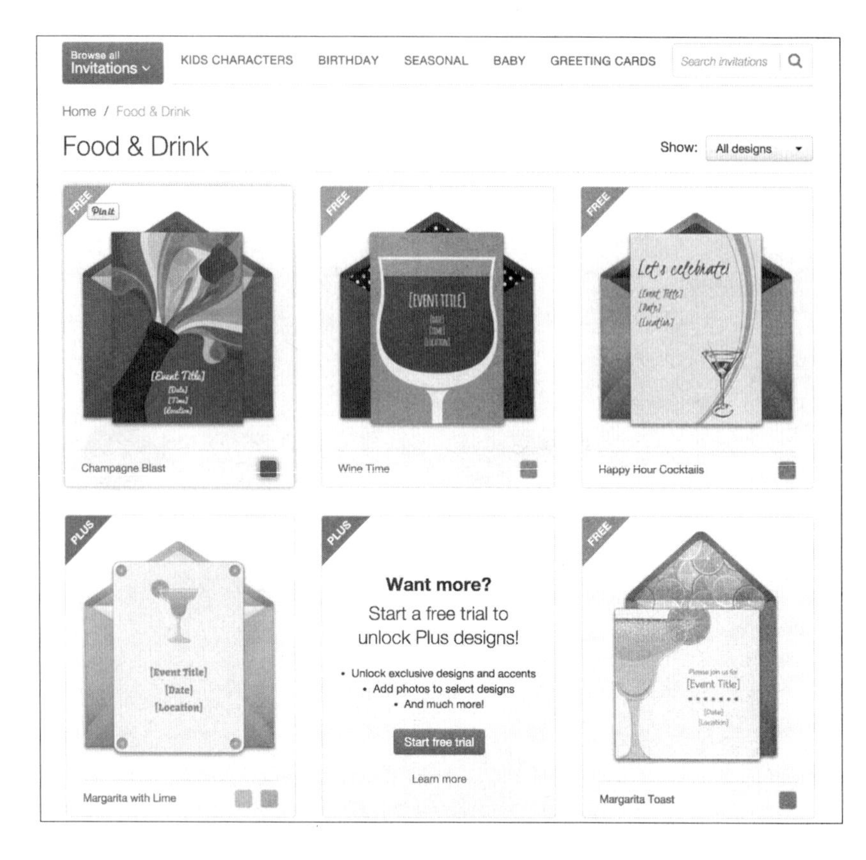

图 16-17：MyPunchbowl 网站中的主题选择

- 允许活动发起人一次对多人发出邀请。提供的邮件地址输入框应允许添加多个邮件地址。
- 允许用户从自己计算机的本地通讯录中进行选择（见图 16-18）。
- 考虑让用户从在线地址簿和社交网络（如 Google、Yahoo!、Facebook、LinkedIn 和 Twitter）中进行选择。
- 允许活动策划者保存邮件地址以备后用。

受邀者

- 提供将活动添加到用户日程表（Yahoo!、iCal、Google 等；如果非原生 iOS 或安卓系统，则添加到手机本地通讯录）的功能。
- 考虑向其他用户显示“请回复”字样，同时显示该活动的参与者。
- 在地图上显示该活动（见图 16-19）。

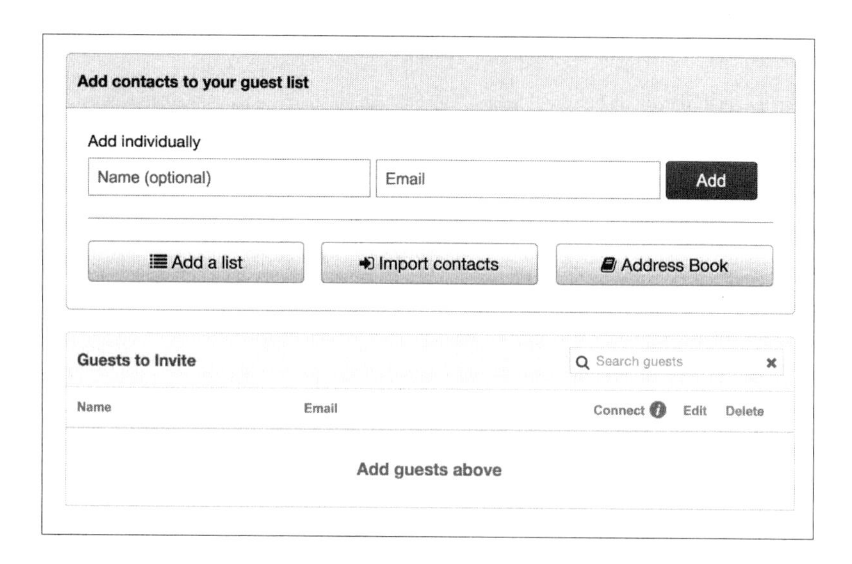

图 16-18：MyPunchbowl 网站为需要发出邀请的用户提供了多种创建受邀人员列表的方式

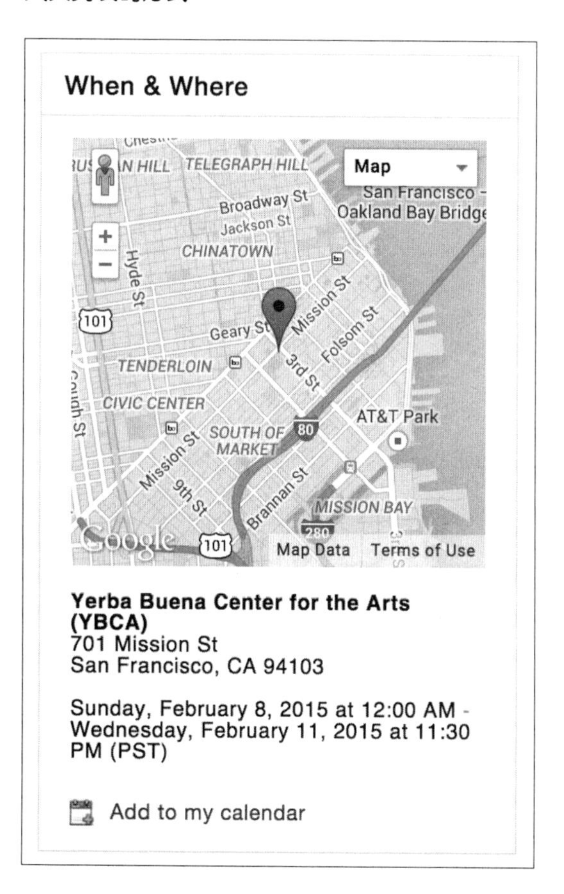

图 16-19：Eventbrite 网站将地图和邀请进行了整合

- 让用户获取活动的相关说明信息。
- 考虑标明周边设施（如餐馆、公园、咖啡厅、ATM 自动提款机等），以便用户进行整体计划。
- 显示该活动地点的完整地址和电话号码。
- 如果该活动在公共场所进行，如餐馆或公园，那么要给出该地点的详细信息（用时、周边环境、条件限制等）。

派对结束后

- 允许用户上传本次活动的照片。
- 考虑让用户对派对进行评论。

为何使用

为用户提供发起离线活动的工具可以促使人们将之前或许只存在于网络上的交往和联系搬到现实生活中来。人们渴望聚会，他们会使用任何可用的工具去组织和协调这些聚会活动。将这一功能融入网站（如果合适）将会让用户不断地组织活动，同时也为他们提供了一次从线上到离线再回到线上的完整的、平滑的体验过程。

相关模式

- 会面
- 日历

参见

- Evite (*http://www.evite.com*)
- Facebook (*http://www.facebook.com*)
- Punchbowl (*http://www.punchbowl.com*)
- Eventbrite (*http://www.eventbrite.com* 和 Eventbrite 应用移动)

日程安排

是什么

用户想基于日期或在一个特定的日期范围内查找或提交（公共的或私人的）活动（见图 16-20）。

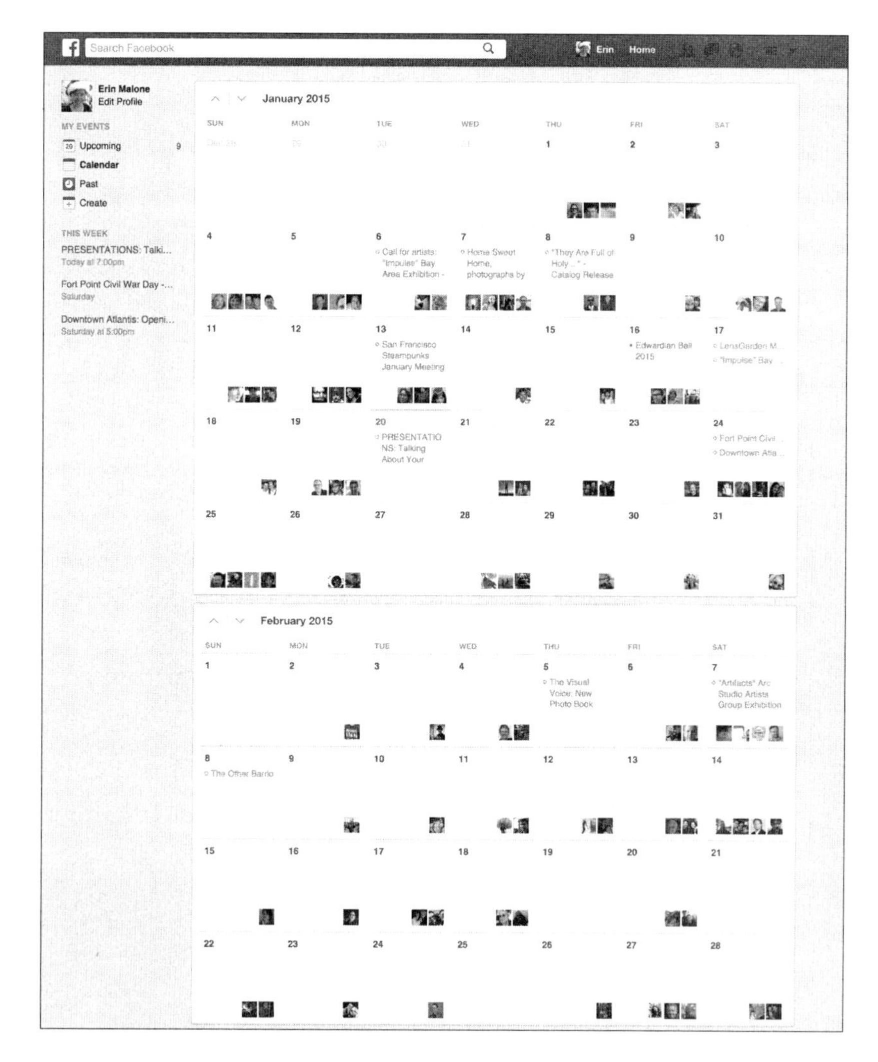

图 16-20：Facebook 网站允许用户按照日期浏览活动

何时使用

- 使用该模式创建与日期相关的活动。
- 使用该模式可以根据日期查找活动。
- 将此模式与会面和派对结合使用。

如何使用

允许用户将一个活动与某个日期相关联。这可以通过一个活动策划页面来实现，或是在一个日程表页面中完成（见图 16-21 和图 16-22）。

图 16-21：将一个活动加入 Google Calendar 的日程表中（http://www.google.com/calendar）

SAVE Discard changes Delete More Actions

Antiquarian Book Fair

2/7/2015 11:00am to 7:00pm 2/7/2015 Time zone

All day Repeat...

Event details Find a time

Where Enter a location

Video call Add video call

Calendar Erin Malone

Description http://www.cabookfair.com/

Event color

Notifications Email SMS Pop-up 25 minutes 10 minutes

Add a notification

Show me as Available Busy

Visibility Calendar default Public Private

By default this event will follow the sharing settings of this calendar: event details will be visible to anyone who can see details of other events in this calendar. Learn more

Publish event

Want to add attachments? Learn how to enable the lab!

Add guests

Enter email addresses Add

Guests can

modify event

invite others

see guest list

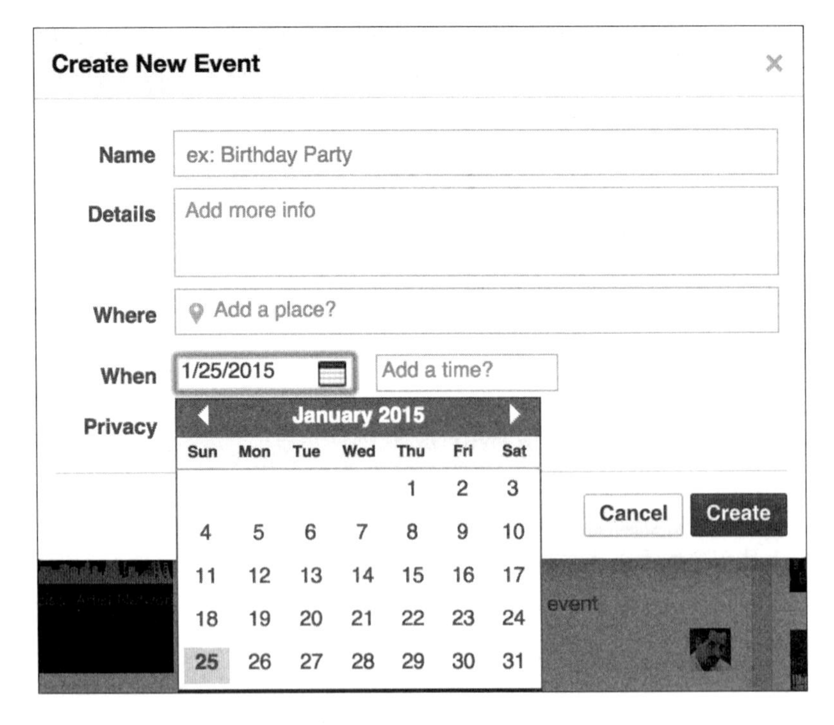

图 16-22：在 Facebook 网站中将一个活动与日期关联起来

- 允许活动发起人标明该活动是公共的还是私人的。
- 允许人们通过各种方式来分享他人的活动日程，你可以在某用户的网络中直接选择活动日程，也可以通过邮件、RSS订阅、博客或其他社交产品进行共享。

选择一个具体日期

当用户为某个活动选择一个具体日期时，让用户可以输入日期，也可以利用“日期选择”组件进行选择。

提供“日期选择”组件可以让用户连贯地看到所选日期和其他相近日期，以及该日期在本周中的位置，这可以减少日期输入时的错误。

日历详情

- 提供一个放置标题和详细描述的字段区域。
- 提供一块备注区域以放置网页地址和其他信息。
- 允许用户将一个地点与活动关联起来（见图16-23）。
- 当细节信息填写完毕后，要在日历的所有展现方式中显示出来（即列表视图、日视图、周视图和月视图）。
- 显示出标题、地点以及该显示方式下适合容纳的最多描述信息。例如：列表视图即使不能显示出所有的描述内容，也要能显示出大部分，而月视图或许只能显示一个缩略的标题。
- 当鼠标滑过时就能显示完整的日程活动，而不要强迫用户去点击。

为何使用

活动是有时间约束的，网站拥有强大的在线日程工具将会让用户更轻松地计划发起派对、活动以及其他会面。

要提供足够多的实用功能，但不必开发一个完整的企业级应用。

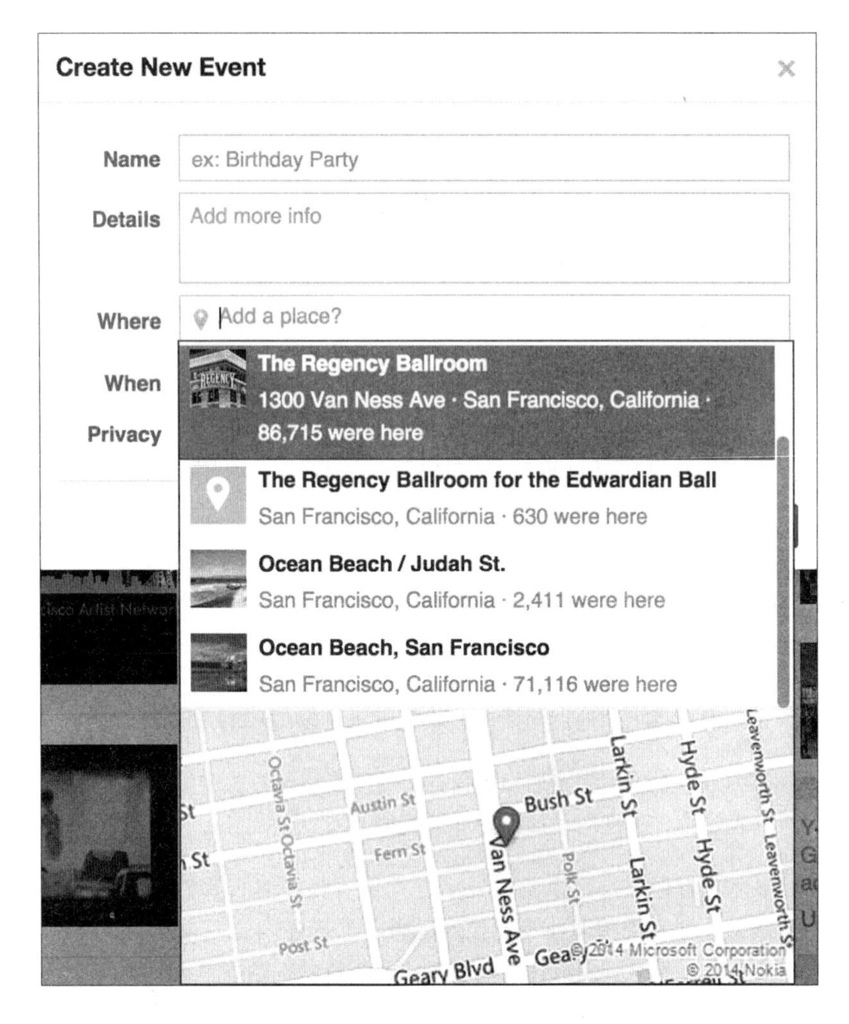

图 16-23：Facebook 活动创建页面上的地理位置选择

相关模式

- 会面
- 派对

参见

- Evite (*http://www.evite.com*)
- Facebook (*http://www.facebook.com*)
- Google Calendar (*http://www.google.com/calendar*)
- Punchbowl (*http://www.mypunchbowl.com*)

提醒

是什么

用户需要知道活动举行的时间（见图 16-24）。

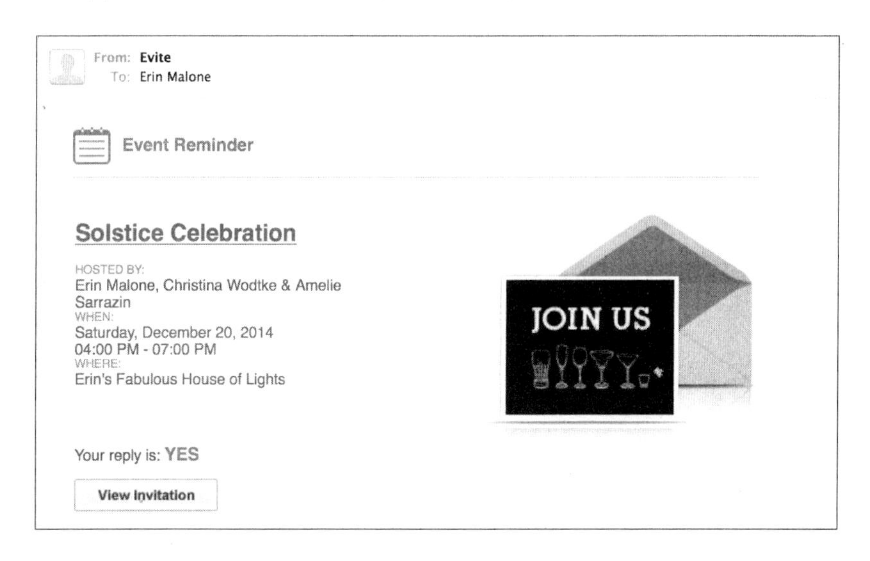

图 16-24：Evite 在线日程表会按照日程表中的活动发送邮件提醒

何时使用

- 使用该模式提醒他人某一活动的时间。
- 使用该模式向移动设备或邮箱发送活动提醒。

如何使用

- 发起活动时，要允许用户对活动设置提醒。
- 如果活动发起人正在邀请参与者，那么要默认设置为“自动向参与者发送提醒”。
- 让用户能够从一个预设的提醒时间列表中进行选择。例如，雅虎的日程表就提供了从活动前 14 天一直到活动前 5 分钟的多个提醒，在一些网站的日程表中你可以指定一个数值，然后选择这一数值的单位为分钟、小时、日、周、月等（见图 16-25）。

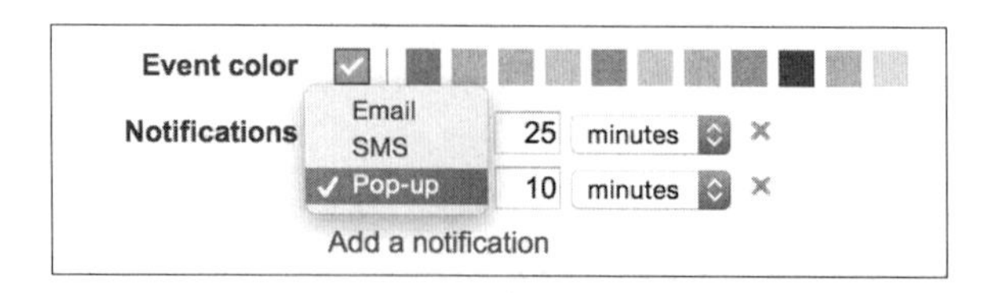

图 16-25：Google Calendar 网站日程表中设置提醒的组件

- 应该能够将“提醒”发送到邮箱和移动设备上，或是添加到一个社交网络的个人信息中。
- 考虑允许用户设置两个提醒，例如活动前的第 14 天和活动前的第 5 天。
- 如果是公共活动，则允许人们各自设置自己的提醒。

相关模式

- 日程安排
- 会面
- 派对

参见

- Evite (*http://www.evite.com*)
- Facebook (*http://www.facebook.com*)
- Google Calendar (*http://www.google.com/calendar*)

地理位置标记

是什么

用户想用一个地理位置标签（geographic tag）来标注一个人、地点或事件，地理位置标签通常采用纬度 / 经度的形式，之后可以将其转化成一个具体地址对应到地图上（见图 16-26）。

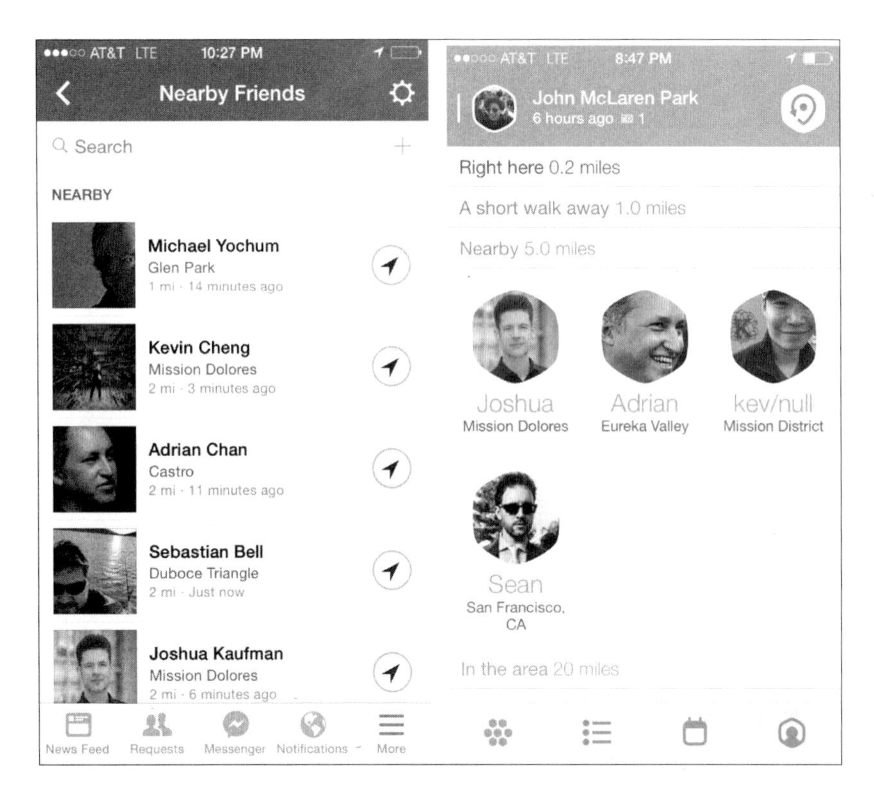

图 16-26：Swarm 和 Facebook 只是根据我目前位置显示周围用户的众多网站之一，虽然它们都不会把用户在地图上标注出来（Swarm iOS 应用和 Facebook iOS 应用）

何时使用

当你想在地图上放置一个对象（人、地点或事物）时可以使用该模式。

如何使用

- 如果对象是一幅图且带有可交换图像文件数据（包括经度 / 纬度信息），那么要将它的位置数据字符串与该对象关联起来（见图 16-27）。

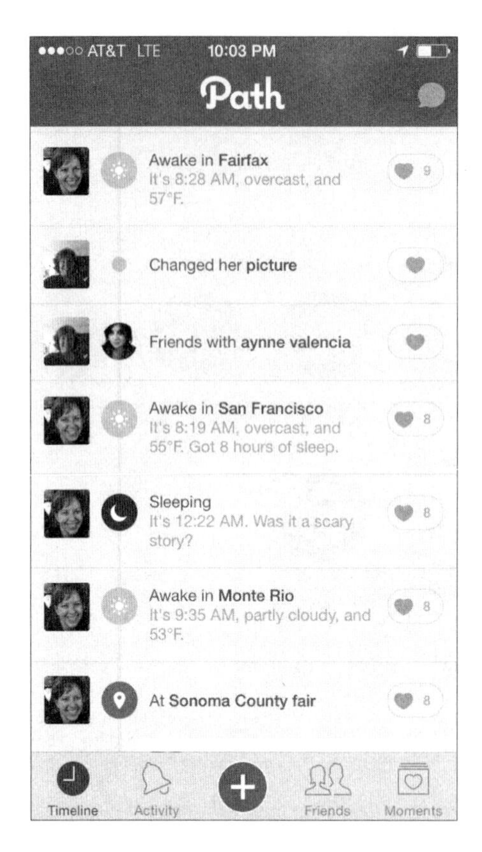

图 16-27：在 Path 移动应用中，用户地理位置会自动在他们的常规状态更新中标注

- 自动将对象定位到地图上。
- 如果该对象具有相关联的地址信息，如一个企业，那么要自动将其定位到地图上。
- 允许用户将一个地址与一个对象关联起来。
- 考虑让用户能够拖放地图上放置的对象（照片、列表、好友），并将其与某个地址相关联。
- 允许用户用一个简练的名称来代表完整的位置信息。可以是完整地址、一个市 / 州组合或者是一个邮政编码。该字段应该是可选的。
- 允许用户输入具体的经度值和纬度值，然后在地图上对应显示成某个点，也可以让他们在地图上直接选择某一点（见图 16-28）。

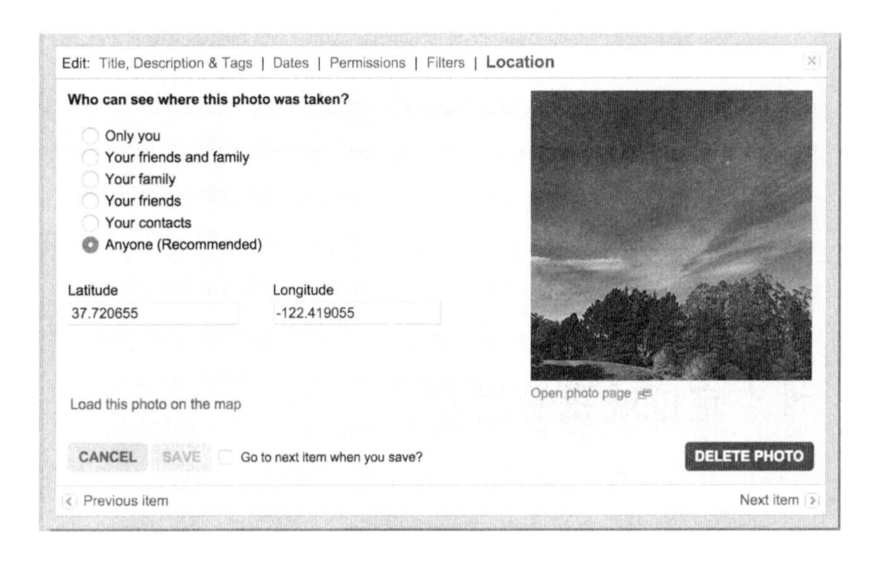

图 16-28：在 Flickr 网站中，可以通过在地图上选择的方式将一幅图片添加到地图上。经度 / 纬度坐标在知晓的情况下也会在界面中显示

- 使用万维网联盟（W3C）的地理坐标数据呈现形式，例如：地理坐标。地理纬度 =57.64911 地理经度 =10.40744（geotagged geo:lat=57.64911, geo:lon=10.40744）。第一项是标签“地理坐标”，可以通过一个普通标签搜索出坐标数据的所有项。其他两项是“地理纬度”和“地理经度”。
- 在页面上显示地理位置时，要将地理坐标转化成用户熟悉的地址信息。
- 清楚地说明该信息如何使用，并明确表述什么是私人的，什么是公开的。

为何使用

为资产，尤其是照片和视频提供地理位置标记，这让它们不仅存在于时间维度中，同样也存在于一个与现实世界相关联的环境中。将图片定位到地图中会让人觉得这一图片是真实存在的，而且如果他们去那个地方，或许也会看看这幅图片。除此之外，地理位置标记还能把某人所处的位置呈现给他的朋友。

相关模式

- 会面

- 地点定位

参见

- Path 移动应用
- Flickr (*http://www.flickr.com*)
- Swarm 移动应用
- Facebook 移动应用

地点定位或我的附近

是什么

用户想知道自己在哪里，相对于其他人或地点来说自己（或他的物品）所处的地理位置（见图 16-29）。

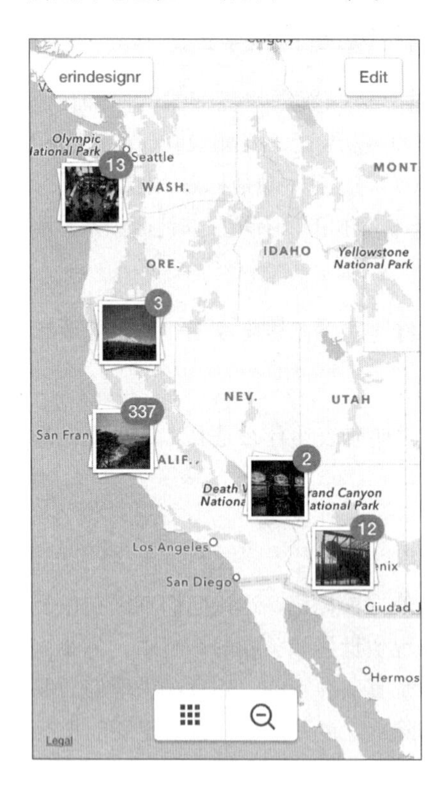

图 16-29：Instagram 图片在地图上的显示，利用移动设备内置的地理位置信息（Instagram iOS 应用）

何时使用

- 使用该模式能够将某人、状态更新情况、照片和其他内容自动定位到地图上。
- 显示对用户来说相对的距离，或者相关位置。

如何使用

- 在地图上用一个图像指针来显示某一对象的位置。
- 允许用户在地图上查看自己附近的人或事物（如果该用户正在使用移动设备或是已经公开了自己的位置信息）。
- 允许用户根据地点进行搜索。
- 用户应该能够关闭状态或者位置显示。
- 显示用户附近的商家，或者是他可能感兴趣的活动。

聚会

- 将地理定位和发送信息结合起来，用户可以轻易组织一场即兴聚会。像 Swarm 和 FindMyFriends 这样的服务可以在地图上显示你和在你网络中的人（见图 16-30）。

图 16-30：在 FindMyFriends 和 Buddies 的移动应用中，用户可以向自己的社交网广播自己的位置，以便即时会面

- 给用户提供一个简便查看他社交网络位置的方法（当然，要在用户同意的情况下），并发送信息或邀请以便和网络中其他用户见面。
- 给用户提供向事先设定好的群组发送信息的功能。
- 给用户提供向一次性群组（常常是基于附近地理位置）发送信息的功能。

为何使用

在地图上放置对象时提供简单的拖放工具，这可以为网站用户提供多种内容筛选方式。另外，用地图显示内容还可以为人们提供该对象的相关环境信息，能够促进人们进行本地集会和面对面交流。

在地图上显示社交网络中成员的地理位置可以让用户避免无意间撞上某人，或者在必要时隐身（见图 16-31）。

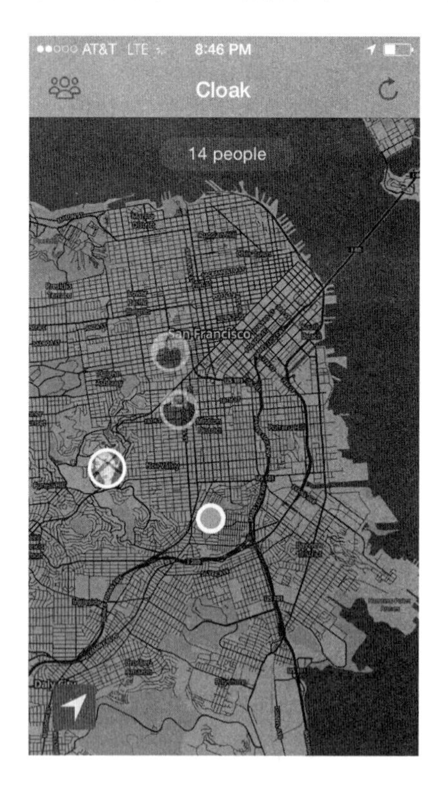

图 16-31：Cloak 移动应用使用户可以查看其朋友的位置，并在朋友靠近时收到提醒，或者在朋友的网络里隐身

注意

CTIA（美国无线通信和互联网协会，一个国际移动行业组织）发布了一系列定位服务应用的最佳实践指导 (*http://bit.ly/1IKTSiq*)，其中有两条贯穿整篇文档的根本原则：

用户须知

定位服务提供商应该告知消费者该如何使用、公开和保护他们的位置信息，以便让用户理智地决定是否使用该服务或同意公开位置信息。

用户同意

一旦用户选择了定位服务或同意公开他们的位置信息，他们就应该能够选择是否将位置信息向第三方公开，或何时公开，同时他们也有权利取消这类授权。在上传或交互过程中提供分享地理位置的选择，而不是把这个选项藏在设置里面。

相关模式

- 会面
- 地理位置标记

参见

- Cloak 移动应用
- Instagram 移动应用
- Find My Friends 移动应用

地点跟踪或者我去过了哪里

是什么

用户想知道长时间以来他去过哪些地方（见图 16-32）。

何时使用

在长时间记录路径时使用此模式。

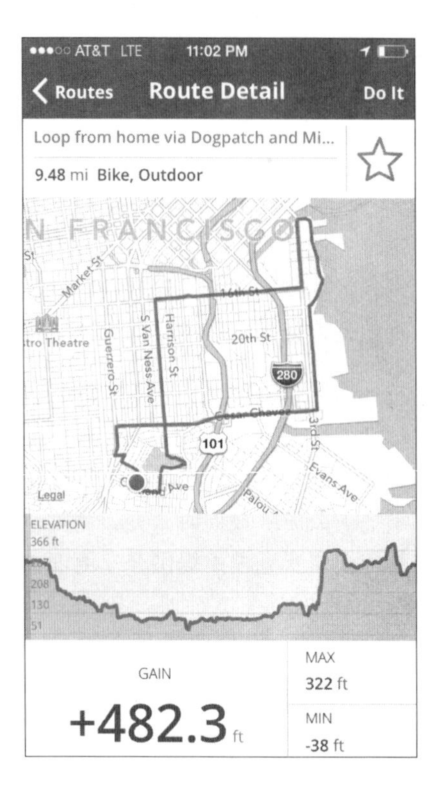

图 16-32：MapMyRide 显示用户骑车时经过的路径。地点跟踪信息包括路径和海拔高度

如何使用

- 用户应该可以选择起始点，表明开始和结束的时间。
- 将路径记录和高度记录结合起来，这在运动类的数据记录应用中越来越普遍了。
- 提供让用户与朋友分享路径的选项。
- 用户应该可以选择是否要公开自己的路径。

为何使用

通过最新的移动和可佩戴设备，路径跟踪变得很容易。在个人数据面板和个人信息页面，路径信息开始变得很热门。用户在搜集关于自己的数据，并想长时间跟踪记录以便对比，他们也想追踪自己的孩子或宠物。

相关模式

- 个人信息
- 地理位置标记

参见

- MapMyRide 移动应用
- Strava 移动应用
- MapMyDogwalk 移动应用
- FindMyKids-Footprints 移动应用

周边

是什么

用户想知道他的周围正在发生什么（见图 16-33）。

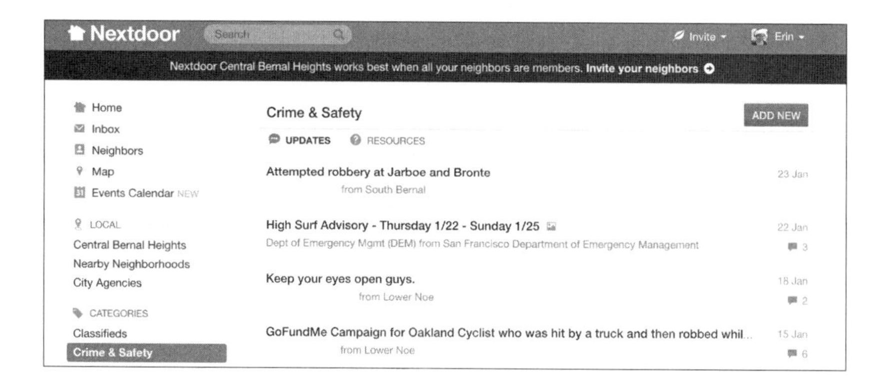

图 16-33：NextDoor 网站根据用户所在区域位置来显示相应的新闻和其他内容 (http://www.nextdoor.com)

何时使用

在汇总某个地理区域或特定地点的内容时可以使用该模式。

如何使用

- 允许用户选择一个区域进行信息筛选。这一区域应该具有相应的地址数据，包括邮政编码、学区、明确的元数据和地址关键字。

- 提供一个选项供用户与相同地区或邻近地区的人们进行联系。
- 允许人们根据地区、邮政编码或其他相应的位置数据进行搜索（见图 16-34）。

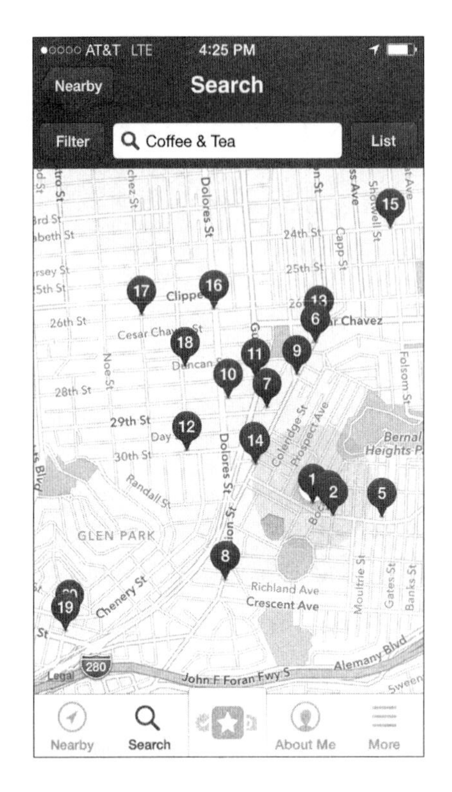

图 16-34：Yelp 的移动应用可通过用户位置进行搜索

- 为用户提供简便的地区切换机制（见图 16-35）。
- 考虑为已选地区配上一些有趣的相关内容。可融合进来的内容类型包括图片、新闻项目、商业机构列表、住宅区列表、警方通缉令、企业评级和评论、公园和公共场所、活动和人员。
- 在地图上显示用户所在位置。
- 在地图上显示相关内容以告知用户相对距离。

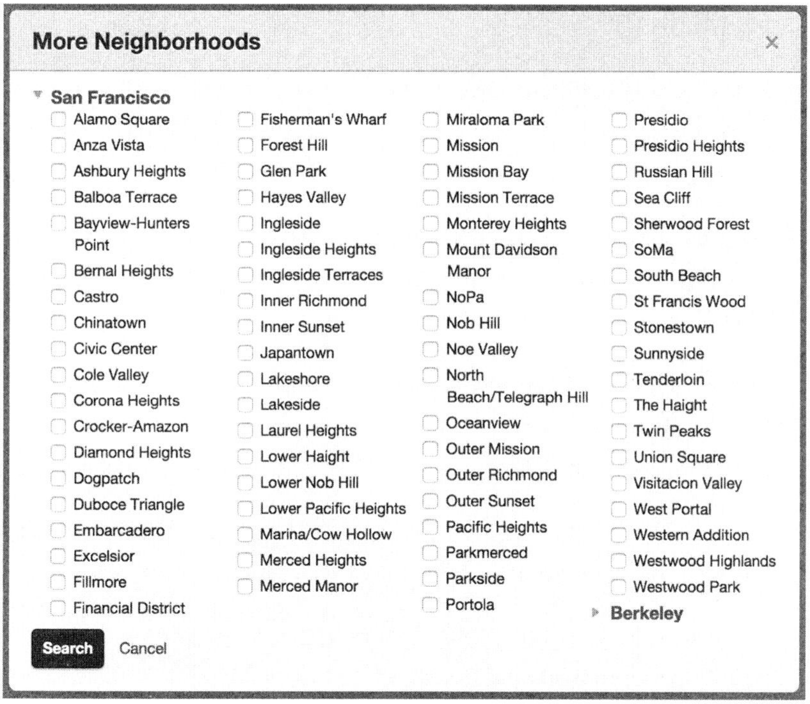

图 16-35：在 Yelp 上，用户可以选择特定街区或者多个街区，以搜索某个企业

为何使用

将某区域周边的当地信息汇总起来，这可以为密切关注该区域周边事物的用户提供更具有相关性的使用体验。另外，这些工具还能将同在这一地区的人们聚到一起。

相关模式

- 地点定位
- 地理位置标记

参见

- Nextdoor (*http://www.nextdoor.com*)
- Yelp (*http://www.yelp.com* 和 Yelp)

延伸阅读

Best Practices and Guidelines for Location Based Services, International Association for the Wireless Telecommunications Industry, *http://bit.ly/1IKTSiq*.

Sheridan, Barrett. "Digital Hide and Seek: Are you ready for social mapping?" *Newsweek Web Exclusive*, originally published August 14, 2008. *http://www.newsweek.com/id/153197/*.

Honan, Mathew. "I am Here: One Man's Experiment With the Location-Aware Lifestyle." Wired Magazine, originally published January 19, 2009. *http://wrd.cm/1eAzqso*.

Masters, Harvey P., ed. "Location Based Services: Developments and Privacy Issues." June 2014, Nova Science Pub Inc.

Gilbertson, Scott. "Take Your Geo-Mashups Beyond Google Maps." WebMonkey, originally published October 17, 2008.

第五部分

更多的考量

社交媒体软件的世界在不断变化。带宽的增加、网络技术的进步、浏览器成为操作系统、为用户随时随地提供在线访问的移动设备，具备社交功能的物联网为大众提供了各种有趣的、病毒式的、让人爱不释手的应用。在我们着手写本书的时候，数以百计的新网站和应用程序都希望像 Facebook 和 Twitter 一样传播和发展。

我们能看到，越来越多的人试图将不同的社交功能搭配在一起，以便实现你能想象到的各种各样的内容或服务。其中有些发明极其惊人，还有些简直不可思议，对于所有各种各样的机遇和社交功能的改头换面，设计者究竟应该关注何处？

为消费者开发的软件只是本书中所提到软件的一小部分。机遇存在于多功能组合软件、设备、家用物品、汽车、工作环境和开放软件中。用户体验设计师时常轻视企业软件这一领域，因为它们不够有趣；另外曾经属于工业设计师的一些领域也常常被忽视。但正是这些领域提供了丰富且有趣的挑战，来创造新的社交体验。

贯穿这一切的要素是，了解不同年龄群如何与数字生活共处。当婴儿潮一代开始变老，他们需要与子孙们社交、联系，反过来也一样。同时，小孩和青少年（善变且总是寻求新鲜感）对于社交体验的整合有很高要求。

本书介绍的是一种不断发展的语言，就像是流动的液体一样。这些模式可以单独使用或是组合到一起来创造一个更好的社交体验。我们以一个提示作为结束，这个提示指出界面的主题是人类的生活、愿望和从未远离我们的道德困境；我们创造了这些供人们聚集、娱乐、交流和有待蓬勃发展的生活框架。

第 17 章

企业也是人，我的朋友

为什么《星际迷航》里的船长要口述记录日期，而不是让计算机自动录入？就像博客那样？为什么皮卡德总是要重复“茶？伯爵红茶？热的？”因为他们运行的是企业软件。

——凯文·马克思（Kevin Marks），对于约翰·思卡兹（John Scalzi）的《科幻设计重大失误指南——星际迷航版》的评论

企业市场是一个慢慢苏醒的巨人。企业正在逐步利用社交体验来提升整个组织。这一市场历来被几家供应商所提供的糟糕软件服务所侵蚀。许多 IT 和人力资源小组认为他们的用户（由他们管理的雇员）只需要学习软件，然后使用就可以了。随着公司尽可能地节约开支以及削减成本和浪费，花在学习“劣质软件”上的时间必定是无法忍受的。另外，一些团队想在工作中使用消费者工具，但是许多这类服务中的用户资料和数据对企业防火墙内其他的工具来说是不可靠或不可用的。在大多数情况下，IT 部门出于种种安全和法律考虑而不能批准这种做法。在大企业环境下，雇员出于商业目的和存储在防火墙外使用工具将会被解雇。

随着团队在地理上的不断分散，在企业内部环境中比以往任何时候都更需要具有社交功能的工具。然而，挑战在于，相对于许多消费者软件体验来说，这些必须在防火墙后面工作的工具一般都是专人专用的，在相对离散的小规模人群中使用，而且其安全性是大多消费者软件所不具备的。

核心差异在于注册、登录、身份、概况、朋友/关系、状态行踪和社区控制的模式。活动模式（如博客、维基、论坛和合作日历）应加以调整使之能在防火墙内部工作（或许除了内部网之外没有其他的登录入口），并且功能的使用可能要由特定工作组的角色限制。

当设计师在考虑将一系列的社交模式结合以形成一套丰富的、有用的企业工具时，这些需求能够提供一些有趣的挑战供他们思考。

用社交知识来实施知识管理

早期的知识管理解决方案把组织看作机器。他们把知识本身看作从人们头脑中提取出的信息，而不是对原因和结果的复杂记忆，并且这种复杂记忆最好在特定问题或情境的提示下被唤起。

许多早期项目的失败突出了一个有趣的事实：知识上的工作实际上很大一部分是通过社交来完成的，这其实是社区的一部分。这并不意味着信息技术社区（Information Technology Community，ICT）工具没有用。而是表明了不应该以工具为中心，而是应该用工具支撑起整个社区，既支持沟通也支持协作。

企业 2.0 解决方案，如维基、博客和分类标签这些方式使得知识的社会交换既能在转移的过程中捕获，也能在范围上不断扩展。这些方式还允许远程雇员能够像本地用户一样连接到社区上。

实施这些工具与启动企业资源规划（Enterprise Resource Planning，ERP）系统和文件管理系统（Document Management System，DMS）有所不同。它需要更多的自适应方法，包括：

- 逐渐完善的框架，这些框架根据不断变化的业务需求和参与率而调整。哪些应用经常使用，就表明这个应用是最适合当地环境的。
- 新解决方案的安全－故障试用。这指的是小型且精心策划的实验。如果成功了，它们可以重复使用；如果失败了，它们的设计允许从失败中找出原因并指出更好的解决方案。
- 在这个领域中安全也略有不同。应该根据内部和公开信息的需要，将清晰的指导原则和结构化的区域或领域结合提供。应该以一种积极的方式来处理违反安全的行为，如鼓励恰当使用和不阻碍参与。

基于企业的社交计算所带来的一项主要输出就是机缘凑巧。通常，我们需要用明确的投资回报率来证明 IT 项目，但是这不能区分数量和质量内容。因此，人们会认为那些产出内容最多的项目更重要。相反，社交计算试图利用克莱・舍基的“长尾”（long tail）理论，即发掘那些与项目或业务关系不大但能够增加最终胜算的人。

要充分利用这些人，就需要高水平的参与。项目的设计和实施应力求避免可能阻碍参与的因素，如较差的可用性以及缺少管理上的支持。第一个因素刚好在设计师和 IT 经理这个领域。第二个因素应该由项目经理通过在早期获取行政支持来确保，最好在项目开始实施之前。

“通用的解决方法”是来自量大低差异性解决方案领域的最佳实践名言，这个解决方案通常用在大规模制造业及类似行业中。在充满差异性和变化的知识领域中，自上而下或瀑布式的解决方案通常不是最佳方式。通过将应用软件和实施方法论与业务部门的文化相配合，你将有更多的机会取得成功。

——史都华・弗朗奇（Stuart French），Delta 知识公司的知识经理
(http://www.deltaknowledge.net)

消费者的企业软件体验

不近人情的 IT 部门曾经随心所欲应用糟糕透顶的 ERP 软件或者 TLA 软件，完全不顾终端用户的感受，这样的日子已经一去不复返了。这样的时期之所以存在，是因为历史上终端用户不具备购买权，在软件选择过程中也没有发言权。

我们现在已进入了 BYOD 时期（bring your own device，带你自己的设备来上班），而且员工们越来越习惯于“消费者级别”的在线产品与服务的用户体验（意味着“我为这个玩意儿付了钱，它最好管用！”）。这样的期待给试图进入企业软件、生产力工具、人力资源管理和员工关系管理这一市场的挑战者制造了压力。它们必须迎合新的标准，与更流畅、更专业、更可感触到的消费者级别软件竞争——这正是它们的员工、顾客、销售商和供应商所使用的软件。

我们有可能对此过于乐观了。我们在过去犯过这个错误，但现在的趋势看来很有希望。

员工是移动的

今天，越来越少的员工只通过单一固定的工作台与他们自己的信息和同事相连接。别误会，你可能有个小隔间，你甚至会把自己的笔记本电脑留在那里过夜，但你也会在排队等咖啡的时候在手机上查邮件，你也可能会在你所拥有的所有设备上接收 Slack 提示。

人是移动的，而不仅仅是设备。如果你想让社交软件变得有价值且易用（这也是被接受的先决条件），你的任务就是保证你无处不在，在浏览器中，必要时也存在于本地应用中，而且要与尽可能多的有效交流渠道相连接，包括提示、通知和转发渠道（见图 17-1）。

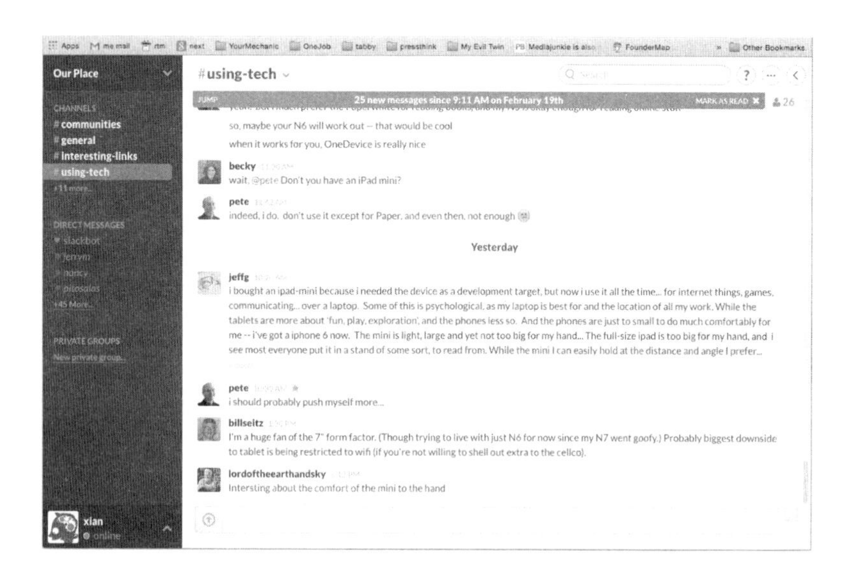

图 17-1：在本书成书时，企业社交软件拔得头筹者是 Slack，有时它甚至好像已经完全占领了工作知识领域的市场

单一登录

在企业环境中，应该无须注册，因为雇员已经是用户了，他们是系统的一部分。设计师应该利用现有的安全和注册机制，包括用户名、密码以及任何安全措施，例如：RSA 令牌。一旦用户登录，社交工具应能够向用户来人和其他人显示他的身份。

企业身份和概况

首先，设计师应该考虑基本的社交网络基础中有多少需要作为系统的一部分。在大多数企业环境中都有内部网络和内部雇员查询系统，如LDAP（轻型目录访问协议，Lightweight Directory Access Protocol），它会提供有关员工的岗位、头衔、电子邮件地址、电话号码和位置信息以及关于同事的其他一些信息。这些信息通常由人力资源管理部门和IT部门生成并维护，是一些有关事实的数据。

为这种环境建立的任何社交工具都应该加入现有个人资料和身份信息，而不是重复生成这些数据（见图17-2）。不应要求用户创建另一个个人资料。同时，像评论员劳拉·克莱恩指出的那样，“用户也应该对和同事分享的信息具有控制权。即便是最基础的信息，例如被分配的性别，也可能成为用户不愿与同事分享的信息。”

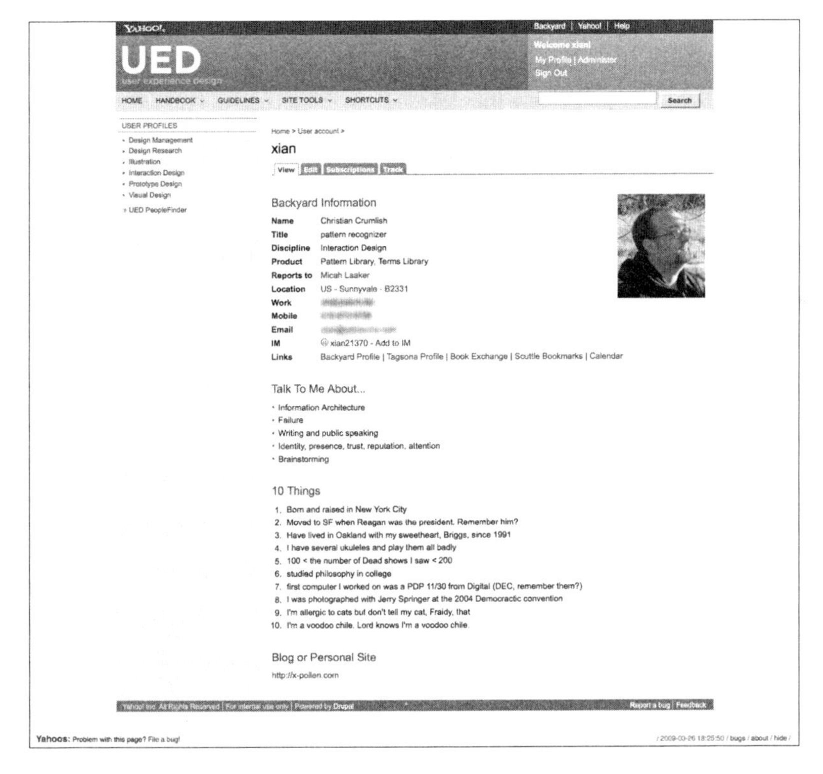

图17-2：Yahoo！的用户体验设计（User Experience Design，UED）团队（在本书第一版成书时）有自己的内部网，但是他们同时可以进入Yahoo!的内部主系统来获取身份信息，包括用户名、隶属结构、电话号码和电子邮箱。UED内部网本身允许用户添加更多的个人信息，以帮助建立团队，加强工作组的关系

联系人和关系

在许多企业内网，员工们可以看到一个人在隶属结构或工作组中的位

置。在隶属结构信息中存在着一组内在的关系信息，但是对协作软件的用户来说，这不一定是最有用的人员列表。

企业社交环境中，有用的人员列表是有关工作组的，而不管隶属结构如何。在大多数情况下，可以由工作组或项目的负责人将它放在一起。在企业情境中，通过查找社交图向列表中添加好友的功能并不是最重要的，但是，如果能够形成与隶属结构的层次和工作组不同的网络则是有价值的。在协作情况下显示工作组或成员列表是有用的。

什么是社交对象

对任何社交设计项目，必须要确认社交对象，从而围绕对象创建活动和链接。注意，当人们在一个需要尽心尽力的环境中共同工作的时候，参与度的起始点是要高得多的。假定合作是一个关键目标，社交对象就可能是文档、计划、路线图，或者是项目与团队。

需要做的工作有哪些

克莱顿·克里斯滕森的"需要做的工作"理论也可应用于软件设计流程：与其对人物画像和场景这样的UX工具进行投入，不如去访谈潜在用户，理解他们需要做的工作，以及他们今天是如何做这些工作的。在此之后，这个理论指出，你可以专注于提高人们完成这些工作的能力，而无须把他们抽象为理论上的画像。

因此，"工作故事"（而非用户故事）的基本模型是，"当我在（某个场景），我想做（某件事），从而（达成某个既定目标）。"有些想法关注完成工作的人的经历与感受（就像亚历山大的模式一样）。具体来说，他们在完成工作的过程中感到了什么：什么时候他们是快乐且进入状态的？什么时候他们感到沮丧、愤怒、烦躁，或者失去信心？

无论你是不是完全遵照这个主张去挖掘客户需求，当你为必须完成工作的用户设计的时候，根本的设计框架是具有很大实际意义的。

状态 / 活动行踪

在企业解决方案中，通过共享显示板来为工作组显示最新变化或活动，是利用企业环境中的状态或活动行踪的好方法。

该系统的用户希望对诸如活动发生在哪儿，有哪些会话，谁最后一个更新了文件，或是否已安排了协作活动等情况都一目了然。

设计师需要铭记企业环境中的状态行踪执行机制。人们收到的电子邮件已经够多了，所以设计师需要考虑一项活动发生的时候，是否需要在活动行踪和邮件中同时推送，还是只更新活动行踪，让用户负责不断查看发生了什么。

不依靠邮件的沟通

企业应用的终极目标之一就是除掉邮件。有时候这个愿望以一种极端的形式体现出来：排除一切邮件。其实大多数人要的不是这个，他们只是想要减少堆积、噪声、低效和关于重要决策没完没了的讨论。

所以，在工作社交环境中，一个长期的机会是创造一个有别于邮件的交流媒介（虽然到最后这些系统可能还是会给你发送更多的邮件）。最常见的范例是聊天工具。

从前，人们常说所有软件进化的终极形态就是可以发送邮件。我们现在可能进入了一个每个应用都会给你提供另一个需要监控的聊天窗口的新纪元（当然，随之而来的是尴尬的“糟了，发错了人”，特别是你输入或者复制一条本该发给完全不同收件人的信息的时候）。

比如说 Slack，依靠在因特网中继聊天（Internet Relay Chat，IRC）上建立的美观的界面和智能共同工作体验，迅速占领了企业社交的世界。

Quip 旨在重新定义移动时代的文件模式，给用户提供围绕共享文件和白板空间的聊天功能。

Google Docs 提供留言和聊天的功能。

当然，Facebook 也有它独立的聊天窗口和应用。

Yammer 和 Chatter 允许“公开”谈话。Salesforce 的 Chatter 应用程序提供丰富的交流方式（见图 17-3）。

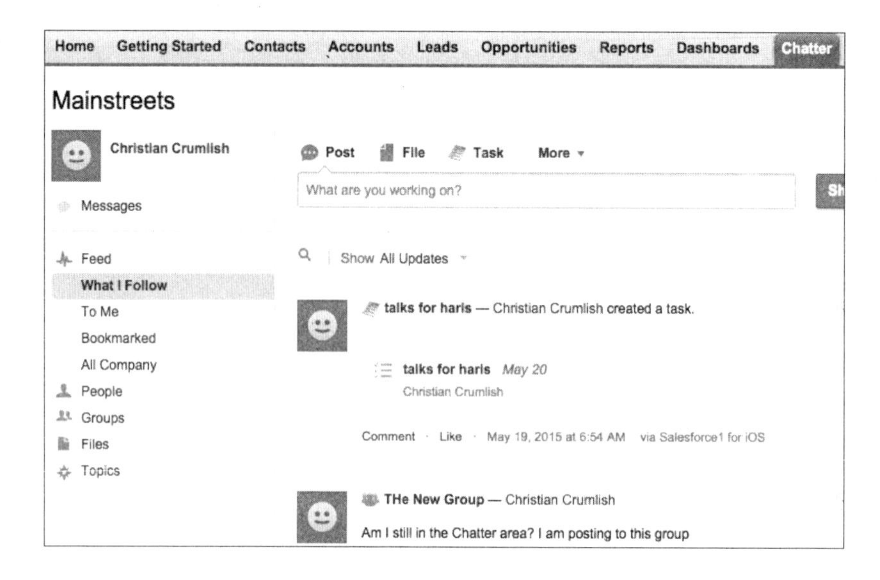

图 17-3：Salesforce 的 Chatter 提供公开聊天方式，还有即时聊天和私人小组。它还提供围绕文档和其他对象合作的功能

目前来看，还没人成功除掉了邮件。（实际上传真机还以一种僵尸一样的半衰期活着，而且我也相信某处还有电报在咔哒作响呢。）

管理和运作

在企业社交领域，管理员和调解员一般来说不必处理大量的扰乱讨论或其他社交环境的不良行为，但这种行为在企业环境中仍然会发生。所不同的是，用户不能躲在假名下，他们的行为也受工作场所限定或会影响工作表现。

各级权限级别和角色的工具仍需要开发。在这个背景下，不同级别的编辑权或所有权可能会和公司的层级绑定，一些数据编辑可能会在系统的某一层级受到限制。出于法律因素的考虑，许多公司从不删除任何东西，他们可能将其归档或隐藏，或只将权限授予行政系统中最高级别的人。

如果只是清理东西，保存有条理的文件和文档，保持项目或任务进展，那么 wiki、论坛和其他协作工具仍需要监管。

总之，诸如最爱、评级、评论和声誉并不一定是企业内部所必需的。用户作为受雇佣者没有别的选择，所以他们并不需要遵循社交参与途径，但许多工具可能会对他们有所帮助。像标签、收藏这样的功能对于发现和分享当今时尚或寻找在该组织中某一领域的专家信息是有价值的。

应在特定组织内的仔细审核评级、评论和声誉这些机制的价值。企业内部的评级和审核在使用和参与上有潜在的社会和文化方面的障碍。人们可能不愿意在一个公开论坛积极主动地评价或审核工作或文件，因为担心对自己的地位、就业状况以及他们的年度审查造成影响。应该在投入时间和精力实施之前仔细考虑这些工具在人们和企业中的影响。

企业中的社交媒体

五年，还是五十年？

在过去的五年中，企业消费和分析知识的方式发生了比过去50年还要大的变化。今天，非常强大的软件和硬件资源只需要花费以前价格的零头就可以获得。移动设备无处不在，而且大多数企业都在一定程度上支持“带你自己的设备来上班”。“物联网”也不再是硬件商兜售的抽象概念了——设备里面的智能传感器如今正制造着有意义的、可采取行动的数据。雇员开始接触数年前甚至不存在的系统，而且他们也用得越来越顺手。

企业被迫面对日新月异的、颠覆性的技术环境，而不能仅仅满足于将分离的进程自动化，或者是使用多个企业应用施行决策支持系统。无论公司条理如何，雇员都会访问社交网络和成千上万个智能手机应用。消费者和企业用户之间使用体验的界限正以任何人都预想不到的速度变得模糊！

逆水行舟，不进则退！

在仅仅几年之内，企业级的解决方案，包括内网、内部维基和即时聊天，在满足用户体验的预期方面表现不佳。互联网和智能手机上越来越多设计优异的应用，让用户更多地选择“软件即服务”(Software as a Service，SaaS)，从而得到更简单的软件部署和使用体验。

无论是市场营销部门向网上的新用户进行宣传，潜在雇员利用社交网络寻找就业机会，人力资源部门试图管控网上对公司的不满情绪，或者是消费者利用 Twitter 和 Facebook 来抱怨他们的感受，社交媒体在过去几年内急剧改变了企业应用市场。

在设计公司应用时，企业需要快速响应变化的市场环境，拥抱社交网络带来的新原型。用户期望待设计（或者重新设计）的企业应用应该可以提供更好的合作与沟通，促进创新，支持他们做出复杂决策。理解这一用户期望的根本转移的企业，在未来几年内可以获得极大利益。同时，企业内被区隔开的陈旧应用将会给盈利带来切实的、可估算的不良影响。

结盟的交互

社交网络打破了企业 IT 系统辛辛苦苦建造起来的壁垒。客户、雇员和合作方都时常使用社交网络，越过组织架构的阻隔解决紧急问题。实际上，这种临时的交互与协作比传统的、有组织的 IT 系统完成了更多的工作。

“组织知识”这个概念在过去几年内进化迅速。虽然传统的知识管理系统在存储和规范“明确的”知识上做得不错，“内含的”知识却散布在不同的社交媒介（如博客、即时聊天和视频会议）中。成功的知识管理系统可以整合这些不同的接触点，提供共同的参照框架，让用户无论在何处、不管使用何种设备，都可以通过任何接触点利用组织知识。

过去几十年中，大型企业都是朝九晚五的工作制，但消费者期望在他们选择的任何平台上都可以得到 24 小时的客户支持。在一个正面与负面情绪都可以在数分钟内传达给数百万用户的时代，能否利用组织资源快速响应是企业成功与否的关键。从主动的社交政策和快速响应的能力，到创建对用户来说友好、舒适和自然的系统，IT 小组还需要保证满足监管条例，并保证数字资产的安全。

结论

SaaS 应用程序将消费者应用的最佳用户体验带入企业。直到最近，易于使用和设计简单性在大多数企业应用程序设计练习中甚至不是一个目标。这些已经变为优先事项，因为企业认识到，优秀的客户体验和高参与水平会直接带来有利的业务成果。

用户期望在社交网络和企业系统中、在想要的设备和渠道上获得无缝连接的体验。这需要企业 IT 基础设施和系统来帮助最终用户做出决策，而不是阻碍。重点是需要从提供分离的软件转向提供优化的应用程序环境和体验，用户可以更快、更好地完成他们的工作！

——哈吉特·辛·古拉提（Harjeet Singh Gulati），Uxinsights 首席顾问，印度昌迪加尔市

其他工具

通信工具（文字、视频和语音）比消费者软件扮演着更重要的角色，应该纳入日常工作流程。

协作工具（维基、博客和组日历）应位于企业社交体验的前沿（见第 12 章）。

毕竟参与者是共同完成工作，企业工具应帮助促进这种合作和共享，无须考虑组织结构。

延伸阅读

"Jobs to be Done." *http://bit.ly/1KBiUGP.*

Klement, Alan. "Replacing the User Story with the Job Story." *http://bit.ly/1KBiW1q.*

Klement, Alan. "5 Tips for Writing a Job Story." *http://bit. ly/1KBiZdE.*

第 18 章

围绕开放设计

我们不依赖权威的决策，而依赖我们所说的“粗略的共识和运行的代码”的过程。每个人都可以提出意见，如果有足够多的人喜欢并且采用它，那么，这个设计就会成为一个标准。

毕竟，每个人都清楚，同样的任务选择同样的方式是十分必要的。例如，如果我们想将一个文件从一台机器移动到另一台机器上，并且假设你将以某种方式设计移动的过程，而我用另一种方式设计它，那么，任何想要与我们两者都进行交谈的人将会不得不以两种不同的方式做相同的事情。所以有很多自然的压力来避免这种麻烦。当年我们回避了专利问题和其他的限制，这对事情的进展也有帮助；也没有任何经济方面的控制协议，不同的做法之间就更加容易达成一致。这是技术设计开放的终极目标，而过程开放的文化氛围对互联网的成长壮大是十分必要的。事实上，如果没有开放的过程我们就不可能有互联网。当欧洲粒子物理研究所（CERN）(http://nyti.ms/1IL3ARJ) 的物理学家们想要以人们容易理解并使用的方式来发布大量信息的时候，他们会简单地建立并测试自己的想法。鉴于我们在 R.F.C. 中构建的基础，他们不需要有授权许可或是对互联网核心业务进行任何改变。其他的人将会很快效仿——数以千计（很快会变成数以百万计）的计算机用户就可以创建并共享内容和技术了。这就是互联网。

——史蒂文 D. 克罗克（StephenD.Crocker），RFC (Request for Comments) 的作者，该边栏文章采编自《纽约时报》(http://nyti.ms/1IL3RUJ)

社交软件的历史包括一种鼓点鼓掌——或者更确切地说，一种主题循环的浪潮。这就是对不具有优势玩家而言，通常被称为“开放”的有吸引力的不对称策略。开源，开放协议，开放栈，有时，几乎一切都声称是开放的。打开，而不是关闭，或私有或专有。苹果是关闭的，所以 Windows 是开放的（在某种意义上）。iOS 是关闭的，因此安卓是开放的。AOL 是关闭的。网络是开放的。但是这些术语被宽松地和不准确地使用，并且代表市场定位，也代表这合法的架构策略。

与别人打成一片

我的一个朋友的朋友告诉我：“应用程序接口（API）是 Web 2.0 的商务驱动”，事实的确如此，特别是当你指的是开放 API（指一组与某一应用程序通信的协议）时。

内部 API 是任何真正的平台发展时不可或缺的，但是开放的 API 挖掘了第三方开发者社区的潜力，将你的项目带到远超出你自己可以外包或构建的领域。

互联网的蓬勃发展是基于其开放性：这个开放（也是社交）过程依靠它的基本协议（如 TCP / IP 栈）制定（基于“粗略的共识和运行的代码”），开放源代码的操作系统和编程语言助长并推动了互联网的可持续发展，网络新闻节点开放的相互联系创造了无政府状态且有活力的 Usenet，互联网用户之间的联系也是开放的，开放的维基的编辑准则，等等。这样的例子不胜枚举。

当然，现在大家都对开放这个概念表现出敬意和夸奖的态度。每个人都说自己是开放的，或正在尝试开放，或正在变得更开放，但是开放有很多方式，也有很多不同程度，坦白地讲，“开放”本质上并不具有优于其他所有概念的终极价值。对于任何一个以用户体验设计工程为主的软件体系结构，都需要进行必要的权衡。用户换用其他服务的成本很高，并且网站不容许用户完全控制他们自己的数据，这样你的网站就可以锁定巨大的财富。

开放意味着什么

“开放”这个词在软件 / 网络服务里面有很多含义。经过长期发展，想找到两个对它的定义完全一致的人还真不容易。一些人认为，“开放”意味着“自由”；对于另外一些人则意味着在原始位置以外的灵活性和实用性。

由于对它的定义缺少统一的认识，很有必要把“开放”认定为由不同的边界构成。这些边界分布于 13 个谱段，从技术层面（与开发人员的体验）开始，到数据世界，然后以用户体验结束。

需要注意到，在该谱段上描述的以下各点都不是独立的或不相容的。在一定程度上可以将这个谱段想象为时间理论，可以弯折、扭曲甚至与其他点冲突，因此，对于任何产品或服务而言，可以没有、有一个、有很多个，甚至具备该范围所描述的所有方面。

开放的资源

免费使用、分散的、（一般而言）高度可靠的，这个软件运动似乎带给了大多数人关于“开放性”的定义（例如 PHP、OpenOffice 和 Hadoop 的项目）。

开放的基础设施

作为一种新兴的开放种类，“云计算”（cloud computing）已经开启了现收现付，一种“只包括你需要的东西”的技术（例如 Google App Engine，Microsoft 的 Azure，以及 Amazon 的 EC2 和 S3 服务）。

开放的结构

通过制定一个关于其他人怎样参与到你的产品中的说明，使任何人可以修改并且扩展你的产品。（一个有名的例子就是 Firefox 的插件框架。）

开放的标准

一种以社区为动力、由一致性主导的方法，其目标是相互协作，无论是软件还是硬件。（这些标准的示例可以从网络的基本结构——HTML、CSS、XML 和 JSON 中找到。）

开放的本体

为你的数据增添语义来提升网络的价值，使软件可以进行有意义的联系。（RDFa，即资源描述框架，它是语义要素在署名和微格式领域中最好的例证。）

开放的访问

通过提供 API，第三方开发者和合作伙伴可以把你的数据 / 服务带到他们的产品当中。（开放访问的例子包括 Twitter、Yahoo、BOSS 和 eBay。）

开放的容器

通过向其他产品开放入口（同时可以保留你的用户），你的产品可以成为第三方内容的载体。（最流行的例子就是 Facebook 的应用平台和不断增长的 OpenSocial API 的使用。）

开放的内容

用户通过编写与自己相关的内容而成为编辑者，当内容准备好后便会呈现在你的面前。（My Yahoo! 开拓了这一领域，但其他的 RSS 阅读器如 Google Reader、NetVibes 和 NetNewsWire 都是很好的例子。）

开放的麦克

产品的内容是完全由用户填充的，而非项目组。用户拥有他们自己的内容，产品则只支持制作 / 发现内容。（YouTube 和 WordPress 都同时使用了几乎完全以用户生成内容为中心的方法。）

开放的讨论

用户通过辅助性的数据、评级、评论、排名、访谈和链接到意见箱等内容来形成一个羽翼丰满的网站。（例如，在社区主导的内容层面上体现用户价值的例子有：Netflix 的评级 / 评论和 Digg 的内容排名系统。）

开放的门

在这个遍地是企业超人的世界里，用户作为产品的决策人是很受欢迎和拥护的。（想想 Get Satisfaction 的客户主导的客户服务或 Craigslist 的收益模型的决策过程。）

开放的边界

设置和配置越来越容易转移。导入 / 导出是一种需求，用户不会被锁定在单一的产品里，可以随意进出。（例如，OPML，即大纲处理标记语言，广泛用于用户的 RSS 订阅和分组的导出和导入管理。）

开放的身份

> 用户是他自己身份和信息的主人，当用户觉得适当的时候会将少许身份和信息提供给我们的服务或产品。与此相反，在没有集中管理的所有服务中，放弃对用户信息的管理是一种非常普遍的做法。（OpenID 就恰到好处，它不但能实现署名交换上的扩展，并且也最能体现身份开放的思想。）

以上 13 点从不同的角度诠释了“开放性”。而且，虽然很多是互相兼容和互补的，但是很难找到某个产品或服务能够体现所有这些因素。

为什么是这样呢？虽然“开放”很有竞争力，但是它也有一些缺点。它也可能会因为以下因素出现一些羁绊：不限制竞争、固定的产品开发方向、关键基础设施外包或免费共享先前积累的信息资产等。幸运的是，还没有仅寄希望于开放的公司被竞争淘汰掉的不成功案例。相反，成功的案例倒是比比皆是。

还有需要我们注意的很重要的一点就是，以上内容都需要你比没有开放付出更多的投资和努力。但是人们可以很容易地看出这种时间 / 成本会迅速收回（在公关方面、客户支持、品牌亲和力、产品的延伸等）。现有的公司和产品试图向这方面转移，这将比没有现成资本的公司和产品面对更多的障碍（无论是具体的——例如技术，或想象的——例如内部政治）。

最后，开放意味着许多不同的事情，一些依赖于该产品的性质，一些则是产品拥有者的选择。但是，无论如何产品拥有者应该了解市场上的开放性词汇，并且有意识地将这些信息传递给用户，并明确告知用户哪些开放性是网站已经做到的（并且要对那些不支持的开放性功能给予明确的答复）。

这样才能使开放性成为产品的潜在优势，而不是成为阻碍产品发展的危险武器。

——米加・拉克（Micah Laaker），Google 产品设计品牌部

鉴于以上讨论，让我们看看四组开放性模式和原则：

- 接受开放性标准
- 在你的应用程序之外共享数据
- 在你的应用程序之内接受外部数据
- 双向互用性

很明显，我们不会对任何一条准则盲目崇拜：如果一个专有的协议、技术或模型最适合你，那么你可以健康地使用它并获得你应得的利益，但是要考虑到作为交换你需要放弃的。但是我们发现，如有可能，你基于经过证实的、实施良好的、有着开放的标准和技术的基石建立起来的应用程序越多，那么就越容易充分参与到潜在的社交网络和目前我们存在的永久在线的数字环境中。

开放栈，社交栈

在本书中，我们对密码反模式和对于相同的人在多个网络上多次交友的辛苦感到遗憾。在过去的几年中，许多社区开发的协议已经提升到促进互用性这个层面上来，并尽可能地为彼此进行建设。 在一定程度上，你可以利用现有的解决方案，将重点放在尝试添加生态系统的价值：你的应用程序提供的独家的杀手锏级服务。

开放源代码

我所说的开放源代码技术有哪些是以前从未被提及过的呢？互联网就是从开放源代码兴盛起来的，大多数成功的创业型公司和已成功的公司都是在开放源代码操作系统中使用开放源代码语言。但是即使你完全可以使用自己修补的免费软件而不是昂贵的晦涩难懂的软件，你仍然可以有很多选择。你会将你的代码放回社区中，或实际创建一个单独的分叉而需要靠你一手维护吗？你会支付雇员来开发可能会有益于你的竞争者的开放源代码工程吗？这些决定不是可以简单做出的，而且对于每个人都没有单一的答案，但是请花时间好好考虑一下这些难题。

输出的开放性

通常，进入开放性的第一个阶段就是将你的软件展现给网络的其他地方，以促使你的内容和功能在其他地方是可用的。与允许其他人在你自己的小空间里使用相比，它可以更容易推销“扩展你的数据可达范围”的想法。同样，这常常也需要你做出取舍。

当你让你的内容出现在你不能控制的情景当中时，你便失去了对你的品牌进行展现的主动权。你将不得不权衡利弊来决定该做什么，但是正如RSS作为一个简单联合格式的巨大成功所告诉我们的，当其余的网站越来越倾向于免费的时候，将你的服务范围限制在你能直接控制的服务器、主机和网站上就变成了一个危险的观点。

成功的开放性输出意味着为外部应用提供途径来消费，也意味着为你的数据增值，或者为公共数据或是用户已经同意向该附加服务授权的数据增值。

徽章模块

不要与向用户提供徽章成就的“游戏化”策略或者声誉混淆，这种模式指的是以嵌入在其他在线的动态“徽章”的形式来封装社交内容。

是什么

转载是最简单的开放模式之一。它包括封装的详细信息，这些往往是个性化的信息，它们具有可以复制并粘贴到另一个模板的便携式格式，因此你的服务可以利落地出现在网站的其他地方（见图18-1）。

也许这种模式成功的典型案例就是YouTube的简单嵌入代码，这使其能够借MySpace流行的东风，成为一个视频共享网站中的一员（他们发现在YouTube内嵌入视频比其他服务更容易）。MySpace曾经考虑禁止YouTube嵌入它的服务中，但是为时已晚。

“徽章模块”也称为“（外部）模块”“向外转载”“嵌入式代码”“代码”和“小插件”。

何时使用

当用户想要将他的内容从你的网站中拿走并且共享到别的网站中时使用。

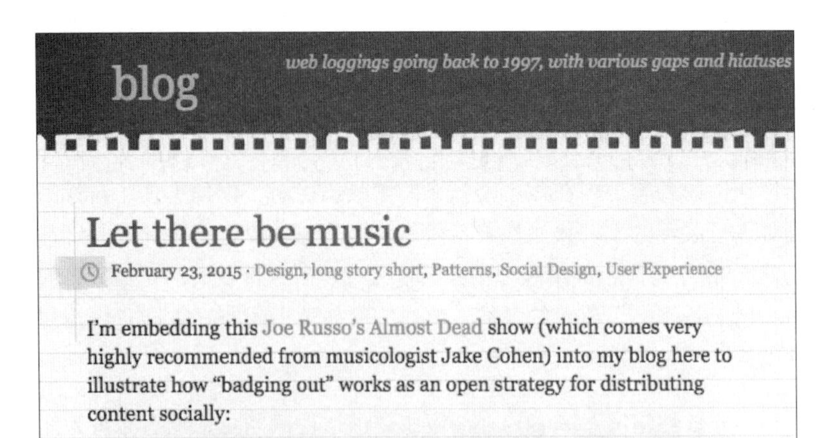

图 18-1：生成一个徽章或者嵌入代码是使你的内容离开你个人网站时能有效使用的简单方式 。在这个例子中，Archive.org 的播放列表嵌入了我的博客

如何使用

- 允许你的用户收集他们想要在其他网站共享的数据。
- 生成一些经过处理的代码，它包括访问你的网站的数据。
- 让用户从文本框中剪切并粘贴代码到其他的网站（见图 18-2）。
- 稍后，当另一个用户访问其他网站并在浏览器加载网页时，嵌入的、处理过的代码执行并检索来自你的网站的数据并作为一个嵌入的模块或小部件显示。

图 18-2：Archive.org 生成一个小模块让我复制粘贴到我的博客，我可以在博客中显示这个播放列表

为何使用

为你的用户提供一部分代码，并使其嵌入其他网站中是提高你的网站知名度的最简单方式之一。任何用户创建一段转载内容并把它嵌入自己的博客或 Facebook 网页当中，都是对你的网站的有效广告宣传。当用户让他们的访问者点击转载的内容时，也就相当于邀请了其访问者去探索你的网站上的其他内容。

相关模式

- 嵌入

标准的开放性（语义和微格式）

是什么

微格式和其他已确立的语言标记和数据结构格式可以让第三方开发人员编写“用于消费、处理你所收集的数据”的应用（见图 18-3）。

Sample vCard

Here is a sample vCard:

```
BEGIN:VCARD
VERSION:3.0
N:Çelik;Tantek
FN:Tantek Çelik
URL:http://tantek.com/
END:VCARD
```

and an equivalent in hCard with various elements optimized appropriately. See hCard Example 1 for the derivation.

```
<div class="vcard">
 <a class="url fn" href="http://tantek.com/">Tantek Çelik</a>
</div>
```

This hCard might be displayed as:

Tantek Çelik

图 18-3：借助微格式简单标记你展示的数据，这样就可以让机器进行阅读且可以让第三方开发者进行语义解释

何时使用

当设计你的数据源、数据流、数据来源和网页的设计模板及分析器的时候使用。

如何使用

- 包装你以语义标记发布到网络上的所有数据，使用普遍的最新标准（著名的是，RDF 和微格式），作为在结构化格式中分享它的方法。
- 广播你的公开内容，以一个容易读取的格式，使用普遍接受的语义格式来标记，它包括但是不仅限于 RDF、微格式和 POSH。
- 当另一个网站访问你的站点时，使用任意的 URL 来读取你的公开内容。
- 以一个标准的、处理过的格式来包装内容，使其他网站可以融入他们自己的数据。

为何使用

如果你的网站上的内容都以无意义的语义标记展示出来，第三方开发者将会临时准备一些不可靠的屏幕抓取程序来消费、结构化、融合并发布你的内容。

相关模式

- 认证授权

载入的开放性

载入的互用性与输出的互用性是相呼应的。它涉及你支持哪些方法去引进和构建那些外部应用在你的系统中生成的数据，以及你自己的用户在公共领域发现的或授权共享的数据。如果你愿意存储和展现对你的用户来说有用的，但是是来自别处的数据，你就可以丰富用户体验，甚至可以满足用户在其他地方访问内容的需求。

为了达到载入的开放性，有两个选择：单次或频繁地加载内容，或者提供一个可以动态更新内容的页面。

导入

正如提供转载代码就可以使网站的用户从你的网站中导出数据，并且出现在网络的其他位置一样，由于开放是双向的，所以，如果你可以让你的用户从其他网站输入他们自己的数据到你的网站上，那么你便可以加强自己的网站环境的吸引力（见图 18-4）。

图 18-4：一个在 Facebook 上的应用，它可以系统地从 Twitter 导入资料、消化并转变成 Facebook 的状态更新（当然也有一些规则和例外情况），并在 Facebook 上展示这些内容。这将会为 Facebook 的用户获取那些不是针对他们提供的额外信息带来便利（或烦扰）

这也被称作“消费源”。

是什么

虽然我们梦想着建立一个可以统治所有网站的网站，但我们的网站参与者更趋向于继续生活在我们的网站外，创造着我们网站之外的内容，并形成外界与网站的关系，至少他们的一部分生活是这样的。

何时使用

当设计你的网站的社交对象的格式和结构的时候使用。允许公开内容和数据模式的灵活性来提升全方位的用户体验。允许异地内容混搭（即使只与各组件并列）可以让用户真正形成自己的体验。

如何使用

- 邀请你的用户提供凭证（或只是对公共数据的访问网址），以检索由第三方网站提供的数据。
- 使用凭证或 URL 连接到第三方网站，验证并且（或）授权，当然，如果需要，可同时检索第三方数据。
- 选择性地将你现有的数据融入从外部导入的数据当中。
- 为用户显示数据。

为何使用

与尝试反抗或忽视关于我们的用户生活在网站之外这样一个残酷的现实相反，我们可以邀请用户收集他们投入到网站中的内容，这需要为他们提供简单的方式来引入其他网站中的内容。

托管模块

是什么

把你的内容和服务制作成在你的网站之外的地方也可用的做法是非常有益的，但这只做了一半。如果你没有将自己的环境向第三方模块公开，那么你可能已经拒绝了你的用户通过更好的创造性和竞争来改善用户体验的机会。

何时使用

当你的核心服务足够强壮和健康的时候使用该模式，你已经赋予了外部开发者巩固和加强你所有的导入和导出的能力，而且你有足够的自信允许外部开发者创造一个服务将你的资源与其他在你的网站中托管的资源混合起来。

如何使用

另一个网站创造了一个有数据访问权限的模块 / 应用。

你可以将该模块上传到你的网站，安全扫描后储存，以备后用。

这个模式在如今最常见的体现形式是新闻网站之间嵌入的广告，常常是“文章列表”形式，具备悬念式的标题和吸引眼球的缩略图（见图18-5）。

图 18-5：如果你在网站中嵌入的唯一模块是广告，那么你可能会使用户访问一些让人失望的链接（正如这些 Talking Points Memo 上花哨的广告）。更好的做法是与优秀内容供应商合作，使呈现的内容值得出现在你的域名上

双向流通

如你所见，开放性导入和开放性导出包含了许多相同的想法，但是它们思考的角度不同。为了充分树立网络的“流通”（也许应该避免环路），应该尽量探索开放性输入和开放性输出的可能性。

要有黏性。不要妄想拥有所有的东西。要创造比你所获取的东西更有价值的东西。如果一个功能就可以实现，那么就不要开发一个应用程序。如果你解决今天社交工作流程中的一个特定缺陷，人（和数据）将流过你的桥梁。

开放的应用程序接口（API）

是什么

你有一套有趣的解决方案和一组数据。你意识到如果这些数据通过一个应用程序接口（API）开放出去，其他人可以用这组数据创建新的意料之外的解决方案（见图 18-6）。

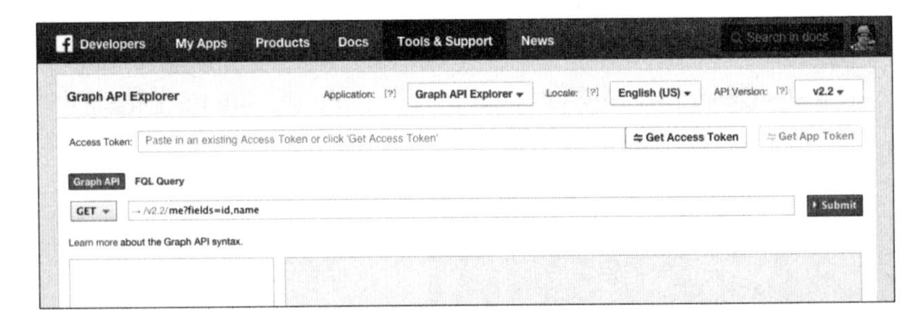

图 18-6：将你的 API 公开给外部开发者是“开放”的基本形式（就像 Facebook 的 Graph API 那样），它可以使你的社交服务作为一个更大的生态系统的一部分来实施，而不是在它自己的角落里回环

这又称为“数据共享”。

何时使用

当开发你的网站架构时；当概念化你的服务所处的生态系统时；当在决定哪些应用程序接口（API）或你现有应用程序接口（API）的哪方面要公开给公众时可使用该模式。

如何使用

只要有可能，公开 API 可以使外部开发者拓展你的核心服务价值。

每种情况下都会存在各自的数据安全、隐私、共享的内容、认证、授权等一系列问题。服务条款为安全数据共享问题提供了一个合法框架，但是一个基于规则的许可制度必须机械地制定规则。

一些服务必须是只读的，这可能会妨碍到你的第三方开发者，但是如果它可以调整到比没有数据访问和链接信息的入口的时候更好，那么这种类型开发的 API 便是值得提供的。

为何使用

与人方便，当然也与己方便。当你允许用户将内容带到他们自己的环境中并以他们认为方便的方式体验你的网站上的数据时，你从外部资源导入的数据不但可以扩充网站上原有的内容，也可以为你的用户提供更多的价值。

参见

- Facebook API (*http://bit.ly/1KBjYe2*)
- Flickr APIs (*http://www.flickr.com/services/api/* 和 *http://code.flickr.com/*)
- Google Maps APIs (*http://apiwiki.twitter.com/*)
- Twitter API (*http://wiki.developers.facebook.com/index.php/API*)
- Yahoo! APIs (*http://developer.yahoo.com/everything.html*)

延伸阅读

How to Build the Open Mesh (presentation), *http://bit.ly/1IL4Swd*.

How to Build the Open Mesh (unbook wiki), *http://buildtheopen-mesh.com/*.

Joseph Smarr at Web 2.0 on the New "Open Stack," *http://bit.ly/1IL4UEg*.

Microformats.org, *http://microformats.org*.

OpenSocial, *http://code.google.com/apis/opensocial/*.

The Open Stack: An Introduction (YDN blog), *http://yhoo. it/1IL4Y71*.

The Open Web Foundation, *http://openwebfoundation.org/*.

Using Open Protocols, *http://bit.ly/1IL50vB*.

后记

有限制，才有创新。

决不要抱怨各种设计问题对你的限制（场地太小、地形不便、间隔太大、对建材的材质不熟悉、客户的要求自相矛盾），问题的解决方案就在那些限制中。

——马修·弗德里克（Matthew Frederick），《我在建筑学院学到的101件事》，第97页

最后

在前面的篇幅中，我们已经谈到了和“自我”有关的模式（用户身份ID、在线、约会、声誉）和社交对象有关的模式（收藏、分享、广播、出版/发布、反馈、沟通、协作、社交搜索），以及和社交图谱、地理位置有关的模式（个人关系网、社区管理和地理定位）。我们也共同探讨了有关社区管理、许可以及开放标准方面的模式。我们也为你提供了一些指导所有模式的原则：像人一样交谈、为每个人设计、要开放以及伦理方面的考量，等等。

最后，我们承认在美国并不是每个人都在为普通的消费者设计网站界面。受很多因素的影响，你的设计策略和需要关注的模式，以及你所选用的工具也会不同。这些因素包括传播的媒体（网页环境、移动环境、设备、物体、电器、可穿戴设备，甚至是空间），商业应用还是个人消费，年龄差别（青少年、老年人以及介于二者之间的各个年龄段）。

由于有不同的传播机制、应用背景和用户种类，社交设计就显得非常复杂。然而，社交所涉及的广度并不亚于其深度。在这么广阔的空间内进行设计虽然有点不易，却也乐趣无穷。我们要牢记的是，即使是非常简单的界面（你还记得刚开始时提到的BBS吗？），它所产生的社交体验也可以是非同寻常的。在选择模式时多花点儿心思，并且将它们像菜谱或诗一样组合起来。记住你总可以从简单的做起，再慢慢发展。作为设计师，我们真正能做的，通常就是为某事的发生构建一个空间，然后默默地离开。

我们是否在构建一个更加和谐的网络环境（第2版）

在本书的第1版出版之时，大约为六年前，作者要求我分享我对设计模式的伦理组成部分的看法。这是一个我经常发表议论的话题，我很高兴能在这里一吐为快。议题是我们应该问自己，我们的设计决策是否使互联网成为更好的地方。如果网络上的每个网站都模仿我们的设计决策，我们会成为英雄还是恶棍？我们会开始一个平和的互联网，由重要的谈话（和小猫）组成吗？或者，我们会创造一个黑暗的胡同，居住着捕食者和做坏事的人吗（或许还有小猫）？

我仍然支持这种论断。考虑我们的设计决定的模因含义是非常重要的。如果想读我更详细的原始论文，可以从本地的稀有书籍经销商那里获取这本书的第1版（或者你可以在网上阅读它 www.matte.org/awbabi.php）。

现在，我将我的道德恐惧集中在不远的将来。不再需要一个水晶球来猜测我们的设计决策会怎么影响社会，几乎可以实时地看到相关的影响。这些影响就发生在我们的周围……如果，我们能将视线从屏幕上移开，并用足够长的时间来观察的话就可一览无遗。

我对半吊子的设计模式的模因力的恐惧已经被新的恐惧所掩盖，这就是，我们变得越来越擅长破解人类的想法。我们使用所有类型的委婉语来描述这种设计趋势。无论你称之为游戏化，增长黑客，还是 Skinnerian Smörgåsbord[译注 1]，这些设计模式都是所有社交界面的主要设计。我们的时代最令人印象深刻的数字设计头脑成为操纵人类行为的专家。我们已经弄清楚如何让访问者在新闻流中阅读更多的故事，给他们的朋友发邮件来宣传我们的产品，以及无意识地点击无意义的图标。

这些人类破解模式本身没有道德指针。可以用它们来鼓励健康的饮食习惯、治疗抑郁症，甚至帮助人们做出高能效的决定。这就是我们作为产品创造者可以有所建树的地方。我们必须是道德指南针。

如果我们不愿意承担这个责任，公司是没有理由放慢发展速度的。消费者在他们的产品中花费了大量的时间，成为他们品牌的免费代言人，并且为了极少的回报自愿交出大量的个人数据。道德问题是，我们（是的，我自己也包括在内）赞颂的产品，导致我们早上醒来的第一件事，就是翻身抓住手机，像一条缉毒犬与有卡洛因气味的毛毯重逢了一样。

破解人类思维，让他们按我们说的做，并不是一个新的现象，也不限于技术领域（参见政治、消费产品、游乐园等）。然而，与所有趋势一样，技术加速了进化周期。在短短几年的思维破解中，我们越来越有效地让人们无意识地阅读流行新闻，比让他们购买玉米片还要方便。

思维破解的代价是巨大的。其副作用是造就一个以融入和追赶为价值导向的消费型社会，而那些无法融入的人就会在社会中变得疏离。

没错，每种新形式的媒体，包括电子游戏、电视、收音机、甚至书籍，都是如此。在他们各自的时代，这些活动被认为是魔鬼的果实，将腐蚀一代人的大脑；他们鼓励“今天的懒惰青年”退出社会，成为沙发土豆。是的，我知道我听起来像是在大喊“从我的数字草坪滚出去，你们这些疯狂的小鬼”。

我在任何意义上都不是一个卢德主义者[译注 2]。总之，我认为技术（特别是社交产品）的好处远远超过它们的缺点。然而，由于我们都为

译注 1：作者自创的无意义的词，意在对美化操控人类行为的设计模式进行调侃。

译注 2：指反对新兴科技的人。

互联网这块薄饼而战，我们常常忽视我们的决定会如何影响人们的生活。

我们正在培养一批“吸毒成瘾”的消费者，他们将为下一剂多巴胺做任何事情。但是，希望没有失去。我乐观地认为，那些让人们唯命是从的思维破解者，同样可以找到方法来使群众成为对更大利益的独立贡献者。

也许我们可以创建一个匿名贡献者的社区，促进有益健康的诚实，同时消除欺凌和所有形式的仇恨言论。或者创造作者实际想要阅读的评论系统；一个对深思熟虑和带有敬意的不同观点进行回馈，而使挑衅变得不可行的评论系统。或者，创造出可以突出我们人性的多面，而不是把我们变成容易消化的二维漫画的用户资料。毋庸置疑，发明文章列表的产品制造商们完全有能力执行这些模式。

思维破解应该成为是我们工具箱中的另一个工具。作为工匠的我们，决定了如何挥舞它。思维破解模式充溢我们最喜欢的社交网站，可能是互联网演进的必要步骤。请继续关注本书的第 3 版，其中将包括我的下一篇文章：“思维破解模式如何解锁美丽互联网的潜力”（或者“这个脾气暴躁的老人如何爱上他数字草坪上疯狂的小鬼”）。

——马特· 施耐可（Matte Scheinker），matte.org

本书中的模式集仅仅是讨论的开始。白板上的讨论、网友聚会时的讨论，以及邮件列表中的讨论，都收纳入了本书和我们的 wiki 网站中。我们诚邀你访问我们的网站（*http://www.designingsocialinterfaces.com*）继续与我们就社交设计模式进行讨论。我们很乐意在网站上听到你的设计故事，听听哪些模式是最成功的，哪些模式需要进一步完善，哪些模式我们在新版中忽略了，哪些模式需要完全淘汰（因为世界已经完全变化，可能应将它们彻底抛弃），哪些新近出现的交互式需要加入模式库（因为社交已经拓展到了屏幕之外）。

正如我们在开始提到的，我们将本书看成一种模式语言，而像其他任何语言一样，这是鲜活的、不断进化的、永远在改变的生命体。

正如克里斯多夫·亚历山大在《一种模式语言》中所写的那样：

> 该语言，就像英语一样，可以写成散文，也可以写成诗歌。散文和诗歌之间的差异并不是因为使用了不同的语言，而是采用了相同语言的不同用法。在普通的英语句子中，每个单词都有一个意思，每个句子也只有一个单一的意思，而其在诗歌中的意义比较深远。每个单词都有好几重环环相扣的意思；这些含义叠加起来阐明了句子完整的含义。
>
> 对于模式语言来说也是如此。以一种非常松散的方式将模式连接在一起，也可能构造出一个建筑。以这种方式构建的建筑，是模式的集合。它并不密集，也不深远。但也有可能将模式以另一种方式组合，使其在同一物理空间中交错叠加在一起；其结果就会变得质密。在一个很小的空间内，就可以包容众多含义；并且，通过这种密度，它就会变得深远。

为什么不试试诗歌般的质量，一种无名的质量，以体现亚历山大的精神理念呢？

作者介绍

克里斯蒂安·克鲁姆里什（Christian Crumlish）带领产品和用户体验团队提供惊人的跨渠道体验。

他是 7 Cups of Tea 的产品副总监（7cups.com），并且是 Code for America 的导师之一。他是 CloudOn 的产品总监，联合主持月度 BayCHI 项目，并一直担任 AOL 的消息产品总监，他还是雅虎设计模式库的管理人和信息架构研究所（Information Architecture Institute）的主任。

他是两本畅销书的作者：《大忙人的互联网》(*The Internet for Busy People*) 和《众人的力量》(*The Power of Many*)。

他在 BarCamp、BayCHI、South by Southwest、IA 峰会、Ignite、Web 2.0 Expo、PLoP、IDEA、Interaction、WebVisions、Web App Master Tour、意大利 IA 峰会、UX 里斯本、MobileCamp 芝加哥、UX Israel Live、Web Directions South（悉尼）、East（东京）和 @media（伦敦）都发表过演说。

艾琳·马洛恩（Erin Malone）拥有超过 20 年的领导体验设计团队和设计网站，网络和软件应用程序，社交体验，系统组件和最佳实践的经验。在 Tangible UX，她领导了几家财富 500 强公司以及许多初创公司的用户体验项目。在就职于 Tangible 之前，她在雅虎工作了四年多，负责构建和管理平台用户体验设计团队，负责创建雅虎设计模式库，并为流行的 YUI（Yahoo! 用户界面库）提供设计专业知识。此外，她领导了雅虎开发者网络的重新设计，负责重新设计雅虎注册系统，并致力于其他跨公司计划，包括社区产品和社交平台。

在 Yahoo！之前，她是 AOL 的设计总监，领导团队进行跨社区和个性化产品设计。她还曾是 AltaVista 的创意总监，她推出了 AltaVista Live 门户和其社区产品。她在 Zip2 为全国报纸合作伙伴制作了第一代娱乐指南和社区工具，包括《纽约时报》、《圣荷西水星新闻》和 AOL 温室合作伙伴的早期网站。她的硅谷人生开始于为 Adobe 设计其第一个网站。

她主持工作坊并在几次会议上做了演讲，包括 IA 峰会、Interactions、WebVisions、Web 2.0 SF、NY、BayChi、EuroIA、德国 IA Konferenz、Design Writing 峰会和 CCA（加州艺术学院）。

她是 IA 研究所的创始成员，Boxes 和 Arrows 的前主编，以及几篇文章的作者。

推荐阅读

点石成金：访客至上的Web和可用性设计秘笈（原书第3版）

书号：978-7-111-48154-6 作者：Steve Krug 译者：蒋芳 定价：59.00元

第11届Jolt生产效率大奖获奖图书，被Web设计人员奉为圭臬的经典之作
第2版全球销量超过35万册，Amazon网站的网页设计类图书的销量排行佼佼者

可用性设计是Web设计中最重要也是难度最大的一项任务。本书作者根据多年从业的经验，剖析用户的心理，在用户使用的模式、为扫描进行设计、导航设计、主页布局、可用性测试等方面提出了许多独特的观点，并给出了大量简单、易行的可用性设计的建议。这是一本关于Web设计原则而不是Web设计技术的书，用幽默的语言为你揭示Web设计中重要但却容易被忽视的问题，只需几个小时，你便能对照书中的设计原则找到网站设计的症结所在，令你的网站焕然一新。在第3版中，作者做了大量的更新和修订，加入了移动应用的例子，并且增加一个全新的章节，来讲述一些专门针对移动设计的可用性问题。